Einführung in die Mathematik für Ökonomen

Begründet
von
Dr. Karl Breitung
und
Prof. Dr. Pavel Filip
Fortgeführt
von
Dr. Otto Hass

3., verbesserte Auflage

R. Oldenbourg Verlag München Wien

Die Deutsche Bibliothek - CIP-Einheitsaufnahme

Breitung, Karl:
Einführung in die Mathematik für Ökonomen / begr. von Karl Breitung und Pavel Filip. Fortgef. von Otto Hass. – 3., verb. Aufl.. - München ; Wien : Oldenbourg, 2001
ISBN 3-486-25644-0

Rosenheimer Straße 145, D-81671 München
Telefon: (089) 45051-0
www.oldenbourg-verlag.de

Gedruckt auf säure- und chlorfreiem Papier
Druck: Tutte Druckerei GmbH, Salzweg
Bindung: R. Oldenbourg Graphische Betriebe Binderei GmbH

ISBN 3-486-25644-0

Vorwort zur dritten Auflage

Nachdem das vorliegende Buch eine derart positive Aufnahme gefunden hat, war es eine freudige Arbeit, für die dritte Auflage den Text nocheinmal durchzugehen. Kommentare von Leserinnen und Lesern aind willkommen.

Vorwort zur ersten Auflage

Da dieses Buch nicht das erste (und letzte) Werk über Mathematik für Ökonomen ist (und sein wird), möchten wir kurz die Unterschiede zu anderen Büchern erläutern.

In einem Teil dieser Werke werden lediglich die Sätze und Methoden der Mathematik angegeben und an Beispielen durchgerechnet, ohne die Grundideen der Verfahren plausibel zu machen. In anderen Büchern hingegen wird versucht, die Mathematik in streng mathematischem Aufbau mit allen Beweisen darzustellen. Wir glauben, daß beide Wege für diesen Hörerkreis nicht geeignet sind, da dem Studenten die Mathematik plausibel gemacht werden sollte, allerdings ohne ihm zuviel mathematischen Stoff aufzubürden, der oft trocken ist. Daher haben wir versucht, einen Mittelweg zu gehen.

Natürlich ist ein solcher Mittelweg mit manchen, mitunter „faulen" Kompromissen verbunden. Dieses Buch ist sicher keine Lektüre für reine Mathematiker, die ob mancher Argumentation bleich werden würden. Es ist aber auch kein Buch für einen Ökonomen, der einen knappen „Katechismus" der Mathematik ohne Erläuterung der mathematischen Hintergründe wünscht.

Wir nehmen dieses Manko in Kauf. Da wir leider nicht hoffen können, allen Seiten gerecht zu werden, sind wir für konstruktive Kritik sehr dankbar.

Wir danken Herrn M. Weigert vom Oldenbourg-Verlag für die verständnisvolle Unterstützung. Der Erstautor bedankt sich bei Herrn Prof. Dr. F. Ferschl für sein Entgegenkommen bei der Arbeit an dem Buch. Der Zweitautor bedankt sich bei Herrn Prof. Dr. W. Heise für die gutgemeinten Ratschläge. Beim Leibniz-Rechenzentrum der bayerischen Akademie der Wissenschaften bedanken wir uns für die Möglichkeit, das Computergraphiksystem zu nutzen. Die Computerzeichnungen hat Herr R. Vollmerhaus angefertigt, dem dafür sehr gedankt sei. Weiter möchten wir Frau A. Rösch, Herrn H. Schmidbauer, Frau Dr. C. Schneider und Herrn Dr. D. Schremmer unseren Dank dafür aussprechen, daß sie Teile des Buches durchgelesen und die schlimmsten Fehler gefunden haben. Allen anderen unserer Kollegen, die uns bei der Arbeit unterstützt haben, möchten wir auch danken.

Inhaltsverzeichnis

Kapitel I: Mathematische Grundkenntnisse

I.1 Die Anwendung mathematischer Methoden

Wozu benötigt man die Mathematik in den Wirtschaftswissenschaften? Im Prinzip könnte man vielleicht auch ohne Mathematik Wirtschaftswissenschaften betreiben; bei vielen Fragestellungen jedoch haben sich mathematische Methoden und Modelle als geeignete Hilfsmittel erwiesen, so daß diese Verfahren zu einem wichtigen Bestandteil der Wirtschaftswissenschaften geworden sind. Vor allem die Entwicklung der EDV in den letzten Jahrzehnten hat zu einer verstärkten Anwendung mathematischer Methoden geführt. Viele Rechenvorgänge, die früher umständlich per Hand mit großem Zeitaufwand durchgeführt wurden, können heute durch Rechner schnell erledigt werden.

Es ist aber ein Trugschluß anzunehmen, daß infolge des Einsatzes von Rechnern für den Anwender weniger Kenntnisse in Mathematik nötig sind. Gerade um Rechner richtig nutzen zu können, benötigt man Kenntnisse der Mathematik. Natürlich braucht man weniger Rechenfertigkeit, da das „Rechnen" von den modernen Anlagen erledigt wird, mit den Strukturen und Verfahren der Mathematik muß man jedoch vertraut sein, um zu verstehen, was der Rechner tut, und um überprüfen zu können, ob die Ergebnisse sinnvoll sind.

Zunächst soll an einem einfachen Beispiel erklärt werden, wie man mathematische Methoden in anderen Wissenschaften anwendet: Man untersucht eine Fragestellung aus einem Gebiet. Um mathematische Verfahren verwenden zu können, muß diese Fragestellung zunächst in ein mathematisches Modell übersetzt werden. Dieses Modell kann dann mit mathematischen Methoden untersucht und aus den Ergebnissen Rückschlüsse auf das ursprüngliche Problem gezogen werden.

Bei einem einfachen Angebot- und Nachfragemodell geht man aus von einem Gut, bei dem Angebot und Nachfrage vom Preis abhängen: je höher der Preis, desto größer das Angebot und geringer die Nachfrage. Die Fragestellung ist, bei welchem Preis herrscht ein Gleichgewicht, d.h. wann sind Angebot und Nachfrage gleich groß.

Man entwickelt ein mathematisches Modell, indem man Angebot und Nachfrage als Funktionen des Preises darstellt. Die einfachste Modellierung ist, Angebot und Nachfrage als lineare Funktionen des Preises zu beschreiben; das ergibt dann zwei Funktionen:

(1) $a(p) = a_1 p + b_1$

(2) $n(p) = a_2 p + b_2$

wobei a_1, b_1, a_2 und b_2 Konstanten sind

dabei ist $a(p)$ das Angebot und $n(p)$ die Nachfrage beim Preis p. Gleichgewicht herrscht bei einem Preis p_0 mit $a(p_0) = n(p_0)$. Ist $a_1 \neq a_2$, gibt es genau einen Preis p_0, für den das gilt, nämlich

$$p_0 = \frac{b_2 - b_1}{a_1 - a_2}$$

Dieses Ergebnis erhält man, indem man die rechten Seiten von (1) und (2) gleichsetzt und nach p auflöst.

Das ist ein sehr einfaches Modell, bei dem man schnell eine Lösung erhält. Fraglich ist dabei, ob lineare Funktionen des Preises Angebot und Nachfrage gut genug beschreiben. Man kann auch kompliziertere Funktionen zur Beschreibung dieser Größen ansetzen, dann ist aber die Bestimmung des Gleichgewichtspreises nicht mehr so einfach. Wichtig ist es, nach dem Berechnen der Lösung zu überprüfen, ob das Ergebnis sinnvoll im ökonomischen Sinn interpretiert werden kann. Falls man nämlich die Angebots- und Nachfragegeraden jeweils durch zwei Punkte festlegt, indem man durch die jeweiligen Angebots- bzw. Nachfragemengen bei zwei verschiedenen Preises eine Gerade legt, kann es vorkommen, daß der berechnete Gleichgewichtspreis negativ ist. In den beiden Zeichnungen sind die Fälle eines positiven und eines negativen p_0 dargestellt:

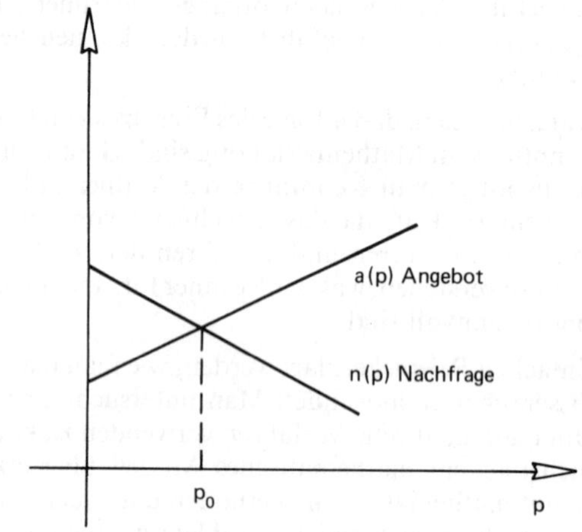

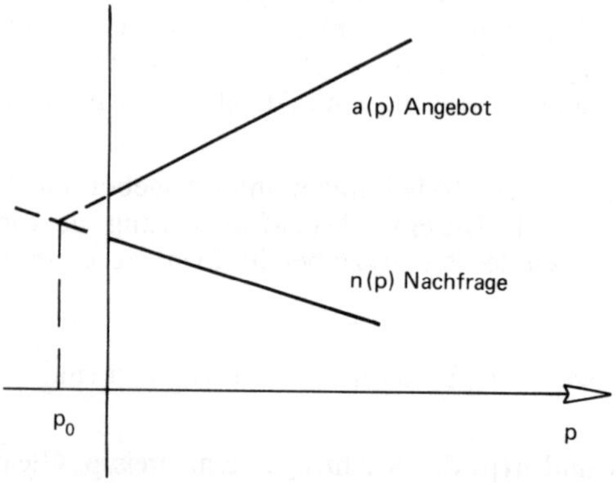

Ein derartiges Ergebnis – mit negativem p_0 – ist normalerweise ökonomisch nicht sinnvoll interpretierbar. Der Grund für das unsinnige Ergebnis ist hier, daß das gewählte mathematische Modell in dem betreffenden Fall nicht adäquat war. Eine ausführliche Diskussion solcher Modelle und welche Einschränkungen man machen muß, damit man immer sinnvolle Ergebnisse erhält, findet man in [CH], S. 36–38.

Man kann bei der Anwendung mathematischer Methoden folgende Schritte unterscheiden:

Allgemein	Im obigen Beispiel
1) Formulierung der Problemstellung.	Wann herrscht Marktgleichgewicht?
2) Entwicklung eines mathematischen Modells.	Lineare Funktionen. $a(p) = a_1 p + b_1$; $n(p) = a_2 p + b_2$
3) Untersuchung des mathematischen Modells.	p_0 berechnen.
4) Interpretation des mathematischen Ergebnisses.	Ist p_0 positiv? Was bedeutet der Wert von p_0?

Bei der Anwendung der Mathematik benutzt man heute häufig Rechner, vom Taschenrechner bis zur Großrechenanlage. Dabei ist es notwendig, die mathematischen Verfahren und Methoden so zu formulieren, daß sie vom Rechner durchgeführt werden können. Da Rechner nicht intelligent sind, sondern nach einem festgelegten Schema ein Programm abarbeiten, ist sorgfältig darauf zu achten, daß man bei der Bedienung keine Fehler macht. Im wesentlichen können bei drei Punkten Fehler auftreten:

1) Bei der Eingabe der Programme und Daten.
2) Bei der Durchführung des Programms.
3) Bei der Ausgabe der Ergebnisse und seiner Interpretation.

Um Rechner benutzen zu können, benötigt man ausreichende Mathematikkenntnisse. Um zu demonstrieren, daß ein Rechner schon bei den einfachsten Fragestellungen andere Resultate liefert als man erwartet, hier zwei Beispiele:

Beispiel 1: Man sieht sofort: $3 \cdot ((\sqrt{\sqrt{\tfrac{1}{3}}})^2)^2$ ergibt 1, da sich Quadrat- und Wurzelzeichen jeweils aufheben. Berechnet man den obigen Ausdruck mit einem einfachen Taschenrechner, erhält man z. B. als Ergebnis die Zahl 0,9999993. Das ist ungleich 1. Diese Abweichung ist auf Rundungsfehler zurückzuführen, da der Rechner die Zahl $\frac{1}{3}$ als endlichen Dezimalbruch darstellt (zu Dezimalbrüchen siehe Kapitel III, § 1.5). △

Beispiel 2: Berechnet man mit einem Taschenrechner den Ausdruck $5 + 2 \cdot 3$, erhält man je nach Bauart des Rechners unterschiedliche Ergebnisse. Bei einfachen Rechnern, die keine Klammerausdrücke berechnen können, erhält man als Ergebnis 21, da solche Rechner nach der Eingabe der Zahl 2 diese sofort zu 5 addieren, ohne weitere Befehle abzuwarten. Bei den anderen Rechnern erhält man das erwartete Ergebnis 11. △

I.2 Grundbegriffe der mathematischen Logik

Bei dem Beispiel im vorigen Paragraphen über Angebot und Nachfrage wurde jeweils eine lineare Funktion zur Beschreibung der Angebots- und Nachfragefunktion verwendet. Es wurde dann für beliebige Geraden der Schnittpunkt errechnet. Wenn man für ökonomische Fragestellungen ein mathematisches Modell entwickelt hat, untersucht man diese mathematische Struktur darauf, welche Eigenschaften sie hat. Dabei versucht man, möglichst allgemeine Aussagen zu gewinnen, um nicht bei jedem Einzelfall von vorne beginnen zu müssen; also wie im Beispiel oben gleich für beliebige Geraden den Schnittpunkt zu berechnen, statt nur für die konkret betrachtete. Man leitet also Beziehungen zwischen den Eigenschaften mathematischer Strukturen ab. Wichtig dabei ist es vor allem zu wissen, inwieweit gewisse Eigenschaften andere implizieren.

Um diese Beziehungen präzise formulieren zu können, benötigt man einige Grundbegriffe der **Aussagenlogik**, die im folgenden behandelt werden. Als Aussage definiert man:

> **Definition:** (Aussage)
> Eine **Aussage** ist ein Satz, der entweder wahr oder falsch ist.

Die Aussagenlogik befaßt sich damit, wie bei durch sprachliche Verknüpfung aus vorhandenen Aussagen gewonnenen neuen Aussagen festgestellt wird, ob diese wahr oder falsch sind.

Beispiel 1: a) „Die Hauptstadt von Frankreich ist Paris." Das ist eine wahre Aussage. b) „Der Rhein fließt durch England." Das ist eine falsche Aussage. c) „Gib acht." Das ist keine Aussage. △

Im weiteren werden Aussagen mit kleinen lateinischen Buchstaben bezeichnet: a, b, c, ... Aus Aussagen erhält man durch Verknüpfungen neue Aussagen. Verknüpfungen zwischen Aussagen erhält man in der Form: „a und b", „a oder b" und „nicht a". Man definiert folgende Kurzschreibweisen für diese Aussagen.

> **Definition:** (Konjunktion, Disjunktion und Negation von Aussagen)
> Seien a und b zwei Aussagen.
> Die Aussage „a und b" wird mit $a \wedge b$ bezeichnet (**Konjunktion** von a und b).
> Die Aussage „a oder b" wird mit $a \vee b$ bezeichnet (**Disjunktion** von a und b).
> Die Verneinung der Aussage a, also die Aussage „nicht a" wird mit $\neg a$ bezeichnet (**Negation** von a).

Vorsicht: Die Aussage $a \vee b$ ist im nicht ausschließenden Sinn gemeint, sie ist auch dann wahr, wenn sowohl a als auch b wahr sind. Die Aussage $\neg a$ ist die Verneinung der Aussage a, nicht die Behauptung eines anschaulichen Gegenteils; wenn a die Aussage ist „Die Tasche ist schwarz", dann ist $\neg a$ die Aussage „Die Tasche ist nicht schwarz" und nicht etwa die Aussage „Die Tasche ist weiß".

Beispiel 2: Gegeben sind die Aussagen a: „Es regnet" und b: „Die Sonne scheint". Die Aussage $a \wedge b$ ist dann die Aussage: „Es regnet und die Sonne scheint". Die Aussage $a \vee b$ ist die Aussage: „Es regnet oder die Sonne scheint". Die Aussage $\neg a$ ist dann: „Es regnet nicht". △

Die beiden wichtigsten Verknüpfungen zwischen Aussagen, die in vielen mathematischen Sätzen auftreten, sind die Beziehungen: „Wenn a, dann b" oder „a genau dann, wenn b".

Definition: (Implikation, Äquivalenz)
Seien a und b zwei Aussagen. Die Aussage „Wenn a, dann b“ wird bezeichnet mit:

$a \Rightarrow b$ (**Implikation**).

Die Aussage „a genau dann, wenn b“ bezeichnet man mit:

$a \Leftrightarrow b$ (**Äquivalenz**).

Die Aussage $a \Rightarrow b$ bedeutet, daß aus der Wahrheit von a die Wahrheit von b folgt. Wenn dagegen a falsch ist, wird über b nichts ausgesagt. Die Aussage $a \Leftrightarrow b$ bedeutet, daß a genau dann wahr ist, wenn b wahr ist.

Beispiel 3: a: „Die Zahl m ist durch 9 teilbar“
b: „Die Zahl m ist durch 3 teilbar“
Wenn a richtig ist, dann ist auch b richtig; es gilt also die Aussage $a \Rightarrow b$. Dagegen kann es vorkommen, daß b richtig und a falsch ist, z. B. ist die Zahl 6 durch 3 teilbar, aber nicht durch 9. △

Beispiel 4: Gegeben sind die drei Aussagen a: „$x = 1$“, b: „$x^2 = 1$“ und c: „$x > 0$“. Dann gilt $a \Leftrightarrow (b \wedge c)$. Denn wenn $x = 1$, gelten auch b und c; wenn dagegen b gilt, hat man $x = \pm 1$. Zusammen mit c folgt $x = 1$. △

Wenn die Aussage $a \Rightarrow b$ wahr ist, heißt **a hinreichend für b**. Es ist nämlich hinreichend zu wissen, daß a wahr ist, daraus folgt sofort die Wahrheit von b.

Anders ist es, wenn man weiß, daß b wahr ist, dann kann man nicht folgern, daß a wahr ist, wie man in obigen Beispiel an der Zahl 6 sieht. Weiß man aber, daß b falsch ist (bzw. $\neg b$ wahr), dann kann man sofort folgern, daß a falsch ist. Im obigen Beispiel ist offensichtlich eine Zahl m nicht durch 9 teilbar, wenn sie schon nicht durch 3 teilbar ist. Man sagt dann, **b ist notwendig für a**; es ist notwendig, daß b wahr ist, damit a wahr sein kann; wenn b falsch ist, dann ist a sicher falsch.

Wichtig ist die folgende Äquivalenz. Es gilt:

$$(a \Rightarrow b) \Leftrightarrow (\neg b \Rightarrow \neg a). \text{ (Kontraposition)}$$

Das heißt: Genau dann, wenn a hinreichend für b ist, ist $\neg b$ hinreichend für $\neg a$.

Beispiel 5: a: „Die Zahl k ist durch 9 teilbar.“
b: „Die Zahl k ist durch 3 teilbar.“
$\neg a$: „Die Zahl k ist nicht durch 9 teilbar.“
$\neg b$: „Die Zahl k ist nicht durch 3 teilbar.“
Es gilt $a \Rightarrow b$. Wie man leicht sieht, gilt umgekehrt $\neg b \Rightarrow \neg a$. △

I.3 Mathematische Beweisverfahren

Bei der Untersuchung mathematischer Strukturen interesssiert man sich dafür, welche weiteren Eigenschaften man aus bereits bekannten folgern kann. Dabei versucht man, möglichst allgemeine Aussagen zu erhalten. Man hat z. B. bei quadratischen Gleichungen zunächst Lösungsverfahren entwickelt, um für eine gegebene Gleichung die Lösung zu finden. Später hat man dann die allgemeine quadratische Gleichung $ax^2 + bx + c = 0$ untersucht und allgemeine Lösungsverfahren angegeben, die für alle Gleichungen gelten.

In der Mathematik leitet man mit Hilfe dreier Beweisverfahren neue Aussagen ab. Diese Verfahren sind:

a) Der direkte Beweis.
b) Der indirekte Beweis.
c) Die vollständige Induktion.

Beim **direkten Beweis** folgert man direkt aus bekannten Aussagen neue Aussagen. Sei z. B. a die Aussage „Die Zahl k ist durch 3 teilbar" und b die Aussage „Die Zahl k ist durch 4 teilbar". Daraus kann man unmittelbar die Aussage c folgern „Die Zahl k ist durch 12 teilbar". Es gilt also: a und b sind hinreichend für c.

Beim **indirekten Beweis** geht man anders vor. Man will zeigen, daß die Aussage a wahr ist. Dazu geht man vom Gegenteil der Aussage $\neg a$ aus und zeigt, daß die Annahme, daß diese Aussage $\neg a$ wahr ist, zu einem Widerspruch führt. Mit dem Prinzip der Kontraposition folgert man dann, daß dann die Aussage a wahr ist. Sei z. B. a die Aussage „Für alle Zahlen x und y mit $x, y > 0$ gilt: $\sqrt{xy} \leqq \frac{1}{2}(x+y)$."
Wenn man das Gegenteil annimmt, ist das die Aussage $\neg a$:

„Es gibt Zahlen x und y mit $x, y > 0$, für die gilt: $\sqrt{xy} > \frac{1}{2}(x+y)$."
Wenn das gilt, kann man diese Ungleichung umformen:

$$\begin{aligned}\sqrt{xy} > \tfrac{1}{2}(x+y) &\Rightarrow xy > \tfrac{1}{4}(x+y)^2\\ &\Rightarrow xy > \tfrac{1}{4}(x^2+2xy+y^2)\\ &\Rightarrow 0 > \tfrac{1}{4}(x^2-2xy+y^2)\\ &\Rightarrow 0 > \tfrac{1}{4}(x-y)^2\\ &\Rightarrow 0 > (x-y)^2.\end{aligned}$$

Das ist die Aussage $\neg b$, wenn wir als Aussage b definieren:
„Das Quadrat der Zahl $(x-y)^2$ ist nicht kleiner als 0".
Das ist ein Widerspruch, denn das Quadrat einer Zahl kann nie kleiner als 0 sein. Wir haben gezeigt, daß aus $\neg a$ die Aussage $\neg b$ folgt. Mit der Kontraposition folgt deshalb aus der Aussage b die Aussage a. Da die Aussage b aber richtig ist, hat man damit auch die Richtigkeit von a gezeigt. Die Annahme $\neg a$ ist also falsch, und es gilt die Aussage a.

Bei der vollständigen Induktion hat man Aussagen a(n), wobei a(n) jeweils eine Aussage ist, die von der natürlichen Zahl n abhängt. Man will nun zeigen, daß für alle $n \geqq n_0$, wobei n_0 eine feste natürliche Zahl ist, die Aussage a(n) richtig ist. Dies beweist man mit dem Beweisverfahren der **vollständigen Induktion** in drei Schritten:

1) Man zeigt, daß die Aussage $a(n_0)$ richtig ist.
2) Man nimmt an, daß die Aussage a(n) und alle anderen Aussagen a(j) mit $n_0 \leqq j \leqq n$ richtig sind.
3) Man zeigt, daß $a(n_0), \ldots, a(n) \Rightarrow a(n+1)$ für alle $n \geqq n_0$ gilt.

Wenn man 1 und 3 gezeigt hat, ist a(n) für alle $n \geqq n_0$ wahr. Bei diesen Beweis nennt man den Beweis von $a(n_0)$ den **Induktionsanfang**, a(n) heißt die **Induktionsvoraussetzung** und der Schluß von a(n) auf a(n + 1) heißt **Induktionsschluß von n auf n + 1**.

Beispiel 1: Zu beweisen ist, daß für alle natürliche Zahlen n gilt:

$$1+2+3+\ldots+n=\frac{n(n+1)}{2}.$$

Die Aussage a(n) ist: „$1+2+3+\ldots+n=\frac{n(n+1)}{2}$."

Zunächst zeigt man den Induktionsanfang: Für $n=1$ gilt: $1=\frac{1(1+1)}{2}=1$; für $n=1$ gilt also die Aussage a(1).

Die Induktionsvoraussetzung lautet wie oben, daß

$$1+2+3+\ldots+n=\frac{n(n+1)}{2}.$$

Unter dieser Voraussetzung ist nun zu zeigen, daß dann $a(n+1)$ gilt, d.h.:

$$1+2+3+\ldots n+(n+1)=\frac{(n+1)((n+1)+1)}{2}.$$

Durch Klammern sieht man:

$$1+2+3+\ldots+n+(n+1)=[1+2+3+\ldots+n]+(n+1)=$$

Aus der Induktionsvoraussetzung folgt, daß der Ausdruck in den eckigen Klammern gleich $\frac{n(n+1)}{2}$ ist, also:

$$=\frac{n(n+1)}{2}+(n+1)=$$

Auf einen gemeinsamen Nenner gebracht ergibt dies:

$$=\frac{n(n+1)+2(n+1)}{2}=\frac{(n+1)((n+1)+1)}{2}.$$

Das ist aber die Aussage $a(n+1)$. Man hat damit den Induktionsschluß durchgeführt. Die Aussage a(n) ist richtig für alle $n \geqq 1$. △

I.4 Grundbegriffe der Mengenlehre

Im folgenden werden kurz die Grundbegriffe der Mengenlehre behandelt. Eine **Menge** entsteht durch Zusammenfassung von unterschiedlichen Objekten zu einer Gesamtheit. Die Objekte, die in einer Menge enthalten sind, bezeichnet man als die **Elemente** der Menge. Damit eine Menge sinnvoll definiert ist, müssen folgende Voraussetzungen erfüllt sein:

a) Bei allen Objekten ist eindeutig festgelegt, ob sie Element der Menge sind oder nicht.
b) Jedes Objekt tritt in der Menge höchstens einmal auf.

Die Menge aller Buchstaben in dem Wort „Mississippi“ besteht also aus den Buchstaben i, m, p und s.

Mengen bezeichnet man üblicherweise mit großen lateinischen Buchstaben: A, B, C, ... Die Elemente einer Menge bezeichnet man mit kleinen lateinischen Buchstaben: a, b, c, ...

Die Tatsache, daß ein Objekt a Element einer Menge A ist (bzw. nicht ist), bezeichnet man mit:

$$a \in A \quad (\text{bzw. } a \notin A).$$

(Das wird gelesen als „a Element von A“ bzw. „a nicht Element von A“.)

Es gibt zwei Möglichkeiten, eine bestimmte Menge zu definieren:

1) Man zählt alle Elemente dieser Menge auf. Dabei verwendet man folgende Schreibweise: Die Elemente werden, durch Kommata getrennt, aufgelistet und in geschweifte Klammern gesetzt. Dabei kommt es nicht auf die Reihenfolge an. Zum Beispiel ist $\{1, 2, 3, 4\}$ die Menge der natürlichen Zahlen von 1 bis 4. Diese Menge könnte man auch in der Form $\{2, 3, 1, 4\}$ schreiben.

2) Man gibt eine oder mehrere Eigenschaften an und bildet die Menge M aller Objekte, die diese Eigenschaften besitzen.

Dafür hat man folgende Schreibweise:

$$M = \{x \mid x \text{ hat bestimmte Eigenschaften}\}$$

Für die Menge M_1 aller natürlichen Zahlen, die durch 2 teilbar sind, schreibt man:

$$M_1 = \{x \mid x \text{ ist eine natürliche Zahl und durch 2 teilbar}\}$$

Wenn man eine Menge durch Angaben von Eigenschaften definiert, kann es vorkommen, daß sie keine Elemente hat, weil es keine Objekte mit den angegebenen Eigenschaften gibt. Zum Beispiel hat die Menge aller deutschen Professoren, die jünger sind als 5 Jahre, keine Elemente. Daher führt man die sogenannte **leere Menge** ein; das ist die Menge, die keine Elemente hat. Diese Menge bezeichnet man mit dem Symbol $\emptyset$.

Eine Menge B heißt **Teilmenge der Menge A,** wenn alle Elemente von B auch Elemente von A sind. Man schreibt dafür symbolisch: $\mathbf{B \subset A}$.

Zwei Mengen A und B sind genau dann **gleich**, wenn sie genau die gleichen Elemente haben. Man schreibt dann: $\mathbf{A = B}$.

Beispiel 1: $B = \{1, 2, 3\}$ und $A = \{1, 2, 3, 4\}$. Dann gilt $B \subset A$, da jedes Element von B auch in A liegt. △

Durch Verknüpfungen von Mengen bildet man neue Mengen. Diese Verknüpfungen können durch sogenannte **Venn-Diagramme** dargestellt werden. Dabei zeichnet man eine Menge als Kreis und stellt die Beziehungen zwischen Mengen durch entsprechende Beziehungen der Kreise dar. Die Beziehung $A \subset B$ stellt man z. B. so dar:

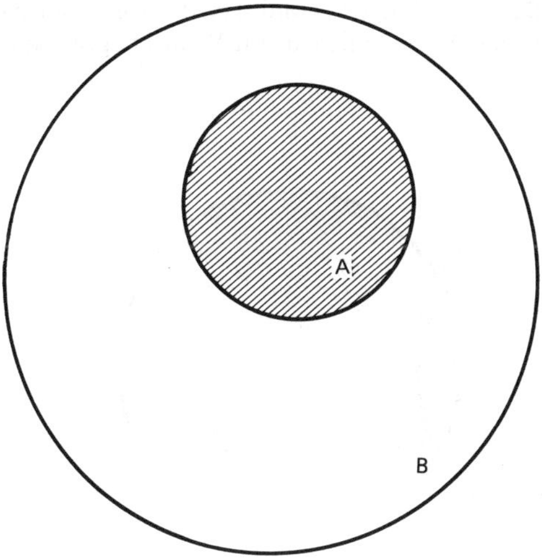

Die erste Verknüpfung von Mengen, die wir betrachten, ist die Durchschnittsbildung zweier Mengen A und B. Man bildet die Menge aller Elemente, die sowohl in A als auch in B liegen. Diese Menge bezeichnet man als die **Durchschnittsmenge** $\mathbf{A \cap B}$ („A geschnitten B" oder „A Durchschnitt B"). Im Venn-Diagramm sieht das so aus:

A B

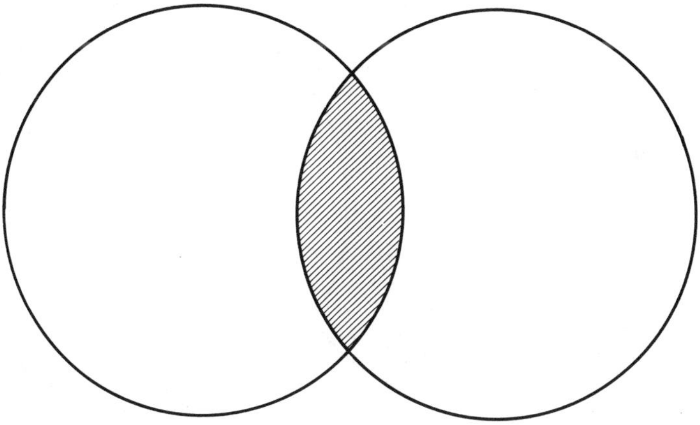

$A \cap B$

Diese Durchschnittsmenge kann auch leer sein, d.h. $A \cap B = \emptyset$. In diesem Fall heißen A und B **disjunkt**.

Beispiel 2: C und D seien definiert durch $C = \{a, b, c, d\}$ und $D = \{d, e, f\}$; dann gilt: $C \cap D = \{d\}$. △

Die **Vereinigungsmenge $A \cup B$** zweier Mengen A und B ist die Menge aller Elemente, die zumindest in einer der beiden Mengen liegen. Im Venn-Diagramm ergibt sich folgendes Bild:

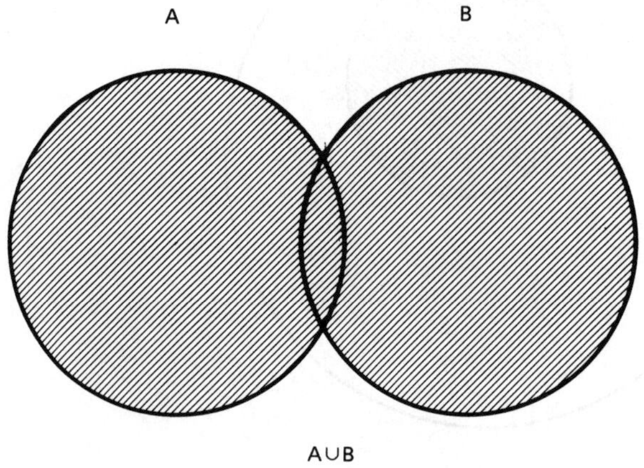

Beispiel 3: Wenn A und B wie in Beispiel 1 definiert sind, gilt $A \cup B = \{1, 2, 3, 4\}$. △

Die **Differenzmenge $A \setminus B$** zweier Menge A und B ist die Menge aller Elemente aus A, die nicht in B liegen. Im Venn-Diagramm:

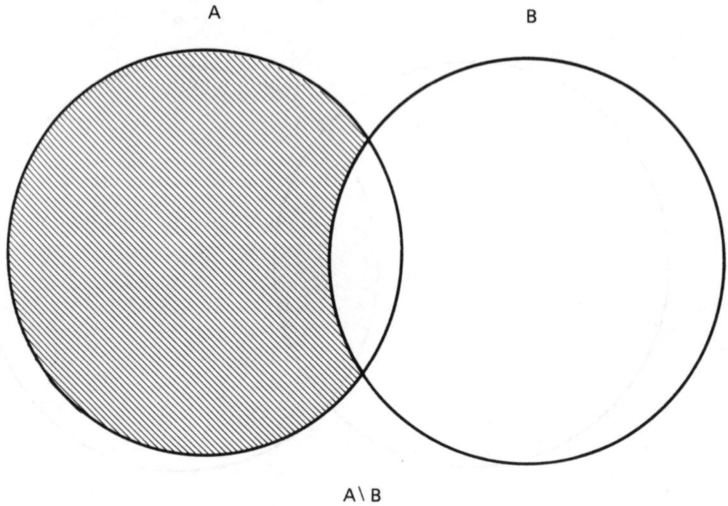

Beispiel 4: Für die Mengen C und D aus Beispiel 2 gilt: $C \setminus D = \{a, b, c\}$ und $D \setminus C = \{e, f\}$. △

Bei der Bildung der Durchschnittsmenge und der Vereinigungsmenge kommt es nicht auf die Reihenfolge an:

$$A \cap B = B \cap A \quad \text{und} \quad A \cup B = B \cup A.$$

Dagegen ist bei der Differenzmenge die Reihenfolge wichtig. Es gilt nämlich im allgemeinen $A \setminus B \neq B \setminus A$. Im Venn-Diagramm:

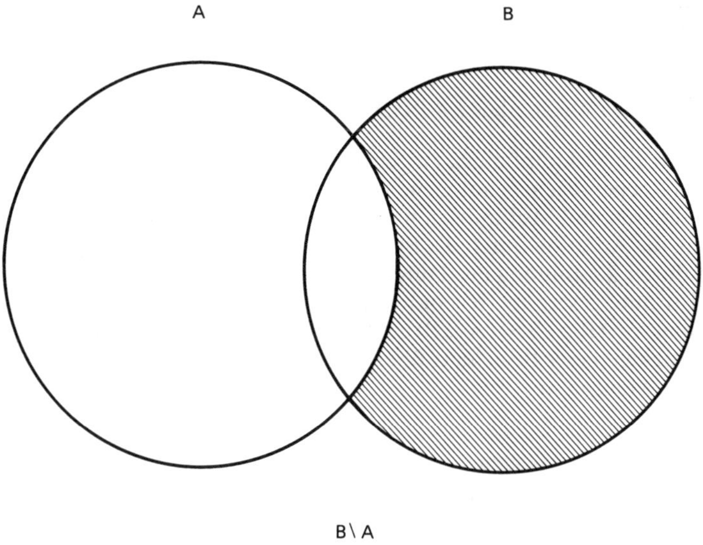

Im allgemeinen nimmt man an, daß alle betrachteten Mengen Teilmengen einer vorgegebenen Obermenge Ω sind. Als **Komplement $\bar{A}$** einer Menge A bezeichnet man dann die Menge $\Omega \setminus A$, d. h. die Menge aller Elemente aus Ω, die nicht in A liegen. Im Venn-Diagramm:

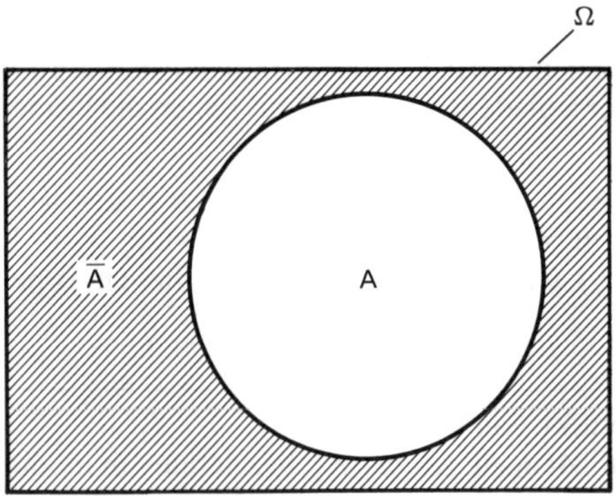

Beispiel 5: $\Omega = \{a, b, c, d, e, f\}$ und $A = \{a, b\}$. Dann gilt: $\bar{A} = \{c, d, e, f\}$. △

Weiter benötigt man den Begriff der Potenzmenge. Als **Potenzmenge P(A)** einer Menge A bezeichnet man die Menge aller Teilmengen von A. Die Potenzmenge ist also eine Menge, die als Elemente Mengen enthält und zwar alle Mengen, für die gilt $B \subset A$. Für jede beliebige Menge A gilt daher $A \in P(A)$ und $\emptyset \in P(A)$; denn A ist eine Teilmenge von sich selbst, und da die leere Menge keine Elemente hat, sind alle ihre Elemente in A enthalten. Falls eine Menge A n Elemente hat, besitzt ihre Potenzmenge P(A) 2^n Elemente.

Beispiel 6: $C = \{x, y, z\}$. Dann gilt:

$$P(C) = \{\emptyset, C, \{x\}, \{y\}, \{z\}, \{x, y\}, \{x, z\}, \{y, z\}\}.$$

Es ist z. B. $\{x\} \in P(C)$, aber $x \notin P(C)$. △

Wenn man die Verknüpfungen zwischen Mengen untersucht, stellt man fest, daß sie gewissen Rechenregeln gehorchen. Man kann zeigen, daß man ähnliche Regeln wie beim Addieren und Multiplizieren von Zahlen erhält, wenn man die Zahlen durch Mengen, die Addition durch die Bildung der Vereinigungsmenge und die Multiplikation durch die Bildung der Durchschnittsmenge ersetzt. Es gilt z. B. für Zahlen das Distributivgesetz $a \cdot (b + c) = a \cdot b + a \cdot c$. Dem entspricht bei Mengen die Gleichung $A \cap (B \cup C) = (A \cap B) \cup (A \cap C)$. Durch ein Venn-Diagramm kann man die Richtigkeit dieser Beziehung überprüfen. Im folgenden geben wir diese Rechenregeln für Mengen an:

Rechenregeln für Mengen

1) $A \cup A = A$ und $A \cap A = A$ (Idempotenzgesetz).
2) $(A \cup B) \cup C = A \cup (B \cup C)$ und $(A \cap B) \cap C = A \cap (B \cap C)$ (Assoziativität).
3) $A \cup B = B \cup A$ und $A \cap B = B \cap A$ (Kommutativität).
4) $A \cup (B \cap C) = (A \cup B) \cap (A \cup C)$ und $A \cap (B \cup C) = (A \cap B) \cup (A \cap C)$ (Distributivität).
5) $A \cup \emptyset = A$ und $A \cap \emptyset = \emptyset$ (Identität).
6) $\overline{(A \cup B)} = \bar{A} \cap \bar{B}$ und $\overline{(A \cap B)} = \bar{A} \cup \bar{B}$ (De Morgans Gesetze).

Bei einer Reihe von Fragestellungen in der Mathematik benötigt man Zusammenfassungen von Elementen aus verschiedenen Mengen, bei denen die Reihenfolge der Elemente wichtig ist.

Man definiert für n Mengen $A_1, \ldots, A_n$ zunächst den Begriff des n-Tupels von Elementen aus $A_1, \ldots, A_n$. Ein **n-Tupel** ist eine Anordnung von Elementen $a_1, \ldots, a_n$ in der Form $(a_1, \ldots, a_n)$, wobei jeweils $a_i \in A_i$. Alle diese n-Tupel faßt man zu einer Menge zusammen.

Definition: (Kartesisches Produkt von Mengen)
Als **kartesisches Produkt der Mengen A_1 bis A_n** bezeichnet man die Menge $A_1 \times A_2 \times \ldots \times A_n$ aller n-Tupel $(a_1, \ldots, a_n)$ mit $a_i \in A_i$:

$$A_1 \times A_2 \times \ldots \times A_n = \{(a_1, \ldots, a_n) \mid a_i \in A_i \quad \text{für } i = 1, \ldots, n\}.$$

Vorsicht: Bei den n-Tupeln und dem kartesischen Produkt kommt es auf die Reihenfolge der Elemente an, im Gegensatz zu Mengen, bei denen die Reihenfolge der Elemente beliebig ist. Es gilt im allgemeinen $A \times B \neq B \times A$, wenn $A \neq B$.

Wenn die Mengen A_1 bis A_n alle gleich einer Menge A sind, schreibt man für das n-fache Mengenprodukt $A \times A \ldots \times A$ kurz A^n.

Beispiel 7: Gegeben sind die Mengen $A = \{a, b, c\}$ und $B = \{1, 2\}$. Dann ist das kartesische Produkt $A \times B$:

$$A \times B = \{(a,1), (a,2), (b,1), (b,2), (c,1), (c,2)\}.$$

Das kartesische Produkt $B \times A$ dagegen:

$$B \times A = \{(1,a), (1,b), (1,c), (2,a), (2,b), (2,c)\}. \qquad \triangle$$

Es seien A und B Mengen. Man nennt die Teilmengen des kartesischen Produkts $A \times B$ **Relationen (von A nach B)**. Wenn R eine Relation ist, schreibt man in diesem Zusammenhang auch aRb statt $(a, b) \in R$. Im Falle, daß $A = B$ ist, sagt man, daß $R \subset A \times A$ eine Relation auf A ist.

Auf der Menge der natürlichen Zahlen wird durch die Aussageform „a ist größer als b." (symbolisch geschrieben „$a > b$") eine Relation definiert. Es kann durchaus sein, daß eine Relation leer ist, so ist z.B. durch die Aussageform „a ist gleich $1 - b$." gegebene Relation auf $\mathbb{N}$ leer.

I.5 Die reellen Zahlen

§ 5.1 Das reelle Zahlensystem

In diesem Paragraphen wird ein kurzer Überblick über den Aufbau des reellen Zahlensystems gegeben.

Dem Leser sind aus der Schule Zahlenausdrücke wie $\sqrt{2}$, 1, -2, $\frac{6}{4}$, 0,75 bestimmt vertraut. Diese Ausdrücke stellen einige der **reellen Zahlen** dar. Genauso vertraut ist er mit der Tatsache, daß man mit reellen Zahlen rechnen kann, man kann je zwei reelle Zahlen miteinander addieren und multiplizieren, eine Zahl von der anderen subtrahieren, eine Zahl durch eine andere dividieren. Eine exakt mathematische Einführung der reellen Zahlen wäre hier zu umständlich, wir werden daher zur Veranschaulichung die reellen Zahlen mit den Punkten der **Zahlengerade** identifizieren. Die Zahlengerade ist eine waagerechte Gerade, an der zuerst zwei beliebige voneinander verschiedene Punkte ausgezeichnet werden. Derjenige Punkt, der links liegt, stellt die Null dar, der Punkt, der rechts liegt, stellt die Eins dar.

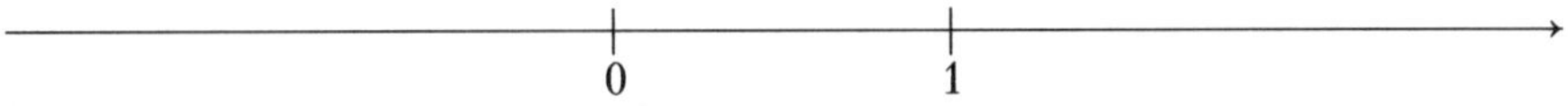

Durch die Wahl der beiden Punkte wird eine **Längeneinheit** auf der Zahlengerade festgelegt.

Nun werden einige gebräuchliche Zahlensysteme innerhalb des Zahlensystems der reellen Zahlen vorgestellt.

Die natürlichen Zahlen 1, 2, 3, 4, 5 usw. lassen sich durch ein wiederholtes Abtragen der Einheitsstrecke, die durch die Punkte 0 und 1 festgelegt worden ist, nach rechts auf der Zahlengerade darstellen. Die Menge der natürlichen Zahlen wird mit $\mathbb{N}$ bezeichnet, es gilt also $\mathbb{N} = \{1, 2, 3, 4, \ldots\}$. Mit $\mathbb{N}_0$ bezeichnet man die Menge $\mathbb{N} \cup \{0\}$, es ist also $\mathbb{N}_0 = \{0, 1, 2, 3, 4, \ldots\}$.

Die Addition zweier natürlicher Zahlen liefert wieder eine natürliche Zahl.

Subtrahiert man eine natürliche Zahl von einer anderen, ist das Ergebnis im allgemeinen keine natürliche Zahl, es ist z. B. $3 - 5 = -2 \notin \mathbb{N}$. Die **ganzen Zahlen** setzen sich aus allen natürlichen Zahlen, der Null und allen zu den natürlichen Zahlen **negativen** Zahlen zusammen. Die zu einer natürlichen Zahl n negative Zahl $-n$ läßt sich als der zu dem Punkt, der die Zahl n darstellt, bezüglich der Null symmetrische Punkt der Zahlengerade darstellen.

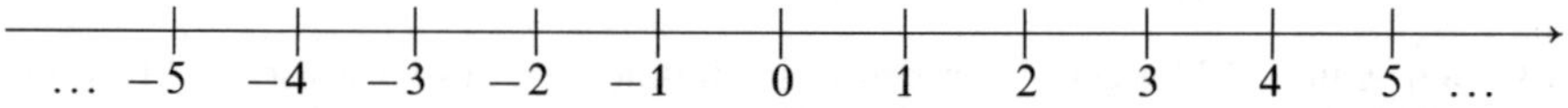

Man bezeichnet die Menge der ganzen Zahlen mit $\mathbb{Z}$, es gilt $\mathbb{Z} = \{\ldots, -4, -3, -2, -1, 0, 1, 2, 3, 4, \ldots\}$. Die Addition, Subtraktion bzw. Multiplikation zweier ganzer Zahlen ergibt wieder eine ganze Zahl.

Das Problem des Teilens führt zu den **rationalen Zahlen** (oder **Bruchzahlen**). Rationale Zahlen sind alle Zahlen, die sich in der Form $\frac{p}{q}$ mit $p, q \in \mathbb{Z}$ und $q \neq 0$ schreiben lassen. Die Darstellung $\frac{p}{q}$ ist nicht eindeutig, es ist z. B. $\frac{2}{3} = \frac{-4}{-6} = \frac{12}{18}$.

Man bevorzugt meistens eine solche Darstellung $\frac{p}{q}$ derart, daß die Zahlen p und q nicht durch die gleiche natürliche Zahl k, $k \neq 1$, teilbar sind. Diese Darstellung nennt man **ausgekürzt**. Es ist z. B. $\frac{12}{18}$ eine nichtausgekürzte und $\frac{2}{3}$ eine ausgekürzte Darstellung derselben rationalen Zahl. Es gilt $\frac{12}{18} = \frac{2 \cdot 6}{3 \cdot 6} = \frac{2}{3}$.

Die Menge der rationalen Zahlen wird mit $\mathbb{Q}$ bezeichnet, es ist also $\mathbb{Q} = \{\frac{p}{q} \mid p, q \in \mathbb{Z} \text{ und } q \neq 0\}$. Da sich jede Zahl $p \in \mathbb{Z}$ als $\frac{p}{1}$ schreiben läßt, gilt: $\mathbb{N} \subset \mathbb{N}_0 \subset \mathbb{Z} \subset \mathbb{Q}$. Die Addition, Subtraktion, Multiplikation bzw. Division zweier rationaler Zahlen ergibt wieder eine rationale Zahl.

Man kann sich jetzt fragen, ob mit den rationalen Zahlen schon alle Punkte der Zahlengerade ausgeschöpft sind. Es gibt Punkte der Zahlengerade, die keine rationale Zahl darstellen. Die Zahl $\sqrt{2}$ ist die Länge der Diagonale des Quadrats mit der Seitenlänge 1. Es läßt sich zeigen, daß $\sqrt{2}$ keine rationale Zahl ist. Der Zahl $\sqrt{2}$ wird, wie in der Zeichnung dargestellt, ein Punkt der Zahlengerade zugeordnet.

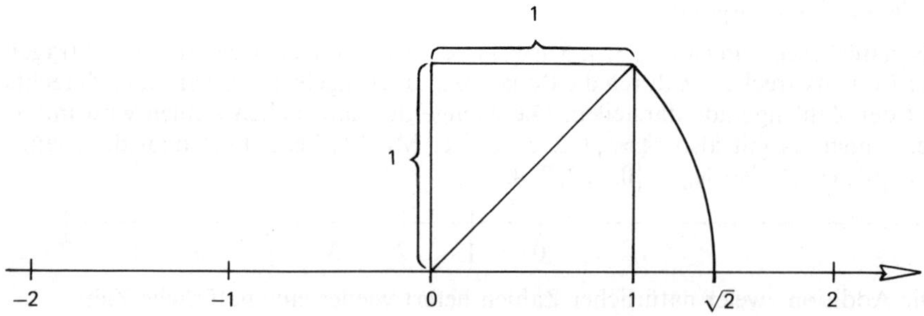

Es gibt also auf der Zahlengerade Punkte, die keiner rationalen Zahl entsprechen. Die Menge der **reellen Zahlen** ist die Menge aller durch die Punkte der Zahlengerade dargestellten Zahlen. Man bezeichnet die Menge der reellen Zahlen mit $\mathbb{R}$. Die reellen Zahlen, die nicht rational sind, werden **irrationale** Zahlen genannt. Die Zahl $\sqrt{2}$ ist ein Beispiel einer irrationalen Zahl. Die Menge der irrationalen Zahlen kann als $\mathbb{R} \setminus \mathbb{Q}$ geschrieben werden.

Die Addition und Multiplikation der reellen Zahlen erfüllen die folgenden Gesetze:

Gesetze der Addition und Multiplikation in $\mathbb{R}$:

R1) Kommutativgesetz: Für alle $a, b \in \mathbb{R}$ ist $a + b = b + a$ und $a \cdot b = b \cdot a$.

R2) Assoziativgesetz: Für alle $a, b, c \in \mathbb{R}$ ist $(a + b) + c = a + (b + c)$ und $(a \cdot b) \cdot c = a \cdot (b \cdot c)$. (In Worten: Addiert (multipliziert) man zuerst a und b und dann das Ergebnis mit c, erhält man dieselbe Zahl, die sich durch die Addition (Multiplikation) von a mit dem Ergebnis der Addition (Multiplikation) von b und c ergibt.)

R3) Es gilt $a + 0 = a$ und $a \cdot 1 = a$ für alle $a \in \mathbb{R}$.

R4) Zu je zwei Zahlen $a, b \in \mathbb{R}$ existiert genau eine Zahl $x \in \mathbb{R}$ mit $b + x = a$. Man bezeichnet diese Zahl mit $a - b$. Ist speziell $a = 0$, so gibt es genau eine Zahl $x \in \mathbb{R}$ mit $b + x = 0$, nämlich $0 - b$. Wir schreiben für diese Zahl abkürzend $-b$. Es gilt $a + (-b) = a - b$.

R5) Zu je zwei Zahlen $a, b \in \mathbb{R}$, $b \neq 0$, existiert genau eine Zahl $y \in \mathbb{R}$ mit $b \cdot y = a$; man bezeichnet diese Zahl mit $\frac{a}{b}$ oder auch a/b. Es gilt $b \cdot \frac{1}{b} = 1$ und $a \cdot \frac{1}{b} = \frac{a}{b}$. Die Zahl $\frac{1}{b}$ heißt die zu der Zahl b **inverse Zahl**. Man beachte, daß b nicht gleich Null sein darf.

R6) Distributivgesetz: Für alle $a, b, c \in \mathbb{R}$ ist $(a + b) \cdot c = a \cdot c + b \cdot c$ und $a \cdot (b + c) = a \cdot b + a \cdot c$.

Man läßt, falls es zu keinen Unklarheiten kommen kann, das Multiplikationszeichen „·" oft weg, man schreibt also statt „a · b" einfach nur „ab".
Warnung: Es ist $2\frac{1}{2} = \frac{5}{2} \neq 1 = 2 \cdot \frac{1}{2}$.

Die Multiplikation und Division hat, falls es nicht ausdrücklich durch die Klammerung bestimmt ist, eine Priorität vor der Addition und Subtraktion; das bedeutet, daß die Multiplikation bzw. Division **vor** der Addition und der Subtraktion ausgeführt wird. Diese Regelung erspart eine umständliche und oft unübersichtliche Klammerung. Man schreibt z. B. statt $(a/b) - (a \cdot c)$ einfach $a/b - a \cdot c$. Im Ausdruck $(a + b) \cdot c$ dürfen dagegen die Klammern nicht weggelassen werden.

Satz 5.1: (Kürzungsregeln)

a) Ist $a + c = b + c$, dann ist $a = b$.

b) Ist $ac = bc$ und $c \neq 0$, dann ist $a = b$.

Beweis: Wir zeigen nur b): Ist $ac = bc$ und $c \neq 0$ dann gilt $(ac)\frac{1}{c} = (bc)\frac{1}{c}$, nach dem Assoziativgesetz ist folglich $a\left(c\frac{1}{c}\right) = b\left(c\frac{1}{c}\right)$. Es gilt $c\frac{1}{c} = 1$, wir erhalten $a \cdot 1 = b \cdot 1$, mit R3 ist also $a = b$. △

Es läßt sich leicht zeigen, daß $c \cdot 0 = 0$ für alle $c \in \mathbb{R}$ gilt. Ist $ab = 0$ und $b \neq 0$, so folgt aus $a \cdot b = 0 = 0 \cdot b$ nach Satz 5.1b) $a = 0$. Wir erhalten den folgenden Satz:

Satz 5.2:
Ist $ab = 0$, dann ist $a = 0$ oder $b = 0$.

Im nächsten Satz sind die wichtigsten Rechenregeln für die reellen Zahlen aufgelistet. Es ist nicht besonders schwierig, diese Rechenregeln zu verifizieren. Dem Leser wird empfohlen, sich mit diesen Rechenregeln gründlich vertraut zu machen.

Satz 5.3: (Rechenregeln für die reellen Zahlen)

a) $-a = (-1)a$ b) $-(-a) = a$

c) $(-a)b = a(-b) = -(ab)$ d) $(-a)(-b) = ab$

e) $-(a+b) = (-a)+(-b)$ f) $\frac{1}{\frac{1}{a}} = a$

g) $\frac{1}{\frac{a}{b}} = \frac{b}{a}$ h) $\frac{a}{c} + \frac{b}{c} = \frac{a+b}{c}$

i) $a \cdot \frac{b}{c} = \frac{a \cdot b}{c}$ j) $\frac{1}{c} \cdot \frac{1}{d} = \frac{1}{c \cdot d}$

k) $\frac{a \cdot c}{b \cdot c} = \frac{a}{b}$ l) $\frac{\frac{a}{b}}{\frac{c}{d}} = \frac{a \cdot d}{b \cdot c}$

m) $\frac{a}{b} + \frac{c}{d} = \frac{a \cdot d + c \cdot b}{b \cdot d}$ n) $\frac{(-a)}{b} = -\frac{a}{b} = \frac{a}{(-b)}$

o) $\frac{\frac{a}{b}}{c} = \frac{a}{b \cdot c}$ p) $\frac{1}{(-a)} = \frac{(-1)}{a} = -\frac{1}{a}$

Überall, wo in der Formel mit einer Zahl dividiert wird, wird sie ungleich Null vorausgesetzt.

Für jedes $x \in \mathbb{R}$ und jedes $n \in \mathbb{N}$ nennt man das n-fache Produkt der Zahl x mit sich selbst die **n-te Potenz von x**, sie wird mit x^n (sprich: „x hoch n") bezeichnet. Es ist also $x^1 = x$, $x^2 = x \cdot x$, $x^3 = x \cdot x \cdot x$ usw. Für alle $x \in \mathbb{R}$, $x \neq 0$, und jedes $n \in \mathbb{N}$ definiert man $x^{-n} = \frac{1}{x^n}$, es ist also $x^{-1} = \frac{1}{x}$, $x^{-2} = \frac{1}{x^2}$, $x^{-3} = \frac{1}{x^3}$ usw. Schließlich wird für alle $x \in \mathbb{R}$, $x \neq 0$, $x^0 = 1$ definiert. Man beachte: Für alle $n \in \mathbb{N}$ ist $0^n = 0$, für alle $k \in \mathbb{Z} \setminus \mathbb{N} = \{0, -1, -2, -3, \ldots\}$ ist dagegen der Ausdruck „0^k" nicht definiert.

Satz 5.4: (Rechenregeln für die Potenzen)
Für alle $x, y \in \mathbb{R}$, $x \neq 0$ und $y \neq 0$, und alle $n, m \in \mathbb{Z}$ gilt:

a) $x^{n+m} = x^n \cdot x^m$

b) $\left(\frac{1}{x}\right)^n = \frac{1}{x^n} = x^{-n}$

c) $x^{n-m} = \frac{x^n}{x^m}$

d) $(x^n)^m = x^{n \cdot m}$

e) $(x \cdot y)^n = x^n \cdot y^n$

f) $\left(\frac{x}{y}\right)^n = \frac{x^n}{y^n} = x^n \cdot y^{-n}$

g) $\left(\frac{x}{y}\right)^{-n} = \left(\frac{y}{x}\right)^n$

h) $(-x)^n = \begin{cases} x^n & \text{falls n gerade} \\ -x^n & \text{falls n ungerade} \end{cases}$

Ein **algebraischer Ausdruck** besteht aus einer oder mehreren **algebraischen Größen** (das sind Zahlen und Zahlensymbole), die miteinander durch **algebraische Operationen** (wie etwa $+$, $-$, $\cdot$, $/$ usw.) verknüpft sind. Durch die Klammern wird dabei die Reihenfolge der Ausführung der Operationen festgelegt. Sind A und B zwei algebraische Ausdrücke, so nennt man den Ausdruck $A = B$ eine **Gleichung**. So sind z.B.

(1) $a^3 - b^3 = (a - b)(a^2 + ab + b^2)$

(2) $x^2 - 3x = x^2 + 5x + 8$

(3) $x + 3 = x + 2$

Gleichungen. Die Gleichung (1) wird für alle möglichen Belegungen der Zahlensymbole a und b mit konkreten reellen Zahlen erfüllt, man spricht in diesem Fall von einer **Identität**. Die Gleichung (2) wird nur für $x = -1$ erfüllt, die Gleichung (3) wird für keinen Wert von x erfüllt.

Die **Lösung** einer Gleichung **nach der Unbestimmten (oder Unbekannten) x** entspricht der Bestimmung der Menge aller reellen Zahlen, die, eingesetzt für das Zahlensymbol x, die gegebene Gleichung erfüllen. Diese Menge wird die **Lösungsmenge** der gegebenen Gleichung genannt. Die Lösung einer Gleichung erfolgt (unter anderem) durch die Anwendung der **Äquivalenzumformungen**. Durch die Äquivalenzumformungen gelangt man schrittweise von der ursprünglichen Gleichung jeweils zu einer **äquivalenten** Gleichung, die die gleiche Lösungsmenge besitzt. Zu den Äquivalenzumformungen gehören:

a) Addition eines algebraischen Ausdrucks C zu der rechten und linken Seite der Gleichung $A = B$; die so entstandene (äquivalente) Gleichung hat die Form $A + C = B + C$.

b) Multiplikation der rechten und linken Seite der Gleichung $A = B$ mit einem algebraischen Ausdruck $D \neq 0$; die so entstandene Gleichung hat die Form $A \cdot D = B \cdot D$.

Warnung: Bei den beiden obigen Äquivalenzumformungen muß stets berücksichtigt werden, wann die Ausdrücke A, B, C und D überhaupt definiert sind. Bei der Umformung b) wird man sich **immer** davon überzeugen müssen, daß tatsächlich $D \neq 0$ ist. Die Fälle, für die $D = 0$ ist, müssen dann separat behandelt werden.

Beispiel 1: Gegeben sei die Gleichung

(4) $$2x + 3 = -5x - 4.$$

Die Addition der Zahl -3 zu der linken und rechten Seite von (4) liefert:

(5) $$2x + 3 + (-3) = -5x - 4 + (-3) \quad \text{bzw.} \quad 2x = -5x - 7$$

Die Addition von 5x zu den beiden Seiten der Gleichung (5) liefert:

(6) $$5x + 2x = 5x - 5x - 7 \quad \text{bzw.} \quad 7x = -7.$$

Die Multiplikation der beiden Seiten von (6) mit $\frac{1}{7}$ ergibt schließlich:

(7) $$\tfrac{1}{7} \cdot 7x = \tfrac{1}{7} \cdot (-7) \quad \text{bzw.} \quad x = -1.$$

Die Gleichung (4) hat nach (7) genau eine Lösung $x = -1$. In der Kurzform läßt sich der Lösungsweg wie folgt beschreiben:

$$\begin{aligned} 2x + 3 &= -5x - 4 && / + (-3) \\ \Leftrightarrow \quad 2x &= -5x - 7 && / + 5x \\ \Leftrightarrow \quad 7x &= -7 && / \cdot (1/7) \\ \Leftrightarrow \quad x &= -1 \end{aligned}$$

△

Beispiel 2: Gegeben sei die Gleichung

(8) $$\frac{x^2}{x-1} = \frac{1}{x-1} + 3.$$

Die linke und rechte Seite der Gleichung sind nur für $x \neq 1$ definiert. (Für $x = 1$ stünde jeweils im Nenner die Null!). Wir erhalten die folgende Rechnung:

$$\begin{aligned} \frac{x^2}{x-1} &= \frac{1}{x-1} + 3 && / \cdot (x-1);\ x \neq 1 \\ \Leftrightarrow \quad x^2 &= 1 + 3(x-1) \\ \Leftrightarrow \quad x^2 &= 3x - 2 && / + (-3x + 2) \\ \Leftrightarrow \quad x^2 - 3x + 2 &= 0 \\ \Leftrightarrow \quad (x-1)(x-2) &= 0 \end{aligned}$$

(Man kann sich durch Nachrechnen leicht davon überzeugen, daß $x^2 - 3x + 2 = (x-1)(x-2)$ gilt.)

Nach Satz 5.2 ist $(x-1)(x-2) = 0$ genau dann, wenn $x - 2 = 0$ oder $x - 1 = 0$ ist, d.h. genau dann, wenn $x = 2$ oder $x = 1$ gilt. Da aber $x = 1$ anfangs ausgeschlossen worden ist, bleibt $x = 2$ die einzige Lösung der Gleichung (8). △

Es ist durchaus möglich, daß in einer Gleichung mehrere verschiedene Zahlensymbole (d.h. Unbestimmte) vorkommen. Löst man die Gleichung nach einer vorgegebenen Unbestimmten, so hängt die Lösungsmenge von der Belegung der übrigen Unbestimmten mit konkreten Zahlen ab, man nennt diese Unbestimmten auch **Parameter** der Lösung.

Beispiel 3: (Lösung der linearen Gleichung $ax + b = 0$).
Gegeben sei die Gleichung $ax + b = 0$. Wir lösen die Gleichung nach der Unbestimmten x. Sei L die Lösungsmenge der Gleichung $ax + b = 0$. Ist zuerst $a = 0$ und $b \neq 0$, so hat die Gleichung die Form $b = 0$; das ist ein Widerspruch. Ist $a = 0$ und $b = 0$, so hat die Gleichung die Form $0 = 0$; diese Gleichung wird trivialerweise von allen $x \in \mathbb{R}$ erfüllt. Ist schließlich $a \neq 0$, so ist $x = -\frac{b}{a}$ die einzige Lösung der gegebenen Gleichung. Zusammengefaßt: Für $a = 0$ und $b \neq 0$, ist $L = \emptyset$, für $a = b = 0$ ist $L = \mathbb{R}$ und für $a \neq 0$ ist $L = \{-\frac{b}{a}\}$. △

Das gleichzeitige Quadrieren der linken und rechten Seite einer Gleichung ist **keine** Äquivalenzumformung. Man beachte allerdings, daß jede Lösung (nach einer Unbestimmten) der Gleichung $A = B$ auch eine Lösung der Gleichung $A^2 = B^2$ ist. Anders gesagt: Die Lösungsmenge der Gleichung $A = B$ ist eine Teilmenge der Lösungsmenge der Gleichung $A^2 = B^2$.

Beispiel 4: Gegeben sei die Gleichung

(10) $$\sqrt{x} = 6 - x.$$

Quadriert man die beiden Seiten dieser Gleichung, erhält man die Gleichung

(11) $$x = 36 - 12x + x^2.$$

Die Lösungsmenge M der Gleichung (10) ist $M = \{4\}$, die Lösungsmenge L der Gleichung (11) ist $L = \{4, 9\}$. Es ist tatsächlich $M \subset L$. Man löst zuerst die (einfachere) Gleichung (11), dann überprüft man, welche der Lösungen die Gleichung (10) erfüllen. △

§ 5.2 Der Ordnungsbegriff

Je zwei reelle Zahlen a, b lassen sich miteinander vergleichen, es gilt entweder $a < b$ (sprich: „a kleiner als b") oder $a = b$ oder $b < a$. Es wird hierbei hilfreich sein, sich die reellen Zahlen wieder als Punkte der Zahlengerade vorzustellen. Es ist $a < b$ genau dann, wenn der Punkt, der die Zahl a darstellt, links vom Punkt, der die Zahl b darstellt, liegt. Man schreibt auch $b > a$ (sprich: „b größer als a") genau dann, wenn $a < b$ gilt. So ist z.B. $-2 < 0$, $3/2 > 0$, $-\sqrt{2} > -3$ und $-2 < 1$.

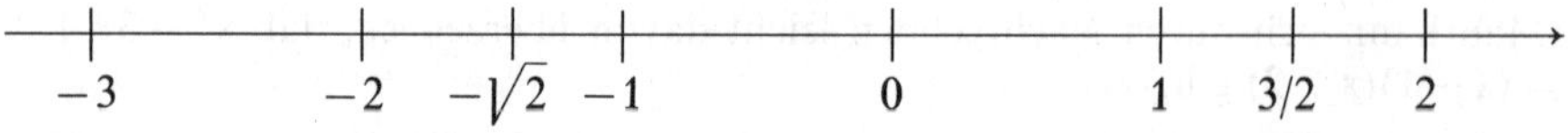

Der Ausdruck $a \geqq b$ bzw. $a \leqq b$ bedeutet „a größer oder gleich b“ bzw. „a kleiner oder gleich“, es ist also $a \geqq b$ bzw. $a \leqq b$ genau dann, wenn $a > b$ oder $a = b$ bzw. $a < b$ oder $a = b$ gilt. Man nennt die Ausdrücke $a < b$, $a > b$, $a \leqq b$ bzw. $a \geqq b$ **Ungleichheiten**. Man sagt, daß die reellen Zahlen **durch die Relation < geordnet** sind. Die Zahlen $a \in \mathbb{R}$ mit $a > 0$ (bzw. $a < 0$) heißen **positiv** (bzw. **negativ**). Die Zahlen $a \in \mathbb{R}$ mit $a \geqq 0$ (bzw. $a \leqq 0$) nennt man dementsprechend **nichtnegativ** (bzw. **nichtpositiv**).

Die Relation < erfüllt folgende Gesetze:

Gesetze der Ordnung auf $\mathbb{R}$:

O1) Trichotomiegesetz: Für je zwei $a, b \in \mathbb{R}$ gilt genau eine der Aussagen $a < b$, $a = b$, $a > b$.
O2) Transitivität: Ist $a < b$ und $b < c$, dann ist $a < c$.
O3) Für alle $a, b, c \in \mathbb{R}$ folgt aus $a < b$ stets $a + c < b + c$.
O4) Aus $0 < a$ und $0 < b$ folgt stets $0 < ab$.

Aus diesen Gesetzen lassen sich die Aussagen des nächsten Satzes herleiten.

Satz 5.5:

a) $a > 0 \Rightarrow (-a) < 0$ b) $a < 0 \Rightarrow (-a) > 0$
c) Ist $a < b$ und $c < d$, so ist $a + c < b + d$.
d) Ist $a < b$ und $c > 0$, so ist $ac < bc$.
e) Ist $a < b$ und $c < 0$, so ist $ac > bc$.
f) $a > 0 \Rightarrow \frac{1}{a} > 0$ g) $a < 0 \Rightarrow \frac{1}{a} < 0$
h) $a \neq 0 \Rightarrow a^2 > 0$

Beweis: Wir zeigen nur e), der Rest kann analog eingesehen werden. Ist $a < b$ und $c < 0$, so ist $0 = a - a < b - a$ und $0 = c - c < -c$, nach O4 ist also $0 < (b - a) \cdot (-c) = -bc + ac$, folglich ist $bc < ac$, was zu zeigen war. △

Der nächste Satz ist eine einfache Folgerung aus dem obigen Satz.

Satz 5.6: (Kürzungsregeln für die Ungleichheiten)

a) Ist $ca > cb$ (bzw. $ca \geqq cb$) und $c > 0$, dann ist $a > b$ (bzw. $a \geqq b$).
b) Ist $ca > cb$ (bzw. $ca \geqq cb$) und $c < 0$, dann ist $a < b$ (bzw. $a \leqq b$).

Man beachte, daß sich bei b) die Richtung der Ungleichheit ändert.

Die Menge der Zahlen, die auf der Zahlengerade zwischen zwei Zahlen a, b $\in \mathbb{R}$ mit $a < b$ liegen, heißt **das offene Intervall von a bis b**, man bezeichnet diese Menge mit (a, b). Es gilt also $(a, b) = \{x \in \mathbb{R} \mid a < x \text{ und } x < b\}$, oder kürzer $(a, b) = \{x \in \mathbb{R} \mid a < x < b\}$. Wir definieren weiter

$$(a, b] = \{x \in \mathbb{R} \mid a < x \leqq b\}$$
$$[a, b) = \{x \in \mathbb{R} \mid a \leqq x < b\}$$
$$[a, b] = \{x \in \mathbb{R} \mid a \leqq x \leqq b\}.$$

Diese Mengen heißen der Reihe nach **linksoffenes, rechtsoffenes** bzw. **abgeschlossenes Intervall von a bis b**. Die Intervalle (a, b] und [a, b) heißen **halboffen**. Auf der Zahlengerade werden die Intervalle wie folgt dargestellt:

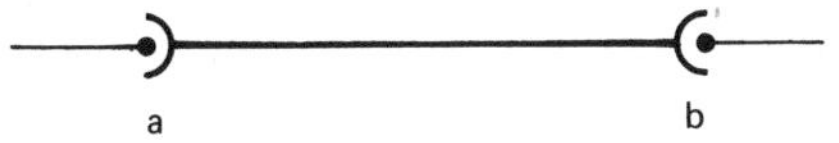

(a, b)

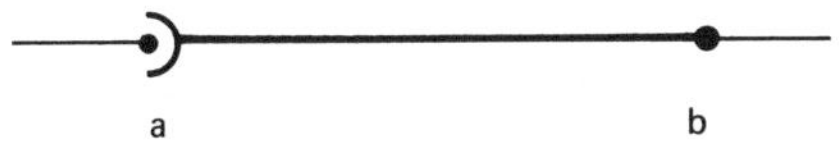

(a, b]

[a, b)

[a, b]

Schließlich definiert man noch für jedes a $\in \mathbb{R}$ die **nichtbeschränkten Intervalle**

$$(-\infty, a) = \{x \in \mathbb{R} \mid x < a\}$$
$$(-\infty, a] = \{x \in \mathbb{R} \mid x \leqq a\}$$
$$(a, \infty) \quad = \{x \in \mathbb{R} \mid x > a\}$$
$$[a, \infty) \quad = \{x \in \mathbb{R} \mid x \geqq a\}.$$

Die Intervalle $(-\infty, a)$ und (a, ∞) heißen **offen**, die Intervalle $(-\infty, a]$ und $[a, -\infty)$ heißen **abgeschlossen**. Das Symbol ∞ wird als „unendlich", das Symbol $-\infty$ als „minus unendlich" gelesen. Die beiden Symbole ∞ und $-\infty$ sind **keine** reellen Zahlen. Man kann mit ihnen nicht wie mit den reellen Zahlen rechnen.

Für jedes $x \in \mathbb{R}$ wird der **(absolute) Betrag** $|x|$ durch

$$|x| = \begin{cases} x, & \text{falls } x \geqq 0 \\ -x, & \text{falls } x < 0 \end{cases} \quad \text{definiert.}$$

Der Betrag einer Zahl läßt sich als der Abstand des Punktes, der diese Zahl auf der Zahlengerade darstellt, zum Nullpunkt deuten. Demnach ist also $|x - y|$ der Abstand der Punkte x und y auf der Zahlengerade. Unter Benutzung des Satzes 5.5 lassen sich die Aussagen des nächsten Satzes leicht verifizieren.

Satz 5.7: (Eigenschaften des absoluten Betrags)
a) Für alle $x \in \mathbb{R}$ ist $|x| \geqq 0$.
b) $|x| = 0 \Leftrightarrow x = 0$
c) $|x| = |-x|$
d) $|xy| = |x| \cdot |y|$
e) $|x/y| = |x| / |y|$ (für $y \neq 0$)
f) $|x + y| \leqq |x| + |y|$
g) $||x| - |y|| \leqq |x - y|$

Beweis: Wir zeigen nur die Behauptung f), die sog. **Dreiecksungleichung:** Nach der Definition des Betrags gilt $|x| \geqq x$, $|x| \geqq -x$, $|y| \geqq y$ und $|y| \geqq -y$. Insbesondere ist nach Satz 5.5c) $|x| + |y| \geqq x + y$ und $|x| + |y| \geqq -x - y$. Nach der Definition des Betrags ist $|x + y| = x + y$ oder $|x + y| = -(x + y) = -x - y$. Es ist also in beiden Fällen $|x| + |y| \geqq |x + y|$. △

Ein Ausdruck der Form $A < B$ (bzw. $A \leqq B$), wobei A und B algebraische Ausdrücke sind, heißt eine **Ungleichung**. Hier einige Beispiele für Ungleichungen:

$$x^2 \leqq |x + 1|$$
$$a^2 - b^2 < c + 4$$
$$y^2 + x^2 \leqq 1.$$

Die Lösung einer Ungleichung nach einer Unbestimmten x besteht, wie das schon bei den Gleichungen der Fall war, in der Bestimmung der Lösungsmenge dieser Ungleichung, das ist die Menge aller Zahlen, die eingesetzt für die Unbestimmte x, die gegebene Ungleichung erfüllen. Die Lösung erfolgt mit Hilfe der Äquivalenzumformungen, ähnlich wie schon bei der Lösung von Gleichungen. Die gegebene Ungleichung $A < B$ (bzw. $A \leqq B$) wird durch die Addition eines algebraischen Ausdrucks C zu der rechten und linken Seite in die äquivalente Ungleichung $A + C < B + C$ (bzw. $A + C \leqq B + C$) überführt. Falls $D > 0$ ist, dann ist die Ungleichung $A \cdot D < B \cdot D$ (bzw. $A \cdot D \leqq B \cdot D$) eine zu der Ungleichung $A < B$ (bzw. $A \leqq B$) äquivalente Ungleichung. Falls $D < 0$ ist, dann ist die Ungleichung $A \cdot D > B \cdot D$ (bzw. $A \cdot D \geqq B \cdot D$) eine zu der Ungleichung $A < B$ (bzw. $A \leqq B$) äquivalente Ungleichung.

Beispiel 1: Zu lösen ist die Ungleichung $x - 3 < -2x + 4$ nach der Unbestimmten x. Wir erhalten die folgende Rechnung:

$$\begin{aligned} & x - 3 < -2x + 4 && / + 2x \\ \Leftrightarrow\ & 3x - 3 < 4 && / + 3 \\ \Leftrightarrow\ & 3x < 7 && / \cdot \tfrac{1}{3} \\ \Leftrightarrow\ & x < \tfrac{7}{3}. \end{aligned}$$

Die Lösungsmenge der gegebenen Ungleichung ist also das Intervall $(-\infty, 7/3)$. △

Beispiel 2: Zu lösen ist die Ungleichung

(1) $|3x - 2| \leqq 1.$

Ein $x \in \mathbb{R}$ erfüllt (1) genau dann, wenn es gleichzeitig die Ungleichungen

$$(2) \qquad -1 \leqq 3x - 2 \quad \text{und} \quad (3) \qquad 3x - 2 \leqq 1$$

erfüllt. Die Lösungsmenge von (2) ist das Intervall $[1/3, \infty)$, die Lösungsmenge von (3) ist das Intervall $(-\infty, 1]$. Die Lösungsmenge L von (1) ist offensichtlich der Durchschnitt der beiden Lösungsmengen, $L = (-\infty, 1] \cap [1/3, \infty) = [1/3, 1]$. △

Bei der Lösung von komplizierteren Ungleichungen der Form $A < B$ bzw. $A \leqq B$ (nach einer Unbestimmten x) ist es empfehlenswert, die **kritischen Punkte** der Ungleichung zu bestimmen, das sind die Lösungen der Gleichung $A = B$ (nach der Unbestimmten x). Die kritischen Punkte zusammen mit den Punkten, für die A oder B nicht definiert ist, liefern eine Unterteilung von $\mathbb{R}$ in disjunkte Intervalle, in denen man dann die gegebene Ungleichung **separat** untersucht.

Beispiel 3: Gegeben sei die Ungleichung $x^2 - 3x \leqq -2$. Es gilt zuerst

$$x^2 - 3x \leqq -2 \Leftrightarrow x^2 - 3x + 2 \leqq 0 \Leftrightarrow (x-1)(x-2) \leqq 0.$$

Der Ansatz $(x-1)(x-2) = 0$ liefert die kritischen Punkte 1 und 2. Die Zahlen 1 und 2 erfüllen die gegebene Ungleichung. Wir untersuchen nun die Ungleichung auf den Intervallen $(-\infty, 1)$, $(1, 2)$ und $(2, \infty)$. Auf der Zahlengerade kann die Situation anschaulich dargestellt werden:

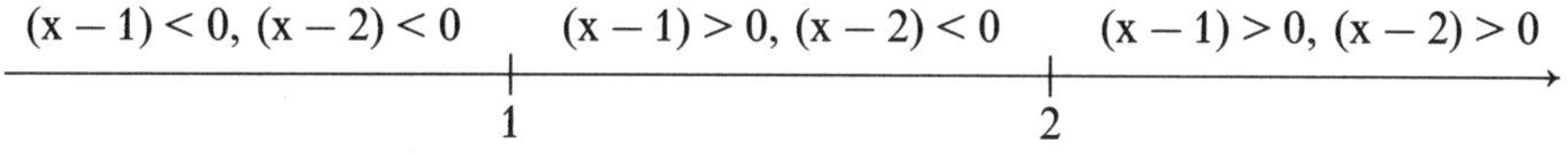

Für alle $x \in (-\infty, 1) \cup (2, \infty)$ ist $(x-1)(x-2) > 0$, die gegebene Ungleichung wird also nicht erfüllt. Für alle $x \in (1, 2)$ ist dagegen $(x-1)(x-2) < 0$, die Lösungsmenge ist also das Intervall $[1, 2] = (1, 2) \cup \{1, 2\}$. △

Zu jeder **nichtnegativen** reellen Zahl x und jedem $n \in \mathbb{N}$ gibt es genau eine **nichtnegative** reelle Zahl y mit $y^n = x$, diese Zahl wird **die n-te Wurzel von x** genannt und mit $\sqrt[n]{x}$ bezeichnet. Für die **quadratische Wurzel** $\sqrt[2]{x}$ schreibt man vereinfacht nur $\sqrt{x}$.

Manchmal wird für die n-te Wurzel von x auch die Bezeichnung $x^{\frac{1}{n}}$ bzw. $x^{1/n}$ verwendet.

Satz 5.8: (Rechenregeln für die Wurzeln)

a) Es seien $x, y \in \mathbb{R}$, $x \geqq 0$ und $y \geqq 0$, und $m, n \in \mathbb{N}$. Dann gilt:

i) $\sqrt[n]{x \cdot y} = \sqrt[n]{x} \cdot \sqrt[n]{y}$ ii) $\sqrt[n]{\frac{1}{x}} = \frac{1}{\sqrt[n]{x}} \quad (x > 0)$

iii) $\sqrt[n]{\frac{x}{y}} = \frac{\sqrt[n]{x}}{\sqrt[n]{y}} \quad (y > 0)$ iv) $\sqrt[n]{\sqrt[m]{x}} = \sqrt[nm]{x}$.

b) Ist $x \in \mathbb{R}$ und $n \in \mathbb{N}$ **gerade**, dann gilt $\sqrt[n]{(x^n)} = |x|$.

Beweis: Wir zeigen exemplarisch nur die Behauptung a) iv): Es sei $a = \sqrt[n]{\sqrt[m]{x}}$. Um die Behauptung zu beweisen, genügt es zu zeigen, daß $a^{nm} = x$ ist. Es ist $a^{nm} = (a^n)^m = ((\sqrt[n]{\sqrt[m]{x}})^n)^m = (\sqrt[m]{x})^m = x$. △

Die Gleichung $x^2 - c = 0$ hat für $c < 0$ keine Lösung, da für alle $x \in \mathbb{R}$ stets $x^2 \geqq 0$ gilt. Ist $c = 0$, dann hat die Gleichung $x^2 - c = 0$ genau eine Lösung $x = 0$. Im Fall $c > 0$ gilt $x^2 - c = (x - \sqrt{c}) \cdot (x + \sqrt{c}) = 0$, die Gleichung $x^2 - c = 0$ hat folglich genau zwei Lösungen $x_1 = \sqrt{c}$ und $x_2 = -\sqrt{c}$.

Die Gleichung $x^2 - c = 0$ ist ein Spezialfall der **quadratischen Gleichung**

$$ax^2 + bx + c = 0 \quad (a \neq 0).$$

Diese Gleichung läßt sich, da $a \neq 0$ ist, in eine äquivalente Gleichung der Form

$$(1) \qquad x^2 + px + q = 0$$

überführen. Die Lösung der quadratischen Gleichung erfolgt durch die sog. **quadratische Ergänzung**:

$$x^2 + px + q = 0 \Leftrightarrow x^2 + 2 \cdot \frac{p}{2} x + \left(\frac{p}{2}\right)^2 = \left(\frac{p}{2}\right)^2 - q \Leftrightarrow$$
$$\Leftrightarrow \left(x + \frac{p}{2}\right)^2 = \left(\frac{p}{2}\right)^2 - q.$$

Ist nun $\left(\frac{p}{2}\right)^2 - q < 0$, so ist die Gleichung (1) unlösbar. Im Fall $\left(\frac{p}{2}\right)^2 - q = 0$ hat die Gleichung (1) genau eine Lösung, nämlich $x = -\frac{p}{2}$. Falls $\left(\frac{p}{2}\right)^2 - q > 0$ gilt, so hat die Gleichung zwei voneinander verschiedene Lösungen

$$x_1 = -\frac{p}{2} + \sqrt{\left(\frac{p}{2}\right)^2 - q} \quad \text{und} \quad x_2 = -\frac{p}{2} - \sqrt{\left(\frac{p}{2}\right)^2 - q}.$$

§ 5.3 Summen, Produkte, Binomialsatz

Es seien k, n aus $\mathbb{N}_0$ mit $k \leq n$. Sind $a_k, a_{k+1}, \dots, a_n$ reelle Zahlen, so bezeichnet man mit $\sum_{i=k}^{n} a_i$ die Summe dieser Zahlen, es ist also $\sum_{i=k}^{n} a_i = a_k + a_{k+1} + \dots + a_n$. Die Größe i heißt der **Laufindex**, k die **untere Grenze**, n die **obere Grenze** der Summation. Für $k > n$ wird die „leere Summe" $\sum_{i=k}^{n} a_i$ gleich 0 gesetzt.

Beispiel 1: Der Durchschnitt von n Zahlen $a_1, a_2, \dots, a_n \in \mathbb{R}$ kann als $\frac{1}{n} \sum_{i=1}^{n} a_i$ geschrieben werden.

Ist für jedes $j = 1, \dots, n$ die Zahl b_j durch $b_j = j$ gegeben, so ist $\sum_{j=1}^{n} b_j = 1 + 2 + \dots + n = \frac{n(n+1)}{2}$. Das wurde im Abschnitt I.3 bewiesen. △

Für das Rechnen mit dem Summenzeichen $\sum$ gelten die im nächsten Satz zusammengefaßten Regeln.

Satz 5.9: (Rechenregeln für $\sum$)

a) $\sum\limits_{i=k}^{n} c = (n-k+1) \cdot c, \quad$ falls $n \geqq k$

b) $\sum\limits_{i=k}^{n} (a_i + b_i) = \sum\limits_{i=k}^{n} a_i + \sum\limits_{i=k}^{n} b_i$

c) $\sum\limits_{i=k}^{n} c \cdot a_i = c \cdot \sum\limits_{i=k}^{n} a_i$

d) $\sum\limits_{i=k}^{n} a_i = \sum\limits_{i=k}^{m} a_i + \sum\limits_{i=m+1}^{n} a_i, \quad$ falls $k \leqq m < n$

e) $\sum\limits_{i=k}^{n} a_i = \sum\limits_{i=k+s}^{n+s} a_{i-s}, \quad$ für alle $s \in \mathbb{N}_0$

Die Aussagen des Satzes sind direkt aus der Definition des Summenzeichens einzusehen.

In der Mathematik kommen häufig doppelt indizierte Größen vor. Die Summe von $n \cdot m$ reellen Zahlen $a_{11}, a_{12}, \ldots, a_{1m}, a_{21}, a_{22}, \ldots, a_{nm}$, d. h. die Summe der Zahlen a_{ij} mit $1 \leqq i \leqq n$ und $1 \leqq j \leqq m$, kann als $\sum\limits_{i=1}^{n} \sum\limits_{j=1}^{m} a_{ij}$ geschrieben werden. Es ist

$$\begin{aligned}\sum_{i=1}^{n} \sum_{j=1}^{m} a_{ij} &= \sum_{i=1}^{n} \left(\sum_{j=1}^{m} a_{ij} \right) = \sum_{j=1}^{m} a_{1j} + \sum_{j=1}^{m} a_{2j} + \ldots + \sum_{j=1}^{m} a_{nj} \\ &= (a_{11} + a_{12} + \ldots + a_{1m}) + (a_{21} + a_{22} + \ldots + a_{2m}) + \ldots + (a_{n1} + a_{n2} + \ldots + a_{nm}).\end{aligned}$$

Eine solche Summe $\sum\limits_{i=1}^{n} \sum\limits_{j=1}^{m} a_{ij}$ wird eine **Doppelsumme** genannt. Falls die oberen Grenzen m und n übereinstimmen, so schreibt man die Summe kurz als $\sum\limits_{i,j=1}^{n} a_{ij}$.

Es gilt offensichtlich $\sum\limits_{i=1}^{n} \sum\limits_{j=1}^{m} a_{ij} = \sum\limits_{j=1}^{m} \sum\limits_{i=1}^{n} a_{ij}$, d. h.: Die Summenzeichen können also miteinander vertauscht werden.

Sind $a_1, a_2, \ldots, a_n$ bzw. $b_1, b_2, \ldots, b_m$ reelle Zahlen, dann gilt

$$\sum_{i=1}^{n} \sum_{j=1}^{m} (a_i \cdot b_j) = \sum_{i=1}^{n} (a_i \cdot \sum_{j=1}^{m} b_j) = (\sum_{i=1}^{n} a_i) \cdot (\sum_{j=1}^{m} b_j).$$

Vorsicht: Hängen die Summationsgrenzen der zweiten Summe vom Laufindex der ersten Summe ab, dann dürfen im allgemeinen die Summationszeichen nicht vertauscht werden. Als Beispiel kann die Doppelsumme $\sum\limits_{i=1}^{n} \sum\limits_{j=i}^{m} a_{ij}$ dienen.

Im nächsten Satz werden drei wichtige Formeln, in denen die Summen eine Rolle spielen, angegeben.

Satz 5.10:
Es seien $x, y \in \mathbb{R}$ und $n \in \mathbb{N}$. Dann gilt:

a) $x^n - y^n = (x - y) \cdot \sum_{i=0}^{n-1} x^{n-1-i} y^i$

b) $x^n + y^n = (x + y) \cdot \sum_{i=0}^{n-1} (-1)^i x^{n-1-i} y^i$, falls n ungerade ist.

c) $x^n - y^n = (x + y) \cdot \sum_{i=0}^{n-1} (-1)^i x^{n-1-i} y^i$, falls n gerade ist.

Beweis: Wir zeigen nur die Formel a): Es ist

$$\begin{aligned}(x-y) \cdot \sum_{i=0}^{n-1} x^{n-1-i} y^i &= x \cdot \sum_{i=0}^{n-1} x^{n-1-i} y^i - y \cdot \sum_{i=0}^{n-1} x^{n-1-i} y^i \\ &= \sum_{i=0}^{n-1} x^{n-i} y^i - \sum_{i=0}^{n-1} x^{n-1-i} y^{i+1} = \sum_{i=0}^{n-1} x^{n-i} y^i - \sum_{i=1}^{n} x^{n-i} y^i \\ &= x^n y^0 + \sum_{i=1}^{n-1} x^{n-i} y^i - \sum_{i=1}^{n-1} x^{n-i} y^i - x^0 y^n = x^n - y^n,\end{aligned}$$

was zu zeigen war. △

Analog zum Summenzeichen $\sum$ wird auch das **Produktzeichen** $\prod$ definiert. Sind $a_k, a_{k+1}, \ldots, a_n$ reelle Zahlen, so bezeichnet man mit $\prod_{i=k}^{n} a_i$ das Produkt der Zahlen $a_k, a_{k+1}, \ldots, a_n$, es ist also $\prod_{i=k}^{n} a_i = a_k \cdot a_{k+1} \cdot \ldots \cdot a_n$. Falls $k > n$ ist, so wird das „leere Produkt" $\prod_{i=k}^{n} a_i$ gleich 1 gesetzt.

Satz 5.11: (Rechenregeln für $\prod$)

a) $\prod_{i=k}^{n} c = c^{n-k+1}$ (für $n \geqq k$)

b) $\prod_{i=k}^{n} (c \cdot a_i) = c^{n-k+1} \cdot \prod_{i=k}^{n} a_i$ (für $n \geqq k$)

c) $\prod_{i=k}^{n} (a_i \cdot b_i) = (\prod_{i=k}^{n} a_i) \cdot (\prod_{i=k}^{n} b_i)$

d) $(\prod_{i=k}^{n} a_i)^r = \prod_{i=k}^{n} (a_i^r)$ ($r \in \mathbb{Z}$, alle $a_i \neq 0$)

e) $\sqrt[r]{\prod_{i=k}^{n} a_i} = \prod_{i=k}^{n} \sqrt[r]{a_i}$ ($r \in \mathbb{N}$, alle $a_i \geqq 0$)

Für jedes $n \in \mathbb{N}$ wird die **n-te Fakultät** (kurz **n-Fakultät**) n! durch $n! = \prod_{i=1}^{n} i = 1 \cdot 2 \cdot 3 \cdot \ldots \cdot n$ definiert. Es ist also $1! = 1$, $2! = 1 \cdot 2 = 2$, $3! = 1 \cdot 2 \cdot 3 = 6$ usw.

Es wird zusätzlich $0! = 1$ definiert. Für alle $n \in \mathbb{N}$ ist demnach $n! = n \cdot (n-1)!$.
Für je zwei Zahlen $n, m \in \mathbb{N}_0$ mit $n \geqq m$ wird der **Binomialkoeffizient** (oder die **binomische Zahl**) $\binom{n}{m}$ (sprich: „n über m") definiert als $\binom{n}{m} = \frac{n!}{m! \cdot (n-m)!}$. Es ist also z. B. $\binom{5}{2} = \frac{5!}{2! \cdot (5-2)!} = \frac{120}{2 \cdot 6} = 10$. Der Binomialkoeffizient $\binom{n}{m}$ läßt sich auch in der Form $\binom{n}{m} = \frac{n \cdot (n-1) \cdot \ldots \cdot (n-m+1)}{m!}$ schreiben, diese Darstellung kann die Berechnung in konkreten Fällen etwas leichter machen. Es ist z. B. $\binom{12}{3} = \frac{12 \cdot 11 \cdot 10}{3!} = 220$. Man beachte, daß für jedes $n \in \mathbb{N}_0$ stets $\binom{n}{0} = \frac{n!}{0!\,n!} = 1$ gilt, insbesondere ist $\binom{0}{0} = 1$.

Satz 5.12: (Rechenregeln für die Binomialkoeffizienten)

a) $\binom{n}{n-k} = \binom{n}{k}$ b) $\binom{n}{k+1} = \frac{n-k}{k+1} \cdot \binom{n}{k}$ c) $\binom{n}{k-1} + \binom{n}{k} = \binom{n+1}{k}$

Beweis: Die Aussagen a), b) und c) lassen sich aus der Definition des Binomialkoeffizienten zeigen. Zu c):

$$\begin{aligned}\binom{n}{k-1} + \binom{n}{k} &= \frac{n!}{(k-1)!\,(n-k+1)!} + \frac{n!}{k!\,(n-k)!} \\ &= \frac{n!}{(k-1)!\,(n-k)!} \cdot \left(\frac{1}{n-k+1} + \frac{1}{k}\right) \\ &= \frac{n!}{(k-1)!\,(n-k)!} \cdot \frac{k + (n-k+1)}{(n-k+1) \cdot k} \\ &= \frac{(n+1)!}{k!\,(n+1-k)!} = \binom{n+1}{k},\end{aligned}$$

was zu zeigen war. △

Durch Induktion nach $n \in \mathbb{N}_0$ läßt sich zeigen, daß die binomische Zahl $\binom{n}{k}$ für jedes $k = 0, \ldots, n$ die Anzahl der verschiedenen k-elementigen Teilmengen einer n-elementigen Menge angibt. So sind z. B. die sechs Mengen $\{1, 2\}$, $\{1, 3\}$, $\{1, 4\}$, $\{2, 3\}$, $\{2, 4\}$, $\{3, 4\}$ die sämtlichen zweielementigen Teilmengen der vierelementigen Menge $\{1, 2, 3, 4\}$; es gilt tatsächlich $\binom{4}{2} = 6$.

In der folgenden Tabelle sind die Binomialkoeffizienten für $n = 1, \ldots, 6$ zusammengestellt.

Tabelle der Binomialkoeffizienten:

n \ k	0	1	2	3	4	5	6	…
0	1							
1	1	1						
2	1	2	1					
3	1	3	3	1				
4	1	4	6	4	1			
5	1	5	10	10	5	1		
6	1	6	15	20	15	6	1	
⋮								

Diese Tabelle läßt sich leicht zusammenstellen. Sind die Binomialkoeffizienten $\binom{n}{k}$ für ein festes $n \in \mathbb{N}_0$ und alle $k = 0, \ldots, n$ schon bekannt (das sind die Zahlen in der n-ten Zeile der Tabelle), so berechnet sich nach dem Satz 5.12c) der Koeffizient $\binom{n+1}{k}$ der $(n+1)$-ten Zeile mit $k = 1, \ldots, n$ als die Summe der Binomialkoeffizienten $\binom{n}{k-1}$ und $\binom{n}{k}$, das sind die Zahlen, die jeweils links über und direkt über dem Koeffizienten $\binom{n+1}{k}$ liegen, im Bild:

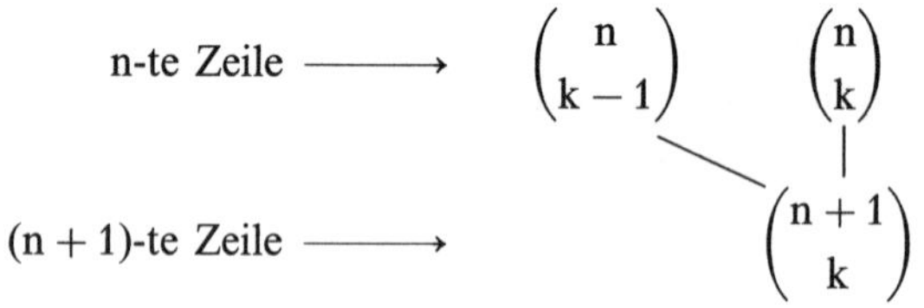

Schließlich gilt für den ersten und letzten Koeffizienten der $(n+1)$-ten Zeile der Tabelle stets $\binom{n+1}{0} = \binom{n+1}{n+1} = 1$. Man könnte die angegebene Tabelle auf diese Weise auch für $n > 6$ leicht fortsetzen. Die obige Tabelle wird auch das **Pascalsche Dreieck** genannt.

Satz 5.13: (Binomialsatz)
Es seien $a, b \in \mathbb{R}$ und $n \in \mathbb{N}$. Es gilt:

a) $(a+b)^n = \sum_{i=0}^{n} \binom{n}{i} a^{n-i} b^i$ b) $(a-b)^n = \sum_{i=0}^{n} \binom{n}{i} a^{n-i} (-b)^i$

Die Aussage a) läßt sich mit der vollständigen Induktion über $n \in \mathbb{N}$ unter der Benutzung des Satzes 5.12 beweisen. Die Aussage b) ist nur eine einfache Folgerung aus a). Für $n = 1, 2, 3, 4$ erhält man

$$(a+b)^1 = a+b \qquad (a-b)^1 = a-b,$$
$$(a+b)^2 = a^2+2ab+b^2 \qquad (a-b)^2 = a^2-2ab+b^2$$
$$(a+b)^3 = a^3+3a^2b+3ab^2+b^3 \qquad (a-b)^3 = a^3-3a^2b+3ab^2-b^3$$
$$(a+b)^4 = a^4+4a^3b+6a^2b^2+4ab^3+b^4$$
$$(a-b)^4 = a^4-4a^3b+6a^2b^2-4ab^3+b^4$$

Die Binomialkoeffizienten können jeweils dem Pascalschen Dreieck entnommen werden.

§ 5.4 Zahlenebene und Zahlenraum

Das kartesische Produkt $\mathbb{R} \times \mathbb{R}$ der Menge der reellen Zahlen mit sich selbst wird meistens als $\mathbb{R}^2$ geschrieben, es ist also $\mathbb{R}^2 = \{(a, b) \mid a \in \mathbb{R} \text{ und } b \in \mathbb{R}\}$. Die Menge $\mathbb{R}^2$ wird die **Zahlenebene** genannt, die Elemente a, b eines (geordneten!) Zahlenpaares $(a, b) \in \mathbb{R}^2$ heißen **Koordinaten** des **Punktes** (a, b). Die Zahlenebene $\mathbb{R}^2$ kann mit

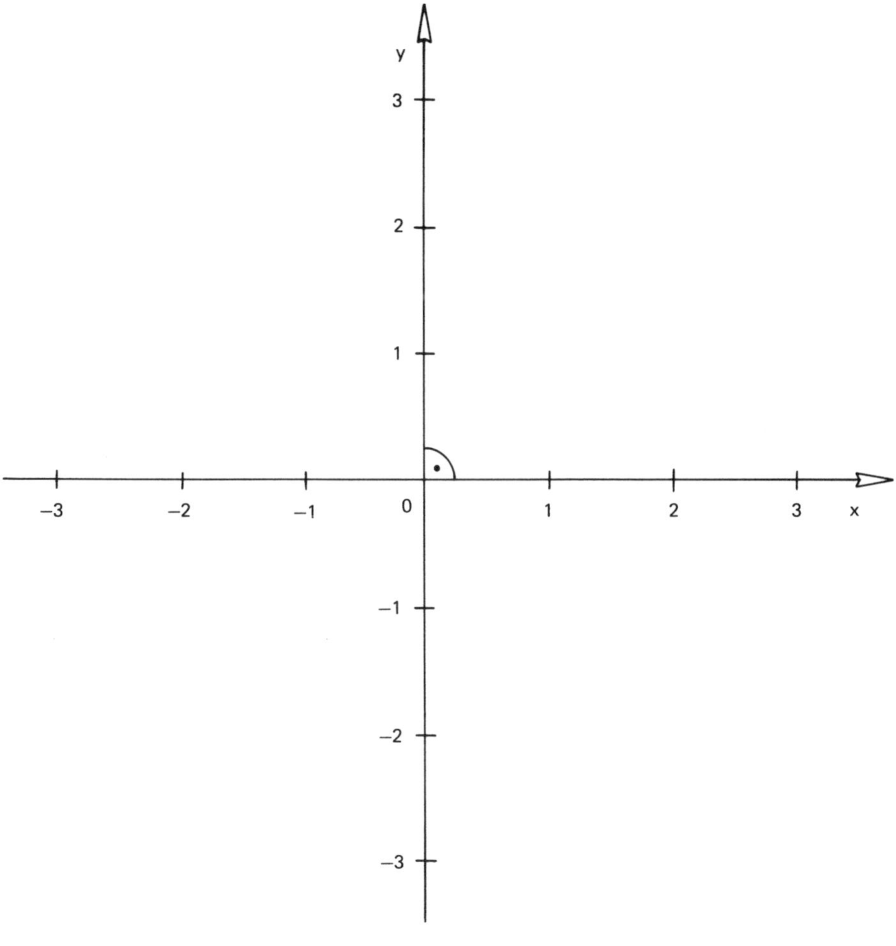

der üblichen geometrischen Ebene identifiziert werden. In der geometrischen Ebene wird zuerst eine horizontale und eine vertikale Gerade gezogen, diese Geraden bezeichnet man als die **x-Achse** bzw. **y-Achse**. (Man nennt oft die horizontale bzw. vertikale Achse die **x_1-Achse** bzw. **x_2-Achse** oder auch **Abszisse** bzw. **Ordinate**.) Der Durchschnittspunkt dieser beiden Achsen wird der **Anfangs-**, **Ursprungs-** oder **Nullpunkt** genannt und mit 0 bezeichnet (s. Zeichnung auf Seite 29). Man wählt auf der horizontalen Gerade (d.h. auf der x-Achse) rechts vom Nullpunkt und auf der vertikalen Gerade (d.h. auf der y-Achse) über dem Nullpunkt jeweils einen Punkt. Durch diese Punkte wird auf jeder der beiden Achsen eine Längeneinheit festgelegt, wodurch die beiden Achsen zu Zahlengeraden werden, wie das schon im § 5.1 beschrieben worden ist. Insbesondere repräsentieren die Punkte der x-Achse rechts vom Nullpunkt und die Punkte der y-Achse über dem Nullpunkt jeweils die positiven reellen Zahlen.

Man wählt üblicherweise auf beiden Achsen, wie schon im obigen Bild, die gleiche Längeneinheit. In diesem Fall spricht man vom **kartesischen Koordinatensystem** in der **kartesischen Koordinatenebene**. Jedem Punkt (a, b) der Zahlenebene $\mathbb{R}^2$ wird ein Punkt P(a, b) der geometrischen Ebene, wie im nächsten Bild dargestellt ist, zugewiesen:

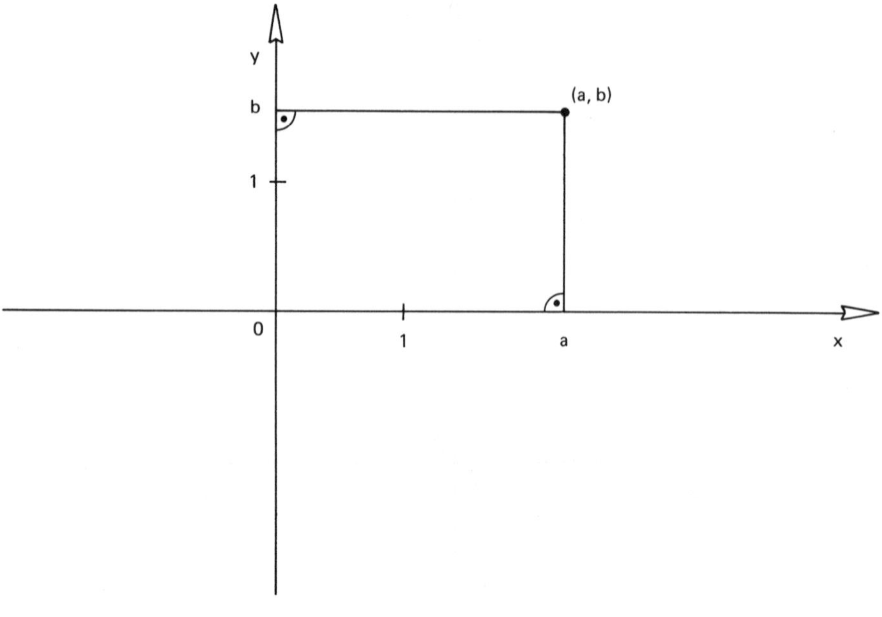

Man beachte, daß $a > 0$ rechts und $a < 0$ links vom Nullpunkt auf der x-Achse dargestellt wird. Dementsprechend wird $b > 0$ über und $b < 0$ unter dem Nullpunkt auf der y-Achse aufgetragen. Dem nächsten Bild sind einige konkrete Beispiele zu entnehmen.

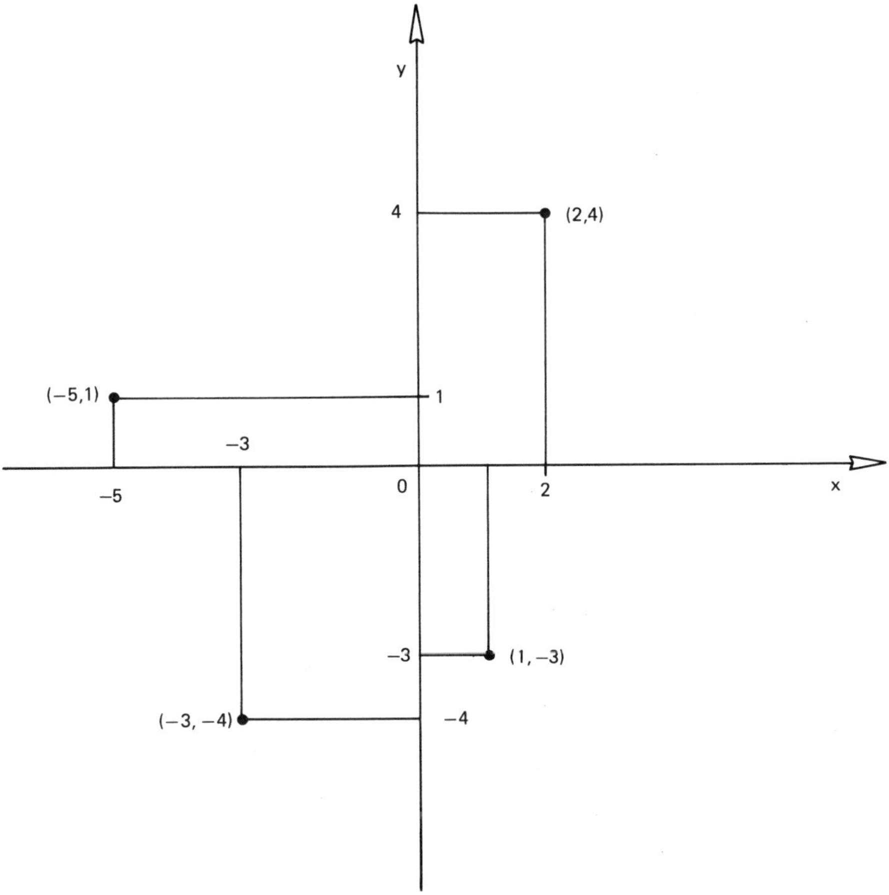

Es ist offensichtlich, daß jedem Punkt der Zahlenebene genau ein Punkt der geometrischen Ebene entspricht und umgekehrt. Wir können also die Zahlenebene stets als die geometrische Ebene betrachten.

Beispiel 1: Man definiert zwei Teilmengen R_1 und R_2 von $\mathbb{R}^2$ durch $R_1 = \{(x, y) \in \mathbb{R}^2 \mid 2x + y = 1\}$ und $R_2 = \{(x, y) \in \mathbb{R}^2 \mid (x + 2)^2 + y^2 = 1\}$. (Die Mengen R_1 und R_2 sind also Relationen auf $\mathbb{R}$.) Die Menge R_1 bzw. R_2 besteht aus allen $(x, y) \in \mathbb{R}^2$, die die Gleichung $2x + y = 1$ bzw. $(x + 2)^2 + y^2 = 1$ erfüllen. In der kartesischen Koordinatenebene lassen sich die Mengen R_1 und R_2 wie folgt darstellen.

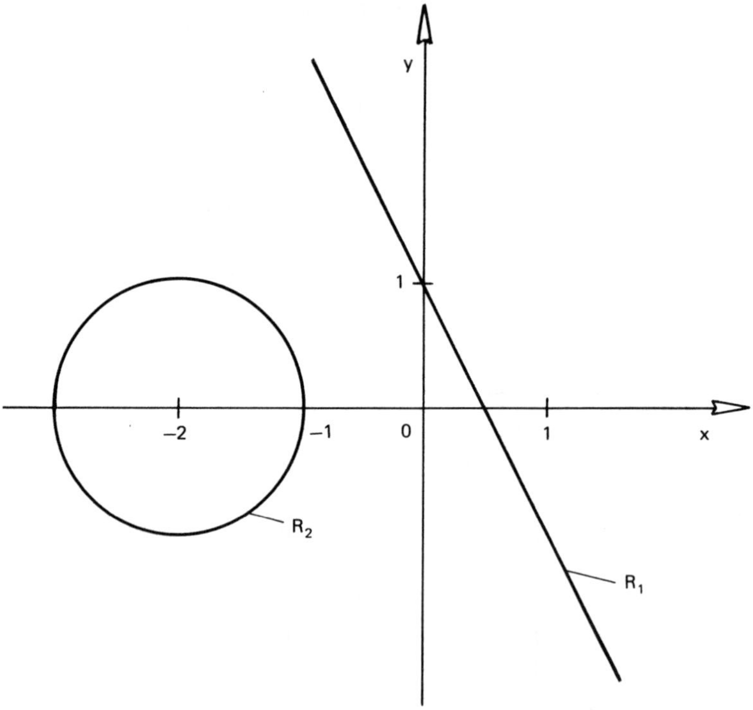

Durch die Gleichung $2x + y = 1$ wird eine Gerade und durch die Gleichung $(x + 2)^2 + y^2 = 1$ eine Kreislinie in der Ebene beschrieben. △

Die Elemente des dreifachen kartesischen Produkts $\mathbb{R}^3 = \mathbb{R} \times \mathbb{R} \times \mathbb{R} = \{(a, b, c) \mid a, b, c \in \mathbb{R}\}$, des **Zahlenraums**, lassen sich völlig analog als die Punkte des geometrischen Raumes auffassen. Man legt zuerst drei sich in einem Punkt schneidenden paarweise senkrechten Geraden, die x-, y- und z-Achse, fest. (Man nennt oft diese Achsen auch der Reihe nach die x_1-Achse, x_2-Achse und x_3-Achse.) Der gemeinsame Schnittpunkt der Achsen wird auch hier der Anfangs-, Ursprungs- bzw. Nullpunkt genannt. Man bestimmt dann auf jeder Achse durch die Wahl eines vom Nullpunkt verschiedenen Punktes jeweils eine (meistens für alle Achsen gleiche) Längeneinheit und die Orientierung (es wird jeweils festgelegt, welche der beiden Halbachsen die positiven Zahlen darstellen soll).

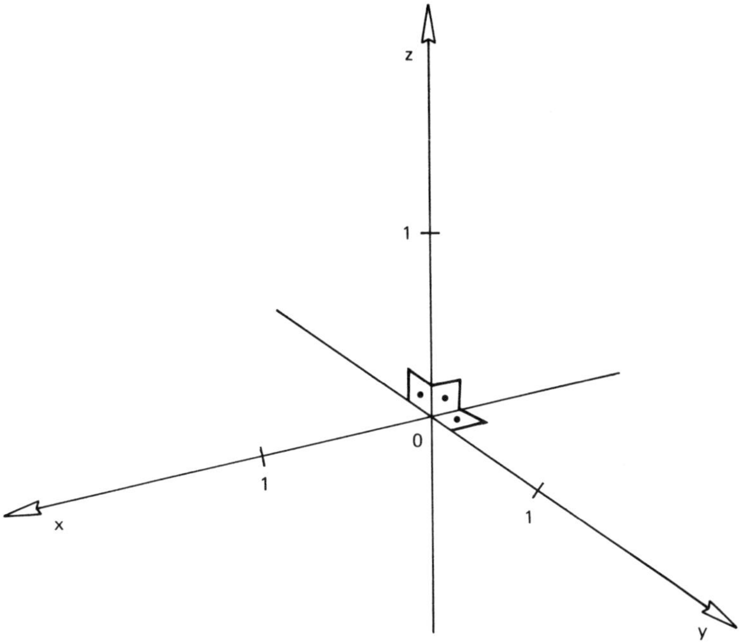

Im nächsten Bild ist die geometrische Darstellung eines konkreten Punktes des Zahlenraums $\mathbb{R}^3$ eingezeichnet.

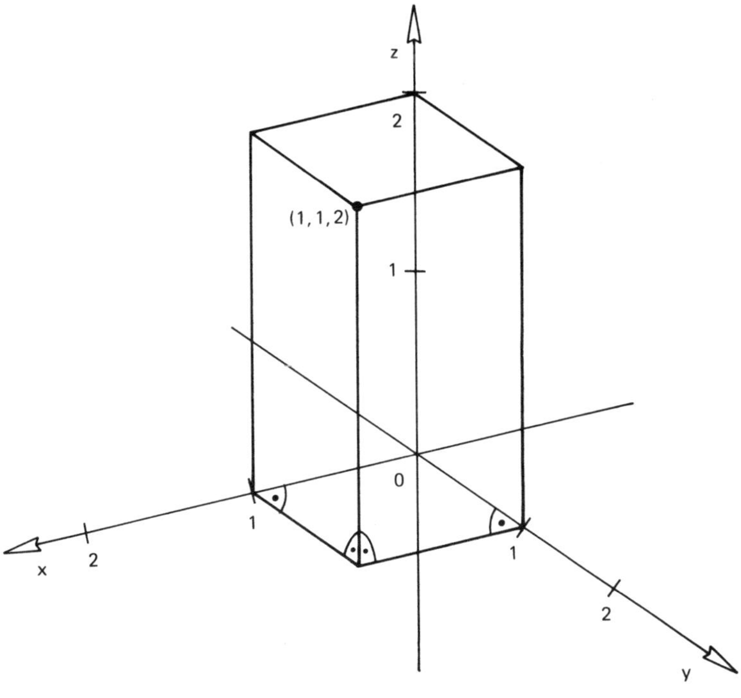

I.6 Abbildungen und Funktionen

Einer der wichtigsten Begriffe der Mathematik ist der Begriff der Abbildung. Ein Großteil dieses Buches befaßt sich mit dem Studium der Eigenschaften von Abbildungen. Der Begriff der Abbildung wird hier direkt eingeführt. In einigen Büchern wird zunächst der Begriff der Relation erklärt und dann die Abbildung als Spezialfall einer Relation definiert (Siehe z. B. [HA]).

Definition: (Abbildung)

Eine **Abbildung** f ist definiert durch:

a) Eine (nichtleere) Menge A.

b) Eine (nichtleere) Menge B.

c) Eine Zuordnungsvorschrift, die jedem Element a aus A **genau** ein Element f(a) aus B zuordnet.

Man schreibt symbolisch für eine Abbildung f von A in B:

$$f: A \to B, \quad a \mapsto f(a).$$

Dabei heißt A der **Definitionsbereich von f** und B der **Wertebereich von f**. Die Menge $f(A) = \{y \in B \mid \text{es existiert ein } x \in A \text{ mit } f(x) = y\}$ heißt die **Bildmenge von f**.

Bei einer Abbildung wird jedem $a \in A$ **ein und nur ein Element** aus B zugeordnet; dabei bezeichnet man a als **Argument** und f(a) als den **Bildpunkt** von a. Es ist nicht zulässig, daß einem Element aus A mehrere Elemente aus B zugeordnet werden; dann wäre es keine Abbildung im Sinne der Definition. Dagegen ist es bei einer Abbildung möglich, daß verschiedenen Elementen aus A dasselbe Element aus B zugeordnet wird.

Beispiel 1: $A = \{1, 2\}$ und $B = \{x, y\}$. Zwischen A und B sei eine Zuordnung definiert wie in der Zeichnung:

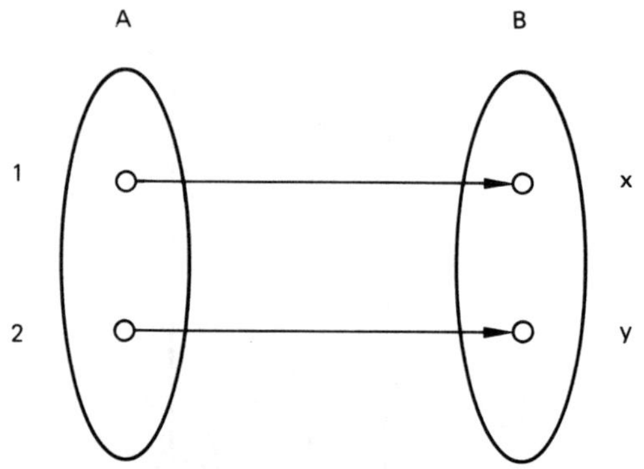

Das ist eine Abbildung $f: A \to B$, $a \mapsto f(a)$, wobei $f(1) = x$ und $f(2) = y$. △

Beispiel 2: $A = \{1, 2, 3, 4\}$ und $B = \{x, y, z\}$. Zwischen A und B sei eine Zuordnung definiert wie in der Zeichnung:

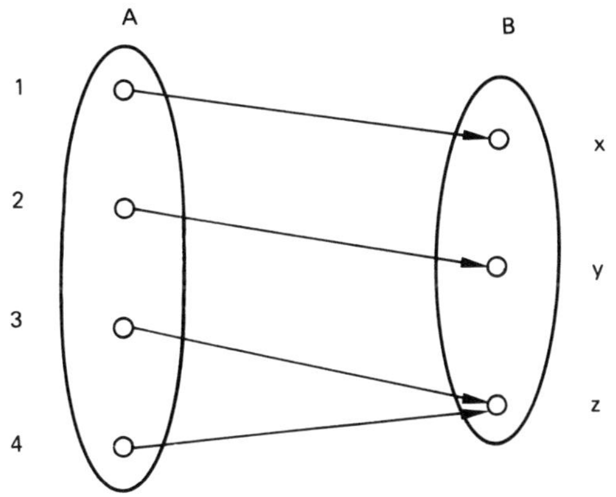

Das ist wieder eine Abbildung $g: A \to B, a \mapsto g(a)$, wobei $g(1) = x$, $g(2) = y$, $g(3) = z$ und $g(4) = z$. △

Beispiel 3: $A = \{a, b, c\}$ und $B = \{1, 2, 3, 4\}$. Zwischen A und B sei eine Zuordnung definiert wie in der Zeichnung:

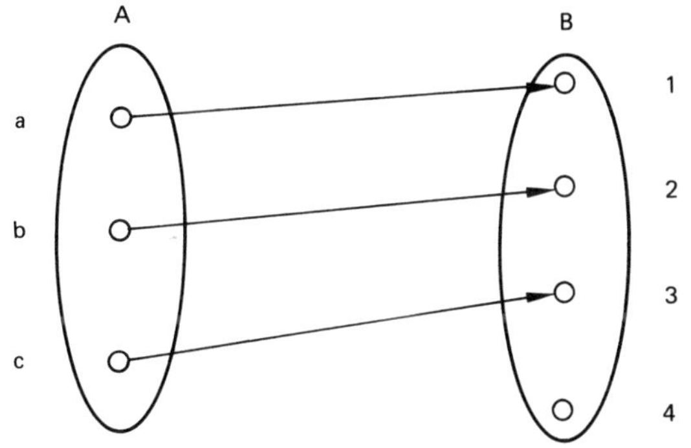

Das ist eine Abbildung $h: A \to B, a \mapsto h(a)$, wobei $h(a) = 1$, $h(b) = 2$ und $h(c) = 3$. △

Beispiel 4: $A = \{x, y, z\}$ und $B = \{1, 2, 3\}$. Zwischen A und B sei eine Zuordnung definiert wie in der Zeichnung:

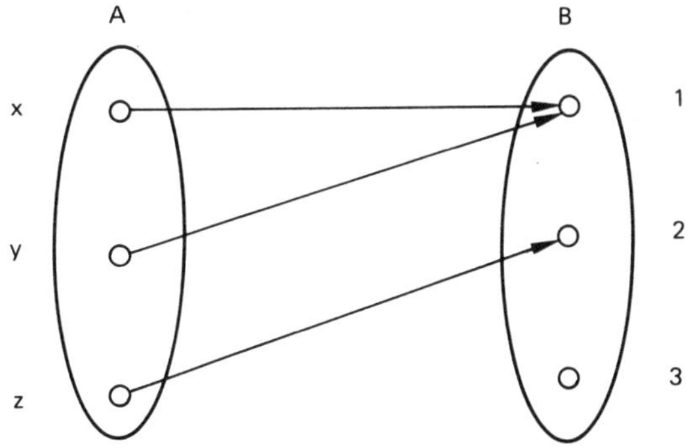

Diese Zuordnung definiert eine Abbildung f_1: $A \to B$, $a \mapsto f_1(a)$ mit $f_1(x) = 1$, $f_1(y) = 1$ und $f_1(z) = 2$. △

Eine Abbildung f: $A \to B$, $a \mapsto f(a)$ heißt:

a) **surjektiv,** wenn $f(A) = B$ gilt.

b) **injektiv,** wenn zwei verschiedenen Elementen a_1 und a_2 aus A immer auch zwei verschiedene Bildpunkte $f(a_1)$ und $f(a_2)$ zugeordnet werden.

c) **bijektiv,** wenn sie sowohl injektiv als auch surjektiv ist.

In manchen Büchern verwendet man anstatt „injektiv" den Begriff „eindeutig" und statt „bijektiv" den Begriff „eineindeutig".

Wenn man die Abbildungen aus den Beispielen 1–4 betrachtet, gilt:

Die Abbildung f aus 1 ist bijektiv.
Die Abbildung g aus 2 ist surjektiv, aber nicht injektiv.
Die Abbildung h aus 3 ist injektiv, aber nicht surjektiv.
Die Abbildung f_1 aus 4 ist weder injektiv noch surjektiv.

Genauso wie man für die Gesamtmenge A die Bildmenge f(A) definiert, kann man das für beliebige Teilmengen $A' \subset A$ tun. Bei einer Abbildung f: $A \to B$ bezeichnet man bei einer Teilmenge $A' \subset A$ die Menge

$f(A') = \{b \in B \mid \text{es existiert ein } a' \in A' \text{ mit } f(a') = b\}$ als das **Bild der Menge A'**. Für eine Teilmenge $B' \subset B$ bezeichnet man die Menge $f^{-1}(B') = \{a \in A \mid f(a) \in B'\}$ als das **Urbild der Menge B'**.

Genauso wie man für die Gesamtmenge A die Bildmenge f(A) definiert, kann man das für beliebige Teilmengen $A' \subset A$ tun. Bei einer Abbildung f: $A \to B$ bezeichnet man bei einer Teilmenge $A' \subset A$ die Menge $f(A') = \{b \in B \mid \text{es existiert ein } a' \in A' \text{ mit } f(a') = b\}$ als das **Bild der Menge A'**. Für eine Teilmenge $B' \subset B$ bezeichnet man die Menge $f^{-1}(B') = \{a \in A \mid f(a) \in B'\}$ als das **Urbild der Menge B'**.

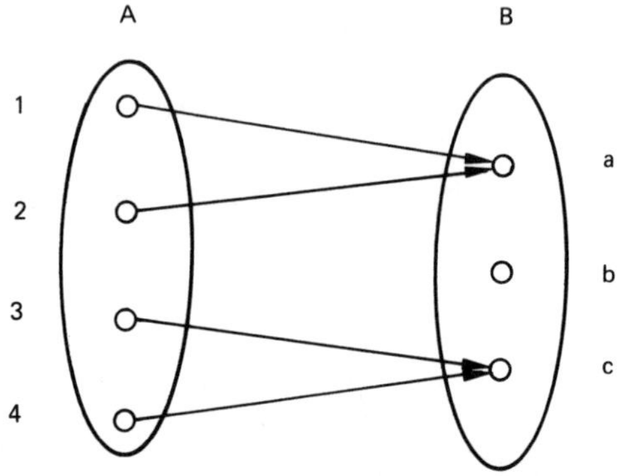

Beispiel 5: Gegeben sind $A = \{1, 2, 3, 4\}$ und $B = \{a, b, c\}$.
Durch die in der Zeichnung definierte Zuordnung erhält man eine Abbildung f: $A \to B$, $x \mapsto f(x)$, wobei $f(1) = a$, $f(2) = a$, $f(3) = c$ und $f(4) = c$. Sei $A' = \{1, 2\}$ und $B' = \{a, b\}$. Dann gilt:

$$f(A') = \{a\} \quad \text{und} \quad f^{-1}(B') = \{1, 2\} = A'.$$

Für die Menge $\{b\}$ gilt $f^{-1}(\{b\}) = \emptyset$. △

Wenn eine Abbildung f: $A \to B$, $a \mapsto f(a)$ gegeben ist, kann man für beliebige nichtleere Teilmengen $A' \subset A$ die **Einschränkung der Abbildung f auf A'** definieren. Das ist wieder eine Abbildung, diesmal aber mit Definitionsbereich A', die jedem $a \in A'$ das Element $f(a) \in B$ zuordnet. Diese Abbildung bezeichnet man mit:

$$f|_{A'}: A' \to B, \quad a \mapsto f|_{A'}(a) = f(a).$$

Beispiel 6: Gegeben sind $A = \{a, b, c\}$ und $B = \{1, 2, 3\}$. Durch die Zuordnung aus der Zeichnung wird eine Abbildung f: $A \to B$ definiert:

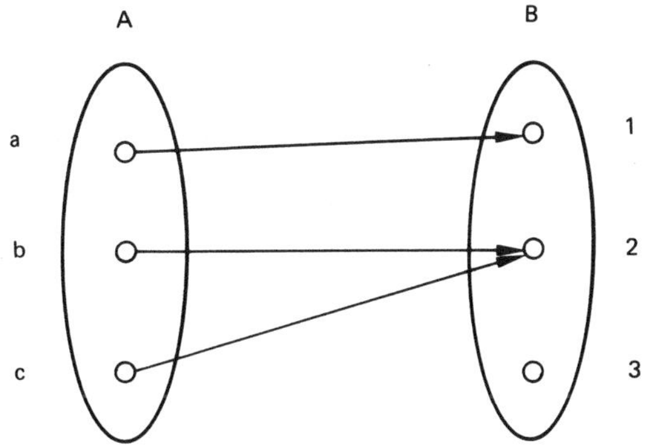

Für die Teilmenge $A' = \{a, b\}$ erhält man als Einschränkung der Abbildung f auf A' die folgende Abbildung: △

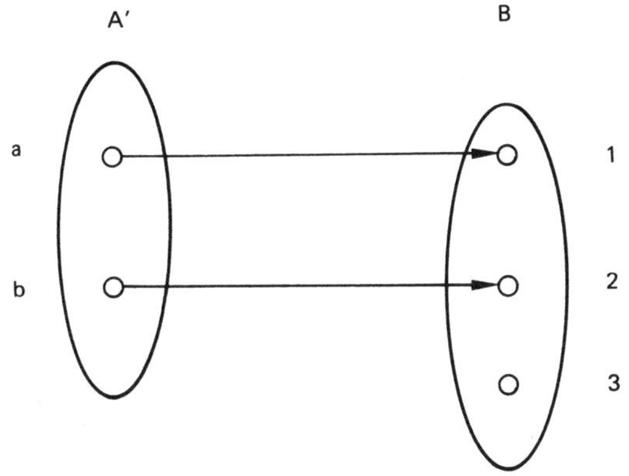

Man sieht an diesem Beispiel, daß sich bei einer Einschränkung die Eigenschaften der Abbildung verändern können. Die Abbildung f ist nicht injektiv, wohl dagegen die Abbildung $f|_{A'}$.

Gegeben seien zwei Abbildungen f: $A \to B$ und g: $B \to C$. Diese Abbildungen kann man zu einer Abbildung von A nach C zusammensetzen. Man definiert diese

Abbildung, indem man jedem $a \in A$ das Element $g(f(a)) \in C$ zuordnet; denn $f(a)$ ist ein Element aus B, für das man mit der Abbildung g den entsprechenden Bildpunkt $g(f(a))$ berechnen kann. Diese Abbildung bezeichnet man als die aus **f und g zusammengesetzte Abbildung**. Man schreibt dafür:

$$g \circ f\colon A \to C,\ a \mapsto (g \circ f)(a) = g(f(a)).$$

Beispiel 7: $A = \{a, b, c\}$, $B = \{1, 2, 3\}$ und $C = \{x, y\}$. Sei die Abbildung f von A in B definiert durch $f(a) = 1$, $f(b) = 1$ und $f(c) = 2$. Weiter sei definiert die Abbildung g von B in C durch $g(1) = x$, $g(2) = y$ und $g(3) = y$. Die zusammengesetzte Abbildung $g \circ f\colon A \to C$ ist dann definiert durch: $(g \circ f)(a) = g(f(a)) = g(1) = x$, $(g \circ f)(b) = g(f(b)) = g(1) = x$ und $(g \circ f)(c) = g(f(c)) = g(2) = y$. Man kann das auch aus der Zeichnung ersehen:

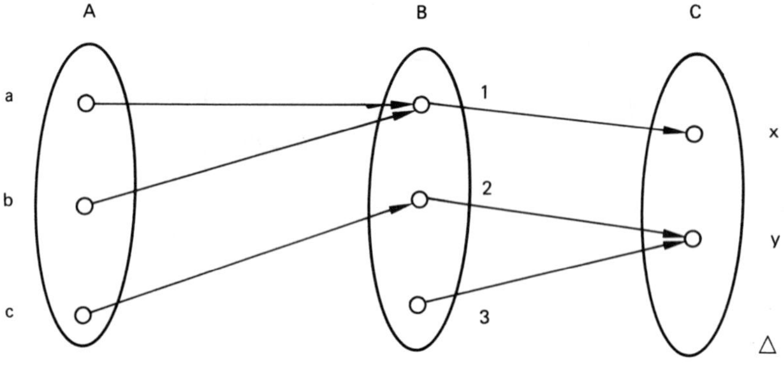

△

Bei einer Menge A bezeichnet man die Abbildung $id_A\colon A \to A,\ a \mapsto id_A(a) = a$ als die **identische Abbildung.**

Eine der wichtigsten Fragestellungen bei Abbildungen ist die der Umkehrbarkeit einer Abbildung, d. h. wann man aus der Kenntnis des Bildpunktes $f(a)$ eindeutig auf das ursprüngliche Argument a zurückschließen kann.

> **Definition:** (Umkehrabbildung)
> Sei $f\colon A \to B$ eine injektive Abbildung. Dann bezeichnet man die Abbildung von $f(A)$ in A, die jedem $b \in f(A)$ genau das $a \in A$ zuordnet, für das gilt $f(a) = b$, als die **Umkehrabbildung f^{-1} von f**, symbolisch:
>
> $$f^{-1}\colon f(A) \to A,\ b \mapsto f^{-1}(b).$$

Da f als injektiv vorausgesetzt wurde, gibt es für jedes $b \in f(A)$ genau ein $a \in A$ mit $f(a) = b$. Die Definition der Abbildung ist also sinnvoll. Wichtig ist, daß die Umkehrabbildung eine Abbildung von $f(A)$ in A ist. $f(A)$ ist im allgemeinen verschieden von B. (In manchen Büchern wird zusätzlich gefordert, daß f surjektiv ist und nur für diesen Fall eine Umkehrabbildung definiert.). Man muß zwischen dem Urbild $f^{-1}(\{b\})$ der Menge $\{b\}$ und dem Wert $f^{-1}(b)$ der Umkehrabbildung f^{-1} unterscheiden. Das Urbild ist für alle Abbildungen $f\colon A \to B$ definiert und ist eine Teilmenge von A. Dagegen ist $f^{-1}(b)$ nur definiert, wenn f injektiv ist und $b \in f(A)$.

Beispiel 7: Gegeben sind $A = \{a, b\}$ und $B = \{1, 2, 3\}$ und eine Abbildung $f: A \to B$ mit $f(a) = 1$ und $f(b) = 3$. Diese Abbildung ist injektiv und somit umkehrbar. Da $f(A) = \{1, 3\}$, ist die Umkehrabbildung keine Abbildung von B in A, sondern eine Abbildung von der Teilmenge $\{1, 3\}$ in A. Die Zuordnungsvorschrift der Umkehrabbildung ist definiert durch:

$$f^{-1}(1) = a \quad \text{und} \quad f^{-1}(3) = b. \qquad \triangle$$

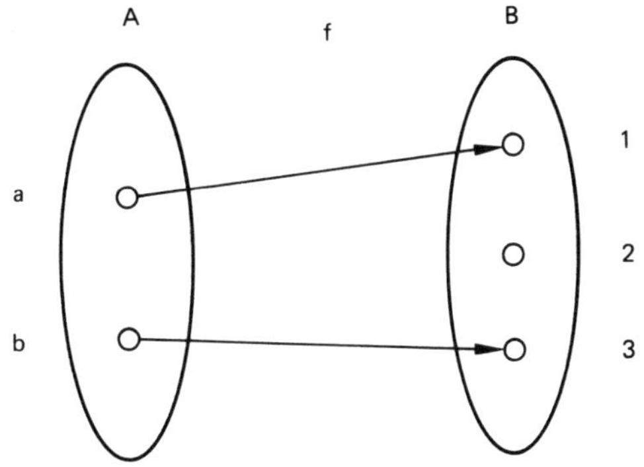

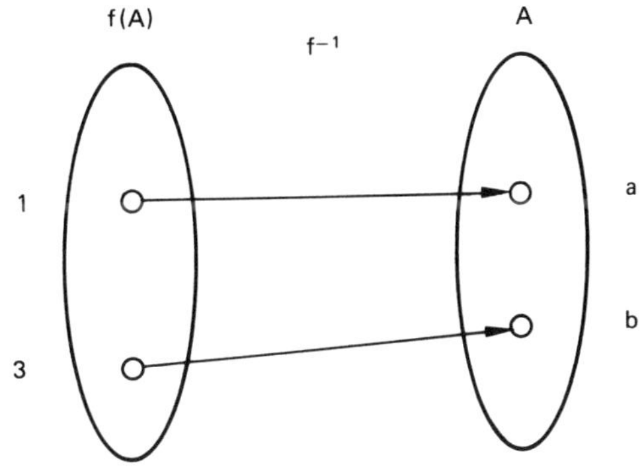

Beispiel 8: Gegeben sind $A = \{a, b, c\}$ und $B = \{1, 2, 3\}$ mit der Abbildung $f: A \to B$ definiert durch $f(a) = 1$, $f(b) = 1$ und $f(c) = 3$. Diese Abbildung ist nicht injektiv, es existiert daher keine Umkehrabbildung. △

Wenn man auf ein Element zunächst die Abbildung und dann die Umkehrabbildung anwendet, erhält man als Ergebnis wieder das Element.

Satz 6.1:
Sei $f: A \to B$ eine injektive Abbildung. Dann gilt:
a) $f^{-1}(f(a)) = a$ für alle $a \in A$.
b) $f(f^{-1}(b)) = b$ für alle $b \in f(A)$.

Ein wichtiger Spezialfall der Abbildungen sind die **Funktionen**. Als Funktionen bezeichnen wir Abbildungen der Form $f\colon D \to \mathbb{R}$ mit $D \subset \mathbb{R}^n$ ($n \in \mathbb{N}$). Das sind Abbildungen, bei denen jedem $x \in D$ eine reelle Zahl zugeordnet wird. In Kapitel III werden Funktionen einer reellen Variablen ($D \subset \mathbb{R}$) und in Kapitel IV Funktionen mehrerer reeller Variablen ($D \subset \mathbb{R}^n$, $n > 1$) behandelt.

Kapitel II: Lineare Algebra

II.1 Einführungsbeispiel: lineares Produktionsmodell

Es sollen n Produkte $P_1, P_2, \ldots, P_n$ unter dem Einsatz von m **Produktionsfaktoren** $F_1, F_2, \ldots, F_m$ (Bearbeitungszeiten, Rohstoffe, Lohnkosten, Energie u. ä.) produziert werden. Um eine Einheit des Produkts $P_j, j = 1, \ldots, n$, zu erzeugen, werden a_{ij} Einheiten des Produktionsfaktors $F_i, i = 1, \ldots, m$, benötigt. Es sei $x_j, j = 1, \ldots, n$, jeweils die Menge des zu erzeugenden Produkts P_j und $b_i, i = 1, \ldots, m$, jeweils die Menge des einzusetzenden Produktionsfaktors F_i. Werden jeweils $x_j, j = 1, \ldots, n$, Einheiten des Produkts P_j erzeugt, so werden insgesamt

$$(1) \qquad b_i = a_{i1}x_1 + a_{i2}x_2 + \ldots + a_{in}x_n$$

Einheiten des Produktionsfaktors F_i verbraucht.

Die gesamte Produktion läßt sich also durch ein System von Gleichungen

$$(2) \qquad \begin{aligned} b_1 &= a_{11}x_1 + a_{12}x_2 + \ldots + a_{1n}x_n \\ b_2 &= a_{21}x_1 + a_{22}x_2 + \ldots + a_{2n}x_n \\ &\ldots\ldots\ldots\ldots\ldots\ldots\ldots\ldots \\ b_m &= a_{m1}x_1 + a_{m2}x_2 + \ldots + a_{mn}x_n \end{aligned}$$

vollständig beschreiben. Wir sprechen von einem **linearen Produktionsmodell**.

Sind die Größen $b_1, \ldots, b_m$ vorgegeben, d. h. die Mengen der zur Verfügung stehenden Produktionsfaktoren $F_1, \ldots, F_m$, so stellt sich die Frage, welche Mengen $x_1, \ldots, x_n$ der Produkte $P_1, \ldots, P_n$ sich unter diesen Voraussetzungen herstellen lassen. Man sucht alle n-Tupel von Zahlen $(x_1, \ldots, x_n)$, welche die Gleichungen (2) **gleichzeitig** erfüllen. Solche n-Tupel **lösen** das Gleichungssystem (2). (In diesem Fall können nur Lösungen berücksichtigt werden, für die $x_1 \geqq 0, x_2 \geqq 0, \ldots, x_n \geqq 0$ gilt).

Eine Gleichung der Form (1) heißt eine **lineare Gleichung** mit den **Unbekannten** (oder **Unbestimmten** bzw. **Variablen**) $x_1, \ldots, x_n$. Das Gleichungssystem (2) heißt dann entsprechend ein **lineares Gleichungssystem**. Wir werden uns mit den linearen Gleichungssystemen und ihren Lösungen im nächsten Abschnitt befassen.

Sind andererseits die Produktmengen $x_1, \ldots, x_n$ vorgegeben, so sind die benötigten Mengen der Produktionsfaktoren $b_1, \ldots, b_m$ durch (2) eindeutig bestimmt, die Produktionsfaktoren $b_1, \ldots, b_m$ hängen von den Größen $x_1, \ldots, x_n$ **linear** ab.

Das m-Tupel $(b_1, \ldots, b_m)$ heißt der **Input**, das n-Tupel $(x_1, \ldots, x_n)$ der **Output** des linearen Produktionsmodells, das durch das Gleichungssystem (2) beschrieben wird.

II.2 Lineare Gleichungssysteme

In diesem Abschnitt wird ein Verfahren zur Lösung linearer Gleichungssysteme, der sogenannte **Gaußsche Eliminationsalgorithmus**, vorgestellt.

Es seien $a_{ij}, i = 1, 2, \ldots, m$ und $j = 1, 2, \ldots, n$, und $b_i, i = 1, 2, \ldots, m$ reelle Zahlen.

Das System der Gleichungen

$$
\text{(LGS)}\quad
\begin{array}{l}
a_{11}x_1 + a_{12}x_2 + a_{13}x_3 + \ldots a_{1n}x_n = b_1 \\
a_{21}x_1 + a_{22}x_2 + a_{23}x_3 + \ldots a_{2n}x_n = b_2 \\
\cdots\cdots\cdots\cdots\cdots\cdots\cdots\cdots\cdots\cdots \\
a_{m1}x_1 + a_{m2}x_2 + a_{m3}x_3 + \ldots a_{mn}x_n = b_m
\end{array}
$$

heißt ein **lineares Gleichungssystem** mit den n **Unbestimmten (Unbekannten, Variablen)** $x_1, x_2, \ldots, x_n$. Die Zahlen a_{ij}, $i = 1, \ldots, m$ und $j = 1, \ldots, n$, und die Zahlen b_i, $i = 1, \ldots, m$, heißen die **Koeffizienten** des linearen Gleichungssystems (LGS). Jedes n-Tupel von reellen Zahlen $(\lambda_1, \lambda_2, \ldots, \lambda_n)$ heißt eine **Lösung** des linearen Gleichungssystems (LGS), wenn beim Einsetzen der Zahlen λ_j für die Unbestimmten x_j, $j = 1, \ldots, n$, alle m Gleichungen des linearen Gleichungssystems (LGS) erfüllt sind.

Man nennt das lineare Gleichungssystem (LGS) **homogen**, wenn $b_1 = b_2 = b_3 = \ldots = b_m = 0$ ist; sonst heißt das Gleichungssystem **inhomogen**.

Die Lösung eines linearen Gleichungssystems entspricht der Bestimmung der Lösungsmenge L des linearen Gleichungssystems, das ist die Menge **aller** Lösungen des gegebenen Gleichungssystems. Wir werden später sehen, daß ein lineares Gleichungssystem entweder keine, genau eine oder unendlich viele Lösungen besitzen kann. Wir können also von **der** Lösung eines linearen Gleichungssystems nur in speziellen Fällen sprechen.

Das Prinzip des Gaußschen Eliminationsalgorithmus besteht darin, das gegebene lineare Gleichungssystem durch sukzessive Umformungen in ein anderes lineares Gleichungssystem zu überführen, dessen Lösungsmenge mit der Lösungsmenge des ursprünglichen Gleichungssystems identisch ist und sich leicht angeben und beschreiben läßt.

Wir lassen für das lineare Gleichungssystem (LGS) folgende **elementare Umformungen** zu:

(A): Addition eines beliebigen Vielfachen einer Gleichung des linearen Gleichungssystems zu einer anderen:

Addiert man das α-fache der j-ten Gleichung zu der i-ten Gleichung ($i \neq j$!), so hat die i-te Gleichung des so entstandenen linearen Gleichungssystems die Form

$$(\alpha a_{j1} + a_{i1})x_1 + (\alpha a_{j2} + a_{i2})x_2 + \ldots + (\alpha a_{jn} + a_{in})x_n = (\alpha b_j + b_i).$$

Alle anderen Gleichungen bleiben unverändert.

(M): Multiplikation einer Gleichung mit einer reellen Konstanten, die ungleich Null ist:

Multipliziert man die i-te Gleichung des linearen Gleichungssystems mit einem $\beta \neq 0$, so hat die i-te Gleichung des neuen linearen Gleichungssystems die Form

$$\beta a_{i1}x_1 + \beta a_{i2}x_2 + \beta a_{i3}x_3 + \ldots + \beta a_{in}x_n = \beta b_i$$

Alle anderen Gleichungen bleiben unverändert.

(V): Vertauschung zweier beliebiger Gleichungen des linearen Gleichungssystems untereinander.

Das lineare Gleichungssystem, das sich durch die Umformung (A), (M), bzw. (V) ergibt, hat die gleiche Lösungsmenge, wie das ursprüngliche Gleichungssystem.

Nun wird an einem Beispiel demonstriert, daß man durch die wiederholte Anwendung der drei elementaren Umformungen (A), (M) und (V) ein gegebenes lineares Gleichungssystem lösen kann.

Beispiel 1: Wir lösen das folgende lineare Gleichungssystem mit drei Gleichungen und drei Unbestimmten x_1, x_2, x_3:

$$\begin{aligned} 6x_2 + 6x_3 &= 0 \\ 3x_1 + 4x_2 + 5x_3 &= 9 \\ 6x_1 + 7x_2 + 8x_3 &= 9 \end{aligned} \tag{1}$$

Vertausche die erste und die zweite Gleichung miteinander:

$$\begin{aligned} 3x_1 + 4x_2 + 5x_3 &= 9 \\ 6x_2 + 6x_3 &= 0 \\ 6x_1 + 7x_2 + 8x_3 &= 9 \end{aligned} \tag{2}$$

Multipliziere die erste Gleichung mit $\frac{1}{3}$:

$$\begin{aligned} x_1 + \tfrac{4}{3}x_2 + \tfrac{5}{3}x_3 &= 3 \\ 6x_2 + 6x_3 &= 0 \\ 6x_1 + 7x_2 + 8x_3 &= 9 \end{aligned} \tag{3}$$

Addiere das (-6)-fache der ersten Gleichung zu der dritten:

$$\begin{aligned} x_1 + \tfrac{4}{3}x_2 + \tfrac{5}{3}x_3 &= 3 \\ 6x_2 + 6x_3 &= 0 \\ -x_2 - 2x_3 &= -9 \end{aligned} \tag{4}$$

Multipliziere die zweite Gleichung mit $\frac{1}{6}$:

$$\begin{aligned} x_1 + \tfrac{4}{3}x_2 + \tfrac{5}{3}x_3 &= 3 \\ x_2 + x_3 &= 0 \\ -x_2 - 2x_3 &= -9 \end{aligned} \tag{5}$$

Addiere die zweite zu der dritten Gleichung:

$$\begin{aligned} x_1 + \tfrac{4}{3}x_2 + \tfrac{5}{3}x_3 &= 3 \\ x_2 + x_3 &= 0 \\ -x_3 &= -9 \end{aligned} \tag{6}$$

Multipliziere die dritte Gleichung mit (-1):

$$\begin{aligned} x_1 + \tfrac{4}{3}x_2 + \tfrac{5}{3}x_3 &= 3 \\ x_2 + x_3 &= 0 \\ x_3 &= 9 \end{aligned} \tag{7}$$

Addiere das (-1)-fache der dritten Gleichung zu der zweiten:

$$\begin{aligned} x_1 + \tfrac{4}{3}x_2 + \tfrac{5}{3}x_3 &= 3 \\ x_2 &= -9 \\ x_3 &= 9 \end{aligned} \tag{8}$$

Addiere das $(-\frac{5}{3})$-fache der dritten Gleichung zu der ersten:

$$(9)\qquad \begin{aligned} x_1 + \tfrac{4}{3}x_2 \qquad &= -12 \\ x_2 \qquad &= -\ 9 \\ x_3 &= \ \ \ 9 \end{aligned}$$

Und schließlich, addiere das $(-\frac{4}{3})$-fache der zweiten Gleichung zu der ersten:

$$(10)\qquad \begin{aligned} x_1 \qquad\qquad &= \ \ 0 \\ x_2 \qquad &= -9 \\ x_3 &= \ \ 9 \end{aligned}$$

Das lineare Gleichungssystem (1) hat also genau eine Lösung $(\lambda_1, \lambda_2, \lambda_3)$ mit $\lambda_1 = 0, \lambda_2 = -9, \lambda_3 = 9$. Die Lösungsmenge L enthält also nur eine Lösung, $L = \{(0, -9, 9)\}$. △

Schauen wir uns den Lösungsweg im Beispiel 1 noch einmal genauer an. Nur die erste Gleichung des linearen Gleichungssystems (4) enthält die Unbestimmte x_1; die restlichen zwei Gleichungen enthalten x_1 nicht mehr, die Unbestimmte x_1 wurde aus diesen Gleichungen **eliminiert**. Der Schritt von (1) nach (2) diente nur dazu, die Unbestimmte x_1 in die erste Gleichung zu bringen. In den Schritten von (4) nach (7) wurde die Unbestimmte x_2 aus der dritten Gleichung eliminiert. Die erste Gleichung hat sich dabei nicht verändert. In den Schritten von (7) nach (10) eliminierten wir zuerst die Unbestimmte x_3 aus der zweiten und der ersten Gleichung und anschließend die Unbestimmte x_2 aus der ersten Gleichung. Die Lösungsmenge, die in diesem Fall aus genau einem Element besteht, ist aus dem Gleichungssystem (10) sofort abzulesen.

Das Verfahren der sukzessiven Elimination der Unbestimmten, das zur Lösung des linearen Gleichungssystems im Beispiel 1 benutzt worden ist, kann nun verallgemeinert werden; dazu müssen allerdings einige Vorbereitungen getroffen werden. Um uns Schreibarbeit zu ersparen, lassen wir in dem linearen Gleichungssystem

$$\text{(LGS)}\qquad \begin{bmatrix} a_{11}x_1 + a_{12}x_2 + a_{13}x_3 + \ldots a_{1n}x_n = b_1 \\ a_{21}x_1 + a_{22}x_2 + a_{23}x_3 + \ldots a_{2n}x_n = b_2 \\ \cdots\cdots\cdots\cdots\cdots\cdots\cdots\cdots \\ a_{m1}x_1 + a_{m2}x_2 + a_{m3}x_3 + \ldots a_{mn}x_n = b_m \end{bmatrix}$$

die „+“-Zeichen, die „=“-Zeichen und die Unbestimmten $x_1, \ldots, x_n$ einfach weg. Man erhält eine (reelle) **Matrix** M mit m Zeilen und n + 1 Spalten, kurz eine **(m, n + 1)-Matrix**,

$$\mathbf{G} = \begin{bmatrix} a_{11}\, a_{12}\, a_{13} \ldots a_{1n}\, b_1 \\ a_{21}\, a_{22}\, a_{23} \ldots a_{2n}\, b_2 \\ \cdots\cdots\cdots\cdots\cdots \\ a_{m1}\, a_{m2}\, a_{m3} \ldots a_{mn}\, b_m \end{bmatrix}$$

Man nennt diese Matrix die **Gleichungsmatrix** des linearen Gleichungssystems (LGS). Den Index i bzw. j des Koeffizienten a_{ij} dieser Matrix nennen wir den **Zeilen-** bzw. **Spaltenindex**. Dem linearen Gleichungssystem aus dem Beispiel 1 entspricht die Matrix

$$\begin{bmatrix} 0 & 6 & 6 & 0 \\ 3 & 4 & 5 & 9 \\ 6 & 7 & 8 & 9 \end{bmatrix}.$$

Wir nehmen nun die elementaren Umformungen (A), (M) und (V) an den Zeilen der Matrix **G** vor. Wir kennzeichnen die Addition des α-fachen der j-ten Zeile zur i-ten Zeile mit $z_i := z_i + \alpha z_j$, die Multiplikation der i-ten Zeile mit einem $\beta \neq 0$ mit $z_i := \beta z_i$ und die Vertauschung der i-ten mit der j-ten Zeile mit $z_i \leftrightarrow z_j$,

Jetzt sind wir imstande, den **Gaußschen Eliminationsalgorithmus** (Abkürzung: **GEA**) zu beschreiben. Wir werden ihn in zwei Schritte aufteilen. Bei dem ersten Schritt geht man von der Gleichungsmatrix

$$\mathbf{G} = \begin{bmatrix} a_{11}\, a_{12}\, a_{13} \ldots a_{1n}\, b_1 \\ a_{21}\, a_{22}\, a_{23} \ldots a_{2n}\, b_2 \\ \ldots\ldots\ldots\ldots\ldots \\ a_{m1}\, a_{m2}\, a_{m3} \ldots a_{mn}\, b_m \end{bmatrix}$$

des linearen Gleichungssystems (LGS) aus und formt diese Matrix gemäß der folgenden Verfahrensvorschrift sukzessiv um.

GEA-Schritt 1 - Reduktion zur Staffelform

R1: Setze den Zeilenindex $i := 1$ und den Spaltenindex $j := 1$.
R2: Wenn $j > n$, dann gehe nach R9.
R3: Wenn $a_{rj} = 0$ für alle r mit $i \leqq r \leqq m$ gilt, so setze $j := j + 1$ und gehe nach R2.
R4: Bestimme den kleinsten Zeilenindex h mit $i \leqq h \leqq m$ und $a_{hj} \neq 0$.
R5: Wenn $i \neq h$, dann $z_i \leftrightarrow z_h$.
R6: Setze $z_i := \frac{1}{a_{ij}} z_i$.
R7: Setze $z_g := z_g - a_{gj} z_i$ für alle g mit $i + 1 \leqq g \leqq m$.
R8: Wenn $i < m$, dann setze $i := i + 1$ und $j := j + 1$ und gehe nach R2.
R9: Wenn es einen Zeilenindex r mit $b_r \neq 0$ und $a_{rs} = 0$ für alle s mit $1 \leqq s \leqq n$ gibt, dann melde: „Das Gleichungssystem ist unlösbar".
R10: STOP

Nach dem Ablauf des ersten Teils des Verfahrens, d.h. wenn der Punkt R10 erreicht worden ist, befindet sich die umgeformte Matrix **G** in der **Staffelform**, sie hat dieses Aussehen:

$$\begin{bmatrix} 0 \ldots 0 & 1 & * \ldots * & * & * \ldots * & * \ldots * & b_1 \\ 0 \ldots 0 & 0 & 0 \ldots 1 & * & * \ldots * & * \ldots * & b_2 \\ \ldots & & & & & & \ldots \\ 0 \ldots 0 & 0 & 0 \ldots 0 & 0 & 0 \ldots 1 & * \ldots * & b_k \\ 0 \ldots 0 & 0 & 0 \ldots 0 & 0 & 0 \ldots 0 & 0 \ldots 0 & b_{k+1} \\ \ldots & & & & & & \ldots \\ 0 \ldots 0 & 0 & 0 \ldots 0 & 0 & 0 \ldots 0 & 0 \ldots 0 & b_m \end{bmatrix} \tag{11}$$

$$\begin{matrix} \uparrow & \uparrow & & \uparrow & \uparrow \\ j_1 & j_2 & \ldots & j_k & n+1 \end{matrix}$$

Genauer ausgedrückt: Es gibt k Indizes $j_1, j_2, \ldots, j_k$ mit $1 \leqq j_1 < j_2 < j_3 < \ldots < j_k \leqq n$, so daß gilt:

1) Für alle $g = 1, \ldots, k$ ist $a_{g, j_g} = 1$ und $a_{gs} = 0$ für $1 \leq s < j_g$.
2) Für alle $g = k+1, \ldots, m$ und alle $j = 1, \ldots, n$ ist $a_{gj} = 0$.

Man nennt die Indexpaare $(1, j_1), (2, j_2), \ldots, (k, j_k)$ die **Pivotstellen** der Gleichungsmatrix (11). Die Spalten mit den Indizes $j_1, \ldots, j_k$ heißen die **Pivotspalten** der Matrix (11).

Bevor der angegebene Algorithmus an zwei Beispielen erläutert wird, ist es notwendig, auf den Punkt R9 des Algorithmus näher einzugehen. Hier wird festgestellt, ob es in der Matrix (11), die schon in der Staffelform ist, eine Zeile gibt, die in den ersten n Positionen sämtlich die Null hat und in der letzten einen von Null verschiedenen Eintrag enthält. Man stellt also fest, ob einer der Koeffizienten $b_{k+1}, b_{k+2}, \ldots, b_m$ ungleich der Null ist. Wenn dies zutrifft, bedeutet das, daß sich aus dem ursprünglichen linearen Gleichungssystem eine Gleichung $0 = b_j$, wobei $b_j \neq 0$ ist, herleiten läßt; das ist natürlich ein Widerspruch, das lineare Gleichungssystem ist **unlösbar**. Jede weitere Rechnung ist daher in diesem Fall sinnlos. Die Lösungsmenge L ist leer, $L = \emptyset$.

Im anderen Fall, d.h. wenn die Matrix (11) keine Zeile der Form $(0 \ 0 \ \ldots \ 0 \ b_j)$ mit $b_j \neq 0$ enthält, hat das lineare Gleichungssystem eine nichtleere Lösungsmenge, wir sagen, daß das lineare Gleichungssystem **konsistent** ist. Insbesondere sind die homogenen linearen Gleichungssysteme konsistent, die rechten Seiten der Gleichungen bleiben unter den elementaren Umformungen stets gleich Null, d.h. die letzte Spalte der Gleichungsmatrix besteht immer nur aus Nullen. Die Lösungsmenge eines homogenen linearen Gleichungssystems mit n Unbestimmten enthält auf jeden Fall die Lösung $(\lambda_1, \lambda_2, \ldots, \lambda_n)$ mit $\lambda_1 = \lambda_2 = \ldots = \lambda_n = 0$.

Nun demonstrieren wir den ersten Schritt des GEA an zwei Beispielen.

Beispiel 2: Wir betrachten das lineare Gleichungssystem

$$\begin{aligned} 3x_1 + 4x_2 + 5x_3 &= 1 \\ x_1 + x_2 - x_3 &= 2 \\ 5x_1 + 6x_2 + 3x_3 &= 4 \end{aligned}$$

Es ist also $m = n = 3$. Man erhält die folgende Gleichungsmatrix:

$$\begin{bmatrix} 3 & 4 & 5 & 1 \\ 1 & 1 & -1 & 2 \\ 5 & 6 & 3 & 4 \end{bmatrix}$$

Wir starten mit R1 und setzen $i := 1$, $j := 1$.
1. Umformung (R2 bis R6): $z_1 := \frac{1}{3} \cdot z_1$.

$$\begin{bmatrix} 1 & \frac{4}{3} & \frac{5}{3} & \frac{1}{3} \\ 1 & 1 & -1 & 2 \\ 5 & 6 & 3 & 4 \end{bmatrix}$$

Die 2. Umformung (R7): $z_2 := z_2 - z_1$ und $z_3 := z_3 - 5z_1$

$$\begin{bmatrix} 1 & \frac{4}{3} & \frac{5}{3} & \frac{1}{3} \\ 0 & -\frac{1}{3} & -\frac{8}{3} & \frac{5}{3} \\ 0 & -\frac{2}{3} & -\frac{16}{3} & \frac{7}{3} \end{bmatrix}$$

3. Umformung: (R8) $i := 2, j := 2$
(R2 bis R6) $z_2 := -3z_2$

$$\begin{bmatrix} 1 & \frac{4}{3} & \frac{5}{3} & \frac{1}{3} \\ 0 & 1 & 8 & -5 \\ 0 & -\frac{2}{3} & -\frac{16}{3} & \frac{7}{3} \end{bmatrix}$$

4. Umformung: (R7) $z_3 := z_3 + \frac{2}{3} \cdot z_2$

$$\begin{bmatrix} 1 & \frac{4}{3} & \frac{5}{3} & \frac{1}{3} \\ 0 & 1 & 8 & -5 \\ 0 & 0 & 0 & -1 \end{bmatrix}$$

Nun wird bei R8 $j := 3$ und $i := 3$ gesetzt, man fährt bei R2 fort. Bei R3 wird $j := 4$ gesetzt und es ist zum ersten Mal $j > n$, man fährt also bei R9 fort. Da die letzte Zeile in den Positionen 1, 2, 3 die Null und in der Position 4 die Zahl -1 enthält, so erfolgt hier die Meldung „Gleichungssystem ist unlösbar“, das lineare Gleichungssystem ist nicht konsistent. Die Pivotstellen sind (1, 1) und (2, 2). △

Beispiel 3: Wir betrachten das lineare Gleichungssystem

$$\begin{aligned} 2x_1 + 4x_2 + 8x_3 + 10x_4 + 10x_5 &= 0 \\ x_1 + 2x_2 + 5x_3 + 2x_4 + 9x_5 &= 1 \\ -3x_1 - 6x_2 - 10x_3 - 21x_4 - 6x_5 &= -4 \end{aligned}$$

Es ist $m = 3$ und $n = 5$. Wir erhalten die Gleichungsmatrix

$$\begin{bmatrix} 2 & 4 & 8 & 10 & 10 & 0 \\ 1 & 2 & 5 & 2 & 9 & 1 \\ -3 & -6 & -10 & -21 & -6 & -4 \end{bmatrix}$$

1. Umformung: $z_1 := \frac{1}{2} \cdot z_1$

$$\begin{bmatrix} 1 & 2 & 4 & 5 & 5 & 0 \\ 1 & 2 & 5 & 2 & 9 & 1 \\ -3 & -6 & -10 & -21 & -6 & -4 \end{bmatrix}$$

2. Umformung: $z_2 := z_2 - z_1$ und $z_3 := z_3 + 3z_1$

$$\begin{bmatrix} 1 & 2 & 4 & 5 & 5 & 0 \\ 0 & 0 & 1 & -3 & 4 & 1 \\ 0 & 0 & 2 & -6 & 9 & -4 \end{bmatrix}$$

3. Umformung: $z_3 := z_3 - 2z_2$

$$\begin{bmatrix} 1 & 2 & 4 & 5 & 5 & 0 \\ 0 & 0 & 1 & -3 & 4 & 1 \\ 0 & 0 & 0 & 0 & 1 & -6 \end{bmatrix}$$

Nun ist die Gleichungsmatrix in der Staffelform; die Pivotstellen dieser Gleichungsmatrix sind (1, 1), (2, 3) und (3, 5). Das lineare Gleichungssystem ist konsistent (s. dazu den Punkt R9), es hat eine nichtleere Lösungsmenge. △

Wir gehen nun von einer Gleichungsmatrix eines konsistenten linearen Gleichungssystem mit m Gleichungen und n Unbestimmten aus, die bereits die Staffelform besitzt. Das sind insbesondere die Gleichungsmatrizen, die man nach dem ersten Schritt des GEA erhält. Eventuelle Nullzeilen, d. h. die Gleichungen der Form $0 \cdot x_1 + 0 \cdot x_2 + \ldots + 0 \cdot x_n = 0$ sind trivial und werden weggelassen. Wir arbeiten also weiter mit der Gleichungsmatrix der Form

$$
\begin{array}{c}
\left[\begin{array}{cccccccc}
0 \ldots 0 & 1 \ldots & a_{1,j_2} \ldots & a_{1,j_3} \ldots & a_{1,j_m} \ldots & * & b_1 \\
0 \ldots 0 & 0 \ldots & 1 \;\; \ldots & a_{2,j_3} \ldots & a_{2,j_m} \ldots & * & b_2 \\
0 \ldots 0 & 0 \ldots & 0 \;\; \ldots & 1 \;\; \ldots & a_{3,j_m} \ldots & * & b_3 \\
\cdots & \cdots & \cdots & \cdots & \cdots & \cdots & \cdots \\
0 \ldots 0 & 0 \ldots & 0 \;\; \ldots & 0 \;\; \ldots & 1 \;\; \ldots & * & b_m
\end{array}\right] \\
\qquad \uparrow \; j_1 \quad \uparrow \; j_2 \quad \uparrow \; j_3 \quad \ldots \uparrow \; j_m \qquad \uparrow \; n+1
\end{array}
$$

Diese Matrix hat die Pivotstellen (i, j_i), $i = 1, \ldots, m$. Wir können jetzt den zweiten Schritt des GEA, die sogenannte **Rücksubstitution** beschreiben.

GEA – Schritt 2 (Rücksubstitution):
S1: Setze den Zeilenindex $i := m$.
S2: Wenn $i \leqq 1$ ist, dann STOP.
S3: $z_g := z_g - a_{g,j_i} z_i$ für alle g mit $1 \leqq g \leqq i - 1$.
S4: Setze $i := i - 1$ und gehe nach S2.

Beim ersten Schritt des GEA hat man sich in der Gleichungsmatrix von der obersten Zeile der Gleichungsmatrix bis zu der letzten durchgearbeitet. Beim zweiten Schritt des GEA fängt man dort an, wo der erste aufgehört hat, d. h. bei der untersten Zeile, und steigt dann bis zu der ersten Zeile hinauf. Zuerst addieren wir zu allen Zeilen der Gleichungsmatrix jeweils ein passendes Vielfaches der m-ten Zeile, so daß alle Koeffizienten in der j_m-ten Spalte, bis auf die 1 in der m-ten Zeile, verschwinden. Dann tun wir dasselbe mit der vorletzten Zeile, usw. Zum Schluß erhalten wir eine Gleichungsmatrix der Form

$$
(12) \quad
\begin{array}{c}
\left[\begin{array}{ccccccccc}
0 \ldots 0 & 1 & a_{1,j_1+1} \ldots & 0 & a_{1,j_2+1} \ldots & 0 & a_{1,j_m+1} \ldots & a_{1n} & b_1 \\
0 \ldots 0 & 0 & 0 \quad\; \ldots & 1 & a_{2,j_2+1} \ldots & 0 & a_{2,j_m+1} \ldots & a_{2n} & b_2 \\
0 \ldots 0 & 0 & 0 \quad\; \ldots & 0 & 0 \quad\; \ldots & 0 & a_{3,j_m+1} \ldots & a_{3n} & b_3 \\
\cdots & \cdots & \cdots & \cdots & \cdots & \cdots & \cdots & \cdots & \cdots \\
0 \ldots 0 & 0 & 0 \quad\; \ldots & 0 & 0 \quad\; \ldots & 1 & a_{m,j_m+1} \ldots & a_{mn} & b_m
\end{array}\right] \\
\qquad \uparrow \; j_1 \qquad \uparrow \; j_2 \qquad \ldots \uparrow \; j_m \qquad \uparrow \; n+1
\end{array}
$$

Es sei nun P die Menge der Indizes der Pivotspalten, $P = \{j_1, j_2, \ldots, j_m\}$. Wir nennen die Unbestimmten x_j, $j = 1, \ldots, n$, mit $j \notin P$ **frei**.

Schauen wir uns jetzt die erste Zeile der Gleichungsmatrix (12) an. Sie entspricht der Gleichung

$$x_{j_1} + a_{1,j_1+1} x_{j_1+1} + \ldots + a_{1,j_2-1} x_{j_2-1} + a_{1,j_2+1} x_{j_2+1} + \ldots + a_{1n} x_n = b_1.$$

Nun sind die Koeffizienten der ersten Zeile in den Pivotspalten $j_2, \ldots, j_m$ sämtlich Null, also: $a_{1,j_2} = a_{1,j_3} = \ldots = a_{1,j_m} = 0$. Wir können daher schreiben

$x_{j_1} = b_1 - \sum_{\substack{j=j_1+1 \\ j \notin P}}^{n} a_{1j} x_j$, das bedeutet insbesondere, daß die Unbestimmte x_{j_1} nur noch von freien Unbestimmten abhängt. Das gleiche gilt auch für $x_{j_2}, x_{j_3}, \ldots, x_{j_m}$.

Daher läßt sich die Lösungsmenge des linearen Gleichungssystems mit der obigen Gleichungsmatrix wie folgt beschreiben:

GEA – Lösungsmenge

Die Lösungsmenge des linearen Gleichungssystems mit der Gleichungsmatrix (12) besteht aus allen n-Tupeln $(\lambda_1, \lambda_2, \ldots, \lambda_n)$ von reellen Zahlen, für die gilt:

$$\lambda_{j_k} = b_k - \sum_{\substack{j=j_k+1 \\ j \notin P}}^{n} a_{kj} \lambda_j, \quad k = 1, \ldots, m.$$

Hieran sehen wir, daß die Bezeichnung der Variablen x_j mit $j \notin P$ als freie Unbestimmte ihre Berechtigung hatte: Für jede beliebige Belegung dieser Unbestimmten mit reellen Werten λ_j, $j \notin P$, erhalten wir eine Lösung des linearen Gleichungssystems, die restlichen Komponenten des Lösungstupels $(\lambda_1, \ldots, \lambda_n)$, d.h. $\lambda_{j_1}, \ldots, \lambda_{j_m}$, berechnen sich nach der oben angegebenen Formel.

Falls keine der Unbestimmten $x_1, \ldots, x_n$ frei ist, so gilt insbesondere $m = n$ und das lineare Gleichungssystem hat eine einzige Lösung $(\lambda_1, \ldots, \lambda_n)$ mit $\lambda_1 = b_1$, $\lambda_2 = b_2, \ldots, \lambda_n = b_n$. Wir sagen: **Das lineare Gleichungssystem ist eindeutig lösbar**.

Falls es wenigstens eine freie Unbestimmte gibt, so hat das lineare Gleichungssystem **unendlich viele Lösungen**. Jede beliebige Belegung der freien Unbestimmten mit reellen Werten liefert nämlich genau eine Lösung und je zwei verschiedene Belegungen führen zu zwei verschiedenen Lösungen.

Oft wird die Lösungsmenge nur durch die Angabe der Gleichungen für die nichtfreien Unbestimmten in Abhängigkeit von den freien Unbestimmten beschrieben, in unserem Fall würde man dann schreiben:

$$x_{j_k} = b_k - \sum_{\substack{j=j_k+1 \\ j \notin P}}^{n} a_{kj} x_j, \quad k = 1, \ldots, m.$$

Wir setzen nun das Beispiel 3 fort. Wir haben die Gleichungsmatrix in die Staffelform gebracht und festgestellt, daß das lineare Gleichungssystem konsistent ist. Man kann also mit der Rücksubstitution anfangen.

Beispiel 3: (Fortsetzung)
Nach dem ersten Schritt des GEA erhielten wir die Gleichungsmatrix:

$$\begin{bmatrix} 1 & 2 & 4 & 5 & 5 & 0 \\ 0 & 0 & 1 & -3 & 4 & 1 \\ 0 & 0 & 0 & 0 & 1 & -6 \end{bmatrix}$$

Die Pivotstellen sind (1, 1), (2, 3) und (3, 5).

1. Umformung: (die fünfte Spalte wird bearbeitet) $z_2 := z_2 - 4z_3$ und $z_1 := z_1 - 5z_3$

$$\begin{bmatrix} 1 & 2 & 4 & 5 & 0 & 30 \\ 0 & 0 & 1 & -3 & 0 & 25 \\ 0 & 0 & 0 & 0 & 1 & -6 \end{bmatrix}$$

2. Umformung: (die dritte Spalte wird bearbeitet) $z_1 := z_1 - 4z_2$

$$\begin{bmatrix} 1 & 2 & 0 & 17 & 0 & -70 \\ 0 & 0 & 1 & -3 & 0 & 25 \\ 0 & 0 & 0 & 0 & 1 & -6 \end{bmatrix}$$

Hier ist die Rücksubstitution fertig. Die Unbestimmten x_2 und x_4 sind frei. Es gilt

$$\begin{aligned} x_1 &= -70 - 2x_2 - 17x_4 \\ x_3 &= 25 + 3x_4 \\ x_5 &= -6 \end{aligned}$$

Die Lösungsmenge L des linearen Gleichungssystems läßt sich nun schreiben als

$$L = \{(-70 - 2\lambda_2 - 17\lambda_4, \lambda_2, 25 + 3\lambda_4, \lambda_4, -6) \mid \lambda_2, \lambda_4 \in \mathbb{R}\}.$$

Das lineare Gleichungssystem hat unendlich viele Lösungen. △

Beispiel 4: Wir lösen das lineare Gleichungssystem

$$\begin{aligned} x_1 + 2x_2 + 4x_3 &= 4 \\ 2x_1 + 3x_2 + 4x_3 &= 4 \\ 3x_1 + 5x_2 + 8x_3 &= 8 \\ 3x_1 + x_2 + 5x_3 &= 5 \end{aligned}$$

Es ist hier $m = 4$ und $n = 3$. Die Gleichungsmatrix:

$$\begin{bmatrix} 1 & 2 & 4 & 4 \\ 2 & 3 & 4 & 4 \\ 3 & 5 & 8 & 8 \\ 3 & 1 & 5 & 5 \end{bmatrix}$$

Zuerst ermitteln wir die Staffelform durch:

1. Umformung: $z_2 := z_2 - 2z_1$, $z_3 := z_3 - 3z_1$ und $z_4 := z_4 - 3z_1$

$$\begin{bmatrix} 1 & 2 & 4 & 4 \\ 0 & -1 & -4 & -4 \\ 0 & -1 & -4 & -4 \\ 0 & -5 & -7 & -7 \end{bmatrix}$$

2. Umformung: $z_2 := -z_2$

$$\begin{bmatrix} 1 & 2 & 4 & 4 \\ 0 & 1 & 4 & 4 \\ 0 & -1 & -4 & -4 \\ 0 & -5 & -7 & -7 \end{bmatrix}$$

3. Umformung: $z_3 := z_3 + z_2$ und $z_4 := z_4 + 5z_2$

$$\begin{bmatrix} 1 & 2 & 4 & 4 \\ 0 & 1 & 4 & 4 \\ 0 & 0 & 0 & 0 \\ 0 & 0 & 13 & 13 \end{bmatrix}$$

4. Umformung: $z_3 \leftrightarrow z_4$ und $z_3 := \frac{1}{13} z_3$

$$\begin{bmatrix} 1 & 2 & 4 & 4 \\ 0 & 1 & 4 & 4 \\ 0 & 0 & 1 & 1 \\ 0 & 0 & 0 & 0 \end{bmatrix}$$

An dieser Stelle ist die Reduktion zur Staffelform beendet. Das lineare Gleichungssystem ist konsistent, wir können daher mit der Rücksubstitution fortfahren. Die triviale letzte Zeile wird dabei weggelassen:

5. Umformung: $z_2 := z_2 - 4z_3$ und $z_1 := z_1 - 4z_3$

$$\begin{bmatrix} 1 & 2 & 0 & 0 \\ 0 & 1 & 0 & 0 \\ 0 & 0 & 1 & 1 \end{bmatrix}$$

6. Umformung: $z_1 := z_1 - 2z_2$

$$\begin{bmatrix} 1 & 0 & 0 & 0 \\ 0 & 1 & 0 & 0 \\ 0 & 0 & 1 & 1 \end{bmatrix}$$

Die Rücksubstitution ist damit beendet. Da keine der Unbestimmten frei ist, hat das lineare Gleichungssystem die einzige Lösung $\lambda_1 = 0$, $\lambda_2 = 0$, $\lambda_3 = 1$, die Lösungsmenge ist also $L = \{(0, 0, 1)\}$. △

Für die Lösung linearer Gleichungssysteme ist der Gaußsche Eliminationsalgorithmus im allgemeinen das geeignetste Verfahren. Er hat, verglichen mit den Verfahren, die man in der Schule kennengelernt hatte, entscheidende Vorteile.

II.3 Vektorräume

§ 3.1 Definition eines Vektorraums

Im letzten Abschnitt haben wir ein Verfahren zur Lösung linearer Gleichungssysteme kennengelernt. Die Lösungsmenge L eines linearen Gleichungssystems mit n Unbestimmten ist eine Teilmenge der Menge aller n-Tupel von reellen Zahlen, d. h. $L \subset \mathbb{R}^n$, wobei $\mathbb{R}^n$ das n-fache kartesische Produkt der Menge der reellen Zahlen ist. Auf $\mathbb{R}^n$ werden im folgenden zwei Verknüpfungen definiert, die Vektoraddition und die Skalarmultiplikation; dadurch wird der Menge $\mathbb{R}^n$ eine **algebraische Struktur**, die eines **Vektorraums**, aufgeprägt.

Definition: (Reeller Vektorraum)

Es sei V eine Menge mit einer Verknüpfung „+“, die je zwei Elementen $a, b \in V$ ein Element $c = a + b \in V$ zuordnet, und einer Verknüpfung „·“, die jedem $\lambda \in \mathbb{R}$ und jedem $u \in V$ ein Element $v = \lambda \cdot u \in V$ zuordnet. Die Menge V mit „+“ und „·“ heißt **(reeller) Vektorraum**, wenn folgende Bedingungen erfüllt sind:

(VR1) Für alle $a, b, c \in V$ ist $(a + b) + c = a + (b + c)$. (Assoziativgesetz)
(VR2) Für alle $a, b \in V$ ist $a + b = b + a$. (Kommutativgesetz)
(VR3) Es gibt ein $O_V \in V$, so daß für alle $a \in V$ stets $a + O_V = O_V + a = a$ ist.
(VR4) Zu jedem $a \in V$ gibt es ein $(-a) \in V$ mit $a + (-a) = (-a) + a = O_V$.
(VR5) Für alle $\lambda, \mu \in \mathbb{R}$ und alle $a \in V$ ist $\lambda \cdot (\mu \cdot a) = (\lambda\mu) \cdot a$. (gemischtes Assoziativgesetz)
(VR6) Für alle $a \in V$ ist $1 \cdot a = a$.
(VR7) Für alle $\lambda \in \mathbb{R}$ und alle $a, b \in V$ ist $\lambda \cdot (a + b) = \lambda \cdot a + \lambda \cdot b$. (1. gemischtes Distributivgesetz)
(VR8) Für alle $\lambda, \mu \in \mathbb{R}$ und alle $a \in V$ ist $(\lambda + \mu) \cdot a = \lambda \cdot a + \mu \cdot a$. (2. gemischtes Distributivgesetz)

Die Elemente aus V heißen **Vektoren**, die Verknüpfung „+“ heißt **Vektoraddition** (oder auch kurz **Addition**), die Verknüpfung „·“ heißt **Skalarmultiplikation**, die Elemente aus $\mathbb{R}$ nennt man in diesem Zusammenhang **Skalare**. Den Vektor $O_V \in V$ (s. VR3) nennt man den **Nullvektor**.

Wir schreiben oft für das Skalarprodukt $\lambda \cdot a$ der Einfachheit halber nur λa.

Wie man sich leicht überzeugen kann, gibt es in V genau einen Nullvektor, d.h. genau einen Vektor, der die Eigenschaft (VR3) erfüllt. Der zu jedem Vektor $a \in V$ nach (VR4) existierende Vektor $(-a) \in V$ mit $a + (-a) = (-a) + a = O_V$ wird **der zu a negative** Vektor genannt. Dieser Vektor ist eindeutig bestimmt. Aus $a + b = O_V$ folgt nämlich $(-a) + (a + b) = (-a) + O_V$, hieraus folgt nach (VR1) $((-a) + a) + b = (-a)$, also $b = O_V + b = (-a)$. Statt $a + (-b)$ schreibt man einfacher $a - b$.

Wir wollen nun einige einfache Eigenschaften, die in einem Vektorraum gelten, zeigen.

Satz 3.1:

Es sei V ein Vektorraum mit dem Nullvektor O_V. Für alle $\lambda \in \mathbb{R}$ und alle $a \in V$ gilt:

a) $\lambda O_V = O_V$
b) $0a = O_V$
c) $(-a) = (-1)a$
d) Wenn $\lambda a = O_V$, dann ist $\lambda = 0$ oder $a = O_V$.

Beweis:

a) Es ist

(1) $$\lambda O_V = \lambda(O_V + O_V) = \lambda O_V + \lambda O_V.$$

Addiert man in (1) rechts und links den Vektor $(-\lambda O_V)$, erhält man $O_V = (-\lambda O_V) + \lambda O_V = (-\lambda O_V) + \lambda O_V + \lambda O_V = \lambda O_V$, was zu zeigen war.

b) Es ist $0a = (0+0)a = 0a + 0a$, daraus folgt $(-0a) + 0a = (-0a) + 0a + 0a$ und $O_V = 0a$.

c) $O_V = 0a = (1-1)a = 1a + (-1)a = a + (-1)a$, es ist also $(-a) = (-1)a$.

d) Es sei $\lambda a = O_V$. Ist $\lambda \neq 0$, so ist $\frac{1}{\lambda} \neq 0$ und es gilt $O_V = \frac{1}{\lambda} O_V = \frac{1}{\lambda}(\lambda a) = 1a = a$.

△

§ 3.2 Der Vektorraum $\mathbb{R}^n$

Die Menge $\mathbb{R}^n$, $n \in \mathbb{N}$, ist das n-fache kartesische Produkt der Menge $\mathbb{R}$ der reellen Zahlen. Wir werden von nun an diese n-Tupel als **Spalten** schreiben und sie mit fetten kleinen lateinischen Buchstaben bezeichnen:

$$\mathbf{x} = \begin{bmatrix} x_1 \\ x_2 \\ \vdots \\ x_n \end{bmatrix} \in \mathbb{R}^n.$$

Für $i = 1, 2, \ldots, n$ heißt die Zahl x_i die **i-te Komponente** von $\mathbf{x}$. Nun definieren wir in $\mathbb{R}^n$ für je zwei $\mathbf{x} = \begin{bmatrix} x_1 \\ x_2 \\ \vdots \\ x_n \end{bmatrix}$, $\mathbf{y} = \begin{bmatrix} y_1 \\ y_2 \\ \vdots \\ y_n \end{bmatrix} \in \mathbb{R}^n$ die Summe $\mathbf{x} + \mathbf{y} \in \mathbb{R}^n$ durch

$$\mathbf{x} + \mathbf{y} = \begin{bmatrix} x_1 + y_1 \\ x_2 + y_2 \\ \vdots \\ x_n + y_n \end{bmatrix}.$$

Man sagt auch: Die Vektoren $\mathbf{x}$, $\mathbf{y}$ werden **komponentenweise** addiert. Weiter definieren wir für jedes $\lambda \in \mathbb{R}$ und jedes $\mathbf{x} = \begin{bmatrix} x_1 \\ x_2 \\ \vdots \\ x_n \end{bmatrix} \in \mathbb{R}^n$ das Produkt $\lambda \cdot \mathbf{x}$ durch

$\lambda \cdot \mathbf{x} = \begin{bmatrix} \lambda x_1 \\ \lambda x_2 \\ \vdots \\ \lambda x_n \end{bmatrix}$, d. h. $\lambda \cdot \mathbf{x}$ ergibt sich durch die komponentenweise Multiplikation von $\mathbf{x}$ mit λ.

Beispiel 1: In $\mathbb{R}^3$ ist

$$\begin{bmatrix} 2 \\ -1 \\ 0 \end{bmatrix} + \begin{bmatrix} -3 \\ -4 \\ 1 \end{bmatrix} = \begin{bmatrix} 2-3 \\ -1-4 \\ 0+1 \end{bmatrix} = \begin{bmatrix} -1 \\ -5 \\ 1 \end{bmatrix}$$

bzw. $$(-2) \cdot \begin{bmatrix} 3 \\ -4 \\ 1 \end{bmatrix} = \begin{bmatrix} (-2) \cdot 3 \\ (-2) \cdot (-4) \\ (-2) \cdot 1 \end{bmatrix} = \begin{bmatrix} -6 \\ 8 \\ -2 \end{bmatrix}$$ △

Wie man sofort einsehen kann, erfüllt die soeben definierte Addition auf $\mathbb{R}^n$ die Vektorraumgesetze (VR1) und (VR2). Wir bezeichnen mit $\mathbf{0}$ das n-Tupel, das nur aus Nullen besteht, $\mathbf{0} = \begin{bmatrix} 0 \\ 0 \\ \vdots \\ 0 \end{bmatrix}$.

Für alle $\mathbf{x} = \begin{bmatrix} x_1 \\ x_2 \\ \vdots \\ x_n \end{bmatrix} \in \mathbb{R}^n$ ist dann

$$\mathbf{x} + \mathbf{0} = \begin{bmatrix} x_1 + 0 \\ x_2 + 0 \\ \vdots \\ x_n + 0 \end{bmatrix} = \begin{bmatrix} x_1 \\ x_2 \\ \vdots \\ x_n \end{bmatrix} = \mathbf{x} = \begin{bmatrix} 0 + x_1 \\ 0 + x_2 \\ \vdots \\ 0 + x_n \end{bmatrix} = \mathbf{0} + \mathbf{x}.$$

Mit dem Element $\mathbf{0} \in \mathbb{R}^n$ wird also das Vektorraumgesetz (VR3) erfüllt. Man setzt für jedes $\mathbf{x} = \begin{bmatrix} x_1 \\ x_2 \\ \vdots \\ x_n \end{bmatrix} \in \mathbb{R}^n$ jeweils $(-\mathbf{x}) = (-1) \cdot \mathbf{x} = \begin{bmatrix} -x_1 \\ -x_2 \\ \vdots \\ -x_n \end{bmatrix}$. Es gilt $\mathbf{x} + (-\mathbf{x}) = (-\mathbf{x}) + \mathbf{x} = \mathbf{0}$, das Vektorraumgesetz (VR4) wird also ebenfalls erfüllt. Die Gültigkeit der Vektorraumgesetze (VR5) bis (VR8) kann genauso leicht nachgeprüft werden.

Die Menge $\mathbb{R}^n$ zusammen mit den beiden oben definierten Verknüpfungen bildet also einen Vektorraum. Wir werden uns im wesentlichen nur mit diesem Vektorraum befassen. In der ökonomischen Anwendung kommen andere Vektorräume kaum vor. Die meisten Ergebnisse, die für $\mathbb{R}^n$ bewiesen werden, gelten auch in jedem anderen Vektorraum. Daher wird die hier gemachte Einschränkung nicht wesentlich sein.

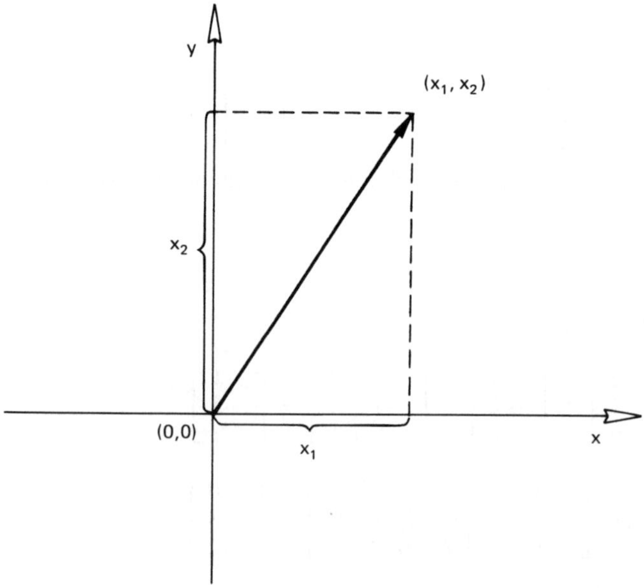

Die Vektoren des Vektorraums $\mathbb{R}^2$ lassen sich in der kartesischen Koordinatenebene graphisch darstellen, indem man jeden Vektor $\mathbf{x} = \begin{bmatrix} x_1 \\ x_2 \end{bmatrix} \in \mathbb{R}^2$ mit der orientierten Strecke, deren Anfangspunkt die Koordinaten (0, 0) und deren Endpunkt die Koordinaten (x_1, x_2) hat, identifiziert.

Sind zwei Vektoren $\mathbf{a} = \begin{bmatrix} a_1 \\ a_2 \end{bmatrix}$, $\mathbf{b} = \begin{bmatrix} b_1 \\ b_2 \end{bmatrix} \in \mathbb{R}^2$ gegeben, so ist der Endpunkt des Vektors $\mathbf{a} + \mathbf{b} = \begin{bmatrix} a_1 + b_1 \\ a_2 + b_2 \end{bmatrix}$ derjenige Punkt der kartesischen Koordinatenebene, der sich durch die Verschiebung des Endpunktes des Vektors **a** um die durch **b** gegebene orientierte Strecke ergibt. Der Nullpunkt und die Endpunkte der Vektoren **a**, **b** und **a** + **b** beschreiben ein **Parallelogramm**. Um den Endpunkt des Vektors **a** + **b** zu ermitteln, ergänzt man die Strecken **a** und **b** zu einem Parallelogramm.

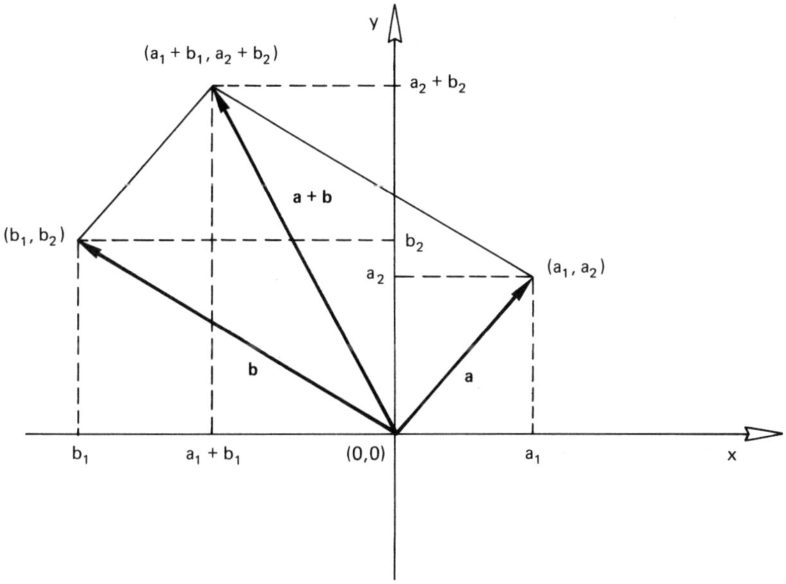

Die Skalarmultiplikation $\lambda\mathbf{a}$ eines Skalars λ und eines Vektors $\mathbf{a} \in \mathbb{R}^2$ entspricht der Streckung der Länge des Vektors **a** um den Faktor $|\lambda|$ in dieselbe Richtung, in die **a** weist, falls $\lambda \geqq 0$ ist, und in die entgegengesetzte Richtung, falls $\lambda < 0$ ist.

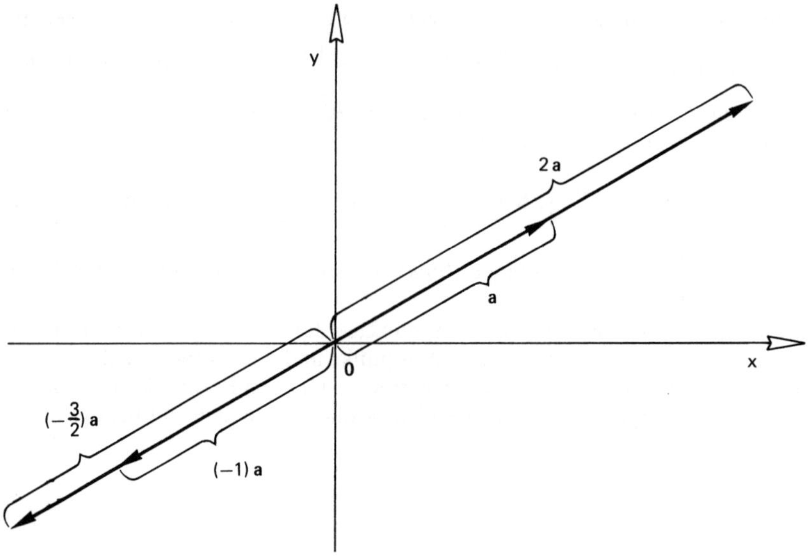

Beispiel 2: Wir wollen die Vektoren $\mathbf{a} = \begin{bmatrix} 2 \\ -1 \end{bmatrix}$ und $\mathbf{b} = \begin{bmatrix} 1 \\ 2 \end{bmatrix}$ graphisch addieren. Wir erhalten:

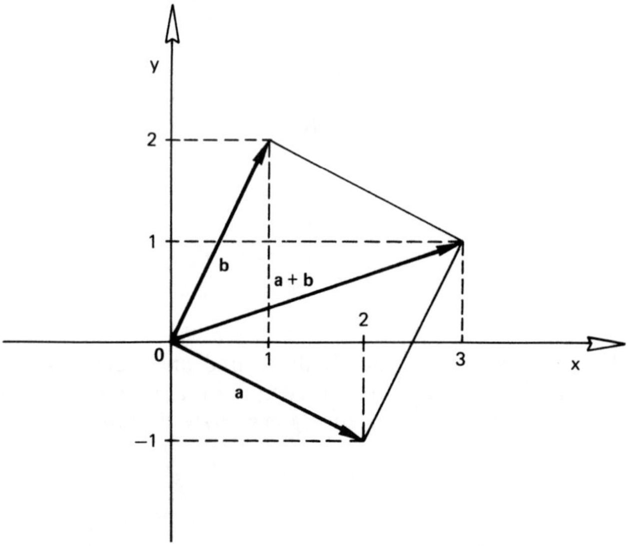

Es ist tatsächlich $\mathbf{a} + \mathbf{b} = \begin{bmatrix} 2+1 \\ -1+2 \end{bmatrix} = \begin{bmatrix} 3 \\ 1 \end{bmatrix}$. △

§ 3.3 Teilräume, lineare Hülle, Basis, Dimension

Definition: (Teilraum)
Eine nichtleere Teilmenge U eines Vektorraums V heißt ein **Teilraum** (oder auch **Untervektorraum**) von V, wenn gilt:

(TR1) Sind $a, b \in U$, so ist $a + b \in U$.
(Abgeschlossenheit der Vektoraddition)

(TR2) Ist $\lambda \in \mathbb{R}$ und $a \in U$, so ist $\lambda a \in U$.
(Abgeschlossenheit der Skalarmultiplikation)

Wie ohne weiteres einzusehen ist, ist jeder Teilraum U eines Vektorraums V selbst ein Vektorraum. Die Teilraumgesetze (TR1) und (TR2) bedeuten, daß die Vektoraddition und Skalarmultiplikation eingeschränkt auf U jeweils Verknüpfungen auf U sind.

Beispiel 3: Es sei U die Menge aller Vektoren aus $\mathbb{R}^3$, deren dritte Komponente gleich 0 ist, d.h. $U = \{\begin{bmatrix} x_1 \\ x_2 \\ x_3 \end{bmatrix} \in \mathbb{R}^3 | x_3 = 0\}$; die Menge U bildet einen Teilraum des Vektorraums $\mathbb{R}^3$: Es ist zuerst $U \neq \emptyset$. Sind $\mathbf{x} = \begin{bmatrix} x_1 \\ x_2 \\ x_3 \end{bmatrix}$, $\mathbf{y} = \begin{bmatrix} y_1 \\ y_2 \\ y_3 \end{bmatrix}$ beide aus U, so ist $x_3 = y_3 = 0$ und folglich $x_3 + y_3 = 0$. Daher ist $\mathbf{x} + \mathbf{y} = \begin{bmatrix} x_1 + y_1 \\ x_2 + y_2 \\ x_3 + y_3 \end{bmatrix} \in U$. Für jedes $\lambda \in \mathbb{R}$ ist wegen $x_3 = 0$ sicher $\lambda x_3 = 0$, woraus $\lambda \mathbf{x} = \begin{bmatrix} \lambda x_1 \\ \lambda x_2 \\ 0 \end{bmatrix} \in U$ folgt. Im kartesischen Koordinatenraum läßt sich der Teilraum U als die von der x- und y-Achse aufgespannte Ebene darstellen.

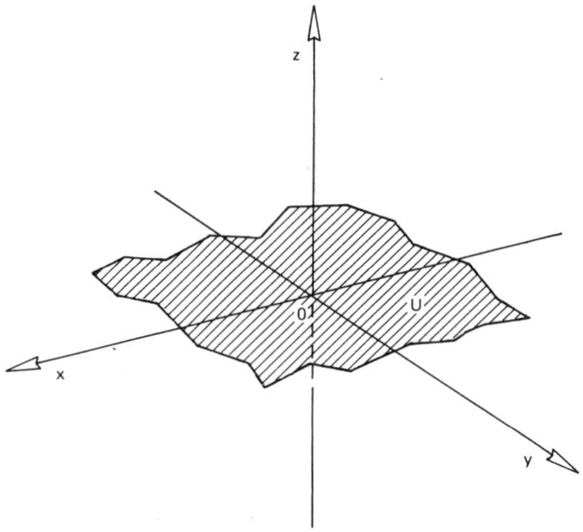

△

Jeder Vektorraum V ist sein eigener Teilraum, die Menge, die nur aus dem Nullvektor O_V von V besteht, ist ein Teilraum von V. Wir nennen die beiden Teilräume $\{O_V\}$ und V von V **triviale Teilräume von V**.

Satz 3.2:
Es seien U_1 und U_2 zwei Teilräume eines Vektorraums V.
Es gilt:

a) $U_1 \cap U_2$ ist ein Teilraum von V.
b) $U_1 + U_2 = \{u_1 + u_2 \mid u_1 \in U_1 \text{ und } u_2 \in U_2\}$ ist ein Teilraum von V.

Beweis:

a) Sind $a, b \in U_1 \cap U_2$, so sind natürlich $a, b \in U_1$ und $a, b \in U_2$. Nun sind U_1 und U_2 Teilräume von V, es gilt also $a + b \in U_1$ und $a + b \in U_2$ und folglich $a + b \in U_1 \cap U_2$. Analog zeigt man, daß für $\lambda \in \mathbb{R}$ und $a \in U_1 \cap U_2$ stets $\lambda a \in U_1 \cap U_2$ gilt.
b) Es sei $a, b \in U_1 + U_2$. Nach der Definition von $U_1 + U_2$ ist $a = a_1 + a_2$ und $b = b_1 + b_2$ mit gewissen $a_1, b_1 \in U_1$ und $a_2, b_2 \in U_2$. Nun ist $a + b = (a_1 + a_2) + (b_1 + b_2) = (a_1 + b_1) + (a_2 + b_2) \in U_1 + U_2$, da $a_1 + b_1 \in U_1$ und $a_2 + b_2 \in U_2$. Für jedes $\lambda \in \mathbb{R}$ ist dann $\lambda a = \lambda(a_1 + a_2) = \lambda a_1 + \lambda a_2 \in U_1 + U_2$, da $\lambda a_1 \in U_1$ und $\lambda a_2 \in U_2$. △

Nach dem soeben bewiesenen Satz ist für je zwei Teilräume U_1, U_2 eines Vektorraums V stets $U_1 \cap U_2$ wieder ein Teilraum von V, die Vereinigung $U_1 \cup U_2$ ist im allgemeinen jedoch **kein** Teilraum von V.

Definition: (Linearkombination, lineare Hülle)
Es sei V ein Vektorraum. Ein Vektor $a \in V$ heißt **Linearkombination** der Vektoren $a_1, a_2, \ldots, a_k \in V$, wenn es $\lambda_1, \lambda_2, \ldots, \lambda_k \in \mathbb{R}$ mit $a = \lambda_1 a_1 + \lambda_2 a_2 + \ldots + \lambda_k a_k$ gibt.
Es sei $S \subset V$ und
$\langle S \rangle = \{a \in V \mid a \text{ ist eine Linearkombination von endlich vielen Vektoren aus } S\}$.
Wir nennen $\langle S \rangle$ die **lineare Hülle von S**.

Die lineare Hülle $\langle S \rangle$ einer Teilmenge S eines Vektorraums V ist ein Teilraum von V. Ist $a = \lambda_1 a_1 + \lambda_2 a_2 + \ldots + \lambda_k a_k$, $b = \mu_1 b_1 + \mu_2 b_2 + \ldots + \mu_n b_n$ mit $a_1, a_2, \ldots, a_k$, $b_1, b_2, \ldots, b_n \in S$ und $\lambda_1, \ldots, \lambda_k$, $\mu_1, \ldots, \mu_n \in \mathbb{R}$, dann ist nach der Definition von $\langle S \rangle$:

$$a + b = \lambda_1 a_1 + \lambda_2 a_2 + \ldots + \lambda_k a_k + \mu_1 b_1 + \mu_2 b_2 + \ldots + \mu_n b_n \in \langle S \rangle .$$

Genauso ist für alle $\lambda \in \mathbb{R}$:

$$\lambda a = (\lambda\lambda_1) a_1 + (\lambda\lambda_2) a_2 + \ldots + (\lambda\lambda_k) a_k \in \langle S \rangle .$$

Die lineare Hülle $\langle S \rangle$ von S ist der kleinste Teilraum von V, der die Menge S enthält. Man nennt $\langle S \rangle$ auch den **von der Menge S aufgespannten** (oder auch **erzeugten**) **Teilraum** von V. Die lineare Hülle $\langle a_1, a_2, \ldots, a_n \rangle$ von endlich vielen Vektoren $a_1, a_2, \ldots, a_n \in V$ läßt sich schreiben als

$$\langle a_1, a_2, \ldots, a_n \rangle = \{ \sum_{i=1}^{n} \lambda_i a_i \,|\, \lambda_1, \ldots, \lambda_n \in \mathbb{R} \}.$$

Beispiel 4: Es sei $\mathbf{a} = \begin{bmatrix} 1 \\ 0 \\ 1 \end{bmatrix}$, $\mathbf{b} = \begin{bmatrix} 0 \\ 1 \\ 2 \end{bmatrix} \in \mathbb{R}^3$ und $U = \langle \mathbf{a}, \mathbf{b} \rangle$. Es gilt

$$U = \{\lambda \mathbf{a} + \mu \mathbf{b} \,|\, \lambda, \mu \in \mathbb{R}\} = \{ \begin{bmatrix} \lambda \\ \mu \\ \lambda + 2\mu \end{bmatrix} | \lambda, \mu \in \mathbb{R} \}.$$

Der Teilraum U läßt sich geometrisch wie folgt darstellen:

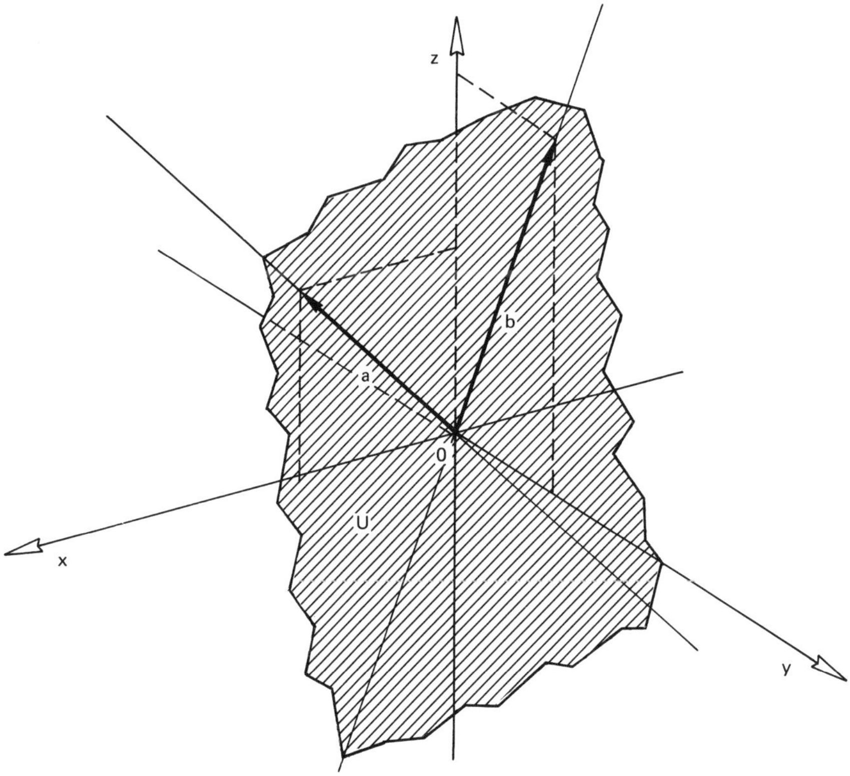

U ist diejenige Ebene, die durch den Nullpunkt und die Punkte $A = (1, 0, 1)$, $B = (0, 1, 2)$ verläuft. △

Definition: (Lineare Unabhängigkeit)
Die Vektoren $a_1, a_2, \ldots, a_n$ eines Vektorraums V mit dem Nullvektor O_V heißen **linear unabhängig**, wenn aus $\lambda_1 a_1 + \lambda_2 a_2 + \ldots + \lambda_n a_n = O_V$ stets $\lambda_1 = \lambda_2 = \ldots = \lambda_n = 0$ folgt.

Der Definition entsprechend sind die Vektoren $a_1, a_2, \ldots, a_n \in V$ **linear abhängig**, wenn es $\lambda_1, \lambda_2, \ldots, \lambda_n \in \mathbb{R}$, wobei wenigstens ein $\lambda_j \neq 0$ ist, mit $\lambda_1 a_1 + \lambda_2 a_2 + \ldots + \lambda_n a_n = O_V$ gibt. Man sagt auch: Der Nullvektor O_V ist eine **nichttriviale Linearkombination** der Vektoren $a_1, a_2, \ldots, a_n$.

Satz 3.3:
Die Vektoren $a_1, a_2, \ldots, a_n$ eines Vektorraums V sind genau dann linear abhängig, wenn einer der Vektoren $a_1, a_2, \ldots, a_n$ eine Linearkombination der übrigen ist.

Beweis: Seien $a_1, a_2, \ldots, a_n \in V$ linear abhängig, es gibt also $\lambda_1, \lambda_2, \ldots, \lambda_n \in \mathbb{R}$ und ein $j \in \mathbb{N}$, $1 \leqq j \leqq n$, mit $\lambda_j \neq 0$ so, daß $\sum_{i=1}^{n} \lambda_i a_i = O_V$ ist. Nun ist $\lambda_j a_j = -\sum_{\substack{i=1 \\ i \neq j}}^{n} \lambda_i a_i$ und folglich $a_j = -\sum_{\substack{i=1 \\ i \neq j}}^{n} \frac{\lambda_i}{\lambda_j} \cdot a_i$. Ist umgekehrt $a_j = \sum_{\substack{i=1 \\ i \neq j}}^{n} \mu_i a_i$ für ein $j \in \mathbb{N}$, $1 \leqq j \leqq n$, so gilt $O_V = \mu_1 a_1 + \mu_2 a_2 + \ldots + \mu_{j-1} a_{j-1} + (-1) a_j + \ldots + \mu_n a_n$, die Vektoren $a_1, a_2, \ldots, a_n$ sind linear abhängig, da zumindest der Koeffizient $\mu_j = (-1)$ ungleich 0 ist. △

Beispiel 5: Die Vektoren $\mathbf{a}_1 = \begin{bmatrix} 1 \\ 1 \\ 2 \end{bmatrix}$, $\mathbf{a}_2 = \begin{bmatrix} -3 \\ -3 \\ -7 \end{bmatrix}$, $\mathbf{a}_3 = \begin{bmatrix} 0 \\ 0 \\ -1 \end{bmatrix} \in \mathbb{R}^3$ sind linear abhängig; es gilt nämlich $3\mathbf{a}_1 + 1\mathbf{a}_2 + (-1)\mathbf{a}_3 = \mathbf{0}$ bzw. $\mathbf{a}_2 = (-3)\mathbf{a}_1 + 1\mathbf{a}_3$. Dagegen sind die Vektoren $\mathbf{b}_1 = \begin{bmatrix} 1 \\ 1 \\ 2 \end{bmatrix}$, $\mathbf{b}_2 = \begin{bmatrix} 2 \\ 1 \\ 2 \end{bmatrix}$, $\mathbf{b}_3 = \begin{bmatrix} 0 \\ 0 \\ -1 \end{bmatrix} \in \mathbb{R}^3$ linear unabhängig. Um dieses einzusehen, untersuchen wir die Gleichung $\lambda_1 \mathbf{b}_1 + \lambda_2 \mathbf{b}_2 + \lambda_3 \mathbf{b}_3 = \mathbf{0}$. Diese Gleichung läßt sich als ein lineares Gleichungssystem mit den Unbestimmten $\lambda_1, \lambda_2, \lambda_3$ schreiben:

$$
(2) \qquad \begin{aligned} 1\lambda_1 + 2\lambda_2 + 0\lambda_3 &= 0 \\ 1\lambda_1 + 1\lambda_2 + 0\lambda_3 &= 0 \\ 2\lambda_1 + 2\lambda_2 - 1\lambda_3 &= 0 \end{aligned}
$$

Wir lösen nun dieses Gleichungssystem:

$$
\begin{bmatrix} 1 & 2 & 0 & 0 \\ 1 & 1 & 0 & 0 \\ 2 & 2 & -1 & 0 \end{bmatrix} \to \begin{bmatrix} 1 & 2 & 0 & 0 \\ 0 & -1 & 0 & 0 \\ 0 & -2 & -1 & 0 \end{bmatrix} \to
$$

$$
\begin{bmatrix} 1 & 2 & 0 & 0 \\ 0 & 1 & 0 & 0 \\ 0 & 0 & -1 & 0 \end{bmatrix} \to \begin{bmatrix} 1 & 0 & 0 & 0 \\ 0 & 1 & 0 & 0 \\ 0 & 0 & 1 & 0 \end{bmatrix}.
$$

Das Gleichungssystem (2) hat also nur die triviale Lösungsmenge $L = \{(0, 0, 0)\}$. Aus dem Ansatz $\lambda_1 \mathbf{b}_1 + \lambda_2 \mathbf{b}_2 + \lambda_3 \mathbf{b}_3 = \mathbf{0}$ folgt $\lambda_1 = \lambda_2 = \lambda_3 = 0$, die Vektoren $\mathbf{b}_1, \mathbf{b}_2, \mathbf{b}_3$ sind daher linear unabhängig. △

Die Frage nach der linearen Abhängigkeit bzw. Unabhängigkeit der Vektoren $\mathbf{a}_1, \mathbf{a}_2, \ldots, \mathbf{a}_k \in \mathbb{R}^n$ läßt sich, wie im obigen Beispiel, auf die Bestimmung der Lösungsmenge des linearen Gleichungssystems

(3) $$\lambda_1 \mathbf{a}_1 + \lambda_2 \mathbf{a}_2 + \ldots + \lambda_k \mathbf{a}_k = \mathbf{0}$$

mit den Unbestimmten $\lambda_1, \ldots, \lambda_k$ zurückführen. Ist die Lösungsmenge L von (3) trivial, d.h. $L = \{(0, 0, \ldots, 0)\}$, so sind die Vektoren linear unabhängig, im anderen Fall sind sie linear abhängig.

Definition:
Eine **Teilmenge** S eines Vektorraums V heißt **linear unabhängig**, wenn je endlich viele paarweise verschiedene Vektoren $a_1, a_2, \ldots, a_k \in S$ linear unabhängig sind.

Man beachte: Die **Vektoren** $\mathbf{a}_1 = \begin{bmatrix} 1 \\ 0 \\ 0 \end{bmatrix}$, $\mathbf{a}_2 = \begin{bmatrix} 1 \\ 0 \\ 0 \end{bmatrix}$, $\mathbf{a}_3 = \begin{bmatrix} 0 \\ 1 \\ 0 \end{bmatrix} \in \mathbb{R}^3$ sind linear abhängig, es gilt $1\mathbf{a}_1 + (-1)\mathbf{a}_2 + 0\mathbf{a}_3 = \mathbf{0}$. Dagegen ist die **Menge** $\{\mathbf{a}_1, \mathbf{a}_2, \mathbf{a}_3\} = \{\mathbf{a}_1, \mathbf{a}_3\}$ linear unabhängig.

Definition: (Basis eines Vektorraums)
Es sei V ein Vektorraum. Eine Teilmenge B von V heißt eine **Basis** von V, wenn gilt:

(B1) B ist eine linear unabhängige Teilmenge von V.
(B2) B erzeugt V, d.h. $V = \langle B \rangle$.

Wir werden nun zeigen, daß der Vektorraum $\mathbb{R}^n$ eine Basis aus n Vektoren besitzt.

Beispiel 6: (Die kanonische Basis von $\mathbb{R}^n$)
Es sei für jedes $i = 1, 2, \ldots, n$ mit $\mathbf{e}_i$ derjenige Vektor aus $\mathbb{R}^n$ bezeichnet, der in der i-ten Komponente eine Eins und in allen übrigen Komponenten eine Null hat, d.h.

$\mathbf{e}_1 = \begin{bmatrix} 1 \\ 0 \\ 0 \\ \vdots \\ 0 \end{bmatrix}$, $\mathbf{e}_2 = \begin{bmatrix} 0 \\ 1 \\ 0 \\ \vdots \\ 0 \end{bmatrix}$, $\mathbf{e}_3 = \begin{bmatrix} 0 \\ 0 \\ 1 \\ \vdots \\ 0 \end{bmatrix}$, $\ldots$, $\mathbf{e}_n = \begin{bmatrix} 0 \\ 0 \\ 0 \\ \vdots \\ 1 \end{bmatrix}$. Wir werden jetzt zeigen, daß die Vektoren $\mathbf{e}_1, \mathbf{e}_2, \ldots, \mathbf{e}_n$ eine Basis des Vektorraums $\mathbb{R}^n$ bilden.

Für jedes $\mathbf{x} = \begin{bmatrix} x_1 \\ x_2 \\ \vdots \\ x_n \end{bmatrix} \in \mathbb{R}^n$ ist $\mathbf{x} = x_1 \mathbf{e}_1 + x_2 \mathbf{e}_2 + \ldots + x_n \mathbf{e}_n$, also

$\mathbb{R}^n = \langle \mathbf{e}_1, \mathbf{e}_2, \ldots, \mathbf{e}_n \rangle$. Aus $\lambda_1 \mathbf{e}_1 + \lambda_2 \mathbf{e}_2 + \ldots + \lambda_n \mathbf{e}_n = \begin{bmatrix} \lambda_1 \\ \lambda_2 \\ \vdots \\ \lambda_n \end{bmatrix} = \begin{bmatrix} 0 \\ 0 \\ \vdots \\ 0 \end{bmatrix} = \mathbf{0}$ folgt trivial $\lambda_1 = \lambda_2 = \ldots = \lambda_n = 0$; die Vektoren $\mathbf{e}_1, \mathbf{e}_2, \ldots, \mathbf{e}_n$ sind daher linear unabhängig. Man nennt die Basis $\mathbf{e}_1, \mathbf{e}_2, \ldots, \mathbf{e}_n$ die **kanonische Basis von** $\mathbb{R}^n$. Im Vektorraum $\mathbb{R}^3$ erhalten wir das folgende Bild: △

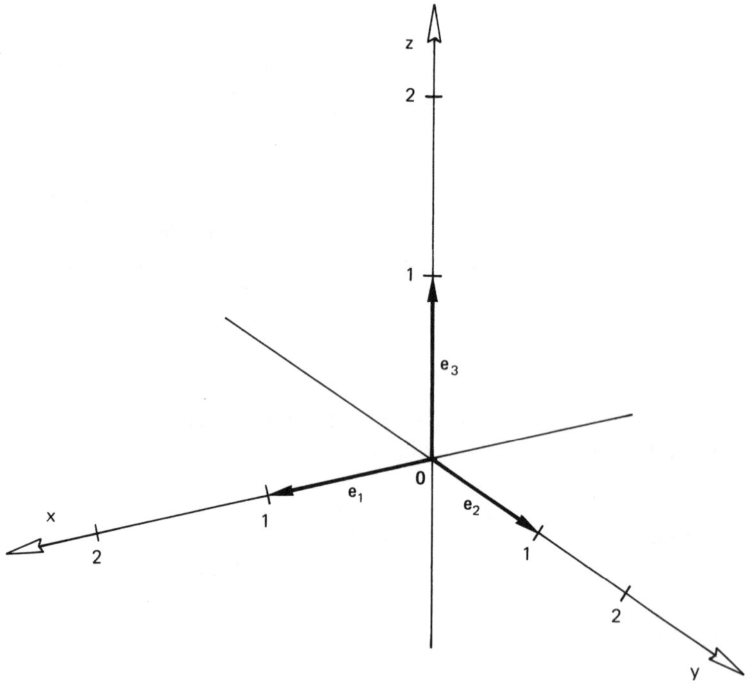

Ohne Beweis wird nun ein wichtiger Satz der linearen Algebra zitiert:

Satz 3.4:
Jeder Vektorraum besitzt eine Basis.

Jeder Teilraum eines Vektorraums V ist selbst ein Vektorraum und besitzt daher eine Basis. Der triviale Teilraum $\{O_V\}$ von V, der nur aus dem Nullvektor O_V von V besteht, hat die leere Menge als Basis. Wir beschäftigen uns mit den Vektorräumen, die eine endliche Basis, d.h. eine Basis aus endlich vielen Vektoren, besitzen. Wie man soeben bewiesen hatte, besitzt der Vektorraum $\mathbb{R}^n$ eine solche Basis. Nun wollen wir eine wichtige Eigenschaft von Vektorräumen mit einer endlichen Basis formulieren.

Satz 3.5:
Es sei V ein Vektorraum und $b_1, \ldots, b_n$ eine n-elementige Basis von V.

Dann ist jede Basis von V endlich und besitzt genau n Elemente.

Diese und spätere Aussagen sind Folgerungen des sog. **Austauschsatzes**, der hier ohne Beweis, der doch etwas umständlich ist, vorgestellt wird. Ein Beweis des Satzes findet sich z. B. in [AR].

Satz 3.6: (Austauschsatz)
Es sei V ein Vektorraum und $b_1, \ldots, b_n$ eine Basis von V. Sind $a_1, a_2, \ldots, a_k \in V$ linear unabhängige Vektoren, dann gilt:

1) $k \leqq n$.
2) Es gibt $r = n - k$ Vektoren $b_{i_{k+1}}, b_{i_{k+2}}, \ldots, b_{i_n}$ aus der Basis $b_1, \ldots, b_n$ von V so, daß die Vektoren $a_1, a_2, \ldots, a_k, b_{i_{k+1}}, b_{i_{k+2}}, \ldots, b_{i_n}$ eine Basis von V bilden.

Aus der Behauptung 2) folgt unmittelbar, daß sich jede Menge von linear unabhängigen Vektoren aus V mit geeigneten Vektoren aus V zu einer Basis von V ergänzen läßt.

Mit dem Austauschsatz ist der Beweis des Satzes 3.5 leicht: Ist $C \subset V$ eine weitere Basis von V, so muß C zuerst endlich sein, da man sonst sicher $n+1$ linear unabhängige Vektoren in C finden könnte. Das ist aber nach 1) des Austauschsatzes unmöglich. Es ist also $C = \{c_1, c_2, \ldots, c_m\}$ mit linear unabhängigen Vektoren $c_1, c_2, \ldots, c_m \in V$. Nach 1) ist $m \leqq n$. Da nun die Vektoren $c_1, c_2, \ldots, c_m$ eine Basis von V bilden und die Vektoren $b_1, \ldots, b_n \in V$ linear unabhängig sind, gilt wieder nach 1) $n \leqq m$. Wir erhalten: $m = n$.

Definition: (Dimension eines Vektorraums)
Ein Vektorraum hat die **Dimension** $n \in \mathbb{N}_0$, wenn er eine n-elementige Basis besitzt. Man schreibt: $\dim(V) = n$. Falls der Vektorraum V keine endliche Basis besitzt, so heißt er **unendlichdimensional**, $\dim(V) = \infty$.

Diese Definition ist nach dem Satz 3.5 sinnvoll, da je zwei Basen eines endlichdimensionalen Vektorraums gleichviele Elemente haben. Wir werden uns ab jetzt nur mit endlichdimensionalen Vektorräumen beschäftigen, vor allem mit dem Vektorraum $\mathbb{R}^n$. Es gilt $\dim(\mathbb{R}^n) = n$.

Jeder Untervektorraum U eines Vektorraums V ist selbst ein Vektorraum und hat daher eine Dimension, es gilt $\dim(U) \leqq \dim(V)$. Der triviale Teilraum $\{O_V\}$ von V, der nur aus dem Nullvektor O_V besteht, hat die Dimension Null.

Satz 3.7: (Dimensionsformel)
Es seien U und V Teilräume eines Vektorraums W, dann gilt die **Dimensionsformel**:

$$\dim(U) + \dim(V) = \dim(U + V) + \dim(U \cap V).$$

Beweisskizze: Da W als endlichdimensional vorausgesetzt worden ist, sind die Teilräume U, V, $U \cap V$ von W auch endlichdimensional mit $\dim(U) = n$, $\dim(V) = m$ und $\dim(U \cap V) = s$. Es sei $\{a_1, \ldots, a_s\}$ eine Basis von $U \cap V$. Diese Basis läßt sich, wegen $a_1, \ldots, a_s \in U \cap V \subset U$ durch $n - s$ Vektoren $b_1, \ldots, b_{n-s}$ zu einer Basis von U ergänzen. Genauso lassen sich $a_1, \dots, a_s$ durch $m-s$ Vektoren $c_1, \dots, c_{m-s} \in V$ zu einer Basis von V ergänzen. Man kann dann leicht zeigen, daß die Vektoren $a_1, \dots, a_s, b_1, \dots, b_{n-s}, c_1, \dots, c_{m-s}$, das sind genau $s + (n-s) + (m-s) = n + m - s$ Vektoren, eine Basis des Teilraums $U + V$ bilden. Wir erhalten

$$\dim(U) + \dim(V) = n + m = (n + m - s) + s = \dim(U + V) + \dim(U \cap V). \quad \triangle$$

Beispiel 7: Es seien $U = \left\{ \begin{bmatrix} x_1 \\ x_2 \\ x_3 \end{bmatrix} \in \mathbb{R}^3 \mid x_3 = 0 \right\}$ und $V = \left\{ \begin{bmatrix} x_1 \\ x_2 \\ x_3 \end{bmatrix} \in \mathbb{R}^3 \mid x_1 + x_2 + x_3 = 0 \right\}$, das sind zwei Teilräume des Vektorraums $\mathbb{R}^3$. Die Vektoren $\mathbf{e}_1 = \begin{bmatrix} 1 \\ 0 \\ 0 \end{bmatrix}$, $\mathbf{e}_2 = \begin{bmatrix} 0 \\ 1 \\ 0 \end{bmatrix}$ bilden eine Basis von U, die Vektoren $\mathbf{a}_1 = \begin{bmatrix} 1 \\ -1 \\ 0 \end{bmatrix}$, $\mathbf{a}_2 = \begin{bmatrix} 1 \\ 0 \\ -1 \end{bmatrix}$ bilden eine Basis von V. Nun ist $U \cap V = \left\{ \begin{bmatrix} x_1 \\ x_2 \\ x_3 \end{bmatrix} \in \mathbb{R}^3 \mid x_3 = 0,\ x_1 + x_2 = 0 \right\}$ und $\mathbf{b}_1 = \mathbf{a}_1 = \begin{bmatrix} 1 \\ -1 \\ 0 \end{bmatrix}$ eine (einelementige!) Basis von $U \cap V$.

Jeder Vektor $\mathbf{x} = \begin{bmatrix} x_1 \\ x_2 \\ x_3 \end{bmatrix} \in \mathbb{R}^3$ läßt sich schreiben als $\mathbf{x} = \mathbf{y} + \mathbf{z}$ mit

$\mathbf{y} = \begin{bmatrix} x_1 + x_2 + x_3 \\ 0 \\ 0 \end{bmatrix}$ und $\mathbf{z} = \begin{bmatrix} -x_2 - x_3 \\ x_2 \\ x_3 \end{bmatrix}$. Es ist offensichtlich $\mathbf{y} \in U$ und $\mathbf{z} \in V$; wir erhalten insgesamt $\mathbb{R}^3 \subset U + V \subset \mathbb{R}^3$, also $U + V = \mathbb{R}^3$. Es gilt $\dim(U) = 2$, $\dim(V) = 2$, $\dim(U + V) = \dim(\mathbb{R}^3) = 3$, $\dim(U \cap V) = 1$ und
$\dim(U) + \dim(V) = 2 + 2 = 4 = 3 + 1 = \dim(U + V) + \dim(U \cap V)$. $\triangle$

Wir werden uns mit der Frage, wie man eine Basis (und damit die Dimension) eines Teilraums von $\mathbb{R}^n$ bestimmt, im nächsten Abschnitt genauer befassen.

II.4 Matrizen und lineare Abbildungen

§ 4.1 Matrizen und Matrizenoperationen

Eine (reelle) **(m, n)-Matrix** ist (wie schon im II.2 erwähnt wurde) ein rechteckiges Zahlenschema aus $m \cdot n$ reellen Zahlen, die in m Zeilen und n Spalten angeordnet sind. Wir bezeichnen die Matrizen mit großen fetten lateinischen Buchstaben. Eine (m,n)-Matrix **A** wird geschrieben als

$$\mathbf{A} = \begin{bmatrix} a_{11} & a_{12} & a_{13} & \dots & a_{1n} \\ a_{21} & a_{22} & a_{23} & \dots & a_{2n} \\ a_{31} & a_{32} & a_{33} & \dots & a_{3n} \\ \vdots & \vdots & \vdots & \dots & \vdots \\ a_{m1} & a_{m2} & a_{m3} & \dots & a_{mn} \end{bmatrix}.$$

Die reellen Zahlen a_{ij}, $i = 1, \ldots, m$, $j = 1, \ldots, n$, heißen **Elemente** oder **Koeffizienten** der Matrix **A**, die Zahl i heißt der **Zeilenindex**, die Zahl j der **Spaltenindex**. Der Koeffizient a_{ij} ist also diejenige Zahl, die sich in der i-ten Zeile und der j-ten Spalte der Matrix **A** befindet. Man schreibt für die Matrix **A** auch kurz $\mathbf{A} = (a_{ij})_{\substack{1 \leq i \leq m \\ 1 \leq j \leq n}}$ oder auch (a_{ij}), falls die Zeilen- und Spaltenanzahl der Matrix **A** einmal festgelegt worden sind oder aus dem Zusammenhang klar sind.

Jeder Vektor aus $\mathbb{R}^n$ läßt sich somit als eine (n,1)-Matrix auffassen.

Beispiel 1:

$\begin{bmatrix} 3 & 0 & 2 \\ 0 & 1 & -1 \end{bmatrix}$ ist eine (2,3)-Matrix, $(-1, \ 0, \ 1)$ ist eine (1,3)-Matrix und

$\begin{bmatrix} 3 \\ 2 \\ 0 \\ -1 \end{bmatrix}$ ist eine (4,1)-Matrix. △

Zwei (m,n)-Matrizen $\mathbf{A} = (a_{ij})$ und $\mathbf{B} = (b_{ij})$ sind gleich, genau dann, wenn ihre Elemente in allen Positionen übereinstimmen, d.h. wenn für alle i, j mit $i = 1, \ldots, m$, und $j = 1, \ldots, n$, stets $a_{ij} = b_{ij}$ gilt.

Nun werden drei Rechenoperationen mit Matrizen definiert:

> 1) **Multiplikation einer Matrix mit einer Konstanten**
> Für eine (m,n)-Matrix $\mathbf{A} = (a_{ij})$ und ein $\lambda \in \mathbb{R}$ ist $\lambda\mathbf{A}$ diejenige (m,n)-Matrix, die sich durch die Multiplikation jedes Elements der Matrix **A** mit der Konstanten λ ergibt, $\mathbf{A} = (\lambda a_{ij})$.

So ist z.B. für die (3,2)-Matrix $\mathbf{A} = \begin{bmatrix} 3 & 2 \\ -1 & 0 \\ -5 & 1 \end{bmatrix}$ und $\lambda = -2$:

$$\lambda\mathbf{A} = (-2) \cdot \begin{bmatrix} 3 & 2 \\ -1 & 0 \\ -5 & 1 \end{bmatrix} = \begin{bmatrix} (-2) \cdot 3 & (-2) \cdot 2 \\ (-2) \cdot (-1) & (-2) \cdot 0 \\ (-2) \cdot (-5) & (-2) \cdot 1 \end{bmatrix} = \begin{bmatrix} -6 & -4 \\ 2 & 0 \\ 10 & -2 \end{bmatrix}.$$

> 2) **Addition zweier Matrizen**
> Für zwei (m,n)-Matrizen $\mathbf{A} = (a_{ij})$, $\mathbf{B} = (b_{ij})$ ist die Summe $\mathbf{A} + \mathbf{B}$ die (m,n)-Matrix $\mathbf{C} = (c_{ij})$ mit den Koeffizienten $c_{ij} = a_{ij} + b_{ij}$.

Man beachte, daß die Matrizenaddition nur für zwei Matrizen definiert ist, deren Größe, d.h. die Zeilen- und Spaltenzahl, übereinstimmen. So ist für die (2,3)-Matrizen $\mathbf{A} = \begin{bmatrix} 2 & 0 & 1 \\ -3 & 1 & 4 \end{bmatrix}$ und $\mathbf{B} = \begin{bmatrix} -3 & 3 & 3 \\ -11 & 5 & 0 \end{bmatrix}$ die Summe

$$\mathbf{A} + \mathbf{B} = \begin{bmatrix} -1 & 3 & 4 \\ -14 & 6 & 4 \end{bmatrix}.$$

Etwas komplizierter ist die Multiplikation zweier Matrizen.

3) Produkt zweier Matrizen

Für eine (m,n)-Matrix $\mathbf{A} = (a_{ij})$ und eine (n,k)-Matrix $\mathbf{B} = (b_{ij})$ ist das Produkt $\mathbf{A} \cdot \mathbf{B}$ diejenige (m,k)-Matrix $\mathbf{C} = (c_{ij})$, deren Koeffizienten durch

$c_{ij} = \sum_{s=1}^{n} a_{is} b_{sj} \quad (1 \leqq i \leqq m, 1 \leqq j \leqq k)$ gegeben sind.

Das Produkt $\mathbf{A} \cdot \mathbf{B}$ ist also nur dann definiert, wenn die Anzahl der **Spalten** der Matrix **A** mit der Anzahl der **Zeilen** der Matrix **B** übereinstimmt. Der Koeffizient c_{ij} der Matrix $\mathbf{C} = \mathbf{A} \cdot \mathbf{B}$ berechnet sich aus der i-ten Zeile der Matrix **A** und der j-ten Spalte der Matrix **B**, im Bild:

j-te Spalte ↓

$$\begin{bmatrix} b_{11} & \cdots & b_{1j} & \cdots & b_{1k} \\ b_{21} & \cdots & b_{2j} & \cdots & b_{2k} \\ b_{31} & \cdots & b_{3j} & \cdots & b_{3k} \\ \vdots & \cdots & \vdots & \cdots & \vdots \\ b_{n1} & \cdots & b_{nj} & \cdots & b_{nk} \end{bmatrix}$$

i-te Zeile →

$$\begin{bmatrix} a_{11} & a_{12} & a_{13} & \cdots & a_{1n} \\ \vdots & \vdots & \vdots & \cdots & \vdots \\ a_{i1} & a_{i2} & a_{i3} & \cdots & a_{in} \\ \vdots & \vdots & \vdots & \cdots & \vdots \\ a_{m1} & a_{m2} & a_{m3} & \cdots & a_{mn} \end{bmatrix} \qquad \begin{bmatrix} c_{11} & \cdots & c_{1j} & \cdots & c_{1k} \\ \vdots & \cdots & \vdots & \cdots & \vdots \\ c_{i1} & \cdots & c_{ij} & \cdots & c_{ik} \\ \vdots & \cdots & \vdots & \cdots & \vdots \\ c_{m1} & \cdots & c_{mj} & \cdots & c_{mk} \end{bmatrix}$$

Beispiel 2:

Das Produkt $\mathbf{A} \cdot \mathbf{B}$ der (3,3)-Matrix $\mathbf{A} = \begin{bmatrix} 1 & 0 & -1 \\ 3 & 11 & 9 \\ 5 & -1 & -3 \end{bmatrix}$ und der (3,2)-Matrix

$\mathbf{B} = \begin{bmatrix} 3 & -7 \\ 2 & 0 \\ 1 & -1 \end{bmatrix}$ ist eine (3,2)-Matrix, nämlich

$$\mathbf{A} \cdot \mathbf{B} = \begin{bmatrix} 1 \cdot 3 + 0 \cdot 2 + (-1) \cdot 1 & 1 \cdot (-7) + 0 \cdot 0 + (-1) \cdot (-1) \\ 3 \cdot 3 + 11 \cdot 2 + 9 \cdot 1 & 3 \cdot (-7) + 11 \cdot 0 + 9 \cdot (-1) \\ 5 \cdot 3 + (-1) \cdot 2 + (-3) \cdot 1 & 5 \cdot (-7) + (-1) \cdot 0 + (-3) \cdot (-1) \end{bmatrix}$$

$$= \begin{bmatrix} 2 & -6 \\ 40 & -30 \\ 10 & -32 \end{bmatrix}.$$

△

Die Matrixaddition ist kommutativ, es gilt stets $\mathbf{A} + \mathbf{B} = \mathbf{B} + \mathbf{A}$, die Matrixmultiplikation dagegen nicht, es ist z. B. für die Matrizen $\mathbf{A} = \begin{bmatrix} 1 & 2 \\ 3 & 4 \end{bmatrix}$ und $\mathbf{B} = \begin{bmatrix} 0 & 1 \\ 1 & 0 \end{bmatrix}$

einerseits $\mathbf{A} \cdot \mathbf{B} = \begin{bmatrix} 2 & 1 \\ 4 & 3 \end{bmatrix}$, und andererseits $\mathbf{B} \cdot \mathbf{A} = \begin{bmatrix} 3 & 4 \\ 1 & 2 \end{bmatrix}$, also $\mathbf{A} \cdot \mathbf{B} \neq \mathbf{B} \cdot \mathbf{A}$.

Die Multiplikation einer (m,n)-Matrix $\mathbf{A} = (a_{ij})$ mit einem (als Spalte geschriebenen) Vektor $\mathbf{x} = \begin{bmatrix} x_1 \\ x_2 \\ \vdots \\ x_n \end{bmatrix} \in \mathbb{R}^n$, das ist eine (n,1)-Matrix, ergibt eine (m,1)-Matrix, also einen Vektor aus $\mathbb{R}^m$. So ist z. B. mit $\mathbf{A} = \begin{bmatrix} 3 & 2 \\ 5 & 0 \\ 1 & -1 \end{bmatrix}$ und $\mathbf{x} = \begin{bmatrix} 1 \\ 1 \end{bmatrix} \in \mathbb{R}^2$:

$\mathbf{A} \cdot \mathbf{x} = \begin{bmatrix} 3+2 \\ 5+0 \\ 1-1 \end{bmatrix} = \begin{bmatrix} 5 \\ 5 \\ 0 \end{bmatrix} \in \mathbb{R}^3$. Für viele Zwecke ist es praktisch, eine (m,n)-Matrix $\mathbf{A}$ als ein n-Tupel der n Spalten von $\mathbf{A}$ zu schreiben, $\mathbf{A} = (\mathbf{a}_1, \mathbf{a}_2, \ldots, \mathbf{a}_n)$, wobei für $j = 1, \ldots, n$ jeweils $\mathbf{a}_j = \begin{bmatrix} a_{1j} \\ a_{2j} \\ \vdots \\ a_{mj} \end{bmatrix} \in \mathbb{R}^m$ ist. Das Produkt einer (m,n)-Matrix $\mathbf{A}$ und einer (n,k)-Matrix $\mathbf{B} = (\mathbf{b}_1, \mathbf{b}_2, \ldots, \mathbf{b}_k)$ läßt sich nun schreiben als $\mathbf{A} \cdot \mathbf{B} = (\mathbf{A} \cdot \mathbf{b}_1, \mathbf{A} \cdot \mathbf{b}_2, \ldots, \mathbf{A} \cdot \mathbf{b}_k)$, die j-te Spalte der Matrix $\mathbf{A} \cdot \mathbf{B}$ ergibt sich jeweils durch die Multiplikation der Matrix $\mathbf{A}$ mit der j-ten Spalte von $\mathbf{B}$.

Nun werden einige neue Bezeichnungen und Begriffe eingeführt. Eine (m,n)-Matrix, deren Elemente sämtlich Null sind, nennen wir die **Nullmatrix**, sie wird mit $\mathbf{O}_{m,n}$ bezeichnet. Eine (n,n)-Matrix, eine Matrix also, die genauso viele Zeilen wie Spalten besitzt, heißt eine **quadratische Matrix (der Ordnung n)**. In einer quadratischen Matrix $\mathbf{A} = (a_{ij})$ der Ordnung n heißen die Elemente $a_{11}, a_{22}, \ldots, a_{nn}$ **Hauptdiagonalelemente** und die Elemente $a_{1,n}, a_{2,n-1}, \ldots, a_{n,1}$ **Nebendiagonalelemente**.

$$\begin{bmatrix} a_{11} & a_{12} & \cdots & a_{1,n-1} & a_{1n} \\ a_{21} & a_{22} & \cdots & a_{2,n-1} & a_{2n} \\ a_{31} & a_{32} & \cdots & a_{3,n-1} & a_{3n} \\ \cdots & \cdots & \cdots & \cdots & \cdots \\ a_{n1} & a_{n2} & \cdots & a_{n,n-1} & a_{nn} \end{bmatrix}$$

Nebendiagonale

Hauptdiagonale

Eine quadratische Matrix $\mathbf{A} = (a_{ij})$ heißt eine **Diagonalmatrix**, wenn alle ihre Elemente, die nicht Hauptdiagonalelemente sind, gleich Null sind, d. h. $a_{ij} = 0$ für alle $i \neq j$. Die Diagonalmatrix der Ordnung n, deren Hauptdiagonalelemente alle gleich 1 sind, heißt die **Einheitsmatrix (der Ordnung n)** und wird mit $\mathbf{I}_n$ bezeichnet. Es ist also:

$$\mathbf{I}_n = \begin{bmatrix} 1 & 0 & 0 & \ldots & 0 \\ 0 & 1 & 0 & \ldots & 0 \\ 0 & 0 & 1 & \ldots & 0 \\ \cdots & \cdots & \cdots & \cdots & \cdots \\ 0 & 0 & 0 & \ldots & 1 \end{bmatrix}.$$

Ist $\mathbf{M}$ eine (m,n)-Matrix, so gilt, wie man leicht sieht, $\mathbf{I}_m \cdot \mathbf{M} = \mathbf{M} = \mathbf{M} \cdot \mathbf{I}_n$.

Eine quadratische Matrix $\mathbf{A} = (a_{ij})$ der Ordnung n heißt **obere Dreiecksmatrix**, wenn für $i > j$ stets $a_{ij} = 0$ gilt. Die Matrix $\mathbf{A}$ hat also die Gestalt

$$\mathbf{A} = \begin{bmatrix} a_{11} & a_{12} & a_{13} & \dots & a_{1n} \\ 0 & a_{22} & a_{23} & \dots & a_{2n} \\ 0 & 0 & a_{33} & \dots & a_{3n} \\ \vdots & \vdots & \vdots & \dots & \vdots \\ 0 & 0 & 0 & \dots & a_{nn} \end{bmatrix},$$

die Matrixelemente unterhalb der Hauptdiagonale von $\mathbf{A}$ sind sämtlich Null. Entsprechend heißt eine quadratische Matrix $\mathbf{B} = (b_{ij})$ der Ordnung n **untere Dreiecksmatrix**, wenn für $i < j$ stets $b_{ij} = 0$ gilt; die Matrixelemente oberhalb der Hauptdiagonale sind alle gleich Null.

Wir fassen jetzt die wichtigsten Gesetze der Matrizenrechnung zusammen.

Satz 4.1: (Gesetze der Matrizenrechnung)

a) Sind $\mathbf{A}, \mathbf{B}, \mathbf{C}$, drei (m,n)-Matrizen, dann gilt
$(\mathbf{A}+\mathbf{B})+\mathbf{C} = \mathbf{A}+(\mathbf{B}+\mathbf{C})$. (Assoziativität der Matrizenaddition)

b) Ist $\mathbf{A}$ eine (m,n)-Matrix, $\mathbf{B}$ eine (n,k)-Matrix und $\mathbf{C}$ eine (k,s)-Matrix, dann gilt
$(\mathbf{A}\cdot\mathbf{B})\cdot\mathbf{C} = \mathbf{A}\cdot(\mathbf{B}\cdot\mathbf{C})$. (Assoziativität der Matrizenmultiplikation)

c) Sind $\mathbf{A}, \mathbf{B}$ zwei (m,n)-Matrizen, $\mathbf{C}$ eine (k,m)-Matrix und $\mathbf{D}$ eine (n,s)-Matrix, dann gilt
   i) $\mathbf{C}\cdot(\mathbf{A}+\mathbf{B}) = \mathbf{C}\cdot\mathbf{A}+\mathbf{C}\cdot\mathbf{B}$
   ii) $(\mathbf{A}+\mathbf{B})\cdot\mathbf{D} = \mathbf{A}\cdot\mathbf{D}+\mathbf{B}\cdot\mathbf{D}$. (Distributivität)

d) Ist $\mathbf{A}$ eine (k,n)-Matrix, und $\mathbf{B}$ eine (n,m)-Matrix und $\lambda \in \mathbb{R}$, dann gilt
$(\lambda\mathbf{A})\cdot\mathbf{B} = \mathbf{A}\cdot(\lambda\mathbf{B}) = \lambda(\mathbf{A}\cdot\mathbf{B})$.

Beweis: Wir zeigen exemplarisch den ersten Teil der Behauptung c). Es seien $\mathbf{A} = (a_{lj})$, $\mathbf{B} = (b_{lj})$, $\mathbf{C} = (c_{il})$. Es gilt:

$$\mathbf{C}\cdot(\mathbf{A}+\mathbf{B}) = \Big(\sum_{l=1}^{m} c_{il}(a_{lj}+b_{lj})\Big)_{\substack{1\leq i\leq k\\ 1\leq j\leq n}}$$

$$\Big(\sum_{l=1}^{m} c_{il}a_{lj}\Big)_{\substack{1\leq i\leq k\\ 1\leq j\leq n}} + \Big(\sum_{l=1}^{m} c_{il}b_{lj}\Big)_{\substack{1\leq i\leq k\\ 1\leq j\leq n}} = \mathbf{C}\cdot\mathbf{A}+\mathbf{C}\cdot\mathbf{B}. \qquad \triangle$$

Die Anwendung des Matrizenprodukts wird an einem Beispiel demonstriert.

Beispiel 3: Den Markt für ein bestimmtes Produkt teilen sich zwei Produzenten A_1 und A_2. Wir gehen von einer konstanten Entwicklung des Marktes aus und nehmen an, daß von der Kundschaft, die das Produkt A_1 kauft, monatlich p% zu A_2 wechselt und daß entsprechend q% der Kundschaft von A_2 zu A_1 wechselt. Diese Bewegungen lassen sich wie folgt im Diagramm darstellen:

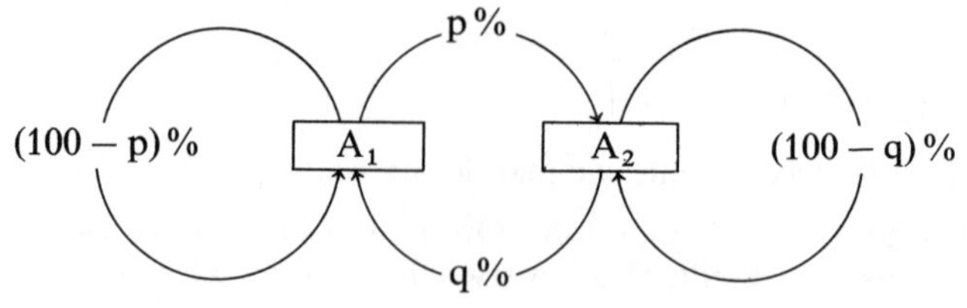

Am Anfang des Monats hatte A_1 einen Marktanteil von m_1 % und A_2 einen Marktanteil von m_2 %, insbesondere ist also $\frac{m_1}{100} + \frac{m_2}{100} = 1$. Man bezeichne mit a_{ij} die monatliche Bewegung der Kundschaft vom Produkt A_j zum Produkt A_i. Dann gilt

$$a_{11} = \frac{100 - p}{100} \qquad a_{12} = \frac{q}{100}$$

$$a_{21} = \frac{p}{100} \qquad a_{22} = \frac{100 - q}{100}.$$

Sei $\mathbf{A} = \begin{bmatrix} a_{11} & a_{12} \\ a_{21} & a_{22} \end{bmatrix} = \begin{bmatrix} \frac{100 - p}{100} & \frac{q}{100} \\ \frac{p}{100} & \frac{100 - q}{100} \end{bmatrix}$. Nach einem Monat berechnet sich

der Marktanteil $\frac{m_1^{(1)}}{100}$ des Produkts A_1 als

$$\frac{m_1^{(1)}}{100} = \frac{100 - p}{100} \cdot \frac{m_1}{100} + \frac{q}{100} \cdot \frac{m_2}{100}$$

und der Marktanteil des $\frac{m_2^{(1)}}{100}$ Produkts A_2 analog als

$$\frac{m_2^{(1)}}{100} = \frac{100 - q}{100} \cdot \frac{m_2}{100} + \frac{p}{100} \cdot \frac{m_1}{100}.$$

Das läßt sich einfacher schreiben als

$$\begin{bmatrix} \frac{m_1^{(1)}}{100} \\ \frac{m_2^{(1)}}{100} \end{bmatrix} = \mathbf{A} \cdot \begin{bmatrix} \frac{m_1}{100} \\ \frac{m_2}{100} \end{bmatrix}.$$

Die Marktanteile $\frac{m_1^{(2)}}{100}$ bzw. $\frac{m_2^{(2)}}{100}$ von A_1 bzw. A_2 nach zwei Monaten berechnen sich gemäß

$$\begin{bmatrix} \frac{m_1^{(2)}}{100} \\ \frac{m_2^{(2)}}{100} \end{bmatrix} = \mathbf{A} \cdot \begin{bmatrix} \frac{m_{11}^{(1)}}{100} \\ \frac{m_2^{(1)}}{100} \end{bmatrix} = \mathbf{A} \cdot (\mathbf{A} \cdot \begin{bmatrix} \frac{m_1}{100} \\ \frac{m_2}{100} \end{bmatrix}) = \mathbf{A}^2 \cdot \begin{bmatrix} \frac{m_1}{100} \\ \frac{m_2}{100} \end{bmatrix}.$$

Dieser Prozeß läßt sich beliebig oft wiederholen, für den Marktanteil $\frac{m_1^{(j)}}{100}$ von A_1 und den Marktanteil $\frac{m_2^{(j)}}{100}$ von A_2 nach j Monaten des Konkurrenzkampfes gilt

$$\begin{bmatrix} \frac{m_1^{(j)}}{100} \\ \frac{m_2^{(j)}}{100} \end{bmatrix} = \mathbf{A}^j \cdot \begin{bmatrix} \frac{m_1}{100} \\ \frac{m_2}{100} \end{bmatrix},$$

wobei $\mathbf{A}^j$ für jedes $j \in \mathbb{N}$ das j-fache Produkt der Matrix $\mathbf{A}$ mit sich selbst ist. △

Ist $\mathbf{A} = (a_{ij})$ eine (m,n)-Matrix, so heißt diejenige (n,m)-Matrix $\mathbf{B} = (b_{ji})$ mit $b_{ji} = a_{ij}$ für alle i, j mit $1 \leqq i \leqq m$ und $1 \leqq j \leqq n$ die **zu A transponierte Matrix** oder auch **die Transponierte von A**. Wir bezeichnen diese Matrix mit $\mathbf{A}^T$. Es ist z. B. für $\mathbf{A} = \begin{bmatrix} 2 & -1 & 2 \\ 3 & 4 & -1 \end{bmatrix}$ die Transponierte $\mathbf{A}^T = \begin{bmatrix} 2 & 3 \\ -1 & 4 \\ 2 & -1 \end{bmatrix}$. Jeder Vektor $\mathbf{x} = \begin{bmatrix} x_1 \\ x_2 \\ \vdots \\ x_n \end{bmatrix} \in \mathbb{R}^n$ ist eine (n,1)-Matrix, folglich ist $\mathbf{x}^T$ eine (1,n)-Matrix, es ist $\mathbf{x}^T = (x_1, x_2, \ldots, x_n)$. Man bezeichnet $\mathbf{x}^T$ als **Zeilenvektor**, den Vektor $\mathbf{x}$ selbst als **Spaltenvektor**. Für $\mathbf{a} = \begin{bmatrix} 1 \\ 0 \\ 3 \end{bmatrix}$ ist die Transponierte $\mathbf{a}^T = (1, 0, 3)$.

Satz 4.2:

a) Sind $\mathbf{A}$ und $\mathbf{B}$ zwei (m,n)-Matrizen und $\lambda \in \mathbb{R}$, dann gilt
   i) $(\lambda\mathbf{A})^T = \lambda(\mathbf{A}^T)$ ii) $(\mathbf{A} + \mathbf{B})^T = \mathbf{A}^T + \mathbf{B}^T$.

b) Ist $\mathbf{A}$ eine (m,n)-Matrix und $\mathbf{B}$ eine (n,k)-Matrix, dann gilt
   $(\mathbf{A} \cdot \mathbf{B})^T = \mathbf{B}^T \cdot \mathbf{A}^T$.

Beweis: Wir zeigen nur den Teil b), der Beweis des Teils a) kann ohne weiteres dem Leser zur Übung überlassen werden. Nun zum Teil b): Es sei $\mathbf{A} = (a_{ij})$, $\mathbf{B} = (b_{ij})$, $\mathbf{A}^T = (a'_{ij})$, $\mathbf{B}^T = (b'_{ij})$, also $a'_{ij} = a_{ji}$ und $b'_{ji} = b_{ij}$. In der s-ten Zeile und der t-ten Spalte der Matrix $\mathbf{B}^T \cdot \mathbf{A}^T$ steht jeweils der Koeffizient $\sum\limits_{p=1}^{n} b'_{sp} a'_{pt} = \sum\limits_{p=1}^{n} b_{ps} a_{tp} = \sum\limits_{p=1}^{n} a_{tp} b_{ps}$. In der s-ten Zeile und der t-ten Spalte der Matrix $(\mathbf{A} \cdot \mathbf{B})^T$, steht derjenige Koeffizient, der in der t-ten Zeile und der s-ten Spalte der Matrix $\mathbf{A} \cdot \mathbf{B}$ steht, nämlich $\sum\limits_{p=1}^{n} a_{tp} b_{ps}$. Die Matrizen $\mathbf{B}^T \cdot \mathbf{A}^T$ und $(\mathbf{A} \cdot \mathbf{B})^T$ stimmen also überein. △

Eine quadratische Matrix $\mathbf{A}$ der Ordnung n heißt **symmetrisch**, wenn $\mathbf{A} = \mathbf{A}^T$ gilt, d. h. wenn für alle i, j mit $1 \leqq i, j \leqq n$, stets $a_{ij} = a_{ji}$ gilt. So ist z. B. die Matrix $\begin{bmatrix} 2 & 0 & -1 \\ 0 & 1 & 0 \\ -1 & 0 & 5 \end{bmatrix}$ symmetrisch.

§ 4.2 Lineare Abbildungen

Eine wichtige Rolle spielen in der linearen Algebra diejenigen Abbildungen zwischen zwei Vektorräumen, die mit der Vektorraumstruktur dieser Räume verträglich sind.

Definition: (Lineare Abbildungen)
Es seien V und W zwei Vektorräume. Eine Abbildung φ: V → W heißt **lineare Abbildung**, wenn für alle a, b ∈ V und alle $\lambda \in \mathbb{R}$

$$\varphi(a+b) = \varphi(a) + \varphi(b) \quad \text{und} \quad \varphi(\lambda a) = \lambda\varphi(a) \quad \text{gilt.}$$

Lineare Abbildungen werden auch **(Vektorraum-)Homomorphismen** genannt.

Wir sagen auch, daß die Abbildung φ die Vektorraumaddition und die Skalarmultiplikation **respektiert**.

Beispiel 4: Die Abbildung $\varphi: \mathbb{R}^2 \to \mathbb{R}^2$, $\begin{bmatrix} x_1 \\ x_2 \end{bmatrix} \mapsto \begin{bmatrix} x_1 \\ x_1 - x_2 \end{bmatrix}$ ist linear, dagegen ist die Abbildung $\gamma: \mathbb{R}^2 \to \mathbb{R}^2$, $\begin{bmatrix} x_1 \\ x_2 \end{bmatrix} \mapsto \begin{bmatrix} x_1 \\ x_1 x_2 \end{bmatrix}$ nicht linear, es ist z. B.

$$\gamma\left(\begin{bmatrix} 1 \\ 0 \end{bmatrix} + \begin{bmatrix} 0 \\ 1 \end{bmatrix}\right) = \gamma\left(\begin{bmatrix} 1 \\ 1 \end{bmatrix}\right) = \begin{bmatrix} 1 \\ 1 \end{bmatrix} \neq \begin{bmatrix} 1 \\ 0 \end{bmatrix} = \begin{bmatrix} 1 \\ 0 \end{bmatrix} + \begin{bmatrix} 0 \\ 0 \end{bmatrix} =$$

$$= \gamma\left(\begin{bmatrix} 1 \\ 0 \end{bmatrix}\right) + \gamma\left(\begin{bmatrix} 0 \\ 1 \end{bmatrix}\right). \qquad \triangle$$

Wir beschränken uns ab jetzt nur auf die linearen Abbildungen zwischen den Vektorräumen $\mathbb{R}^n$ und $\mathbb{R}^m$.

Satz 4.3:

a) Für jede (m,n)-Matrix **A** ist die Abbildung $\varphi_{\mathbf{A}}: \mathbb{R}^n \to \mathbb{R}^m$, $\mathbf{x} \mapsto \mathbf{A} \cdot \mathbf{x}$ linear.
b) Zu jeder linearen Abbildung $\varphi: \mathbb{R}^n \to \mathbb{R}^m$ gibt es genau eine (m,n)-Matrix $\mathbf{A}_\varphi$ so, daß für alle $\mathbf{x} \in \mathbb{R}^n$ stets $\varphi(\mathbf{x}) = \mathbf{A}_\varphi \cdot \mathbf{x}$ gilt.

Beweis: a) Für alle $\mathbf{x}, \mathbf{y} \in \mathbb{R}^n$ und $\lambda \in \mathbb{R}$ gilt nach dem Satz 4.1c) bzw. d)

$$\varphi_{\mathbf{A}}(\mathbf{x}+\mathbf{y}) = \mathbf{A} \cdot (\mathbf{x}+\mathbf{y}) = \mathbf{A} \cdot \mathbf{x} + \mathbf{A} \cdot \mathbf{y} = \varphi_{\mathbf{A}}(\mathbf{x}) + \varphi_{\mathbf{A}}(\mathbf{y}) \quad \text{bzw.}$$
$$\varphi_{\mathbf{A}}(\lambda\mathbf{x}) = \mathbf{A} \cdot (\lambda\mathbf{x}) = \lambda(\mathbf{A} \cdot \mathbf{x}) = \lambda\varphi_{\mathbf{A}}(\mathbf{x}).$$

b) Es sei $\varphi: \mathbb{R}^n \to \mathbb{R}^m$ linear. Für jeden Vektor $\mathbf{e}_i$, $1 \leqq i \leqq n$, der kanonischen Basis von $\mathbb{R}^n$ sei $\mathbf{a}_i = \varphi(\mathbf{e}_i)$, es ist $\mathbf{a}_i = \begin{bmatrix} a_{1i} \\ a_{1i} \\ \vdots \\ a_{mi} \end{bmatrix} \in \mathbb{R}^m$. Es sei nun **A** die (m,n)-Matrix mit $\mathbf{A} = (\mathbf{a}_1, \mathbf{a}_2, \ldots, \mathbf{a}_n)$. Unter der Benutzung der Linearität von φ gilt für alle $\mathbf{x} = \begin{bmatrix} x_1 \\ x_2 \\ \vdots \\ x_n \end{bmatrix} \in \mathbb{R}^n$:

$$\varphi(\mathbf{x}) = \varphi\left(\sum_{i=1}^{n} x_i \mathbf{e}_i\right) = \sum_{i=1}^{n} \varphi(x_i \mathbf{e}_i) = \sum_{i=1}^{n} x_i \varphi(\mathbf{e}_i) = \sum_{i=1}^{n} x_i \mathbf{a}_i$$

$$= \begin{bmatrix} a_{11}x_1 + a_{12}x_2 + \ldots + a_{1n}x_n \\ a_{21}x_1 + a_{22}x_2 + \ldots + a_{2n}x_n \\ \vdots \quad\quad \vdots \quad\quad \ldots \quad \vdots \\ a_{m1}x_1 + a_{m2}x_2 + \ldots + a_{mn}x_n \end{bmatrix} = \mathbf{A} \cdot \mathbf{x}.$$

Die Matrix **A** ist offensichtlich die einzige Matrix so, daß $\mathbf{A} \cdot \mathbf{x} = \varphi(\mathbf{x})$ für alle $\mathbf{x} \in \mathbb{R}^n$ gilt, das folgt aus dem obigen Beweis. △

Wir können nach dem soeben bewiesenen Satz die linearen Abbildungen $\varphi\colon \mathbb{R}^n \to \mathbb{R}^m$ mit den (m,n)-Matrizen identifizieren. Wir werden später sehen, daß diese Betrachtungsweise durchaus berechtigt ist.

Jede lineare Abbildung $\varphi\colon \mathbb{R}^n \to \mathbb{R}^m$ ist schon durch die Zuordnung $\mathbf{e}_1 \mapsto \varphi(\mathbf{e}_1)$, $\mathbf{e}_2 \mapsto \varphi(\mathbf{e}_2), \ldots, \mathbf{e}_n \mapsto \varphi(\mathbf{e}_n)$ eindeutig festgelegt. Für jeden Vektor $\mathbf{x} \in \mathbb{R}^n$ gibt es (Basiseigenschaft!) eindeutig bestimmte $\lambda_1, \lambda_2, \ldots, \lambda_n \in \mathbb{R}$ mit $\mathbf{x} = \sum_{i=1}^{n} \lambda_i \mathbf{e}_i$. Da die Abbildung φ linear ist, erhalten wir $\varphi(\mathbf{x}) = \varphi\left(\sum_{i=1}^{n} \lambda_i \mathbf{e}_i\right) = \sum_{i=1}^{n} \lambda_i \varphi(\mathbf{e}_i)$.

Wir nennen die zu jeder linearen Abbildung $\varphi\colon \mathbb{R}^n \to \mathbb{R}^m$ eindeutig bestimmte (m,n)-Matrix $\mathbf{A}_\varphi$ mit $\varphi(\mathbf{x}) = \mathbf{A}_\varphi \cdot \mathbf{x}$ für alle $\mathbf{x} \in \mathbb{R}^n$ die **Matrix von φ**.

Beispiel 5: Es sei $\varphi\colon \mathbb{R}^2 \to \mathbb{R}^2$, $\begin{bmatrix} x_1 \\ x_2 \end{bmatrix} \mapsto \begin{bmatrix} x_1 \\ x_1 - x_2 \end{bmatrix}$. Das ist, wie schon erwähnt wurde, eine lineare Abbildung. Wir haben

$$\varphi(\mathbf{e}_1) = \varphi\left(\begin{bmatrix} 1 \\ 0 \end{bmatrix}\right) = \begin{bmatrix} 1 \\ 1-0 \end{bmatrix} = \begin{bmatrix} 1 \\ 1 \end{bmatrix} \quad \text{und}$$

$$\varphi(\mathbf{e}_2) = \varphi\left(\begin{bmatrix} 0 \\ 1 \end{bmatrix}\right) = \begin{bmatrix} 0 \\ 0-1 \end{bmatrix} = \begin{bmatrix} 0 \\ -1 \end{bmatrix}.$$

Für die Matrix **A** von φ bedeutet das: $\mathbf{A} = (\varphi(\mathbf{e}_1), \varphi(\mathbf{e}_2)) = \begin{bmatrix} 1 & 0 \\ 1 & -1 \end{bmatrix}$. Für alle $\mathbf{x} = \begin{bmatrix} x_1 \\ x_2 \end{bmatrix} \in \mathbb{R}^2$ gilt in der Tat

$$\varphi(\mathbf{x}) = \varphi\left(\begin{bmatrix} x_1 \\ x_2 \end{bmatrix}\right) = \begin{bmatrix} x_1 \\ x_1 - x_2 \end{bmatrix} = \begin{bmatrix} 1 & 0 \\ 1 & -1 \end{bmatrix} \begin{bmatrix} x_1 \\ x_2 \end{bmatrix} = \mathbf{A} \cdot \mathbf{x}.$$ △

Definition: (Bild und Kern einer linearen Abbildung)
Es seien V und W zwei Vektorräume und $\varphi\colon V \to W$ eine lineare Abbildung. Dann heißt

$\operatorname{Im} \varphi = \varphi(V) = \{\varphi(v) \mid v \in V\}$ das **Bild von φ** und
$\operatorname{Ker} \varphi = \varphi^{-1}(\{O_W\}) = \{v \in V \mid \varphi(v) = O_W\}$ der **Kern von φ**.

Der Kern von φ ist also das Urbild der einelementigen Menge $\{O_W\}$ unter der Abbildung φ. Unmittelbar aus dieser Definition läßt sich die folgende Behauptung beweisen.

Satz 4.4:
Es sei φ: V → W eine lineare Abbildung. Dann gilt:
a) $\operatorname{Im}\varphi$ ist ein Teilraum von W,
b) $\operatorname{Ker}\varphi$ ist ein Teilraum von V.

Beweis: Es seien $w_1, w_2 \in \operatorname{Im}\varphi$ und $\lambda \in \mathbb{R}$. Nach der Definition von $\operatorname{Im}\varphi$ gibt es $v_1, v_2 \in V$ mit $\varphi(v_1) = w_1$ und $\varphi(v_2) = w_2$. Da V ein Vektorraum ist, so gilt $v_1 + v_2 \in V$ und $\lambda v_1 \in V$, insbesondere ist $\varphi(v_1 + v_2) \in \operatorname{Im}\varphi$ und $\varphi(\lambda v) \in \operatorname{Im}\varphi$. Die Linearität von φ liefert schließlich $w_1 + w_2 = \varphi(v_1) + \varphi(v_2) = \varphi(v_1 + v_2) \in \operatorname{Im}\varphi$ und $\lambda w_1 = \lambda\varphi(v_1) = \varphi(\lambda v_1) \in \operatorname{Im}\varphi$. Die Behauptung b) wird ähnlich bewiesen. △

Ist $b_1, \ldots, b_k$ eine Basis des Vektorraums V, dann ist $\operatorname{Im}\varphi = \langle\varphi(b_1), \ldots, \varphi(b_k)\rangle$. Für eine lineare Abbildung ψ: $\mathbb{R}^n \to \mathbb{R}^m$ mit der Matrix $\mathbf{A}_\psi = (\mathbf{a}_1, \ldots, \mathbf{a}_n)$ ist also $\operatorname{Im}\psi = \langle\psi(\mathbf{e}_1), \ldots, \psi(\mathbf{e}_n)\rangle = \langle\mathbf{a}_1, \ldots, \mathbf{a}_n\rangle$.

Beispiel 6: Die Abbildung γ: $\mathbb{R}^3 \to \mathbb{R}^1$, $\begin{bmatrix} x_1 \\ x_2 \\ x_3 \end{bmatrix} \mapsto (1, -1, 0) \cdot \begin{bmatrix} x_1 \\ x_2 \\ x_3 \end{bmatrix} = x_1 - x_2$ ist linear. Der Kern von γ besteht aus allen Vektoren $\begin{bmatrix} x_1 \\ x_2 \\ x_3 \end{bmatrix} \in \mathbb{R}^3$ mit $x_1 - x_2 = 0$, $\operatorname{Ker}\gamma = \left\{\begin{bmatrix} x_1 \\ x_2 \\ x_3 \end{bmatrix} \in \mathbb{R}^3 \middle| x_1 - x_2 = 0\right\}$. Das Bild von γ ist der (eindimensionale) Vektorraum $\mathbb{R}^1 = \mathbb{R}$, $\operatorname{Im}\gamma = \mathbb{R}$. △

Es sei φ: U → V eine lineare Abbildung. Für den Nullvektor O_U von U gilt $\varphi(O_U) = \varphi(0 \cdot O_U) = 0 \cdot \varphi(O_U) = O_V$, er wird also auf den Nullvektor O_V des Vektorraums V abgebildet. Falls φ injektiv ist, so gilt $\operatorname{Ker}\varphi = \varphi^{-1}\{(O_V\}) = \{O_U\}$. Ist umgekehrt $\operatorname{Ker}\varphi = \{O_U\}$, so gilt für a, b ∈ U mit $\varphi(a) = \varphi(b)$ zuerst $O_V = \varphi(a) - \varphi(b) = \varphi(a - b)$ und daher $a - b \in \operatorname{Ker}\varphi = \{O_U\}$, es gilt also $a - b = O_U$ und $a = b$. Wir haben den folgenden Satz bewiesen:

Satz 4.5:
Eine lineare Abbildung φ: U → V ist genau dann injektiv, wenn $\operatorname{Ker}\varphi = \{O_U\}$ gilt.

Beispiel 7: Die lineare Abbildung φ: $\mathbb{R}^2 \to \mathbb{R}^2$, $\begin{bmatrix} x_1 \\ x_2 \end{bmatrix} \mapsto \begin{bmatrix} x_1 \\ x_1 - x_2 \end{bmatrix}$ ist injektiv. Aus $\varphi\left(\begin{bmatrix} x_1 \\ x_2 \end{bmatrix}\right) = \begin{bmatrix} 0 \\ 0 \end{bmatrix}$ folgt nämlich $x_1 = 0$ und $x_1 - x_2 = 0$. Es ist also $x_1 = x_2 = 0$ und daher $\operatorname{Ker}\varphi = \left\{\begin{bmatrix} 0 \\ 0 \end{bmatrix}\right\}$. Die Abbildung φ ist injektiv. △

Satz 4.6: (Homomorphiesatz)
Es seien U und V zwei endlichdimensionale Vektorräume und φ: U → V eine lineare Abbildung. Dann gilt:

$$\dim(U) = \dim(\operatorname{Ker}\varphi) + \dim(\operatorname{Im}\varphi).$$

Beweis: Es sei $\dim(U) = n$ und $\dim(\operatorname{Ker}\varphi) = k$. Eine Basis $u_1, u_2, \ldots, u_k$ von $\operatorname{Ker}\varphi$ läßt sich durch $(n-k)$ linear unabhängige Vektoren $u_{k+1}, \ldots, u_n \in U$ zu einer Basis von U ergänzen. Jetzt zeigen wir, daß die $n-k$ Vektoren $\varphi(u_{k+1}), \ldots, \varphi(u_n)$ eine Basis von $\varphi(U) = \operatorname{Im}\varphi$ bilden. Für jedes $u = \sum_{i=1}^{n} \lambda_i u_i \in U$ ist

$$\varphi(u) = \varphi\left(\sum_{i=1}^{n} \lambda_i u_i\right) = \sum_{i=1}^{n} \lambda_i \varphi(u_i) = \lambda_{k+1}\varphi(u_{k+1}) + \ldots + \lambda_n \varphi(u_n),$$

da für alle i mit $1 \leqq i \leqq k$ stets $\varphi(u_i) = O_V$ gilt. Es ist also insbesondere $\operatorname{Im}\varphi = \varphi(U) = \langle \varphi(u_{k+1}), \ldots, \varphi(u_n)\rangle$. Die Vektoren $\varphi(u_{k+1}), \ldots, \varphi(u_n)$ sind linear unabhängig: Aus $\sum_{i=k+1}^{n} \lambda_i \varphi(u_i) = \varphi\left(\sum_{i=k+1}^{n} \lambda_i u_i\right) = O_V$ folgt $\sum_{i=k+1}^{n} \lambda_i u_i \in \operatorname{Ker}\varphi$. Die Vektoren $u_1, u_2, \ldots, u_k$ bilden eine Basis von $\operatorname{Ker}\varphi$, es gibt also $\mu_1, \mu_2, \ldots, \mu_k \in \mathbb{R}$ mit $\sum_{i=k+1}^{n} \lambda_i u_i = \sum_{i=1}^{k} \mu_i u_i$. Wir erhalten $\sum_{i=1}^{k} (-\mu_i) u_i + \sum_{i=k+1}^{n} \lambda_i u_i = O_U$. Die Vektoren $u_1, \ldots, u_n$ bilden eine Basis von U, sie sind insbesondere linear unabhängig, es muß also $(-\mu_1) = (-\mu_2) = \ldots = (-\mu_k) = \lambda_{k+1} = \lambda_{k+2} = \ldots = \lambda_n = 0$ gelten. Die Vektoren $\varphi(u_{k+1}), \ldots, \varphi(u_n)$ sind folglich linear unabhängig. Wir erhalten schließlich:

$$\dim(U) = n = k + (n-k) = \dim(\operatorname{Ker}\varphi) + \dim(\varphi(U)) = \dim(\operatorname{Ker}\varphi) + \dim(\operatorname{Im}\varphi).$$

△

Beispiel 8: Es sei φ: $\mathbb{R}^n \to \mathbb{R}^1$ die lineare Abbildung definiert durch

$$\varphi\left(\begin{bmatrix} x_1 \\ x_2 \\ \vdots \\ x_n \end{bmatrix}\right) = x_1 + x_2 + \ldots + x_n. \text{ Für alle } \lambda \in \mathbb{R} \text{ ist } \varphi\left(\begin{bmatrix} \lambda \\ 0 \\ \vdots \\ 0 \end{bmatrix}\right) = \lambda + 0 + \ldots + 0 = \lambda,$$

es ist also $\varphi(\mathbb{R}^n) = \operatorname{Im}\varphi = \mathbb{R} = \mathbb{R}^1$. Nach dem Satz 4.6 ist

$$\dim(\operatorname{Ker}\varphi) = \dim\left\{\begin{bmatrix} x_1 \\ x_2 \\ \vdots \\ x_n \end{bmatrix} \in \mathbb{R}^n \,\middle|\, x_1 + x_2 + \ldots + x_n = 0\right\} = \dim(\mathbb{R}^n) - \dim(\mathbb{R}^1) =$$

$$= n - 1.$$

Für n = 2 läßt sich das Ergebnis in der kartesischen Koordinatenebene graphisch darstellen: △

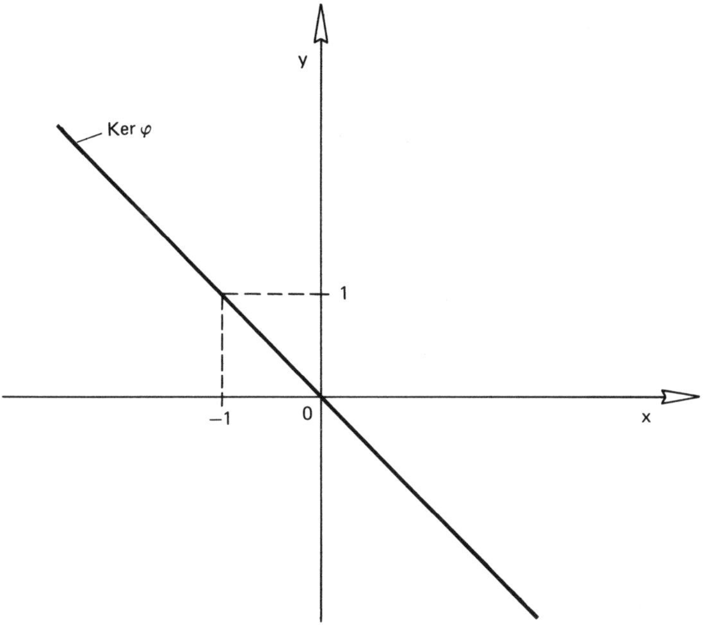

Sind U, V, W Vektorräume und φ: U → V, γ: V → W zwei lineare Abbildungen, dann ist die zusammengesetzte Abbildung $\gamma \circ \varphi$: U → W, $a \mapsto \gamma(\varphi(a))$ wieder linear. Für alle a, b ∈ U und alle $\lambda \in \mathbb{R}$ gilt nämlich wegen der Linearität von φ und γ

$$\begin{aligned}(\gamma \circ \varphi)(a+b) &= \gamma(\varphi(a+b)) = \gamma(\varphi(a)+\varphi(b)) = \gamma(\varphi(a)) + \gamma(\varphi(b)) = \\ &= (\gamma \circ \varphi)(a) + (\gamma \circ \varphi)(b) \quad \text{und} \\ (\gamma \circ \varphi)(\lambda a) &= \gamma(\varphi(\lambda a)) = \gamma(\lambda\varphi(a)) = \lambda\gamma(\varphi(a)) = \lambda(\gamma \circ \varphi)(a).\end{aligned}$$

Satz 4.7:

Es seien φ: $\mathbb{R}^m \to \mathbb{R}^n$ und γ: $\mathbb{R}^n \to \mathbb{R}^k$ lineare Abbildungen. Ist $\mathbf{A}_\varphi$ die Matrix von φ und $\mathbf{A}_\gamma$ die Matrix von γ, dann ist $\mathbf{A}_\gamma \cdot \mathbf{A}_\varphi$ die Matrix der linearen Abbildung $\gamma \circ \varphi$.

Beweis: Für alle $\mathbf{x} \in \mathbb{R}^m$ gilt nach Satz 4.1b)

$$(\gamma \circ \varphi)(\mathbf{x}) = \gamma(\varphi(\mathbf{x})) = \mathbf{A}_\gamma \cdot (\mathbf{A}_\varphi \cdot \mathbf{x}) = (\mathbf{A}_\gamma \cdot \mathbf{A}_\varphi) \cdot \mathbf{x}. \qquad \triangle$$

Beispiel 9: Die lineare Abbildung φ: $\mathbb{R}^2 \to \mathbb{R}^2$, $\begin{bmatrix} x_1 \\ x_2 \end{bmatrix} \mapsto \begin{bmatrix} x_1 \\ x_1 - x_2 \end{bmatrix}$ hat die Matrix $\mathbf{A}_\varphi = \begin{bmatrix} 1 & 0 \\ 1 & -1 \end{bmatrix}$, die lineare Abbildung γ: $\mathbb{R}^2 \to \mathbb{R}^1$, $\begin{bmatrix} y_1 \\ y_2 \end{bmatrix} \mapsto y_1 + y_2$ hat die Matrix $\mathbf{A}_\gamma = (\gamma(\mathbf{e}_1), \gamma(\mathbf{e}_2)) = (1,\ 1)$. Die Abbildung $\gamma \circ \varphi$: $\mathbb{R}^2 \to \mathbb{R}^1$ ist linear, es gilt

$$\begin{aligned}(\gamma \circ \varphi)\left(\begin{bmatrix} x_1 \\ x_2 \end{bmatrix}\right) &= \gamma\left(\varphi\left(\begin{bmatrix} x_1 \\ x_2 \end{bmatrix}\right)\right) = \gamma\left(\begin{bmatrix} x_1 \\ x_1 - x_2 \end{bmatrix}\right) = x_1 + (x_1 - x_2) \\ &= 2x_1 - x_2,\end{aligned}$$

$\gamma \circ \varphi$ hat also die Matrix $\mathbf{A}_{\gamma \circ \varphi} = (\gamma \circ \varphi(\mathbf{e}_1), \gamma \circ \varphi(\mathbf{e}_2)) = (2, \ -1)$. Es gilt in der Tat

$$\mathbf{A}_{\gamma \circ \varphi} = (2, \ -1) = (1, \ 1) \cdot \begin{bmatrix} 1 & 0 \\ 1 & -1 \end{bmatrix} = \mathbf{A}_\gamma \cdot \mathbf{A}_\varphi . \qquad \triangle$$

Aus den Sätzen 4.5 und 4.6 läßt sich sofort folgern, daß jede lineare Abbildung φ: U → V genau dann injektiv ist, wenn dim(U) = dim(Im φ) ist.

Ist φ: U → V eine bijektive lineare Abbildung, dann ist wegen φ(U) = V natürlich dim(U) = dim(Im φ) = dim V. Da φ bijektiv ist, gibt es eine eindeutig bestimmte Umkehrabbildung φ^{-1}: V → U. Diese Abbildung ist bijektiv und es gilt $\varphi^{-1} \circ \varphi = \mathrm{id}_U$ und $\varphi \circ \varphi^{-1} = \mathrm{id}_V$. Die Abbildung φ^{-1} ist linear. Für je zwei a, b ∈ V gibt es, da φ bijektiv ist, eindeutig bestimmte Vektoren a′, b′ ∈ U mit φ(a′) = a und φ(b′) = b. Unter der Benutzung der Linearität von φ erhalten wir

$$\begin{aligned} \varphi^{-1}(a + b) &= \varphi^{-1}(\varphi(a') + \varphi(b')) = \varphi^{-1}(\varphi(a' + b')) \\ &= (\varphi^{-1} \circ \varphi)(a' + b') = a' + b' = \varphi^{-1}(a) + \varphi^{-1}(b). \end{aligned}$$

Für alle $\lambda \in \mathbb{R}$ ist schließlich

$$\varphi^{-1}(\lambda a) = \varphi^{-1}(\lambda\varphi(a')) = \varphi^{-1}(\varphi(\lambda a')) = (\varphi^{-1} \circ \varphi)(\lambda a') = \lambda a' = \lambda\varphi^{-1}(a).$$

Damit wurde der folgende Satz bewiesen:

Satz 4.8:

Ist φ: U → V eine bijektive lineare Abbildung, dann ist die Umkehrabbildung φ^{-1}: V → U von φ bijektiv und linear.

Man nennt Vektorräume U, V (endlich- oder unendlichdimensionale) zueinander **isomorph**, wenn es eine lineare Bijektion φ: U → V gibt. Für endlichdimensionale Vektorräume gilt:

Satz 4.9:

Zwei Vektorräume U, V endlicher Dimension sind genau dann zueinander isomorph, wenn dim(U) = dim(V) gilt.

Beweis: Sind U, V zueinander isomorph, dann gibt es eine lineare Bijektion φ: U → V und es gilt wegen Im φ = V, Ker $\varphi = \{O_U\}$:

$$\dim(U) = \dim(\mathrm{Im}\,\varphi) + \dim(\mathrm{Ker}\,\varphi) = \dim(V) + 0 = \dim(V).$$

Ist andererseits dim(U) = dim(V) = $n \in \mathbb{N}$, dann gibt es eine n-elementige Basis $a_1, \ldots, a_n$ von U und eine n-elementige Basis $b_1, \ldots, b_n$ von V. Wir ordnen jedem Vektor a ∈ U, der eine **eindeutige** Darstellung $a = \sum_{i=1}^{n} \alpha_i a_i$ besitzt, den Vektor $b = \sum_{i=1}^{n} \alpha_i b_i$ zu. Die Abbildung φ: U → V mit $\varphi(a) = \varphi(\sum_{i=1}^{n} \alpha_i a_i) = \sum_{i=1}^{n} \alpha_i b_i$ für alle a ∈ U ist, wie leicht nachgerechnet werden kann, linear und bijektiv. △

Der soeben bewiesene Satz besagt insbesondere, daß jeder Vektorraum V mit dim(V) = $n \in \mathbb{N}$ isomorph zum Vektorraum $\mathbb{R}^n$ ist. Vektorräume, die zueinander isomorph sind, können einfach bezüglich der Vektorraumstruktur als gleiche Vektorräume angesehen werden.

§ 4.3 Inverse Matrizen, Rang einer Matrix

Eine (n,n)-Matrix $\mathbf{A}$ heißt **invertierbar**, wenn es eine (n,n)-Matrix $\mathbf{A}^{-1}$ mit $\mathbf{A}\cdot\mathbf{A}^{-1} = \mathbf{A}^{-1}\cdot\mathbf{A} = \mathbf{I}_n$ gibt. Die Matrix $\mathbf{A}^{-1}$ ist eindeutig bestimmt und heißt **die zu der Matrix A inverse Matrix** (oder auch **die Umkehrmatrix der Matrix A**).

Satz 4.10:

a) Sind $\mathbf{A}$, $\mathbf{B}$ zwei invertierbare (n,n)-Matrizen, dann ist die Matrix $\mathbf{A}\cdot\mathbf{B}$ invertierbar und es gilt $(\mathbf{A}\cdot\mathbf{B})^{-1} = \mathbf{B}^{-1}\cdot\mathbf{A}^{-1}$.
b) Ist $\mathbf{A}$ eine invertierbare (n,n)-Matrix, so ist $\mathbf{A}^T$ invertierbar und es gilt $(\mathbf{A}^T)^{-1} = (\mathbf{A}^{-1})^T$.

Beweis:

a) Es gilt $(\mathbf{A}\cdot\mathbf{B})\cdot(\mathbf{B}^{-1}\cdot\mathbf{A}^{-1}) = \mathbf{A}\cdot(\mathbf{B}\cdot\mathbf{B}^{-1})\cdot\mathbf{A}^{-1} = (\mathbf{A}\cdot\mathbf{I}_n)\cdot\mathbf{A}^{-1} = \mathbf{A}\cdot\mathbf{A}^{-1} = \mathbf{I}_n$. Genauso zeigt man auch $(\mathbf{B}^{-1}\cdot\mathbf{A}^{-1})\cdot(\mathbf{A}\cdot\mathbf{B}) = \mathbf{I}_n$.
b) Es gilt $\mathbf{A}^T\cdot(\mathbf{A}^{-1})^T = (\mathbf{A}^{-1}\cdot\mathbf{A})^T = \mathbf{I}_n^T = \mathbf{I}_n = (\mathbf{A}\cdot\mathbf{A}^{-1})^T = (\mathbf{A}^{-1})^T\cdot\mathbf{A}^T$, nach der Definition der inversen Matrix ist also $(\mathbf{A}^T)^{-1} = (\mathbf{A}^{-1})^T$. △

Eine lineare Abbildung φ: $\mathbb{R}^n \to \mathbb{R}^n$ mit der Matrix $\mathbf{A}_\varphi = (\mathbf{a}_1, \ldots, \mathbf{a}_n) = (\varphi(\mathbf{e}_1), \ldots, \varphi(\mathbf{e}_n))$ ist genau dann bijektiv, wenn (nach dem Homomorphiesatz!) $\dim(\operatorname{Im}\varphi) = \dim(\mathbb{R}^n) = n$ ist. Da $\operatorname{Im}\varphi = \langle\varphi(\mathbf{e}_1), \ldots, \varphi(\mathbf{e}_n)\rangle = \langle\mathbf{a}_1, \ldots, \mathbf{a}_n\rangle$ gilt, ist $\dim(\operatorname{Im}\varphi) = n$ genau dann, wenn die Spalten $\mathbf{a}_1, \ldots, \mathbf{a}_n$ der Matrix $\mathbf{A}$ linear unabhängig sind.

Satz 4.11:

Es sei φ: $\mathbb{R}^n \to \mathbb{R}^n$, $\mathbf{x} \mapsto \mathbf{A}_\varphi\cdot\mathbf{x}$. Die folgenden Aussagen sind äquivalent:

a) φ ist eine lineare Bijektion.
b) $\mathbf{A}_\varphi$ ist invertierbar.
c) $\operatorname{Im}\varphi = \mathbb{R}^n$.
d) Die Spalten der Matrix $\mathbf{A}_\varphi$ sind linear unabhängig.

Beweis: Zu zeigen ist nur die Äquivalenz der Aussagen a) und b). Ist φ: $\mathbb{R}^n \to \mathbb{R}^n$ eine lineare Bijektion, so ist auch die Umkehrabbildung nach Satz 4.8 φ^{-1}: $\mathbb{R}^n \to \mathbb{R}^n$ eine lineare Bijektion. Für die Matrizen $\mathbf{A}_\varphi$, $\mathbf{A}_{\varphi^{-1}}$ dieser Abbildungen gilt $\mathbf{A}_\varphi\cdot\mathbf{A}_{\varphi^{-1}} = \mathbf{A}_{\varphi\circ\varphi^{-1}} = \mathbf{I}_n = \mathbf{A}_{\varphi^{-1}\circ\varphi} = \mathbf{A}_{\varphi^{-1}}\cdot\mathbf{A}_\varphi$, da die Matrizen $\mathbf{A}_{\varphi\circ\varphi^{-1}}$ und $\mathbf{A}_{\varphi^{-1}\circ\varphi}$ beide die Matrizen der identischen Abbildung $\mathrm{id}_{\mathbb{R}^n}$ sind: $\mathrm{id}_{\mathbb{R}^n} = \varphi\circ\varphi^{-1} = \varphi^{-1}\circ\varphi$, daher sind die beiden Matrizen gleich $\mathbf{I}_n$. Es ist also $(\mathbf{A}_\varphi)^{-1} = \mathbf{A}_{\varphi^{-1}}$.

Ist $\mathbf{A}_\varphi$ invertierbar und φ' die lineare Abbildung mit φ': $\mathbb{R}^n \to \mathbb{R}^n$, $\mathbf{x} \mapsto (\mathbf{A}_\varphi)^{-1}\cdot\mathbf{x}$, dann haben die linearen Abbildungen $\varphi\circ\varphi'$ und $\varphi'\circ\varphi$ beide nach dem Satz 4.7 die Matrix $\mathbf{I}_n = \mathbf{A}_\varphi\cdot\mathbf{A}_\varphi^{-1} = \mathbf{A}_\varphi^{-1}\cdot\mathbf{A}_\varphi$, es ist also $\mathrm{id}_{\mathbb{R}^n} = \varphi\circ\varphi' = \varphi'\circ\varphi$. Hieraus folgt die Bijektivität von φ. △

Man nennt die invertierbaren quadratischen Matrizen **regulär**, die nicht invertierbaren **singulär**.

Satz 4.12:
Es seien **A**, **B** zwei (n,n)-Matrizen. Dann gilt: Die Matrizen **A**, **B** sind genau dann beide regulär, wenn die Matrix $\mathbf{A} \cdot \mathbf{B}$ regulär ist.

Beweis: „⇒“ Siehe Behauptung 4.10a)
„⇐“
1) Ist $\mathbf{A} \cdot \mathbf{B}$ regulär, so ist

$$\mathbb{R}^n = \mathrm{Im}(\varphi_{\mathbf{A}\cdot\mathbf{B}}) = \mathrm{Im}(\varphi_{\mathbf{A}} \circ \varphi_{\mathbf{B}}) = \varphi_{\mathbf{A}}(\varphi_{\mathbf{B}}(\mathbb{R}^n)) \subset \varphi_{\mathbf{A}}(\mathbb{R}^n) \subset \mathbb{R}^n, \quad \text{also}$$
$$\varphi_{\mathbf{A}}(\mathbb{R}^n) = \mathbb{R}^n$$

und nach Satz 4.11c) ist **A** regulär.

2) Ist $\mathbf{A} \cdot \mathbf{B}$ regulär, so ist nach Satz 4.10b) $(\mathbf{A} \cdot \mathbf{B})^T = \mathbf{B}^T \cdot \mathbf{A}^T$ regulär. Nach Teil 1) dieses Beweises ist also $\mathbf{B}^T$ regulär und wieder nach Satz 4.10b) ist $\mathbf{B} = (\mathbf{B}^T)^T$ regulär. △

Nun wird eine wichtige Klasse von regulären Matrizen vorgestellt. Die **elementaren (n,n)-Matrizen** $\mathbf{M}_{ij}(\alpha)$, $\mathbf{D}_k(\beta)$, $\mathbf{P}_{rs}$ sind wie folgt definiert:

1) $\mathbf{M}_{ij}(\alpha)$ ($\alpha \in \mathbb{R}$, $1 \leqq i, j \leqq n$, $i \neq j$) ist diejenige Matrix, deren Hauptdiagonalelemente sämtlich gleich 1 sind und deren Element in der i-ten Zeile und der j-ten Spalte gleich α ist. Alle anderen Matrixelemente sind gleich 0.

$$\mathbf{M}_{ij}(\alpha) = \begin{bmatrix} 1 & 0 & \dots & 0 & \dots & 0 & \dots & 0 \\ 0 & 1 & \dots & 0 & \dots & 0 & \dots & 0 \\ \dots & \dots & \dots & \dots & \dots & \dots & \dots & \dots \\ 0 & 0 & \dots & 1 & \dots & \alpha & \dots & 0 \\ \dots & \dots & \dots & \dots & \dots & \dots & \dots & \dots \\ 0 & 0 & \dots & 0 & \dots & 1 & \dots & 0 \\ \dots & \dots & \dots & \dots & \dots & \dots & \dots & \dots \\ 0 & 0 & \dots & 0 & \dots & 0 & \dots & 1 \end{bmatrix} \begin{matrix} \\ \\ \\ \leftarrow \text{i-te Zeile} \\ \\ \leftarrow \text{j-te Zeile} \\ \\ \\ \end{matrix}$$

↑ i-te Spalte ↑ j-te Spalte

2) $\mathbf{D}_k(\beta)$ ($\beta \in \mathbb{R}$, $\beta \neq 0$, $1 \leqq k \leqq n$) ist diejenige Diagonalmatrix, deren k-tes Hauptdiagonalelement gleich β ist und die restlichen Hauptdiagonalelemente gleich 1 sind. Die Elemente, die nicht auf der Hauptdiagonale liegen, sind sämtlich gleich 0.

$$\mathbf{D}_k(\beta) = \begin{bmatrix} 1 & 0 & \dots & 0 & \dots & 0 \\ 0 & 1 & \dots & 0 & \dots & 0 \\ \dots & \dots & \dots & \dots & \dots & \dots \\ 0 & 0 & \dots & \beta & \dots & 0 \\ \dots & \dots & \dots & \dots & \dots & \dots \\ 0 & 0 & \dots & 0 & \dots & 1 \end{bmatrix} \begin{matrix} \\ \\ \\ \leftarrow \text{k-te Zeile} \\ \\ \\ \end{matrix}$$

↑ k-te Spalte

3) $\mathbf{P}_{rs}$ ($1 \leqq r, s \leqq n$, und $r \neq s$) ist diejenige Matrix, die sich aus der Einheitsmatrix $\mathbf{I}_n$ durch die Vertauschung der r-ten und s-ten Spalte miteinander ergibt.

$$\mathbf{P}_{rs} = \begin{bmatrix} 1 & 0 & \dots & 0 & \dots & 0 & \dots & 0 \\ 0 & 1 & \dots & 0 & \dots & 0 & \dots & 0 \\ \dots & & & & & & & \dots \\ 0 & 0 & \dots & 0 & \dots & 1 & \dots & 0 \\ \dots & & & & & & & \dots \\ 0 & 0 & \dots & 1 & \dots & 0 & \dots & 0 \\ \dots & & & & & & & \dots \\ 0 & 0 & \dots & 0 & \dots & 0 & \dots & 1 \end{bmatrix} \begin{matrix} \\ \\ \\ \leftarrow \text{r-te Zeile} \\ \\ \leftarrow \text{s-te Zeile} \\ \\ \\ \end{matrix}$$

$$\qquad\qquad\uparrow \text{ r-te Spalte} \qquad \uparrow \text{ s-te Spalte}$$

Ist $\mathbf{B} = (\mathbf{b}_1, \mathbf{b}_2, \dots, \mathbf{b}_n)$ eine (m,n)-Matrix, so ist

$$\mathbf{B} \cdot \mathbf{M}_{ij}(\alpha) = (\mathbf{b}_1, \dots, \mathbf{b}_{j-1}, \mathbf{b}_j + \alpha\mathbf{b}_i, \mathbf{b}_{j+1}, \dots, \mathbf{b}_n),$$

die Multiplikation der Matrix **B** mit der Matrix $\mathbf{M}_{ij}(\alpha)$ von rechts bewirkt also die Addition des α-fachen der i-ten Spalte zur j-ten Spalte. Schließlich ist

$$\mathbf{B} \cdot \mathbf{D}_k(\beta) = (\mathbf{b}_1, \dots, \mathbf{b}_{k-1}, \beta \cdot \mathbf{b}_k, \mathbf{b}_{k+1}, \dots, \mathbf{b}_n) \quad \text{und}$$
$$\mathbf{B} \cdot \mathbf{P}_{rs} = (\mathbf{b}_1, \dots, \mathbf{b}_{r-1}, \mathbf{b}_s, \mathbf{b}_{r+1}, \dots, \mathbf{b}_{s-1}, \mathbf{b}_r, \mathbf{b}_{s+1}, \dots, \mathbf{b}_n).$$

Die Multiplikation von **B** mit $\mathbf{D}_k(\beta)$ von rechts bewirkt die Multiplikation der k-ten Spalte mit $\beta \neq 0$, die Multiplikation von **B** mit $\mathbf{P}_{rs}$ von rechts bewirkt die Vertauschung der r-ten und der s-ten Spalte untereinander.

Die Multiplikation von einer (n,m)-Matrix **C** mit den elementaren Matrizen von **links** bewirken elementare Zeilenumformungen der Matrix **C**: Die Matrix $\mathbf{M}_{ij}(\alpha) \cdot \mathbf{C}$ ergibt sich aus der Matrix **C** durch die Addition des α-fachen der j-ten Zeile zur i-ten Zeile (vgl. mit der Multiplikation von rechts!). Die Multiplikation von **C** mit der Matrix $\mathbf{D}_k(\beta)$ bzw. mit der Matrix $\mathbf{P}_{rs}$ hat die Multiplikation der k-ten Zeile von **C** mit $\beta \neq 0$ bzw. die Vertauschung der r-ten und der s-ten Zeile miteinander zu Folge.

Noch einmal kurz: Die Multiplikation einer Matrix mit den elementaren Matrizen von rechts bzw. von links entspricht elementaren Spalten- bzw. Zeilenumformungen.

Sofort aus der Definition der elementaren Matrizen läßt sich der folgende Satz nachweisen.

Satz 4.13: (Inverse der elementaren Matrizen)

$$\mathbf{M}_{ij}(\alpha)^{-1} = \mathbf{M}_{ij}(-\alpha) \quad \mathbf{D}_k(\beta)^{-1} = \mathbf{D}_k(\beta^{-1}) \quad \mathbf{P}_{rs}^{-1} = \mathbf{P}_{rs}.$$

Es sei **A** eine (m,n)-Matrix, wir nennen den Teilraum $Z(\mathbf{A})$ von $\mathbb{R}^n$, der von den m Zeilen der Matrix **A** erzeugt wird, den **Zeilenraum von A**. Dem entsprechend heißt der Teilraum $S(\mathbf{A})$ von $\mathbb{R}^m$, der von den n Spalten der Matrix **A** erzeugt wird, der **Spaltenraum von A**.

Beispiel 10: Sei $\mathbf{A} = \begin{bmatrix} 2 & 0 & 1 \\ 0 & 3 & 3 \end{bmatrix}$, das ist eine (2,3)-Matrix. Es ist

$\mathbf{A} = (\mathbf{s}_1, \mathbf{s}_2, \mathbf{s}_3) = \begin{bmatrix} \mathbf{z}_1^T \\ \mathbf{z}_2^T \end{bmatrix}$ mit $\mathbf{s}_1 = \begin{bmatrix} 2 \\ 0 \end{bmatrix}$, $\mathbf{s}_2 = \begin{bmatrix} 0 \\ 3 \end{bmatrix}$, $\mathbf{s}_3 = \begin{bmatrix} 1 \\ 3 \end{bmatrix}$ und $\mathbf{z}_1 = \begin{bmatrix} 2 \\ 0 \\ 1 \end{bmatrix}$, $\mathbf{z}_2 = \begin{bmatrix} 0 \\ 3 \\ 3 \end{bmatrix}$. Die Vektoren $\mathbf{s}_1, \mathbf{s}_2, \mathbf{s}_3$ sind die Spaltenvektoren, die Vektoren $\mathbf{z}_1^T, \mathbf{z}_2^T$ sind die Zeilenvektoren der Matrix $\mathbf{A}$. Nach der obigen Definition ist

$\mathrm{S}(\mathbf{A}) = \langle \mathbf{s}_1, \mathbf{s}_2, \mathbf{s}_3 \rangle = \left\langle \begin{bmatrix} 2 \\ 0 \end{bmatrix}, \begin{bmatrix} 0 \\ 3 \end{bmatrix}, \begin{bmatrix} 1 \\ 3 \end{bmatrix} \right\rangle$ und $\mathrm{Z}(\mathbf{A}) = \langle \mathbf{z}_1, \mathbf{z}_2 \rangle = \left\langle \begin{bmatrix} 2 \\ 0 \\ 1 \end{bmatrix}, \begin{bmatrix} 0 \\ 3 \\ 3 \end{bmatrix} \right\rangle$.

Man beachte, daß die Vektoren $\mathbf{z}_1$ und $\mathbf{z}_2$, wie anfangs vereinbart wurde, als Spalten geschrieben werden, die Vektoren $\mathbf{z}_1^T$ und $\mathbf{z}_2^T$ sind jedoch (1,n)-Matrizen, sie werden also als Zeilen geschrieben.

Die Dimension $\dim(\mathrm{Z}(\mathbf{A}))$ des Zeilenraums einer Matrix $\mathbf{A}$ nennt man den **Zeilenrang von A**, die Dimension $\dim(\mathrm{S}(\mathbf{A}))$ des Spaltenraums von $\mathbf{A}$ nennt man den **Spaltenrang von A**. Im letzten Beispiel gilt, wie sich der Leser überzeugen kann, $\dim(\mathrm{Z}(\mathbf{A})) = \dim(\mathrm{S}(\mathbf{A})) = 2$. Wir werden jetzt zeigen, daß in der Tat für jede Matrix der Zeilen- und Spaltenrang übereinstimmen. Dazu sind einige Vorbereitungen nötig.

Satz 4.14:

Es sei $\mathbf{A}$ eine (n,m)-Matrix, $\mathbf{B}$ eine reguläre (n,n)-Matrix und $\mathbf{C}$ eine reguläre (m,m)-Matrix. Es gilt:

a) $\mathrm{Z}(\mathbf{A}) = \mathrm{S}(\mathbf{A}^T)$, $\quad \mathrm{S}(\mathbf{A}) = \mathrm{Z}(\mathbf{A}^T)$

b) $\mathrm{Z}(\mathbf{B} \cdot \mathbf{A}) = \mathrm{Z}(\mathbf{A})$, $\quad \dim(\mathrm{S}(\mathbf{B} \cdot \mathbf{A})) = \dim(\mathrm{S}(\mathbf{A}))$

c) $\mathrm{S}(\mathbf{A} \cdot \mathbf{C}) = \mathrm{S}(\mathbf{A})$, $\quad \dim(\mathrm{Z}(\mathbf{A} \cdot \mathbf{C})) = \dim(\mathrm{Z}(\mathbf{A}))$.

Beweis:

a) Diese Behauptung folgt direkt aus der Definition.

b) Es sei $\mathbf{B} = (b_{ij})$, $\mathbf{A} = \begin{bmatrix} \mathbf{z}_1^T \\ \vdots \\ \mathbf{z}_n^T \end{bmatrix} = (\mathbf{s}_1, \dots, \mathbf{s}_m)$ ... für den j-ten Zeilenvektor $\mathbf{z}_j'^T$ $(j = 1, \dots, n)$ der Matrix $\mathbf{B} \cdot \mathbf{A}$ gilt nach der Definition des Matrizenprodukts $\mathbf{z}_j' = \sum_{i=1}^{n} b_{ji} \mathbf{z}_i \in \mathrm{Z}(\mathbf{A})$, insbesondere ist also $\mathrm{Z}(\mathbf{B} \cdot \mathbf{A}) \subset \mathrm{Z}(\mathbf{A})$. Mit der gleichen Argumentation gilt $\mathrm{Z}(\mathbf{A}) = \mathrm{Z}(\mathbf{B}^{-1} \cdot (\mathbf{B} \cdot \mathbf{A})) \subset \mathrm{Z}(\mathbf{B} \cdot \mathbf{A})$. Zusammen erhalten wir $\mathrm{Z}(\mathbf{A}) = \mathrm{Z}(\mathbf{B} \cdot \mathbf{A})$.

Die lineare Abbildung $\varphi_{\mathbf{B}}: \mathbb{R}^n \to \mathbb{R}^n$, $\mathbf{x} \mapsto \mathbf{B} \cdot \mathbf{x}$ ist bijektiv, insbesondere ist sie injektiv und es gilt daher

$$\begin{aligned} \dim(\mathrm{S}(\mathbf{B} \cdot \mathbf{A})) &= \dim \langle \varphi_{\mathbf{B}}(\mathbf{s}_1), \dots, \varphi_{\mathbf{B}}(\mathbf{s}_m) \rangle = \dim(\varphi_{\mathbf{B}}(\langle \mathbf{s}_1, \dots, \mathbf{s}_m \rangle)) \\ &= \dim(\langle \mathbf{s}_1, \dots, \mathbf{s}_m \rangle) = \dim(\mathrm{S}(\mathbf{A})). \end{aligned}$$

c) Nach a) und b) gilt

$\mathrm{S}(\mathbf{A} \cdot \mathbf{C}) = \mathrm{Z}((\mathbf{A} \cdot \mathbf{C})^T) = \mathrm{Z}(\mathbf{C}^T \cdot \mathbf{A}^T) = \mathrm{Z}(\mathbf{A}^T) = \mathrm{S}(\mathbf{A})$ und
$\dim(\mathrm{Z}(\mathbf{A} \cdot \mathbf{C})) = \dim(\mathrm{S}((\mathbf{A} \cdot \mathbf{C})^T)) = \dim(\mathrm{S}(\mathbf{C}^T \cdot \mathbf{A}^T)) = \dim(\mathrm{S}(\mathbf{A}^T))$
$= \dim(\mathrm{Z}(\mathbf{A}))$. △

> **Satz 4.15:**
> Es sei $\mathbf{A}$ eine (n,m)-Matrix. Dann gilt: $\dim(Z(\mathbf{A})) = \dim(S(\mathbf{A}))$.

Beweisskizze: Durch elementare Zeilenumformungen läßt sich die Matrix **A** in die Staffelform bringen. Jede elementare Zeilenumformung entspricht einer Multiplikation mit einer elementaren (n,n)-Matrix von **links**. Es gibt also elementare (n,n)-Matrizen $\mathbf{E}_1, \ldots, \mathbf{E}_s$ mit

$$\mathbf{A}' = \mathbf{E}_s \cdot \ldots \cdot \mathbf{E}_2 \cdot \mathbf{E}_1 \cdot \mathbf{A} =$$

$$= \begin{bmatrix} 1 & * & \ldots & * & \ldots & * & * & \ldots & * \\ 0 & 0 & \ldots & 1 & \ldots & * & * & \ldots & * \\ \ldots & \ldots & \ldots & \ldots & \ldots & \ldots & \ldots & \ldots & \ldots \\ 0 & 0 & \ldots & 0 & \ldots & 1 & * & \ldots & * \\ 0 & 0 & \ldots & 0 & \ldots & 0 & 0 & \ldots & 0 \\ \ldots & \ldots & \ldots & \ldots & \ldots & \ldots & \ldots & \ldots & \ldots \\ 0 & 0 & \ldots & 0 & \ldots & 0 & 0 & \ldots & 0 \end{bmatrix} \begin{matrix} \\ \\ \\ \leftarrow \text{k-te Zeile} \\ \\ \\ \\ \end{matrix}$$

Durch elementare Spaltenoperationen, die den sukzessiven Multiplikationen mit elementaren (m,m)-Matrizen $\mathbf{E}'_1, \ldots, \mathbf{E}'_t$ von rechts entsprechen, läßt sich die Matrix $\mathbf{A}'$ in die (n,m)-Matrix

$$\mathbf{A}'' = \mathbf{A}' \cdot \mathbf{E}'_1 \cdot \mathbf{E}'_2 \cdot \ldots \cdot \mathbf{E}'_t =$$

$$= \begin{bmatrix} 1 & 0 & \ldots & 0 & \ldots & 0 & 0 & \ldots & 0 \\ 0 & 1 & \ldots & 0 & \ldots & 0 & 0 & \ldots & 0 \\ \ldots & \ldots & \ldots & \ldots & \ldots & \ldots & \ldots & \ldots & \ldots \\ 0 & 0 & \ldots & 1 & \ldots & 0 & 0 & \ldots & 0 \\ 0 & 0 & \ldots & 0 & \ldots & 0 & 0 & \ldots & 0 \\ \ldots & \ldots & \ldots & \ldots & \ldots & \ldots & \ldots & \ldots & \ldots \\ 0 & 0 & \ldots & 0 & \ldots & 0 & 0 & \ldots & 0 \end{bmatrix} \begin{matrix} \\ \\ \\ \leftarrow \text{k-te Zeile} \\ \\ \\ \\ \end{matrix}$$

$$\uparrow$$
$$\text{k-te Spalte}$$

überführen. Es ist offensichtlich $\dim(Z(\mathbf{A}'')) = \dim(S(\mathbf{A}'')) = k$. Nach Satz 4.14 ist schließlich

$$\begin{aligned} \dim(Z(\mathbf{A})) &= \dim(Z(\mathbf{A}')) = \dim(Z(\mathbf{A}'')) = \\ &= k = \dim(S(\mathbf{A}'')) = \dim(S(\mathbf{A}')) = \dim(S(\mathbf{A})). \end{aligned}$$ △

Der **Rang** $\mathrm{rg}(\mathbf{A})$ einer (n,m)-Matrix **A** wird als $\mathrm{rg}(\mathbf{A}) = \dim(Z(\mathbf{A})) = \dim(S(\mathbf{A}))$ definiert. Der Beweis des Satzes 4.15 gibt ein Verfahren an, den Rang $\mathrm{rg}(\mathbf{A})$ einer Matrix **A** zu berechnen. Man führt die Matrix **A** mit elementaren Zeilenumformungen in eine Matrix $\mathbf{A}'$, die die Staffelform hat, über. Die Matrizen **A** und $\mathbf{A}'$ haben den gleichen Rang. Es ist $Z(\mathbf{A}) = Z(\mathbf{A}')$. Diejenigen Zeilenvektoren der Matrix $\mathbf{A}'$, die nicht die Nullvektoren sind, bilden eine Basis der beiden Zeilenräume $Z(\mathbf{A}')$ und $Z(\mathbf{A})$. Der Rang $\mathrm{rg}(\mathbf{A})$ ist also die Anzahl der Zeilenvektoren der Matrix $\mathbf{A}'$, die von dem Nullvektor verschieden sind.

Beispiel 11: Es seien

$$\mathbf{a}_1 = \begin{bmatrix} 1 \\ 1 \\ 1 \\ 1 \end{bmatrix}, \quad \mathbf{a}_2 = \begin{bmatrix} 1 \\ -1 \\ 1 \\ -1 \end{bmatrix}, \quad \mathbf{a}_3 = \begin{bmatrix} 1 \\ 3 \\ 1 \\ 3 \end{bmatrix} \in \mathbb{R}^3 \quad \text{und} \quad \mathrm{U} = \langle \mathbf{a}_1, \mathbf{a}_2, \mathbf{a}_3 \rangle.$$

Es sei

$$\mathbf{A} = (\mathbf{a}_1, \mathbf{a}_2, \mathbf{a}_3)^{\mathrm{T}} = \begin{bmatrix} 1 & 1 & 1 & 1 \\ 1 & -1 & 1 & -1 \\ 1 & 3 & 1 & 3 \end{bmatrix}.$$

Es gilt $\mathrm{U} = \mathrm{Z}(\mathbf{A})$. Der Gaußsche Eliminationsalgorithmus liefert:

$$\begin{bmatrix} 1 & 1 & 1 & 1 \\ 1 & -1 & 1 & -1 \\ 1 & 3 & 1 & 3 \end{bmatrix} \to \begin{bmatrix} 1 & 1 & 1 & 1 \\ 0 & -2 & 0 & -2 \\ 0 & 2 & 0 & 2 \end{bmatrix} \to \begin{bmatrix} 1 & 1 & 1 & 1 \\ 0 & 1 & 0 & 1 \\ 0 & 0 & 0 & 0 \end{bmatrix}.$$

Die Vektoren $\begin{bmatrix} 1 \\ 1 \\ 1 \\ 1 \end{bmatrix}$ und $\begin{bmatrix} 0 \\ 1 \\ 0 \\ 1 \end{bmatrix}$ bilden also eine Basis von $\mathrm{U} = \mathrm{Z}(\mathbf{A})$. Es gilt $\dim(\mathrm{U}) =$ $= \dim(\mathrm{Z}(\mathbf{A})) = \mathrm{rg}(\mathbf{A}) = 2$. △

Satz 4.16:

a) Eine (n,n)-Matrix **A** ist genau dann regulär, wenn $\mathrm{rg}(\mathbf{A}) = \mathrm{n}$ gilt.

b) Jede reguläre Matrix läßt als Produkt von endlich vielen Elementarmatrizen darstellen.

Beweis: Die Behauptung a) läßt sich mit dem Satz 4.11 einsehen. Zu b): Sei **A** eine reguläre (n,n)-Matrix, es gibt (siehe Beweis des Satzes 4.15) elementare (n,n)-Matrizen $\mathbf{E}_1, \ldots, \mathbf{E}_j$ mit $\mathbf{E}_j \cdot \mathbf{E}_{j-1} \cdot \ldots \cdot \mathbf{E}_1 \cdot \mathbf{A} = \mathbf{I}_n$. Es ist folglich $\mathbf{A} = (\mathbf{E}_j \cdot \mathbf{E}_{j-1} \cdot \ldots \cdot \mathbf{E}_1)^{-1} = \mathbf{E}_1^{-1} \cdot \mathbf{E}_2^{-1} \cdot \ldots \cdot \mathbf{E}_j^{-1}$. Die Inversen der Elementarmatrizen sind wieder Elementarmatrizen, die Behauptung ist damit bewiesen worden. △

Berechnung der inversen Matrizen: Es sei **A** eine reguläre (n,n)-Matrix. Man bildet zuerst die (n,2n)-Matrix $\mathbf{A}' = (\mathbf{A} \,|\, \mathbf{I}_n)$, dann führt man an dieser Matrix diejenigen elementaren Zeilenumformungen durch, die die Matrix **A** in die Einheitsmatrix $\mathbf{I}_n$ überführen. Das entspricht der Multiplikation der Matrix $\mathbf{A}'$ mit einer regulären (n,n)-Matrix **B** so, daß gilt:

$$\mathbf{B} \cdot \mathbf{A}' = \mathbf{B} \cdot (\mathbf{A} \,|\, \mathbf{I}_n) = (\mathbf{B} \cdot \mathbf{A} \,|\, \mathbf{B} \cdot \mathbf{I}_n) = (\mathbf{I}_n \,|\, \mathbf{B}).$$

Es ist also $\mathbf{B} \cdot \mathbf{A} = \mathbf{I}_n$, d.h. $\mathbf{B} = \mathbf{A}^{-1}$. Die (n,n)-Matrix in der rechten Hälfte des Rechenschemas ist also die gesuchte inverse Matrix $\mathbf{A}^{-1}$. Man geht bei der konkreten Rechnung wie bei dem Gaußschem Eliminationsalgorithmus vor. Versucht man das angegebene Verfahren mit einer **singulären** Matrix durchzuführen, so wird in der (n,n)-Matrix links im Rechenschema während der Rechnung eine Nullzeile auftreten. Mit dem angegebenen Verfahren läßt sich also feststellen, ob die vorgegebene Matrix regulär oder singulär ist. Im regulären Fall wird die inverse Matrix berechnet.

Beispiel 12: Für die (3,3)-Matrix

$$\mathbf{A} = \begin{bmatrix} 0 & 1 & 2 \\ 1 & 4 & 0 \\ 3 & 5 & -13 \end{bmatrix}$$

ist

$$(\mathbf{A}, \mathbf{I}_n) = \left[\begin{array}{ccc|ccc} 0 & 1 & 2 & 1 & 0 & 0 \\ 1 & 4 & 0 & 0 & 1 & 0 \\ 3 & 5 & -13 & 0 & 0 & 1 \end{array}\right].$$

Das angegebene Verfahren zur Berechnung der inversen Matrizen liefert hier:

$$\left[\begin{array}{ccc|ccc} 0 & 1 & 2 & 1 & 0 & 0 \\ 1 & 4 & 0 & 0 & 1 & 0 \\ 3 & 5 & -13 & 0 & 0 & 1 \end{array}\right] \quad (z_1 \leftrightarrow z_2)$$

$$\downarrow$$

$$\left[\begin{array}{ccc|ccc} 1 & 4 & 0 & 0 & 1 & 0 \\ 0 & 1 & 2 & 1 & 0 & 0 \\ 3 & 5 & -13 & 0 & 0 & 1 \end{array}\right] \quad (z_3 := z_3 - 3 \cdot z_1)$$

$$\downarrow$$

$$\left[\begin{array}{ccc|ccc} 1 & 4 & 0 & 0 & 1 & 0 \\ 0 & 1 & 2 & 1 & 0 & 0 \\ 0 & -7 & -13 & 0 & -3 & 1 \end{array}\right] \quad (z_3 := z_3 + 7 \cdot z_2)$$

$$\downarrow$$

$$\left[\begin{array}{ccc|ccc} 1 & 4 & 0 & 0 & 1 & 0 \\ 0 & 1 & 2 & 1 & 0 & 0 \\ 0 & 0 & 1 & 7 & -3 & 1 \end{array}\right] \quad (z_2 := z_2 - 2 \cdot z_3)$$

$$\downarrow$$

$$\left[\begin{array}{ccc|ccc} 1 & 4 & 0 & 0 & 1 & 0 \\ 0 & 1 & 0 & -13 & 6 & -2 \\ 0 & 0 & 1 & 7 & -3 & 1 \end{array}\right] \quad (z_1 := z_1 - 4 \cdot z_2)$$

$$\downarrow$$

$$\left[\begin{array}{ccc|ccc} 1 & 0 & 0 & 52 & -23 & 8 \\ 0 & 1 & 0 & -13 & 6 & -2 \\ 0 & 0 & 1 & 7 & -3 & 1 \end{array}\right].$$

Die Matrix **A** ist also invertierbar und es gilt $\mathbf{A}^{-1} = \begin{bmatrix} 52 & -23 & 8 \\ -13 & 6 & -2 \\ 7 & -3 & 1 \end{bmatrix}$. Versucht man das Verfahren mit der (3,3)-Matrix $\mathbf{B} = \begin{bmatrix} 1 & 2 & 5 \\ 0 & 4 & 2 \\ 3 & -2 & 11 \end{bmatrix}$, so ergibt sich die folgende Rechnung:

$$\left[\begin{array}{ccc|ccc} 1 & 2 & 5 & 1 & 0 & 0 \\ 0 & 4 & 2 & 0 & 1 & 0 \\ 3 & -2 & 11 & 0 & 0 & 1 \end{array}\right] \qquad (z_3 := z_3 - 3 \cdot z_1)$$

$$\downarrow$$

$$\left[\begin{array}{ccc|ccc} 1 & 2 & 5 & 1 & 0 & 0 \\ 0 & 4 & 2 & 0 & 1 & 0 \\ 0 & -8 & -4 & -3 & 0 & 1 \end{array}\right] \qquad (z_2 := \tfrac{1}{4} \cdot z_2,\ z_3 := z_3 + 8 \cdot z_2)$$

$$\downarrow$$

$$\left[\begin{array}{ccc|ccc} 1 & 2 & 5 & 1 & 0 & 0 \\ 0 & 1 & 1/2 & 0 & 1/4 & 0 \\ 0 & 0 & 0 & -3 & 2 & 1 \end{array}\right]$$

In der linken (3,3)-Matrix des Rechenschemas ist nun die Nullzeile aufgetreten. Diese Matrix hat den gleichen Rang wie die Matrix **B**. Es ist also $\mathrm{rg}(\mathbf{B}) = 2 < 3$, folglich ist die Matrix **B** nicht regulär und besitzt keine inverse Matrix. △

Eine wichtige Anwendung der linearen Algebra stellt die **Input-Output-Analyse** dar. Es werden n Produkte $P_1, P_2, \ldots, P_n$ von den Unternehmen $U_1, U_2, \ldots, U_n$ erzeugt, dabei wird das Produkt P_i jeweils von dem Unternehmen U_i erzeugt. Das Unternehmen U_i hat in einer bestimmten Zeitperiode den Ausstoß (Gesamtoutput) von x_i Einheiten des Produkts P_i. Die Unternehmen beliefern sich gegenseitig und die Endverbraucher mit ihren Produkten. Dabei benötigt das Unternehmen U_j für die Herstellung einer Einheit des Produkts P_j a_{ij} Einheiten des Produkts P_i. Der Input des Unternehmens U_j vom Unternehmen U_i (bzw. der Output des Unternehmens U_i an das Unternehmen U_j) beläuft sich demnach auf $a_{ij} \cdot x_j$ Einheiten des Produkts P_i. Die Menge y_i des Produkts P_i, die an die Endverbraucher geliefert wird, berechnet sich damit als

$$y_i = x_i - \sum_{j=1}^{n} a_{ij} x_j \quad (i = 1, \ldots, n),$$

in Matrixform erhalten wir

(1) $$\mathbf{y} = \mathbf{x} - \mathbf{A} \cdot \mathbf{x} = (\mathbf{I}_n - \mathbf{A}) \cdot \mathbf{x},$$

wobei $\mathbf{y} = \begin{bmatrix} y_1 \\ y_2 \\ \vdots \\ y_n \end{bmatrix}$, $\mathbf{x} = \begin{bmatrix} x_1 \\ x_2 \\ \vdots \\ x_n \end{bmatrix}$ und **A** die (n,n)-Matrix mit $\mathbf{A} = (a_{ij})$ ist. Die Koeffizienten der Matrix **A** werden **Produktionskoeffizienten**, die Matrix **A** selbst **Verflechtungsmatrix** (oder auch **Strukturmatrix**) genannt. Die Gleichung (1) gibt an, welche Nachfrage **y** durch die Produktion **x** erfüllt wird. Um zu erfahren, wieviel jedes Unternehmen produzieren muß, um eine vorgegebene Nachfrage **y** zu erfüllen, muß das lineare Gleichungssystem (1) gelöst werden. Falls die Matrix $(\mathbf{I}_n - \mathbf{A})$ invertierbar ist, erhalten wir eine eindeutige Lösung $\mathbf{x} = (\mathbf{I}_n - \mathbf{A})^{-1} \cdot \mathbf{y}$. Die Matrix $(\mathbf{I}_n - \mathbf{A})^{-1}$ wird in diesem Zusammenhang die **Leontief-Inverse** genannt.

§ 4.4 Lineare Abbildungen und lineare Gleichungssysteme

Wir gehen von einem linearen Gleichungssystem

$$(1)\qquad \begin{array}{l} a_{11}x_1 + a_{12}x_2 + \ldots + a_{1n}x_n = b_1 \\ a_{21}x_1 + a_{22}x_2 + \ldots + a_{2n}x_n = b_2 \\ \ldots\ldots\ldots\ldots\ldots\ldots\ldots\ldots \\ a_{m1}x_1 + a_{m2}x_2 + \ldots + a_{mn}x_n = b_m \end{array}$$

mit m linearen Gleichungen und n Unbestimmten $x_1, \ldots, x_n$ aus. Dieses lineare Gleichungssystem läßt sich kurz schreiben als

$$(2)\qquad \mathbf{A} \cdot \mathbf{x} = \mathbf{b}$$

wobei $\mathbf{A}$ die (m,n)-Matrix mit $\mathbf{A} = \begin{bmatrix} a_{11} & a_{12} & \ldots & a_{1n} \\ a_{21} & a_{22} & \ldots & a_{2n} \\ \vdots & \vdots & \ldots & \vdots \\ a_{m1} & a_{m2} & \ldots & a_{mn} \end{bmatrix} = (\mathbf{a}_1, \ldots, \mathbf{a}_n)$ und

$\mathbf{x} = \begin{bmatrix} x_1 \\ x_2 \\ \vdots \\ x_n \end{bmatrix} \in \mathbb{R}^n$, $\mathbf{b} = \begin{bmatrix} b_1 \\ b_2 \\ \vdots \\ b_m \end{bmatrix} \in \mathbb{R}^m$ ist. Durch die Matrix $\mathbf{A}$ wird die lineare Abbildung $\varphi_{\mathbf{A}}: \mathbb{R}^n \to \mathbb{R}^m$, $\mathbf{x} \mapsto \mathbf{A} \cdot \mathbf{x}$ definiert. Für die Lösungsmenge L des linearen Gleichungssystems (1) (bzw. der Gleichung (2)) gilt:

$$L = \{\mathbf{x} \in \mathbb{R}^n \mid \mathbf{A} \cdot \mathbf{x} = \mathbf{b}\} = \{\mathbf{x} \in \mathbb{R}^n \mid \varphi_{\mathbf{A}}(\mathbf{x}) = \mathbf{b}\} = \varphi_{\mathbf{A}}^{-1}(\{\mathbf{b}\}),$$

d.h., daß L das Urbild der einelementigen Teilmenge $\{\mathbf{b}\}$ von $\mathbb{R}^m$ unter der Abbildung $\varphi_{\mathbf{A}}$ ist.

Die Gleichung (2) ist demnach genau dann lösbar, wenn $\mathbf{b} \in \operatorname{Im} \varphi_{\mathbf{A}} = \langle \mathbf{a}_1, \ldots, \mathbf{a}_n \rangle = \operatorname{Sp}(\mathbf{A})$ gilt. Ist die Abbildung $\varphi_{\mathbf{A}}$ surjektiv (das ist genau der Fall, wenn $\operatorname{rg}(\mathbf{A}) = m$ gilt), so ist die Gleichung (2) für alle $\mathbf{b} \in \mathbb{R}^m$ lösbar.

Die **homogene Gleichung** $\mathbf{A} \cdot \mathbf{x} = \mathbf{0}$ ist immer lösbar, für die Lösungsmenge L_0 dieser Gleichung gilt:

$$L_0 = \{\mathbf{x} \in \mathbb{R}^n \mid \mathbf{A} \cdot \mathbf{x} = \mathbf{0}\} = \{\mathbf{x} \in \mathbb{R}^n \mid \varphi_{\mathbf{A}}(\mathbf{x}) = \mathbf{0}\} = \varphi_{\mathbf{A}}^{-1}(\{\mathbf{0}\}) = \operatorname{Ker} \varphi_{\mathbf{A}}.$$

Die Lösungsmenge L_0 ist insbesondere ein Teilraum von $\mathbb{R}^n$. Nach dem Homomorphiesatz ist

$$\dim(L_0) = \dim(\operatorname{Ker} \varphi_{\mathbf{A}}) = \dim(\mathbb{R}^n) - \dim(\operatorname{Im} \varphi_{\mathbf{A}}) = n - \operatorname{rg}(\mathbf{A}).$$

Im Fall, daß $\operatorname{rg}(\mathbf{A}) = n$ gilt, ist die Lösungsmenge L_0 trivial, $L_0 = \{\mathbf{0}\}$. Wenn $n > m$ gilt, d.h. wenn die Spaltenanzahl der Matrix $\mathbf{A}$ größer als die Zeilenzahl ist, folgt aus $n > m \geqq \operatorname{rg}(\mathbf{A})$ unmittelbar $\dim(L_0) > 0$, die Lösungsmenge L_0 der homogenen Gleichung $\mathbf{A} \cdot \mathbf{x} = \mathbf{0}$ ist vom trivialen Teilraum $\{\mathbf{0}\}$ verschieden.

Satz 4.17:
Es sei $\mathbf{A}$ eine (m,n)-Matrix, $\mathbf{b} \in \mathbb{R}^m$ und $\mathbf{x}_0 \in \mathbb{R}^n$ mit $\mathbf{A} \cdot \mathbf{x}_0 = \mathbf{b}$. Es sei weiter L_0 die Lösungsmenge des homogenen Gleichungssystems $\mathbf{A} \cdot \mathbf{x} = \mathbf{0}$. Dann ist $\mathbf{x}_0 + L_0 = \{\mathbf{x}_0 + \mathbf{y} \mid \mathbf{y} \in L_0\}$ die Lösungsmenge des Gleichungssystems $\mathbf{A} \cdot \mathbf{x} = \mathbf{b}$.

Beweis: $\mathbf{x} \in \mathbf{x}_0 + L_0 \Leftrightarrow \mathbf{x} - \mathbf{x}_0 \in L_0 \Leftrightarrow \mathbf{A} \cdot (\mathbf{x} - \mathbf{x}_0) = \mathbf{0}$
$\Leftrightarrow \mathbf{A} \cdot \mathbf{x} - \mathbf{A} \cdot \mathbf{x}_0 = \mathbf{0} \Leftrightarrow \mathbf{A} \cdot \mathbf{x} = \mathbf{A} \cdot \mathbf{x}_0 \Leftrightarrow \mathbf{A} \cdot \mathbf{x} = \mathbf{b}$ △

Der Sachverhalt des Satzes 4.17 läßt sich für n = 3 in einem Bild darstellen:

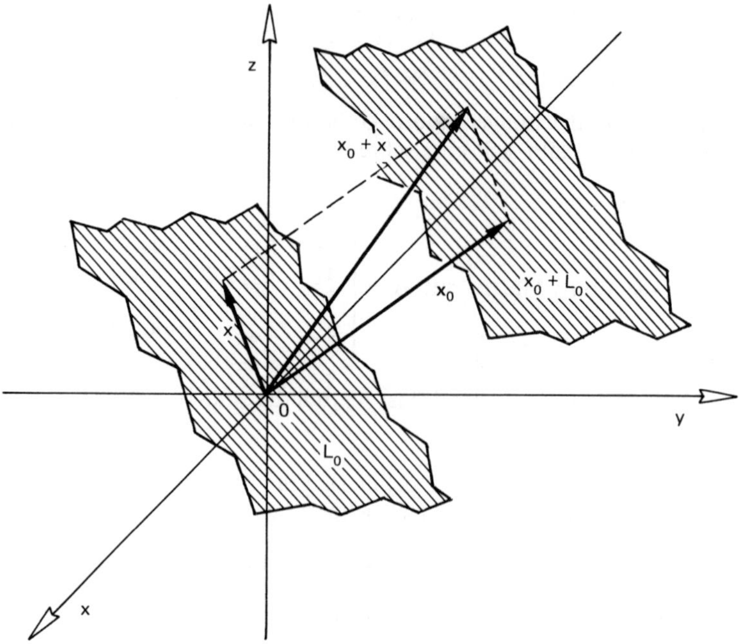

Man kann nach Satz 4.17 bei der Lösung eines linearen Gleichungssystems wie folgt vorgehen: Man bestimmt zuerst die Lösungsmenge L_0 des homogenen Gleichungssystems. Dann bestimmt man eine spezielle Lösung $\mathbf{x}_0$ des inhomogenen Gleichungssystems, die **gesamte** Lösungsmenge des inhomogenen Gleichungssystems ist dann $\mathbf{x}_0 + L_0$. Diese Methode ist besonders dann zu empfehlen, wenn eine spezielle Lösung bereits aus irgendeinem Grund bekannt ist.

Beispiel 13: Sei

$$\mathbf{A} = \begin{bmatrix} 1 & 3 & 0 \\ 2 & 4 & 1 \\ 3 & 3 & 3 \end{bmatrix}, \quad \mathbf{b}_1 = \begin{bmatrix} 1 \\ 2 \\ 3 \end{bmatrix}.$$

Man löst zuerst die homogene Gleichung

(3) $\mathbf{A} \cdot \mathbf{x} = \mathbf{0}.$

Wir erhalten

$$\begin{bmatrix} 1 & 3 & 0 & 0 \\ 2 & 4 & 1 & 0 \\ 3 & 3 & 3 & 0 \end{bmatrix} \to \begin{bmatrix} 1 & 3 & 0 & 0 \\ 0 & -2 & 1 & 0 \\ 0 & -6 & 3 & 0 \end{bmatrix} \to \begin{bmatrix} 1 & 3 & 0 & 0 \\ 0 & -2 & 1 & 0 \\ 0 & 0 & 0 & 0 \end{bmatrix}$$

$$\to \begin{bmatrix} 1 & 3 & 0 & 0 \\ 0 & 1 & -1/2 & 0 \\ 0 & 0 & 0 & 0 \end{bmatrix} \to \begin{bmatrix} 1 & 0 & 3/2 & 0 \\ 0 & 1 & -1/2 & 0 \end{bmatrix}.$$

Die Lösungsmenge von (3) ist

$$L_0 = \{\lambda \cdot \begin{bmatrix} -3/2 \\ 1/2 \\ 1 \end{bmatrix} \mid \lambda \in \mathbb{R}\} = \langle \begin{bmatrix} -3 \\ 1 \\ 2 \end{bmatrix} \rangle .$$

Der Vektor $\mathbf{x}_0 = \begin{bmatrix} 1 \\ 0 \\ 0 \end{bmatrix}$ ist offensichtlich eine Lösung der Gleichung

(4) $\qquad \mathbf{A} \cdot \mathbf{x} = \mathbf{b}_1 .$

Die Lösungsmenge von (4) ist nach dem Satz 4.17

$$L = \mathbf{x}_0 + L_0 = \begin{bmatrix} 1 \\ 0 \\ 0 \end{bmatrix} + \langle \begin{bmatrix} -3 \\ 1 \\ 2 \end{bmatrix} \rangle = \{ \begin{bmatrix} 1-3\mu \\ \mu \\ 2\mu \end{bmatrix} \mid \mu \in \mathbb{R}\} . \qquad \triangle$$

§ 4.5 Skalarprodukt und Norm auf $\mathbb{R}^n$

Definition: (Skalarprodukt, inneres Produkt)
Die Verknüpfung $*$: $\mathbb{R}^n \times \mathbb{R}^n \to \mathbb{R}$, $(\mathbf{x}, \mathbf{y}) \mapsto \mathbf{x} * \mathbf{y} = \mathbf{x}^T \cdot \mathbf{y}$ wird **Skalarprodukt** (oder auch **inneres Produkt) auf** $\mathbb{R}^n$ genannt.

Diese Definition ist offensichtlich sinnvoll, das Produkt $\mathbf{x}^T \cdot \mathbf{y}$ ist ein Produkt einer (1,n)-Matrix mit einer (n,1)-Matrix. Das Ergebnis ist also eine (1,1) Matrix, d.h. eine reelle Zahl. Für je zwei Vektoren

$$\mathbf{x} = \begin{bmatrix} x_1 \\ x_2 \\ \vdots \\ x_n \end{bmatrix}, \quad \mathbf{y} = \begin{bmatrix} y_1 \\ y_2 \\ \vdots \\ y_n \end{bmatrix} \in \mathbb{R}^n$$

gilt

$$\mathbf{x} * \mathbf{y} = \begin{bmatrix} x_1 \\ x_2 \\ \vdots \\ x_n \end{bmatrix} * \begin{bmatrix} y_1 \\ y_2 \\ \vdots \\ y_n \end{bmatrix} = \begin{bmatrix} x_1 \\ x_2 \\ \vdots \\ x_n \end{bmatrix}^T \cdot \begin{bmatrix} y_1 \\ y_2 \\ \vdots \\ y_n \end{bmatrix} = (x_1, x_2, \ldots, x_n) \cdot \begin{bmatrix} y_1 \\ y_2 \\ \vdots \\ y_n \end{bmatrix} = \sum_{i=1}^{n} x_i y_i .$$

Es ist z. B. in $\mathbb{R}^4$:

$$\begin{bmatrix} 1 \\ 0 \\ -1 \\ 2 \end{bmatrix} * \begin{bmatrix} 3 \\ 4 \\ 0 \\ -3 \end{bmatrix} = (1, \quad 0, \quad -1, \quad 2) \cdot \begin{bmatrix} 3 \\ 4 \\ 0 \\ -3 \end{bmatrix} = 1 \cdot 3 + 0 \cdot 4 + (-1) \cdot 0 + 2 \cdot (-3) = -3 .$$

Aus der Definition des Skalarprodukts lassen sich unmittelbar die folgenden Eigenschaften beweisen.

Satz 4.18: (Eigenschaften des Skalarprodukts)
Es seien $\mathbf{x}, \mathbf{y}, \mathbf{z} \in \mathbb{R}^n$ und $\alpha \in \mathbb{R}$. Dann gilt:
a) $\mathbf{x} * \mathbf{y} = \mathbf{y} * \mathbf{x}$ (Kommutativität)
b) $(\mathbf{x} + \mathbf{y}) * \mathbf{z} = \mathbf{x} * \mathbf{z} + \mathbf{y} * \mathbf{z}$
$\mathbf{x} * (\mathbf{y} + \mathbf{z}) = \mathbf{x} * \mathbf{y} + \mathbf{x} * \mathbf{z}$ (Distributivität)
c) $(\alpha\mathbf{x}) * \mathbf{y} = \mathbf{x} * (\alpha\mathbf{y}) = \alpha(\mathbf{x} * \mathbf{y})$
d) $\mathbf{x} * \mathbf{x} \geqq 0$.

Beweis: Für jedes $a \in \mathbb{R}$ ist $a^2 \geqq 0$. Daher ist für jedes

$$\mathbf{x} = \begin{bmatrix} x_1 \\ x_2 \\ \vdots \\ x_n \end{bmatrix} \in \mathbb{R}^n \quad \text{stets} \quad \mathbf{x} * \mathbf{x} = \sum_{i=1}^{n} x_i^2 \geqq 0.$$

Damit ist die Behauptung d) bewiesen. Alle anderen Behauptungen kann der Leser als Übung leicht beweisen. △

Definition: (Norm, Länge eines Vektors aus $\mathbb{R}^n$)
Die Abbildung $|\,.\,|: \mathbb{R}^n \to \mathbb{R}, \mathbf{x} \mapsto \sqrt{\mathbf{x} * \mathbf{x}}$ heißt die **Norm (auf $\mathbb{R}^n$)**, für jedes $\mathbf{x} \in \mathbb{R}^n$ heißt $|\mathbf{x}|$ die **Norm** (oder die **Länge**) **des Vektors x**.

Man beachte, daß für alle $\mathbf{x} \in \mathbb{R}^n$ stets $|\mathbf{x}| \geqq 0$ gilt. Für jedes $\mathbf{x} = \begin{bmatrix} x_1 \\ x_2 \\ \vdots \\ x_n \end{bmatrix} \in \mathbb{R}^n$ ist nach der Definition $|\mathbf{x}| = \sqrt{\mathbf{x} * \mathbf{x}} = \sqrt{\sum_{i=1}^{n} x_i^2}$. In $\mathbb{R}^1 = \mathbb{R}$ gilt $|(x_1)| = \sqrt{x_1^2} = |x_1|$, die Norm und der früher definierte Betrag stimmen in $\mathbb{R}$ also miteinander überein. In $\mathbb{R}^2$ gilt $\left|\begin{bmatrix} x_1 \\ x_2 \end{bmatrix}\right| = \sqrt{x_1^2 + x_2^2}$. Stellt man den Vektor $\begin{bmatrix} x_1 \\ x_2 \end{bmatrix}$ als die orientierte Strecke der kartesischen Ebene mit dem Anfangspunkt $(0, 0)$ und dem Endpunkt (x_1, x_2) dar, so ergibt sich das folgende Bild:

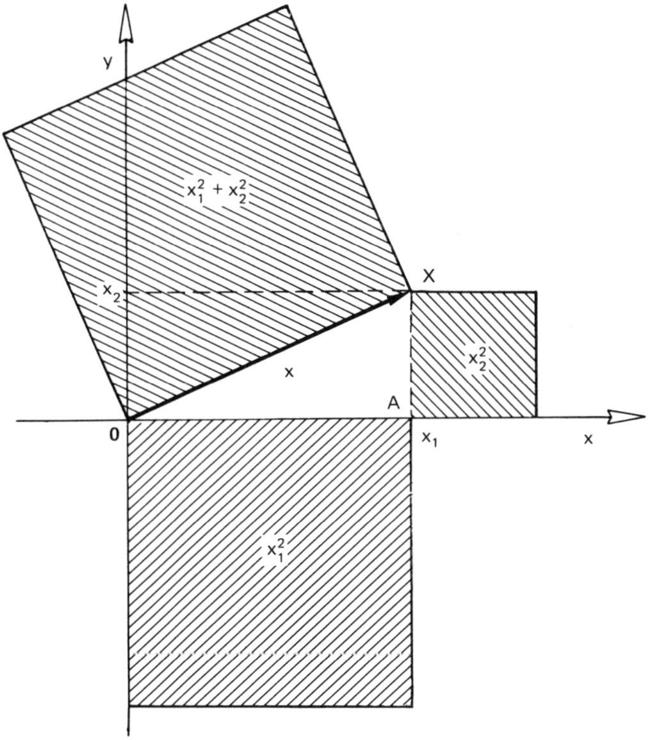

Das Dreieck OAX ist ein rechtwinkliges Dreieck, nach dem Satz von Pythagoras gilt also für die Seitenlängen $\overline{OA}, \overline{AX}, \overline{OX}$: $\overline{OA}^2 + \overline{AX}^2 = \overline{OX}^2$. Es ist offensichtlich $\overline{OA} = |x_1|$, und $\overline{AX} = |x_2|$ und folglich $\overline{OX} = \sqrt{\overline{OA}^2 + \overline{AX}^2} = \sqrt{|x_1|^2 + |x_2|^2}$ $= \sqrt{x_1^2 + x_2^2}$, d.h.: die Norm $\left\| \begin{bmatrix} x_1 \\ x_2 \end{bmatrix} \right\|$ ist gleich der Länge der Strecke zwischen den Punkten $(0, 0)$ und (x_1, x_2) in der kartesischen Koordinatenebene $\mathbb{R}^2$.

Satz 4.19: (Eigenschaften der Norm)
Es seien $\mathbf{x}, \mathbf{y} \in \mathbb{R}^n$ und $\alpha \in \mathbb{R}$. Dann gilt:
a) $|\mathbf{x}| = 0 \Leftrightarrow \mathbf{x} = \mathbf{0}$.
b) $|\alpha \mathbf{x}| = |\alpha| \cdot |\mathbf{x}|$.
c) $|\mathbf{x} + \mathbf{y}| \leqq |\mathbf{x}| + |\mathbf{y}|$.

Die Behauptungen a) und b) lassen sich direkt aus der Definition der Norm einsehen. Zum Beweis der Behauptung c), das ist die sog. **Dreiecksungleichung**, benötigt man die sog. **Cauchy-Schwarzsche Ungleichung**: Für alle $\mathbf{x}, \mathbf{y} \in \mathbb{R}^n$ ist $|\mathbf{x} * \mathbf{y}| \leqq |\mathbf{x}| \cdot |\mathbf{y}|$. Die Gleichheit ist genau dann erfüllt, wenn die Vektoren $\mathbf{x}, \mathbf{y}$ linear abhängig sind. Der Beweis der Cauchy-Schwarzschen Ungleichung kann z.B. in [AR] nachgelesen werden.

Definition:
Zwei Vektoren $\mathbf{x}, \mathbf{y} \in \mathbb{R}^n$ heißen zueinander **orthogonal** (oder **senkrecht**), wenn $|\mathbf{x}|^2 + |\mathbf{y}|^2 = |\mathbf{x} - \mathbf{y}|^2$ gilt.

Statt „$\mathbf{x}$ ist orthogonal zu $\mathbf{y}$" schreibt man kurz $\mathbf{x} \perp \mathbf{y}$. In der kartesischen Ebene läßt sich diese Definition wie folgt verdeutlichen:

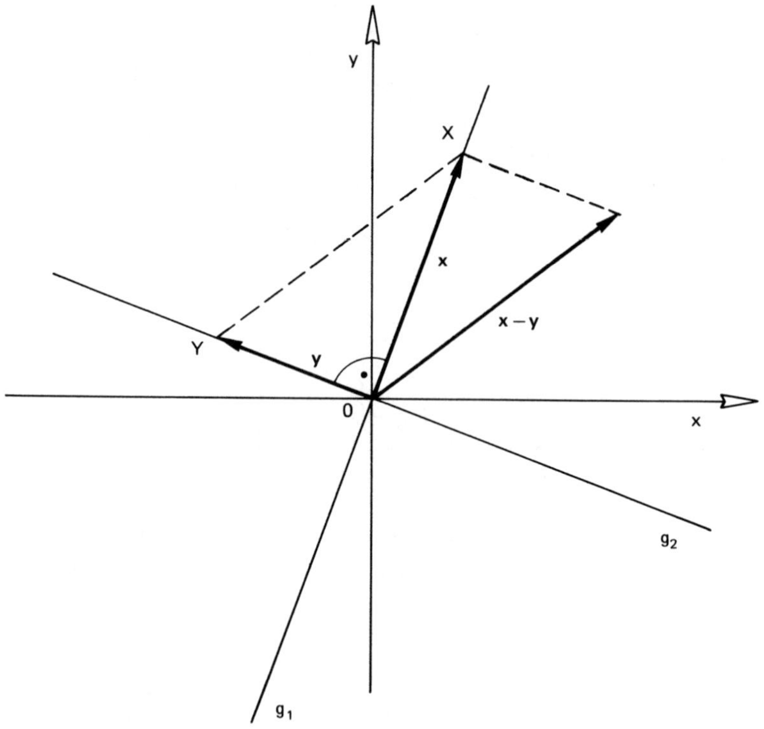

Die Geraden g_1 und g_2 sind genau dann zueinander orthogonal, wenn das Dreieck OXY bei O den rechten Winkel hat, d.h. nach dem Satz von Pythagoras genau dann, wenn

(1) $$\overline{XY}^2 = \overline{OX}^2 + \overline{OY}^2.$$

Da nun $\overline{OX} = |\mathbf{x}|$, $\overline{OY} = |\mathbf{y}|$ und $\overline{XY} = |\mathbf{x} - \mathbf{y}|$ gilt, läßt sich (1) als $|\mathbf{x}|^2 + |\mathbf{y}|^2 = |\mathbf{x} - \mathbf{y}|^2$ schreiben.

Satz 4.20:
Zwei Vektoren $\mathbf{x}, \mathbf{y} \in \mathbb{R}^n$ sind genau dann zueinander orthogonal, wenn $\mathbf{x} * \mathbf{y} = 0$ gilt.

Beweis: Es gilt:

$$|\mathbf{x}|^2 + |\mathbf{y}|^2 = |\mathbf{x} - \mathbf{y}|^2 \Leftrightarrow \mathbf{x} * \mathbf{x} + \mathbf{y} * \mathbf{y} = (\mathbf{x} - \mathbf{y}) * (\mathbf{x} - \mathbf{y})$$
$$\Leftrightarrow \mathbf{x} * \mathbf{x} + \mathbf{y} * \mathbf{y} = \mathbf{x} * (\mathbf{x} - \mathbf{y}) - \mathbf{y} * (\mathbf{x} - \mathbf{y})$$
$$\Leftrightarrow \mathbf{x} * \mathbf{x} + \mathbf{y} * \mathbf{y} = \mathbf{x} * \mathbf{x} - \mathbf{x} * \mathbf{y} - \mathbf{y} * \mathbf{x} + \mathbf{y} * \mathbf{y}$$
$$\Leftrightarrow \mathbf{x} * \mathbf{y} + \mathbf{y} * \mathbf{x} = 0 \Leftrightarrow \mathbf{x} * \mathbf{y} + \mathbf{x} * \mathbf{y} = 0 \Leftrightarrow 2 \cdot (\mathbf{x} * \mathbf{y}) = 0$$
$$\Leftrightarrow \mathbf{x} * \mathbf{y} = 0.$$

△

Beispiel 14: Es seien

$$\mathbf{a} = \begin{bmatrix} 3 \\ 2 \\ 1 \end{bmatrix}, \quad \mathbf{b} = \begin{bmatrix} -1 \\ 2 \\ -1 \end{bmatrix}, \quad \mathbf{c} = \begin{bmatrix} 1 \\ 1 \\ 0 \end{bmatrix} \in \mathbb{R}^3.$$

Es ist $\mathbf{a} * \mathbf{b} = 3 \cdot (-1) + 2 \cdot 2 + 1 \cdot (-1) = 0$, $\mathbf{a} * \mathbf{c} = 3 \cdot 1 + 2 \cdot 1 + 1 \cdot 0 = 5$, $\mathbf{b} * \mathbf{c} = (-1) \cdot 1 + 2 \cdot 1 + (-1) \cdot 0 = 1$. Die Vektoren **a** und **b** sind also zueinander senkrecht, $\mathbf{a} \perp \mathbf{b}$. Die Vektoren **a** und **c** bzw. **b** und **c** sind dagegen zueinander nicht senkrecht. △

Ist U ein Teilraum von $\mathbb{R}^n$ und $\mathbf{b} \in \mathbb{R}^n$, dann heißt ein Vektor $\mathbf{b}_U \in U$ **orthogonale Projektion von b auf U**, wenn für alle $\mathbf{u} \in U$ stets $\mathbf{u} \perp (\mathbf{b}_U - \mathbf{b})$ gilt.

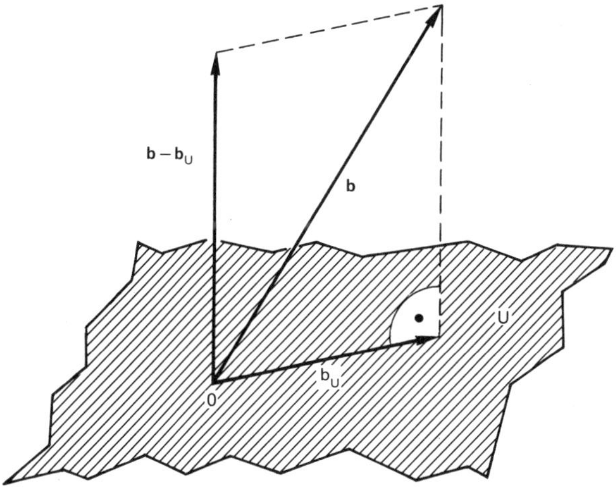

Wir werden im folgenden zeigen, daß zu jedem $\mathbf{b} \in \mathbb{R}^n$ eine solche orthogonale Projektion $\mathbf{b}_U$ existiert und eindeutig bestimmt ist.

Es sei $\mathbf{a}_1, \ldots, \mathbf{a}_k$ eine Basis von U. Man sucht ein $\mathbf{x} \in U$ mit $\mathbf{u} \perp (\mathbf{x} - \mathbf{b})$ für alle $\mathbf{u} \in U$. Da $\mathbf{x} \in U$ sein soll, setzen wir $\mathbf{x} = \sum_{i=1}^{k} \lambda_i \mathbf{a}_i$ an. Der Vektor $\mathbf{x} - \mathbf{b}$ ist senkrecht zu allen $\mathbf{u} \in U$ genau dann, wenn er zu allen Basisvektoren $\mathbf{a}_1, \ldots, \mathbf{a}_k$ senkrecht ist. Es muß also gelten

$$\mathbf{a}_i \perp (\mathbf{x} - \mathbf{b}) \quad (i = 1, \ldots, k).$$

Diese k Gleichungen lassen sich in der Matrizenform als

(1) $\quad \mathbf{A}^T \cdot (\mathbf{x} - \mathbf{b}) = \mathbf{0}$

schreiben, wobei $\mathbf{A}$ die (n,k)-Matrix mit $\mathbf{A} = (\mathbf{a}_1, \ldots, \mathbf{a}_k)$ ist. Diese Gleichung läßt sich nun weiter als

(2) $\quad \mathbf{A}^T \cdot \mathbf{x} = \mathbf{A}^T \cdot \mathbf{b}$

schreiben. Schließlich ist nach Voraussetzung $\mathbf{x} = \mathbf{A} \cdot \begin{bmatrix} \lambda_1 \\ \lambda_2 \\ \vdots \\ \lambda_k \end{bmatrix}$. Wir erhalten die Gleichung

(3) $\quad (\mathbf{A}^T \cdot \mathbf{A}) \cdot \begin{bmatrix} \lambda_1 \\ \lambda_2 \\ \vdots \\ \lambda_k \end{bmatrix} = \mathbf{A}^T \cdot \mathbf{b}.$

Man beachte, daß $\mathbf{A}^T \cdot \mathbf{A}$ eine (k,k)-Matrix und $\mathbf{A}^T \cdot \mathbf{b} \in \mathbb{R}^k$ ist. Die Gleichung (3) ist ein lineares Gleichungssystem mit k Gleichungen und den k Unbestimmten $\lambda_1, \ldots, \lambda_k$. Die Matrix $\mathbf{A}^T \cdot \mathbf{A}$ ist regulär. Ist nämlich für ein $\mathbf{y} \in \mathbb{R}^k$ $(\mathbf{A}^T \cdot \mathbf{A}) \cdot \mathbf{y} = \mathbf{0}$, dann ist $\mathbf{y}^T \cdot (\mathbf{A}^T \cdot \mathbf{A} \cdot \mathbf{y}) = 0$. Es ist folglich $|\mathbf{A} \cdot \mathbf{y}|^2 = (\mathbf{A} \cdot \mathbf{y})^T \cdot (\mathbf{A} \cdot \mathbf{y}) = 0$ und damit $|\mathbf{A} \cdot \mathbf{y}| = 0$. Nach dem Satz 4.19a) folgt daher $\mathbf{A} \cdot \mathbf{y} = \mathbf{0}$. Da die Spalten von $\mathbf{A}$ linear unabhängig sind, so muß $\mathbf{y} = \mathbf{0}$ gelten. Nach Satz 4.11 ist also die Matrix $\mathbf{A}^T \cdot \mathbf{A}$ regulär. Die Gleichung (3) hat genau eine Lösung $\begin{bmatrix} \lambda_1 \\ \lambda_2 \\ \vdots \\ \lambda_k \end{bmatrix} \in \mathbb{R}^k$, es gilt

$\begin{bmatrix} \lambda_1 \\ \lambda_2 \\ \vdots \\ \lambda_k \end{bmatrix} = (\mathbf{A}^T \cdot \mathbf{A})^{-1} \cdot \mathbf{A}^T \cdot \mathbf{b}$. Damit ist der Vektor $\mathbf{b}_U = \mathbf{A} \cdot \begin{bmatrix} \lambda_1 \\ \lambda_2 \\ \vdots \\ \lambda_k \end{bmatrix} =$

$= \mathbf{A} \cdot (\mathbf{A}^T \cdot \mathbf{A})^{-1} \cdot \mathbf{A}^T \cdot \mathbf{b}$ der einzige Vektor aus U so, daß $(\mathbf{b}_U - \mathbf{b}) \perp \mathbf{u}$ für alle $\mathbf{u} \in U$ ist. Die Abbildung $p_U\colon \mathbb{R}^n \to \mathbb{R}^n, \mathbf{b} \mapsto \mathbf{b}_U$ ist offensichtlich linear und hat die Matrix $\mathbf{A} \cdot (\mathbf{A}^T \cdot \mathbf{A})^{-1} \cdot \mathbf{A}^T$. Für alle $\mathbf{u} \in U$ ist $p_U(\mathbf{u}) = \mathbf{u}$. Es gilt $\mathrm{Im}(p_U) = U$.

Beispiel 15: Es sei $\mathbf{a}_1 = \begin{bmatrix} 1 \\ 2 \\ 0 \\ 2 \end{bmatrix}, \mathbf{a}_2 = \begin{bmatrix} 1 \\ 1 \\ 1 \\ 0 \end{bmatrix} \in \mathbb{R}^4$ und U der von den Vektoren $\mathbf{a}_1$ und $\mathbf{a}_2$ erzeugte Teilraum von $\mathbb{R}^4$. Es ist

$$\mathbf{A} = \begin{bmatrix} 1 & 1 \\ 2 & 1 \\ 0 & 1 \\ 2 & 0 \end{bmatrix}, \quad \mathbf{A}^T \cdot \mathbf{A} = \begin{bmatrix} 9 & 3 \\ 3 & 3 \end{bmatrix} \quad \text{und}$$

$$(\mathbf{A}^T \cdot \mathbf{A})^{-1} = (1/6) \cdot \begin{bmatrix} 1 & -1 \\ -1 & 3 \end{bmatrix}.$$

Für die Matrix $\mathbf{M}$ der Orthogonalprojektion p_U von $\mathbb{R}^4$ auf U gilt

$$\mathbf{M} = \mathbf{A} \cdot (\mathbf{A}^T \cdot \mathbf{A})^{-1} \cdot \mathbf{A}^T = (1/6) \cdot \begin{bmatrix} 2 & 2 & 2 & 0 \\ 2 & 3 & 1 & 2 \\ 2 & 1 & 3 & -2 \\ 0 & 2 & -2 & 4 \end{bmatrix}. \qquad \triangle$$

II.5 Determinanten

§ 5.1 Definition der Determinante

Die Determinantenfunktion det ordnet jeder quadratischen Matrix **A** eine reelle Zahl zu, die wir die **Determinante** der Matrix **A** nennen. Man definiert die Determinantenfunktion det induktiv. Zuerst wird die Determinante für alle (1,1)-Matrizen definiert, dann nimmt man an, daß die Determinante schon für alle $(n-1, n-1)$-Matrizen $(n \geqq 2)$ definiert ist, und benutzt sie für die Definition der Determinante der (n,n)-Matrizen.

Mit $\mathbf{A}_{ij}$ werden wir diejenige $(n-1, n-1)$-Matrix bezeichnen, die sich durch die Streichung der i-ten Zeile und der j-ten Spalte einer (n,n)-Matrix $\mathbf{A} = (a_{ij})$ ergibt, also

$$\mathbf{A}_{ij} = \begin{bmatrix} a_{11} & a_{12} & \cdots & a_{1j} & \cdots & a_{1n} \\ a_{21} & a_{22} & \cdots & a_{2j} & \cdots & a_{2n} \\ \vdots & \vdots & \cdots & \vdots & \cdots & \vdots \\ a_{i1} & a_{i2} & \cdots & a_{ij} & \cdots & a_{in} \\ \vdots & \vdots & \cdots & \vdots & \cdots & \vdots \\ a_{n1} & a_{n2} & \cdots & a_{nj} & \cdots & a_{nn} \end{bmatrix} \leftarrow \text{streichen}$$

$\uparrow$ streichen

Man nennt $\mathbf{A}_{ij}$ auch **Streichungsmatrix**. Es ist z. B. mit $\mathbf{A} = \begin{bmatrix} 1 & 3 & 4 \\ 2 & 4 & 9 \\ 6 & -1 & 0 \end{bmatrix}$:

$$\mathbf{A}_{11} = \begin{bmatrix} 4 & 9 \\ -1 & 0 \end{bmatrix}, \quad \mathbf{A}_{12} = \begin{bmatrix} 2 & 9 \\ 6 & 0 \end{bmatrix}, \quad \mathbf{A}_{13} = \begin{bmatrix} 2 & 4 \\ 6 & -1 \end{bmatrix},$$

$$\mathbf{A}_{21} = \begin{bmatrix} 3 & 4 \\ -1 & 0 \end{bmatrix}, \quad \text{usw.}$$

Definition: (Determinante)
Die Determinantenfunktion det ist eine Funktion von der Menge aller quadratischen Matrizen in die Menge der reellen Zahlen. Für die (1,1)-Matrizen wird det definiert durch $\det(a_{11}) = a_{11}$. Für $n > 1$ wird die Determinante einer (n,n)-Matrix $\mathbf{A} = (a_{ij})$ definiert durch die Formel

$$\det(\mathbf{A}) = \det\left(\begin{bmatrix} a_{11} & a_{12} & \cdots & a_{1n} \\ a_{21} & a_{22} & \cdots & a_{2n} \\ \vdots & \vdots & \cdots & \vdots \\ a_{n1} & a_{n2} & \cdots & a_{nn} \end{bmatrix}\right) = \sum_{i=1}^{n} (-1)^{i+n} a_{in} \det(\mathbf{A}_{in}),$$

wobei $\mathbf{A}_{in}$ diejenige $(n-1, n-1)$-Matrix ist, die sich durch die Streichung der i-ten Zeile und der n-ten Spalte der Matrix **A** ergibt.

Es ist üblich statt $\det(\mathbf{A})$ auch $|\mathbf{A}|$ zu schreiben, so sind z. B. $\det\left(\begin{bmatrix} -2 & 1 \\ 3 & 4 \end{bmatrix}\right)$ und

$\begin{vmatrix} -2 & 1 \\ 3 & 4 \end{vmatrix}$ gleichbedeutend. Man beachte, daß $\begin{bmatrix} -2 & 1 \\ 3 & 4 \end{bmatrix}$ eine Matrix, wogegen $\begin{vmatrix} -2 & 1 \\ 3 & 4 \end{vmatrix}$ eine reelle Zahl ist!

Satz 5.1: (Determinanten der (2,2)- und (3,3)-Matrizen)

a) $\begin{vmatrix} a_{11} & a_{12} \\ a_{21} & a_{22} \end{vmatrix} = a_{11}a_{22} - a_{12}a_{21}$

b) $$\begin{vmatrix} a_{11} & a_{12} & a_{13} \\ a_{21} & a_{22} & a_{23} \\ a_{31} & a_{32} & a_{33} \end{vmatrix} = a_{11}a_{22}a_{33} + a_{12}a_{23}a_{31} + a_{13}a_{21}a_{32} - a_{13}a_{22}a_{31} - a_{11}a_{23}a_{32} - a_{12}a_{21}a_{33}$$

Beweis: a) Nach der Definition der Determinante ist

$$\begin{aligned} \det(\mathbf{A}) &= \begin{vmatrix} a_{11} & a_{12} \\ a_{21} & a_{22} \end{vmatrix} = (-1)^{1+2} a_{12} \det(\mathbf{A}_{12}) + (-1)^{2+2} a_{22} \det(\mathbf{A}_{22}) \\ &= (-1)^3 a_{12} \det(a_{21}) + (-1)^4 a_{22} \det(a_{11}) = -a_{12}a_{21} + a_{22}a_{11} \\ &= a_{11}a_{22} - a_{12}a_{21}. \end{aligned}$$

b) Nach der Definition der Determinante ist zuerst

$$\det(\mathbf{A}) = \begin{vmatrix} a_{11} & a_{12} & a_{13} \\ a_{21} & a_{22} & a_{23} \\ a_{31} & a_{32} & a_{33} \end{vmatrix}$$

$$= (-1)^{1+3} a_{13} \det(\mathbf{A}_{13}) + (-1)^{2+3} a_{23} \det(\mathbf{A}_{23}) + (-1)^{3+3} a_{33} \det(\mathbf{A}_{33})$$

$$= a_{13} \begin{vmatrix} a_{21} & a_{22} \\ a_{31} & a_{32} \end{vmatrix} - a_{23} \begin{vmatrix} a_{11} & a_{12} \\ a_{31} & a_{32} \end{vmatrix} + a_{33} \begin{vmatrix} a_{11} & a_{12} \\ a_{21} & a_{22} \end{vmatrix}.$$

Mit a) lassen sich die Determinanten der (2,2)-Matrizen bereits berechnen, wir erhalten

$$\begin{aligned} \det(\mathbf{A}) &= a_{13}(a_{21}a_{32} - a_{22}a_{31}) - a_{23}(a_{11}a_{32} - a_{12}a_{31}) \\ &\quad + a_{33}(a_{11}a_{22} - a_{12}a_{21}) \\ &= a_{11}a_{22}a_{33} + a_{12}a_{23}a_{31} + a_{13}a_{21}a_{32} - a_{13}a_{22}a_{31} \\ &\quad - a_{11}a_{23}a_{32} - a_{12}a_{21}a_{33}. \end{aligned}$$

△

Die Formel für die Berechnung der Determinante einer (2,2)- bzw. (3,3)-Matrix kann man sich mit den folgenden Rechenschemen leicht merken:

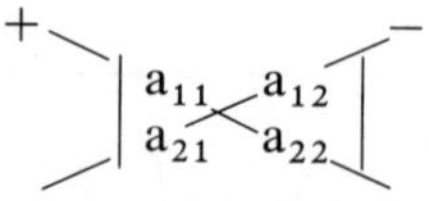

bzw.

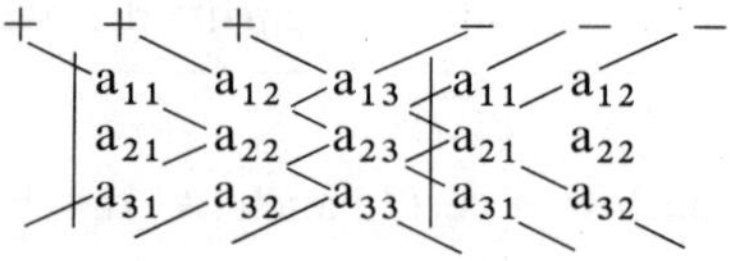

Man bildet die Produkte jeweils entlang der Linien und ändert, falls man das Produkt entlang einer Linie von rechts oben nach links unten gebildet hat, das Vorzeichen. Das Rechenschema für die Berechnung der Determinante einer (3,3)-Matrix ist unter dem Namen **Sarrus-Regel** bekannt. Es muß an dieser Stelle gewarnt werden, daß sich die obigen Rechenschemen nicht für die Berechnung von det(**A**) einer (n,n)-Matrix **A** mit $n > 3$ verallgemeinern lassen.

Beispiel 1: Die Berechnung der Determinante $\begin{vmatrix} 2 & 3 & 4 \\ 1 & -1 & 1 \\ 0 & 3 & 8 \end{vmatrix}$ führt zum Rechenschema

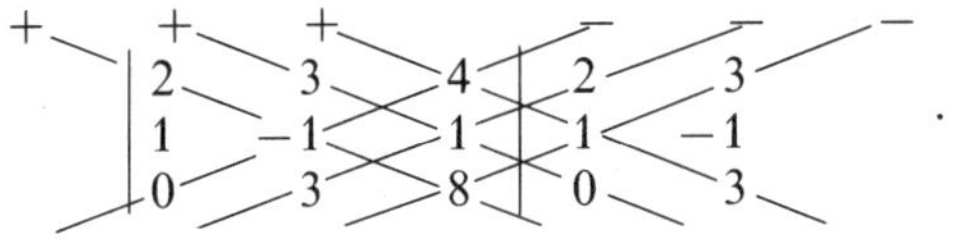

Wir erhalten also

$$\begin{vmatrix} 2 & 3 & 4 \\ 1 & -1 & 1 \\ 0 & 3 & 8 \end{vmatrix} = 2 \cdot (-1) \cdot 8 + 3 \cdot 1 \cdot 0 + 4 \cdot 1 \cdot 3 - 4 \cdot (-1) \cdot 0 - 2 \cdot 1 \cdot 3 - 3 \cdot 1 \cdot 8 =$$
$$= -34$$

Für die weitere Betrachtung der Eigenschaften der Determinanten ist der folgende Satz wesentlich.

Satz 5.2: (Laplacescher Entwicklungssatz)
Es sei $\mathbf{A} = (a_{ij})$ eine (n,n)-Matrix und für je zwei i, j mit $1 \leqq i, j \leqq n$ sei $\mathbf{A}_{ij}$ die Streichungsmatrix. Für jedes k, $1 \leqq k \leqq n$, gilt:

a) $\det(\mathbf{A}) = \sum_{i=1}^{n} (-1)^{i+k} a_{ik} \det(\mathbf{A}_{ik})$

b) $\det(\mathbf{A}) = \sum_{j=1}^{n} (-1)^{k+j} a_{kj} \det(\mathbf{A}_{kj})$.

Der Beweis des Satzes ist etwas komplizierter, wir werden auf ihn verzichten. Die Formel a) heißt die **Entwicklung der Determinante von A nach der k-ten Spalte**. Dementsprechend heißt die Formel b) die **Entwicklung der Determinante von A nach der k-ten Zeile.**

Es ist natürlich günstig, die Determinante nach einer Spalte bzw. Zeile zu entwickeln, die möglichst viele Nullen enthält, das verringert die Menge der zu leistenden Rechenarbeit.

Beispiel 2: Zu berechnen ist det(**A**) mit

$$\mathbf{A} = \begin{bmatrix} -3 & 2 & 15 & 3 \\ 0 & 3 & 0 & 2 \\ 1 & 5 & 0 & 1 \\ -1 & -1 & 1 & 0 \end{bmatrix}.$$

Hier bietet sich die Entwicklung nach der dritten Spalte an. Wir erhalten:

$$\det(\mathbf{A}) = \begin{vmatrix} -3 & 2 & 15 & 3 \\ 0 & 3 & 0 & 2 \\ 1 & 5 & 0 & 1 \\ -1 & -1 & 1 & 0 \end{vmatrix} \quad (\downarrow \text{ 3. Spalte})$$

$$= (-1)^{1+3} \cdot 15 \cdot \det(\mathbf{A}_{13}) + (-1)^{2+3} \cdot 0 \cdot \det(\mathbf{A}_{23}) + (-1)^{3+3} \cdot 0 \cdot \det(\mathbf{A}_{33}) + (-1)^{4+3} \cdot 1 \cdot \det(\mathbf{A}_{43})$$

$$= 15 \cdot \begin{vmatrix} 0 & 3 & 2 \\ 1 & 5 & 1 \\ -1 & -1 & 0 \end{vmatrix} + (-1) \cdot \begin{vmatrix} -3 & 2 & 3 \\ 0 & 3 & 2 \\ 1 & 5 & 1 \end{vmatrix}.$$

Die Determinanten der beiden (3,3)-Matrizen lassen sich entweder nach der Sarrus-Regel oder durch weitere Zeilen- bzw. Spaltenentwicklungen berechnen. Es ist $\det(\mathbf{A}) = 59$. △

Aus der Definition der Determinante läßt sich durch wiederholte Entwicklungen jeweils nach der letzten Spalte sofort zeigen, daß

$$\det(\mathbf{I}_n) = \begin{vmatrix} 1 & 0 & 0 & \dots & 0 \\ 0 & 1 & 0 & \dots & 0 \\ 0 & 0 & 1 & \dots & 0 \\ \vdots & \vdots & \vdots & \dots & \vdots \\ 0 & 0 & 0 & \dots & 1 \end{vmatrix} = 1 \quad \text{und}$$

$$\det(\mathbf{O}_{n,n}) = \begin{vmatrix} 0 & 0 & 0 & \dots & 0 \\ 0 & 0 & 0 & \dots & 0 \\ 0 & 0 & 0 & \dots & 0 \\ \vdots & \vdots & \vdots & \dots & \vdots \\ 0 & 0 & 0 & \dots & 0 \end{vmatrix} = 0 \quad \text{gilt.}$$

Die Determinante einer oberen bzw. einer unteren Dreiecksmatrix berechnet sich sehr einfach, wie der folgende Satz zeigt.

Satz 5.3:
Ist $\mathbf{A} = (a_{ij})$ eine obere oder untere Dreiecksmatrix der Ordnung $n \in \mathbb{N}$, dann ist $\det(\mathbf{A}) = a_{11} a_{22} a_{33} \dots a_{nn}$, d. h. $\det(\mathbf{A})$ ist das Produkt der Hauptdiagonalelemente der Matrix $\mathbf{A}$.

Beweis: Wir nehmen zuerst an, daß $\mathbf{A}$ eine obere Dreiecksmatrix ist,

$$\mathbf{A} = \begin{bmatrix} a_{11} & a_{12} & a_{13} & \dots & a_{nn} \\ 0 & a_{22} & a_{23} & \dots & a_{2n} \\ 0 & 0 & a_{33} & \dots & a_{3n} \\ \vdots & \vdots & \vdots & \dots & \vdots \\ 0 & 0 & 0 & \dots & a_{nn} \end{bmatrix}.$$

Entwickelt man det(**A**) nach der ersten Spalte, erhält man

$$(1)\qquad \det(\mathbf{A}) = (-1)^{1+1} a_{11} \begin{vmatrix} a_{22} & a_{23} & a_{24} & \dots & a_{2n} \\ 0 & a_{33} & a_{34} & \dots & a_{3n} \\ 0 & 0 & a_{44} & \dots & a_{4n} \\ \vdots & \vdots & \vdots & \dots & \vdots \\ 0 & 0 & 0 & \dots & a_{nn} \end{vmatrix}.$$

Nochmalige Entwicklung der Determinante auf der rechten Seite von (1) liefert

$$\det(\mathbf{A}) = a_{11} a_{22} \begin{vmatrix} a_{33} & a_{34} & \dots & a_{3n} \\ 0 & a_{44} & \dots & a_{4n} \\ \vdots & \vdots & \dots & \vdots \\ 0 & 0 & \dots & a_{nn} \end{vmatrix}.$$

Schließlich erhalten wir $\det(\mathbf{A}) = a_{11} a_{22} a_{33} \dots a_{nn}$. Im Fall, daß **A** eine untere Dreiecksmatrix ist, geht man beim Beweis wie im Fall einer oberen Dreiecksmatrix vor, man entwickelt allerdings die Determinanten jeweils nach der ersten Zeile. △

Beispiel 3: Es ist

$$\begin{vmatrix} 3 & 0 & 1 & 5 \\ 0 & 4 & 2 & 8 \\ 0 & 0 & 5 & -3 \\ 0 & 0 & 0 & 7 \end{vmatrix} = 3 \cdot 4 \cdot 5 \cdot 7 = 420 \quad \text{und}$$

$$\begin{vmatrix} -1 & 0 & 0 \\ 1 & 3 & 0 \\ 0 & 1 & 5 \end{vmatrix} = (-1) \cdot 3 \cdot 5 = -15.$$ △

§ 5.2 Eigenschaften der Determinante

Die Berechnung der Determinante direkt aus der Definition ist, insbesondere für Matrizen mit der Ordnung größer als 3, rechnerisch sehr aufwendig. Wir werden in diesem Paragraphen einige wichtige Eigenschaften der Determinante kennenlernen, die die Berechnung erleichtern.

Satz 5.4:
Es sei $\mathbf{A} = (\mathbf{a}_1, \mathbf{a}_2, \dots, \mathbf{a}_n)$ eine (n,n)-Matrix, $\mathbf{b} \in \mathbb{R}^n$, $\lambda \in \mathbb{R}$ und $i \in \{1, \dots, n\}$ beliebig. Es sei $\mathbf{B} = (\mathbf{a}_1, \dots, \mathbf{a}_{i-1}, \mathbf{b}, \mathbf{a}_{i+1}, \dots, \mathbf{a}_n)$. Dann gilt:

a) $\det(\mathbf{a}_1, \dots, \mathbf{a}_{i-1}, \lambda\mathbf{a}_i, \mathbf{a}_{i+1}, \dots, \mathbf{a}_n)$
$\quad = \lambda \cdot \det(\mathbf{a}_1, \dots, \mathbf{a}_{i-1}, \mathbf{a}_i, \mathbf{a}_{i+1}, \dots, \mathbf{a}_n) = \lambda \cdot \det(\mathbf{A})$

b) $\det(\mathbf{a}_1, \dots, \mathbf{a}_{i-1}, \mathbf{a}_i + \mathbf{b}, \mathbf{a}_{i+1}, \dots, \mathbf{a}_n) = \det(\mathbf{A}) + \det(\mathbf{B})$.

Beweis: Wir zeigen nur a), die Behauptung b) läßt sich völlig analog beweisen. Die Entwicklung nach der i-ten Spalte liefert

$$\det(\mathbf{a}_1, \ldots, \mathbf{a}_{i-1}, \lambda\mathbf{a}_i, \mathbf{a}_{i+1}, \ldots, \mathbf{a}_n)$$

$$= \begin{vmatrix} a_{1,1} & \cdots & a_{1,i-1} & \lambda a_{1,i} & a_{1,i+1} & \cdots & a_{1,n} \\ a_{2,1} & \cdots & a_{2,i-1} & \lambda a_{2,i} & a_{2,i+1} & \cdots & a_{2,n} \\ \vdots & \cdots & \vdots & \vdots & \vdots & \cdots & \vdots \\ a_{n,1} & \cdots & a_{n,i-1} & \lambda a_{n,i} & a_{n,i+1} & \cdots & a_{n,n} \end{vmatrix}$$

$$= \sum_{s=1}^{n} (-1)^{s+i}(\lambda a_{si})\det(\mathbf{A}_{si}) = \lambda \cdot \sum_{s=1}^{n} (-1)^{s+i} a_{si}\det(\mathbf{A}_{si}) = \lambda \cdot \det(\mathbf{A}).$$

△

Der Satz 5.4 läßt sich auch anders formulieren: Für jedes $i = 1, \ldots, n$ und je $(n-1)$ Vektoren $\mathbf{a}_1, \ldots, \mathbf{a}_{i-1}, \mathbf{a}_{i+1}, \ldots, \mathbf{a}_n \in \mathbb{R}^n$ ist die Abbildung $\delta: \mathbb{R}^n \to \mathbb{R}$, $\mathbf{x} \mapsto \det(\mathbf{a}_1, \ldots, \mathbf{a}_{i-1}, \mathbf{x}, \mathbf{a}_{i+1}, \ldots, \mathbf{a}_n)$ linear.

Beispiel 4: Es ist

$$\begin{vmatrix} 5 & 3 & 1 \\ 6 & 8 & 3 \\ 3 & 1 & 0 \end{vmatrix} = \begin{vmatrix} 5 & 3 & (0+1) \\ 6 & 8 & (2+1) \\ 3 & 1 & (1-1) \end{vmatrix} = \begin{vmatrix} 5 & 3 & 0 \\ 6 & 8 & 2 \\ 3 & 1 & 1 \end{vmatrix} + \begin{vmatrix} 5 & 3 & 1 \\ 6 & 8 & 1 \\ 3 & 1 & -1 \end{vmatrix} \quad \text{und}$$

$$\begin{vmatrix} 15 & 0 & 1 \\ 5 & 1 & 1 \\ -5 & 3 & -1 \end{vmatrix} = \begin{vmatrix} 5\cdot 3 & 0 & 1 \\ 5\cdot 1 & 1 & 1 \\ 5\cdot(-1) & 3 & -1 \end{vmatrix} = 5 \cdot \begin{vmatrix} 3 & 0 & 1 \\ 1 & 1 & 1 \\ -1 & 3 & -1 \end{vmatrix}.$$

△

Satz 5.5:

Es sei $\mathbf{A} = (a_{ij}) = (\mathbf{a}_1, \ldots, \mathbf{a}_n)$ eine (n,n)-Matrix. Es gilt:

a) Enthält $\mathbf{A}$ eine Spalte, die sämtlich aus Nullen besteht, dann ist $\det(\mathbf{A}) = 0$.

b) Gibt es i, j mit $i \neq j$ und $\mathbf{a}_i = \mathbf{a}_j$, dann ist $\det(\mathbf{A}) = 0$.

c) Für alle i, j mit $i \neq j$ und $\alpha \in \mathbb{R}$ gilt

$$\det(\mathbf{a}_1, \ldots, \mathbf{a}_{i-1}, \mathbf{a}_i + \alpha \cdot \mathbf{a}_j, \mathbf{a}_{i+1}, \ldots, \mathbf{a}_n) = \det(\mathbf{A}).$$

d) Für alle i, j mit $i < j$ gilt

$$\det(\mathbf{a}_1, \ldots, \mathbf{a}_{i-1}, \mathbf{a}_j, \mathbf{a}_{i+1}, \ldots, \mathbf{a}_{j-1}, \mathbf{a}_i, \mathbf{a}_{j+1}, \ldots, \mathbf{a}_n) = -\det(\mathbf{A}).$$

Beweis: a) Man entwickelt die Determinante von **A** nach der Nullspalte.

b) Diese Behauptung läßt sich mit der Induktion über die Ordnung $n \geqq 2$ der Matrix **A** beweisen. Ist $n = 2$, dann ist $\mathbf{A} = \begin{bmatrix} a_{11} & a_{12} \\ a_{21} & a_{22} \end{bmatrix}$ mit $a_{11} = a_{12}$ und $a_{21} = a_{22}$ und es gilt $\det(\mathbf{A}) = (a_{11}a_{22} - a_{12}a_{21}) = (a_{11}a_{22} - a_{11}a_{22}) = 0$. Die Behauptung ist also für $n = 2$ richtig. Die Behauptung sei jetzt richtig für alle Matrizen der Ordnung $n \geqq 2$. Ist $\mathbf{A} = (\mathbf{a}_1, \ldots, \mathbf{a}_n, \mathbf{a}_{n+1}) = (a_{ij})$ eine $(n+1, n+1)$-Matrix $(n \geqq 2)$ mit $\mathbf{a}_k = \mathbf{a}_m$ für gewisse k, m mit $k \neq m$, so läßt sich $\det(\mathbf{A})$ nach einer Spalte $\mathbf{a}_s$ mit $s \neq k$ und $s \neq m$ (wegen $n + 1 \geqq 3!$) entwickeln, $\det(\mathbf{A}) = \sum_{i=1}^{n+1} (-1)^{i+s} a_{is}\det(\mathbf{A}_{is})$. Die Streichungsmatrizen $\mathbf{A}_{is}$ sind Matrizen der Ordnung n und enthalten alle wegen $s \neq k$ und $s \neq m$ je zwei identische Spalten, nach der Induktionsvoraussetzung ist also $\det(\mathbf{A}_{is}) = 0$ und daher ist auch $\det(\mathbf{A}) = 0$.

Die Behauptungen c) und d) können mit Hilfe von Behauptungen a) und b) und des Satzes 5.4 bewiesen werden. △

Die Elementarmatrix $\mathbf{M}_{ij}(\alpha)$ der Ordnung n entsteht aus der Einheitsmatrix $\mathbf{I}_n$ durch die Addition des α-fachen der i-ten Spalte zu der j-ten Spalte. (Man beachte daß $\mathbf{M}_{ij}(\alpha)$ nur für $i \neq j$ definiert ist.) Nach dem Satz 5.5c) ist also $\det(\mathbf{M}_{ij}(\alpha)) = \det(\mathbf{I}_n) = 1$. Die Elementarmatrix $\mathbf{P}_{rs}$ entsteht durch die Vertauschung der r-ten und der s-ten Spalte der Einheitsmatrix $\mathbf{I}_n$ untereinander, nach dem Satz 5.5d) ist also $\det(\mathbf{P}_{rs}) = -\det(\mathbf{I}_n) = -1$. Schließlich ist die Elementarmatrix $\mathbf{D}_k(\beta)$, $\beta \neq 0$, eine Diagonalmatrix, insbesondere also eine obere Dreiecksmatrix, nach dem Satz 5.3 ist also $\det(\mathbf{D}_k)(\beta) = \beta \neq 0$. Nach dem Satz 5.5c) bzw. d) gilt für jede (n,n)-Matrix $\mathbf{A}$

$$\det(\mathbf{A} \cdot \mathbf{M}_{ij}(\alpha)) = \det(\mathbf{A}) = (\det(\mathbf{A})) \cdot (\det(\mathbf{M}_{ij}(\alpha))) \quad \text{bzw.}$$
$$\det(\mathbf{A} \cdot \mathbf{P}_{rs}) = -\det(\mathbf{A}) = (\det(\mathbf{A})) \cdot (\det(\mathbf{P}_{rs}))$$

Aus dem Satz 5.4a) folgt schließlich

$$\det(\mathbf{A} \cdot \mathbf{D}_k(\beta)) = \beta \cdot \det(\mathbf{A}) = (\det \mathbf{A}) \cdot (\det(\mathbf{D}_k(\beta))).$$

Damit ist der erste Teil des folgenden Satzes bewiesen worden.

Satz 5.6:

a) Ist $\mathbf{A}$ eine (n,n)-Matrix und $\mathbf{E}$ eine Elementarmatrix der Ordnung n, dann gilt $\det(\mathbf{A} \cdot \mathbf{E}) = \det(\mathbf{A}) \cdot \det(\mathbf{E})$.

b) Sind $\mathbf{E}_1, \mathbf{E}_2, \ldots, \mathbf{E}_k$ Elementarmatrizen, dann gilt
$$\det(\mathbf{E}_1 \cdot \mathbf{E}_2 \cdot \ldots \cdot \mathbf{E}_k) = \det(\mathbf{E}_1) \cdot \det(\mathbf{E}_2) \cdot \ldots \cdot \det(\mathbf{E}_k).$$

Beweis: b) Die wiederholte Anwendung von a) liefert

$$\begin{aligned}
&\det(\mathbf{E}_1 \cdot \mathbf{E}_2 \cdot \ldots \cdot \mathbf{E}_{k-1} \cdot \mathbf{E}_k) = \det((\mathbf{E}_1 \cdot \mathbf{E}_2 \cdot \ldots \cdot \mathbf{E}_{k-1}) \cdot \mathbf{E}_k) \\
&= \det(\mathbf{E}_1 \cdot \mathbf{E}_2 \cdot \ldots \cdot \mathbf{E}_{k-1}) \cdot \det(\mathbf{E}_k) \\
&= \det(\mathbf{E}_1 \cdot \mathbf{E}_2 \cdot \ldots \cdot \mathbf{E}_{k-2}) \cdot \det(\mathbf{E}_{k-1}) \cdot \det(\mathbf{E}_k) \\
&= \ldots = \det(\mathbf{E}_1) \cdot \det(\mathbf{E}_2) \cdot \ldots \cdot \det(\mathbf{E}_{k-1}) \cdot \det(\mathbf{E}_k)
\end{aligned}$$
△

Satz 5.7:

Sei $\mathbf{A}$ eine (n,n)-Matrix. Es gilt:

a) $\det(\mathbf{A}) \neq 0 \Leftrightarrow \mathbf{A}$ ist regulär.

b) $\det(\mathbf{A}) = \det(\mathbf{A}^T)$.

Beweis: a) Falls $\mathbf{A}$ singulär ist, so läßt sich eine der Spalten von $\mathbf{A} = (\mathbf{a}_1, \ldots, \mathbf{a}_n)$ als Linearkombination der übrigen schreiben, etwa $\mathbf{a}_j = \sum_{\substack{i=1 \\ i \neq j}}^{n} \lambda_i \mathbf{a}_i$. Nach dem Satz 5.4 ist

$$\begin{aligned}
\det(\mathbf{A}) &= \det(\mathbf{a}_1, \ldots, \mathbf{a}_{j-1}, \mathbf{a}_j, \mathbf{a}_{j+1}, \ldots, \mathbf{a}_n) \\
&= \det(\mathbf{a}_1, \ldots, \mathbf{a}_{j-1}, \sum_{\substack{i=1 \\ i \neq j}}^{n} \lambda_i \mathbf{a}_i, \mathbf{a}_{j+1}, \ldots, \mathbf{a}_n) \\
&= \sum_{\substack{i=1 \\ i \neq j}}^{n} \lambda_i \cdot \det(\mathbf{a}_1, \ldots, \mathbf{a}_{j-1}, \mathbf{a}_i, \mathbf{a}_{j+1}, \ldots, \mathbf{a}_n).
\end{aligned}$$

Die i-te und j-te Spalte der Matrix $(\mathbf{a}_1, \ldots, \mathbf{a}_{j-1}, \mathbf{a}_i, \mathbf{a}_{j+1}, \ldots, \mathbf{a}_n)$ sind identisch, es gilt daher $\det(\mathbf{a}_1, \ldots, \mathbf{a}_{j-1}, \mathbf{a}_i, \mathbf{a}_{j+1}, \ldots, \mathbf{a}_n) = 0$ für alle $i \neq j$. Wir erhalten: $\det(\mathbf{A}) = 0$.

Wenn $\mathbf{A}$ andererseits regulär ist, dann gibt es nach Satz 4.16 Elementarmatrizen $\mathbf{E}_1, \mathbf{E}_2, \ldots, \mathbf{E}_k$ mit $\mathbf{A} = \mathbf{E}_1 \cdot \mathbf{E}_2 \cdot \ldots \cdot \mathbf{E}_k$. Nach Satz 5.6b) ist $\det(\mathbf{A}) = \det(\mathbf{E}_1) \cdot \det(\mathbf{E}_2) \cdot \ldots \cdot \det(\mathbf{E}_{k-1}) \cdot \det(\mathbf{E}_k) \neq 0$, da für alle $j = 1, \ldots, k$ stets $\det(\mathbf{E}_j) \neq 0$ gilt.

b) Wenn $\mathbf{A}$ singulär ist, dann ist auch $\mathbf{A}^T$ singulär und es gilt $\det(\mathbf{A}) = \det(\mathbf{A}^T) = 0$. Wenn $\mathbf{A}$ regulär ist, so existieren Elementarmatrizen $\mathbf{E}_1, \mathbf{E}_2, \ldots, \mathbf{E}_k$ mit $\mathbf{A} = \mathbf{E}_1 \cdot \mathbf{E}_2 \cdot \ldots \cdot \mathbf{E}_k$. Es gilt $\mathbf{A}^T = (\mathbf{E}_1 \cdot \mathbf{E}_2 \cdot \ldots \cdot \mathbf{E}_k)^T = \mathbf{E}_k^T \cdot \ldots \cdot \mathbf{E}_2^T \cdot \mathbf{E}_1^T$. Die Transponierte $\mathbf{E}^T$ einer Elementarmatrix $\mathbf{E}$ ist stets eine Elementarmatrix und es gilt $\det(\mathbf{E}) = \det(\mathbf{E}^T)$, wie man ohne große Mühe einsehen kann. Es gilt also

$$\begin{aligned}\det(\mathbf{A}) &= \det(\mathbf{E}_1 \cdot \mathbf{E}_2 \cdot \ldots \cdot \mathbf{E}_k)\\ &= \det(\mathbf{E}_1) \cdot \det(\mathbf{E}_2) \cdot \ldots \cdot \det(\mathbf{E}_{k-1}) \cdot \det(\mathbf{E}_k)\\ &= \det(\mathbf{E}_k) \cdot \det(\mathbf{E}_{k-1}) \cdot \ldots \cdot \det(\mathbf{E}_2) \cdot \det(\mathbf{E}_1)\\ &= \det(\mathbf{E}_k^T) \cdot \det(\mathbf{E}_{k-1}^T) \cdot \ldots \cdot \det(\mathbf{E}_2^T) \cdot \det(\mathbf{E}_1^T)\\ &= \det(\mathbf{E}_k^T \cdot \mathbf{E}_{k-1}^T \cdot \ldots \cdot \mathbf{E}_1^T) = \det(\mathbf{A}^T). \end{aligned}$$ △

Satz 5.8:

a) Sind $\mathbf{A}, \mathbf{B}$ zwei (n,n)-Matrizen, so gilt

$$\det(\mathbf{A} \cdot \mathbf{B}) = \det(\mathbf{A}) \cdot \det(\mathbf{B}).$$

b) Ist $\mathbf{A}$ eine reguläre (n,n)-Matrix, dann gilt

$$\det(\mathbf{A}^{-1}) = (\det(\mathbf{A}))^{-1}.$$

Beweis: a) Ist eine der Matrizen $\mathbf{A}, \mathbf{B}$ singulär, d.h. $\det(\mathbf{A}) = 0$ oder $\det(\mathbf{B}) = 0$, dann ist auch die Matrix $\mathbf{A} \cdot \mathbf{B}$ singulär und es gilt $0 = \det(\mathbf{A} \cdot \mathbf{B}) = \det(\mathbf{A}) \cdot \det(\mathbf{B})$. Sind beide Matrizen $\mathbf{A}, \mathbf{B}$ regulär, so existieren Elementarmatrizen $\mathbf{E}_1, \mathbf{E}_2, \ldots, \mathbf{E}_k$ bzw. $\mathbf{E}'_1, \mathbf{E}'_2, \ldots, \mathbf{E}'_j$ mit $\mathbf{A} = \mathbf{E}_1 \cdot \mathbf{E}_2 \cdot \ldots \cdot \mathbf{E}_k$ bzw. $\mathbf{B} = \mathbf{E}'_1 \cdot \mathbf{E}'_2 \cdot \ldots \cdot \mathbf{E}'_j$. Nach dem Satz 5.6b) gilt

$$\begin{aligned}\det(\mathbf{A} \cdot \mathbf{B}) &= \det(\mathbf{E}_1 \cdot \mathbf{E}_2 \cdot \ldots \cdot \mathbf{E}_k \cdot \mathbf{E}'_1 \cdot \mathbf{E}'_2 \cdot \ldots \cdot \mathbf{E}'_j)\\ &= \det(\mathbf{E}_1 \cdot \mathbf{E}_2 \cdot \ldots \cdot \mathbf{E}_k) \cdot \det(\mathbf{E}'_1 \cdot \mathbf{E}'_2 \cdot \ldots \cdot \mathbf{E}'_j) = \det(\mathbf{A}) \cdot \det(\mathbf{B}).\end{aligned}$$

b) Diese Behauptung folgt aus der Identität

$$\det(\mathbf{A}) \cdot \det(\mathbf{A}^{-1}) = \det(\mathbf{A} \cdot \mathbf{A}^{-1}) = \det(\mathbf{I}_n) = 1.$$ △

Aus der Aussage b) des Satzes 5.7 folgt insbesondere, daß alle Aussagen, die für die Spaltenoperationen gelten, wörtlich auch für die Zeilenoperationen übernommen werden können. Wir fassen nun die wichtigsten Rechenregeln der Determinantenrechnung zusammen.

Satz 5.9: (Regeln der Determinantenrechnung)
Sei **A** eine (n,n)-Matrix. Es gilt:

a) Besteht eine Spalte (Zeile) von **A** sämtlich aus Nullen, so ist $\det(\mathbf{A}) = 0$.
b) Ist **A**′ diejenige Matrix, die sich aus **A** durch die Vertauschung zweier Spalten (Zeilen) untereinander ergibt, so gilt $\det(\mathbf{A}') = -\det(\mathbf{A})$.
c) Ist eine Spalte (Zeile) von **A** eine Linearkombination der übrigen Spalten (Zeilen), so ist $\det(\mathbf{A}) = 0$.
d) Ist **A**′ diejenige Matrix, die sich aus **A** durch die Addition eines Vielfachen der i-ten Spalte (Zeile) zu der j-ten Spalte (Zeile) ($i \neq j$!) ergibt, dann ist $\det(\mathbf{A}') = \det(\mathbf{A})$.
e) Ist **A**′ diejenige Matrix, die sich aus **A** durch die Multiplikation einer Spalte (Zeile) mit einer Konstanten $\beta \in \mathbb{R}$ ergibt, dann ist $\det(\mathbf{A}') = \beta \cdot \det(\mathbf{A})$.

Eine Möglichkeit, die Determinante einer Matrix **A** zu berechnen, besteht darin, die Matrix **A** durch elementare Zeilen- und Spaltenumformungen in eine Matrix **B** zu überführen, die eine obere bzw. untere Dreiecksgestalt, hat; dabei sind die im Satz 5.9 aufgeführten Rechenregeln zu beachten. Wir können bei der Überführung der Matrix **A** in die Matrix **B** wie bei dem Gaußschen Eliminationsalgorithmus vorgehen. Das wird jetzt an einem Beispiel demonstriert.

Beispiel 5:

$$\begin{vmatrix} 3 & 6 & 3 \\ 3 & 6 & 0 \\ -1 & -3 & 1 \end{vmatrix} = \qquad (z_2 := z_2 - z_1 \quad \text{und} \quad z_3 := z_3 + \tfrac{1}{3} \cdot z_1)$$

$$= \begin{vmatrix} 3 & 6 & 3 \\ 0 & 0 & -3 \\ 0 & -1 & 2 \end{vmatrix} = \qquad (z_2 \leftrightarrow z_3)$$

$$= - \begin{vmatrix} 3 & 6 & 3 \\ 0 & -1 & 2 \\ 0 & 0 & -3 \end{vmatrix} = -(3 \cdot (-1) \cdot (-3)) = -9$$

Die Matrix hat nach der zweiten Umformung die obere Dreiecksform, die gesuchte Determinante ist also das Produkt der Hauptdiagonalelemente. △

Eine andere Möglichkeit die Determinante einer Matrix **A** der Ordnung n zu berechnen ist, durch elementare Matrixumformungen in einer Spalte (Zeile) alle Elemente bis auf eines Null werden zu lassen. Dann entwickelt man diese Matrix nach der betreffenden Spalte (Zeile). Die Rechnung reduziert sich damit auf die Berechnung der Determinante einer $(n-1, n-1)$-Matrix. Ist man bei einer (3,3)- oder (2,2)-Matrix angelangt, benutzt man die bereits bekannten Rechenschemen.

Beispiel 6:

$$\begin{vmatrix} -3 & 2 & 15 & 3 \\ 0 & 3 & 0 & 2 \\ 1 & 5 & 0 & 1 \\ -1 & -1 & 1 & 0 \end{vmatrix} \qquad (z_1 := z_1 - 15 \cdot z_4)$$

$$= \begin{vmatrix} 12 & 17 & 0 & 3 \\ 0 & 3 & 0 & 2 \\ 1 & 5 & 0 & 1 \\ -1 & -1 & 1 & 0 \end{vmatrix} \qquad \text{(Entwicklung nach der 3. Spalte)}$$

$$= (-1)^{4+3} \cdot \begin{vmatrix} 12 & 17 & 3 \\ 0 & 3 & 2 \\ 1 & 5 & 1 \end{vmatrix} \qquad (z_1 := z_1 - 12 \cdot z_3)$$

$$= - \begin{vmatrix} 0 & -43 & -9 \\ 0 & 3 & 2 \\ 1 & 5 & 1 \end{vmatrix} \qquad \text{(Entwicklung nach der 1. Spalte)}$$

$$= -(-1)^{3+1} \cdot \begin{vmatrix} -43 & -9 \\ 3 & 2 \end{vmatrix} = -((-43) \cdot 2 - (-9) \cdot 3)$$

$$= -(-86 + 27) = 59.$$

△

§ 5.3 Die Cramersche Regel

Wir betrachten ein lineares Gleichungssystem

(1) $\qquad \mathbf{A} \cdot \mathbf{x} = \mathbf{b}$

mit einer **regulären** (n,n)-Matrix $\mathbf{A} = (\mathbf{a}_1, \ldots, \mathbf{a}_n)$, einem $\mathbf{b} \in \mathbb{R}^n$ und dem Vektor der Unbestimmten $\mathbf{x} = \begin{bmatrix} x_1 \\ x_2 \\ \vdots \\ x_n \end{bmatrix}$. Da die Matrix $\mathbf{A}$ regulär ist, besitzt das Gleichungssystem genau eine Lösung $\begin{bmatrix} \lambda_1 \\ \lambda_2 \\ \vdots \\ \lambda_n \end{bmatrix} = \mathbf{A}^{-1} \cdot \mathbf{b}$. Es sei $\mathbf{A}_k = (\mathbf{a}_1, \ldots, \mathbf{a}_{k-1}, \mathbf{b}, \mathbf{a}_{k+1}, \ldots, \mathbf{a}_n)$ für alle $k = 1, \ldots, n$ diejenige Matrix, die sich aus $\mathbf{A}$ durch Ersetzung der k-ten Spalte durch den Vektor $\mathbf{b}$ ergibt. Es gilt die

Cramersche Regel

$$\begin{bmatrix} \lambda_1 \\ \lambda_2 \\ \vdots \\ \lambda_n \end{bmatrix} = \frac{1}{\det(\mathbf{A})} \cdot \begin{bmatrix} \det(\mathbf{A}_1) \\ \det(\mathbf{A}_2) \\ \vdots \\ \det(\mathbf{A}_n) \end{bmatrix}.$$

Beweis: Für alle k = 1, …, n sei $\mathbf{L}_k$ diejenige Matrix, die aus der Einheitsmatrix $\mathbf{I}_n$ durch die Ersetzung der k-ten Spalte durch den Vektor $\begin{bmatrix} \lambda_1 \\ \lambda_2 \\ \vdots \\ \lambda_n \end{bmatrix}$ entsteht,

$$\mathbf{L}_k = \begin{bmatrix} 1 & 0 & 0 & \dots & \lambda_1 & \dots & 0 \\ 0 & 1 & 0 & \dots & \lambda_2 & \dots & 0 \\ \dots & \dots & \dots & \dots & \dots & \dots & \dots \\ 0 & 0 & 0 & \dots & \lambda_k & \dots & 0 \\ \dots & \dots & \dots & \dots & \dots & \dots & \dots \\ 0 & 0 & 0 & \dots & \lambda_n & \dots & 1 \end{bmatrix}.$$

Es gilt offensichtlich $\mathbf{A}_k = \mathbf{A} \cdot \mathbf{L}_k$ und $\det(\mathbf{L}_k) = \lambda_k$ (Entwicklung von $\det(\mathbf{L}_k)$ nach der k-ten Zeile!). Wir erhalten für alle k = 1, …, n:

$$\begin{aligned} \lambda_k &= \det(\mathbf{L}_k) = \det((\mathbf{A}^{-1} \cdot \mathbf{A}) \cdot \mathbf{L}_k)) = \det(\mathbf{A}^{-1}(\mathbf{A} \cdot \mathbf{L}_k)) \\ &= \det(\mathbf{A}^{-1}) \cdot \det(\mathbf{A} \cdot \mathbf{L}_k) = (\det(\mathbf{A}))^{-1} \cdot \det(\mathbf{A}_k). \end{aligned}$$

△

Man sieht leicht ein, daß der Rechenaufwand für die Berechnung der Lösung des linearen Gleichungssystems (1) bei größeren Matrizen **A** erheblich ist, in solchen Fällen ist der Gaußsche Eliminationsalgorithmus sicher die bequemere und schnellere Methode. Man beachte dabei auch, daß die Cramersche Regel nur in dem Fall, daß die Matrix **A** quadratisch und regulär ist, eingesetzt werden kann.

Beispiel 7: Wir lösen das lineare Gleichungssystem

$$\begin{bmatrix} 1 & 1 \\ 1 & -1 \end{bmatrix} \cdot \begin{bmatrix} x_1 \\ x_2 \end{bmatrix} = \begin{bmatrix} 8 \\ 3 \end{bmatrix}.$$

Es ist hier $\mathbf{A} = \begin{bmatrix} 1 & 1 \\ 1 & -1 \end{bmatrix}$, $\mathbf{b} = \begin{bmatrix} 8 \\ 3 \end{bmatrix}$, $\mathbf{A}_1 = \begin{bmatrix} 8 & 1 \\ 3 & -1 \end{bmatrix}$ und $\mathbf{A}_2 = \begin{bmatrix} 1 & 8 \\ 1 & 3 \end{bmatrix}$. Es gilt $\det(\mathbf{A}) = -2$ (die Matrix **A** ist also regulär), $\det(\mathbf{A}_1) = -11$ und $\det(\mathbf{A}_2) = -5$. Wir erhalten

$$\begin{bmatrix} \lambda_1 \\ \lambda_2 \end{bmatrix} = \frac{1}{\det(\mathbf{A})} \cdot \begin{bmatrix} \det(\mathbf{A}_1) \\ \det(\mathbf{A}_2) \end{bmatrix} = \frac{1}{(-2)} \cdot \begin{bmatrix} -11 \\ -5 \end{bmatrix} = \begin{bmatrix} 11/2 \\ 5/2 \end{bmatrix}.$$

△

Die Cramersche Regel läßt sich auch zur Bestimmung der zu einer regulären (n,n)-Matrix $\mathbf{A} = (\mathbf{a}_1, \dots, \mathbf{a}_n)$ inversen Matrix $\mathbf{A}^{-1} = (\mathbf{b}_1, \dots, \mathbf{b}_n)$ anwenden. Um die k-te Spalte $\mathbf{b}_k$ von $\mathbf{A}^{-1}$ zu ermitteln, löst man das lineare Gleichungssystem $\mathbf{A} \cdot \mathbf{b}_k = \mathbf{e}_k$, wobei $\mathbf{e}_k$ der k-te Vektor der kanonischen Basis von $\mathbb{R}^n$ ist. Wir entwickeln nun für alle j = 1, …, n die Determinante derjenigen Matrix $\mathbf{A}_j$, die sich durch die Ersetzung der j-ten Spalte von **A** durch den Vektor $\mathbf{e}_k$ ergab, nach dieser (neuen) Spalte:

$$\det(\mathbf{A}_j) = \begin{bmatrix} a_{1,1} \dots a_{1,j-1} & 0 & a_{1,j+1} \dots a_{1,n} \\ a_{2,1} \dots a_{2,j-1} & 0 & a_{2,j+1} \dots a_{2,n} \\ \dots & \dots & \dots \\ a_{k,1} \dots a_{k,j-1} & 1 & a_{k,j+1} \dots a_{k,n} \\ \dots & \dots & \dots \\ a_{n,1} \dots a_{n,j-1} & 0 & a_{n,j+1} \dots a_{n,n} \end{bmatrix} = (-1)^{k+j} \det(\mathbf{A}_{kj}),$$

← k-te Zeile

↑ j-te Spalte

wobei $\mathbf{A}_{kj}$ die Streichungsmatrix ist. Es ist also nach der Cramerschen Regel:

$$\mathbf{b}_k = \begin{bmatrix} b_{1k} \\ b_{2k} \\ \vdots \\ b_{nk} \end{bmatrix} = \frac{1}{\det(\mathbf{A})} \cdot \begin{bmatrix} (-1)^{1+k}\det(\mathbf{A}_{k1}) \\ (-1)^{2+k}\det(\mathbf{A}_{k2}) \\ \dots\dots\dots\dots \\ (-1)^{n+k}\det(\mathbf{A}_{kn}) \end{bmatrix}$$

Das Ergebnis kann man nun im folgenden Satz zusammenfassen.

Satz 5.10: (Cramersche Regel für die inversen Matrizen)
Es sei $\mathbf{A} = (a_{ij})$ eine reguläre (n,n)-Matrix und $\mathbf{A}^{-1} = (b_{ij})$ die zu der Matrix **A** inverse Matrix. Für alle i, j mit $1 \leqq i, j \leqq n$ gilt:

$$b_{ij} = \frac{(-1)^{j+i}\det(\mathbf{A}_{ji})}{\det(\mathbf{A})}$$

Bevor das Ergebnis an einem Beispiel erläutert wird, ist es auf die Reihenfolge der Indizes i und j in der obigen Formel aufmerksam zu machen. So berechnet sich z. B. der Koeffizient b_{12}, das ist der Koeffizient, der sich in der **ersten Zeile** und der **zweiten Spalte** der Matrix $\mathbf{A}^{-1}$ befindet, aus der Streichungsmatrix $\mathbf{A}_{21}$ von **A**, das ist diejenige Matrix, die sich aus der Matrix **A** durch die Streichung der **zweiten Zeile** und der **ersten Spalte** ergibt.

Beispiel 8: Sei $\mathbf{A} = \begin{bmatrix} 1 & 2 \\ 3 & 4 \end{bmatrix}$, es ist

$$\mathbf{A}^{-1} = (\det(\mathbf{A}))^{-1} \cdot \begin{bmatrix} (-1)^{1+1}\det(\mathbf{A}_{11}) & (-1)^{2+1}\det(\mathbf{A}_{21}) \\ (-1)^{1+2}\det(\mathbf{A}_{12}) & (-1)^{2+2}\det(\mathbf{A}_{22}) \end{bmatrix}$$

$$= \frac{1}{-2} \cdot \begin{bmatrix} 4 & (-1)\cdot 2 \\ (-1)\cdot 3 & 1 \end{bmatrix} = \begin{bmatrix} -2 & 1 \\ \frac{3}{2} & -\frac{1}{2} \end{bmatrix} \qquad \triangle$$

An dieser Stelle muß wieder vermerkt werden, daß die Cramersche Regel für die Berechnung der inversen Matrizen für die Rechnungen mit Matrizen höherer Ordnungen sehr aufwendig ist. Die Methode, die im § 4.3 vorgestellt wurde, ist der Cramerschen Regel vorzuziehen.

II.6 Eigenwerte, Eigenvektoren, quadratische Formen

§ 6.1 Eigenwerte, Eigenvektoren

Zur Lösung zahlreicher Probleme in der Anwendung der linearen Algebra ist es oft notwendig, Gleichungen der Form

(1) $\quad \mathbf{A} \cdot \mathbf{x} = \lambda \cdot \mathbf{x}$

mit einer (n,n)-Matrix **A** und den Unbestimmten $\mathbf{x} \in \mathbb{R}^n$, $\lambda \in \mathbb{R}$ zu lösen. Eine Gleichung der Form (1) ist kein lineares Gleichungssystem, die bisher behandelten Methoden lassen sich in diesem Fall zuerst nicht anwenden.

Definition: (Eigenwerte, Eigenvektoren)
Es sei V ein Vektorraum und φ: V → V eine lineare Abbildung. Ein $\lambda \in \mathbb{R}$ heißt **Eigenwert von φ**, wenn es einen Vektor $a \in V$, $a \neq O_V$, mit $\varphi(a) = \lambda \cdot a$ gibt. Ist $\lambda \in \mathbb{R}$ ein Eigenwert von φ, dann heißen alle Vektoren $a \in V$, $a \neq O_V$, mit $\varphi(a) = \lambda \cdot a$ **Eigenvektoren von φ (zum Eigenwert λ)**.

Man beachte, daß die Eigenvektoren einer linearen Abbildung φ: V → V immer ungleich dem Nullvektor O_V vorausgesetzt werden. Es gilt für alle $\lambda \in \mathbb{R}$ stets $\varphi(O_V) = O_V = \lambda \cdot O_V$; das ist eine triviale Aussage. Ein Vektor $a \in V$, $a \neq O_V$, ist also genau dann ein Eigenvektor von φ, wenn $\varphi(a) \in \langle a \rangle = \{\mu a \mid \mu \in \mathbb{R}\}$.

Jede (n,n)-Matrix definiert durch $\mathbf{x} \mapsto \mathbf{A} \cdot \mathbf{x}$ eine lineare Abbildung $\varphi_\mathbf{A}$: $\mathbb{R}^n \to \mathbb{R}^n$. Umgekehrt gibt es zu jeder linearen Abbildung ψ: $\mathbb{R}^n \to \mathbb{R}^n$ genau eine Matrix $\mathbf{A}_\psi$ mit $\psi(\mathbf{x}) = \mathbf{A}_\psi \cdot \mathbf{x}$ für alle $\mathbf{x} \in \mathbb{R}^n$. Wir definieren nun sinngemäß die **Eigenwerte** bzw. **Eigenvektoren einer (n,n)-Matrix A** als die Eigenwerte bzw. Eigenvektoren der durch die die Matrix **A** gegebenen linearen Abbildung $\varphi_\mathbf{A}$: $\mathbb{R}^n \to \mathbb{R}^n$, $\mathbf{x} \mapsto \mathbf{A} \cdot \mathbf{x}$.

Definition: (Eigenwerte, Eigenvektoren einer Matrix)
Es sei **A** eine (n,n)-Matrix. Ein $\lambda \in \mathbb{R}$ heißt **Eigenwert von A**, wenn es einen Vektor $\mathbf{a} \in \mathbb{R}^n$, $\mathbf{a} \neq \mathbf{0}$, mit $\mathbf{A} \cdot \mathbf{a} = \lambda \cdot \mathbf{a}$ gibt. Ist $\lambda \in \mathbb{R}$ ein Eigenwert von **A**, dann heißen alle Vektoren $\mathbf{a} \in \mathbb{R}^n$, $\mathbf{a} \neq \mathbf{0}$, mit $\mathbf{A} \cdot \mathbf{a} = \lambda \cdot \mathbf{a}$ **Eigenvektoren von A (zum Eigenwert λ)**.

Beispiel 1: Die Matrix $\mathbf{A} = \begin{bmatrix} 1 & 0 \\ 0 & 3 \end{bmatrix}$ hat zwei Eigenwerte $\lambda_1 = 1$ und $\lambda_2 = 3$. Der Vektor $\mathbf{e}_1 = \begin{bmatrix} 1 \\ 0 \end{bmatrix}$ ist ein Eigenvektor zum Eigenwert $\lambda_1 = 1$, der Vektor $\mathbf{e}_2 = \begin{bmatrix} 0 \\ 1 \end{bmatrix}$ ist ein Eigenvektor zum Eigenwert $\lambda_2 = 3$. (Wir werden später zeigen, daß **A** tatsächlich nur die zwei Eigenwerte 1 und 3 besitzt.) △

Wie leicht nachzurechnen ist, sind im obigen Beispiel die Vektoren $\begin{bmatrix} 1 \\ 0 \end{bmatrix}, \begin{bmatrix} -1 \\ 0 \end{bmatrix}, \begin{bmatrix} 15 \\ 0 \end{bmatrix}$ paarweise verschiedene Eigenvektoren von **A** zum Eigenwert $\lambda_1 = 1$; zu jedem Eigenwert können also mehrere Eigenvektoren gehören.

Definition: (Eigenräume)
Es sei **A** eine (n,n)-Matrix und $\lambda \in \mathbb{R}$ ein Eigenwert von **A**. Der **Eigenraum** $E_\mathbf{A}(\lambda)$ **von A** zum Eigenwert λ wird definiert als

$$E_\mathbf{A}(\lambda) = \{\mathbf{x} \in \mathbb{R}^n \mid \mathbf{A} \cdot \mathbf{x} = \lambda \mathbf{x}\}.$$

Der Eigenraum $E_\mathbf{A}(\lambda)$ ist ein wenigstens eindimensionaler Teilraum von $\mathbb{R}^n$. Die Gleichung $\mathbf{A} \cdot \mathbf{x} = \lambda \mathbf{x}$ ist nämlich identisch mit der Gleichung

(2) $$(\mathbf{A} - \lambda \cdot \mathbf{I}_n) \cdot \mathbf{x} = \mathbf{0}$$

Damit ist $E_\mathbf{A}(\lambda)$ für jeden Eigenwert λ von **A** der Kern der linearen Abbildung φ: $\mathbb{R}^n \to \mathbb{R}^n$, $\mathbf{x} \mapsto (\mathbf{A} - \lambda \cdot \mathbf{I}_n) \cdot \mathbf{x}$ und $\dim(E_\mathbf{A}(\lambda)) \geqq 1$, da es definitionsgemäß einen

Eigenvektor $\mathbf{a} \neq \mathbf{0}$ zum Eigenwert λ gibt. Der Eigenraum $E_{\mathbf{A}}(\lambda)$ besteht aus allen Eigenvektoren von $\mathbf{A}$ zum Eigenwert λ **und** dem Nullvektor $\mathbf{0}$.

Satz 6.1:

Es seien $\mathbf{a}_1, \ldots, \mathbf{a}_k \in \mathbb{R}^n$ Eigenvektoren zu paarweise verschiedenen Eigenwerten $\lambda_1, \ldots, \lambda_k \in \mathbb{R}$ einer (n,n)-Matrix $\mathbf{A}$, d.h. $\mathbf{a}_i \neq \mathbf{0}$ und $\mathbf{A} \cdot \mathbf{a}_i = \lambda_i \mathbf{a}_i$ für alle $i = 1, \ldots, k$. Dann sind die Vektoren $\mathbf{a}_1, \ldots, \mathbf{a}_k$ linear unabhängig.

Der Beweis des Satzes 6.1 kann z.B. in [AR] nachgeschlagen werden.

Aus dem Satz 6.1 läßt sich sofort folgern, daß eine (n,n)-Matrix A höchstens n verschiedene Eigenwerte haben kann, da in $\mathbb{R}^n$ höchstens n Vektoren linear unabhängig sein können. Die Eigenwerte $\lambda_1 = 1$ und $\lambda_2 = 3$ im sind also die sämtlichen Eigenwerte der Matrix $\mathbf{A}$ aus dem Beispiel 1.

Es stellt sich die Frage, wie man **alle** Eigenwerte einer (n,n)-Matrix $\mathbf{A}$ bestimmen kann. Sind die Eigenwerte bekannt, so ist die Berechnung der entsprechenden Eigenräume leicht; man löst für jeden Eigenwert λ von $\mathbf{A}$ das lineare Gleichungssystem $(\mathbf{A} - \lambda \cdot \mathbf{I}_n) \cdot \mathbf{x} = \mathbf{0}$. Die Lösungsmenge ist dann mit dem gesuchten Eigenraum identisch. Zur Bestimmung der Eigenwerte der Matrix $\mathbf{A}$ betrachtet man weiterhin die Gleichung

(3) $$(\mathbf{A} - \lambda \cdot \mathbf{I}_n) \cdot \mathbf{x} = \mathbf{0}.$$

Ein $\lambda \in \mathbb{R}$ ist nach der Definition genau dann ein Eigenwert von $\mathbf{A}$, wenn die Gleichung (3) eine nichttriviale Lösung besitzt. Dies ist aber genau der Fall wenn die (n,n)-Matrix $(\mathbf{A} - \lambda \cdot \mathbf{I}_n)$ nichtregulär ist. Wir erhalten den folgenden wichtigen Satz.

Satz 6.2:

Es sei $\mathbf{A}$ eine (n,n)-Matrix und $\lambda \in \mathbb{R}$. Folgende Aussagen sind äquivalent:

a) λ ist ein Eigenwert von A.

b) Die Matrix $\mathbf{A} - \lambda \cdot \mathbf{I}_n$ ist nicht regulär.

c) $\det(\mathbf{A} - \lambda \cdot \mathbf{I}_n) = 0$.

Die Äquivalenz der Aussagen b) und c) folgt aus dem Satz 5.7a).

Für jede (n,n)-Matrix $\mathbf{A}$ ist die Abbildung $\chi_{\mathbf{A}}: \mathbb{R} \to \mathbb{R}, \lambda \mapsto \det(\mathbf{A} - \lambda \cdot \mathbf{I}_n)$, ein Polynom. Aus der Definition der Abbildung $\chi_{\mathbf{A}}$ läßt sich nämlich folgern, daß es gewisse $a_0, a_1, \ldots, a_n \in \mathbb{R}$ mit

(4) $$\chi_{\mathbf{A}}(\lambda) = a_n \lambda^n + a_{n-1} \lambda^{n-1} + \ldots + a_1 \lambda + a_0$$

für alle $\lambda \in \mathbb{R}$ gibt. Für gerade n ist $a_n = 1$, für ungerade n ist $a_n = -1$. Wir nennen das Polynom $\chi_{\mathbf{A}}$ das **charakteristische Polynom von A**. (Zur Definition des Begriffs Polynom siehe S. 175).

Satz 6.3:
Es sei **A** eine (n,n)-Matrix. Ein $\lambda \in \mathbb{R}$ ist genau dann ein Eigenwert der Matrix **A**, wenn $\chi_{\mathbf{A}}(\lambda) = 0$ ist.

Der Satz 6.3 ist eine Folgerung des Satzes 6.2.

Beispiel 2: Es sei $\mathbf{A} = \begin{bmatrix} 2 & 0 & 1 \\ 0 & 3 & 1 \\ 0 & 6 & 2 \end{bmatrix}$. Wir berechnen das charakteristische Polynom der Matrix **A**. Es ist

$$\begin{aligned} \chi_{\mathbf{A}}(\lambda) &= \det(\mathbf{A} - \lambda \cdot \mathbf{I}_3) \\ &= \left| \begin{bmatrix} 2 & 0 & 1 \\ 0 & 3 & 1 \\ 0 & 6 & 2 \end{bmatrix} - \begin{bmatrix} -\lambda & 0 & 0 \\ 0 & -\lambda & 0 \\ 0 & 0 & -\lambda \end{bmatrix} \right| \\ &= \begin{vmatrix} (2-\lambda) & 0 & 1 \\ 0 & (3-\lambda) & 1 \\ 0 & 6 & (2-\lambda) \end{vmatrix}. \end{aligned}$$

Die Entwicklung der Determinante auf der rechten Seite nach der ersten Spalte liefert

$$\begin{aligned} \chi_{\mathbf{A}}(\lambda) &= (2-\lambda) \cdot \begin{vmatrix} (3-\lambda) & 1 \\ 6 & (2-\lambda) \end{vmatrix} = (2-\lambda)\,((3-\lambda)\cdot(2-\lambda) - 1 \cdot 6) \\ &= -(\lambda - 2)\cdot(\lambda^2 - 5\lambda) = -(\lambda-2)\cdot\lambda\cdot(\lambda-5). \end{aligned}$$

Es gilt $\chi_{\mathbf{A}}(\lambda) = 0$ genau dann, wenn $\lambda - 2 = 0$, $\lambda = 0$ oder $\lambda - 5 = 0$ ist. Die sämtlichen Eigenwerte der Matrix **A** sind also $\lambda_1 = 2$, $\lambda_2 = 0$ und $\lambda_3 = 5$. Der Eigenraum $E_{\mathbf{A}}(2)$ des Eigenwertes $\lambda_1 = 2$ ist mit der Lösungsmenge des linearen Gleichungssystems

$$(\mathbf{A} - 2 \cdot \mathbf{I}_3) \cdot \begin{bmatrix} x_1 \\ x_2 \\ x_3 \end{bmatrix} = \begin{bmatrix} (2-2) & 0 & 1 \\ 0 & (3-2) & 1 \\ 0 & 6 & (2-2) \end{bmatrix} \cdot \begin{bmatrix} x_1 \\ x_2 \\ x_3 \end{bmatrix} = \begin{bmatrix} 0 \\ 0 \\ 0 \end{bmatrix}.$$

Der Gaußsche Eliminationsalgorithmus liefert die Lösung:

$$\begin{bmatrix} 0 & 0 & 1 & 0 \\ 0 & 1 & 1 & 0 \\ 0 & 6 & 0 & 0 \end{bmatrix} \to \begin{bmatrix} 0 & 1 & 1 & 0 \\ 0 & 0 & 1 & 0 \\ 0 & 6 & 0 & 0 \end{bmatrix} \to$$

$$\to \begin{bmatrix} 0 & 1 & 1 & 0 \\ 0 & 0 & 1 & 0 \\ 0 & 0 & -6 & 0 \end{bmatrix} \to \begin{bmatrix} 0 & 1 & 1 & 0 \\ 0 & 0 & 1 & 0 \end{bmatrix} \to \begin{bmatrix} 0 & 1 & 0 & 0 \\ 0 & 0 & 1 & 0 \end{bmatrix}.$$

Damit ist $E_{\mathbf{A}}(2) = \left\{ \begin{bmatrix} \alpha \\ 0 \\ 0 \end{bmatrix} \middle| \alpha \in \mathbb{R} \right\} = \left\langle \begin{bmatrix} 1 \\ 0 \\ 0 \end{bmatrix} \right\rangle$.

Mit entsprechenden Ansätzen für $\lambda_2 = 0$ und $\lambda_3 = 5$ erhält man

$$E_{\mathbf{A}}(0) = \left\langle \begin{bmatrix} -1/2 \\ -1/3 \\ 1 \end{bmatrix} \right\rangle \quad \text{und} \quad E_{\mathbf{A}}(5) = \left\langle \begin{bmatrix} 1/3 \\ 1/2 \\ 1 \end{bmatrix} \right\rangle. \qquad \triangle$$

§ 6.2 Quadratische Formen

In der Analysis, insbesondere bei der Lösung der Extremwertaufgaben, werden die sog. quadratischen Formen häufig benötigt.

Definition: (Quadratische Form)
Es sei **A** eine symmetrische Matrix der Ordnung n. Die Abbildung $q_{\mathbf{A}}: \mathbb{R}^n \to \mathbb{R}$, $\mathbf{x} \mapsto \mathbf{x}^T \cdot \mathbf{A} \cdot \mathbf{x}$ heißt **(die durch die Matrix A bestimmte) quadratische Form**.

Beispiel 3: Mit $\mathbf{A} = \begin{bmatrix} 1 & -1 \\ -1 & 2 \end{bmatrix}$ ist

$$q_{\mathbf{A}}: \mathbb{R}^2 \to \mathbb{R}, \quad \begin{bmatrix} x_1 \\ x_2 \end{bmatrix} \mapsto (x_1, x_2) \cdot \begin{bmatrix} 1 & -1 \\ -1 & 2 \end{bmatrix} \cdot \begin{bmatrix} x_1 \\ x_2 \end{bmatrix} = x_1^2 + 2x_2^2 - 2x_1 x_2 . \qquad \triangle$$

Ist $\mathbf{A} = (a_{ij})$ eine symmetrische Matrix der Ordnung n, dann ist, wie leicht nachzurechnen ist,

$$q_{\mathbf{A}}\left(\begin{bmatrix} x_1 \\ x_2 \\ \vdots \\ x_n \end{bmatrix}\right) = (x_1, x_2, \ldots, x_n) \cdot \mathbf{A} \cdot \begin{bmatrix} x_1 \\ x_2 \\ \vdots \\ x_n \end{bmatrix} = \sum_{i=1}^{n} a_{ii} x_i^2 + 2 \cdot \sum_{i=1}^{n} \sum_{j=i+1}^{n} a_{ij} x_i x_j .$$

Definition:
Es sei **A** eine symmetrische Matrix der Ordnung n und $q_{\mathbf{A}}$ die durch die Matrix **A** gegebene quadratische Form. Die Matrix **A** heißt
positiv definit, wenn für alle $\mathbf{x} \in \mathbb{R}^n$, $\mathbf{x} \neq \mathbf{0}$, stets $q_{\mathbf{A}}(\mathbf{x}) > 0$ gilt,
negativ definit, wenn für alle $\mathbf{x} \in \mathbb{R}^n$, $\mathbf{x} \neq \mathbf{0}$, stets $q_{\mathbf{A}}(\mathbf{x}) < 0$ gilt,
positiv semidefinit, wenn für alle $\mathbf{x} \in \mathbb{R}^n$ stets $q_{\mathbf{A}}(\mathbf{x}) \geqq 0$ gilt,
negativ semidefinit, wenn für alle $\mathbf{x} \in \mathbb{R}^n$ stets $q_{\mathbf{A}}(\mathbf{x}) \leqq 0$ gilt.
In allen anderen Fällen heißt die Matrix **A indefinit**.

Aus der Definition folgt insbesondere, daß jede positiv definite bzw. negativ definite Matrix positiv semidefinit bzw. negativ semidefinit ist. Eine symmetrische Matrix **A** der Ordnung n ist genau dann indefinit, wenn es $\mathbf{x}_1, \mathbf{x}_2 \in \mathbb{R}^n$ mit $q_{\mathbf{A}}(\mathbf{x}_1) > 0$ und $q_{\mathbf{A}}(\mathbf{x}_2) < 0$ gibt.

Satz 6.4:
Es sei **A** symmetrische Matrix der Ordnung n. Es gilt:
a) **A** ist positiv definit $\Leftrightarrow$ $(-\mathbf{A})$ ist negativ definit.
b) **A** ist positiv semidefinit $\Leftrightarrow$ $(-\mathbf{A})$ ist negativ semidefinit.

Beweis: Beide Behauptungen folgen aus der Identität

$$q_{\mathbf{A}}(\mathbf{x}) = \mathbf{x}^T \cdot \mathbf{A} \cdot \mathbf{x} = \mathbf{x}^T \cdot (-(-\mathbf{A})) \cdot \mathbf{x} = -(\mathbf{x}^T \cdot (-\mathbf{A}) \cdot \mathbf{x}) = -q_{(-\mathbf{A})}(\mathbf{x}). \; \triangle$$

Beispiel 4: Die Matrix $\mathbf{A} = \begin{bmatrix} 1 & -1 \\ -1 & 2 \end{bmatrix}$ ist positiv semidefinit. Für alle $\begin{bmatrix} x_1 \\ x_1 \end{bmatrix} \in \mathbb{R}^2$ ist nämlich

$$q_{\mathbf{A}}\left(\begin{bmatrix} x_1 \\ x_2 \end{bmatrix}\right) = x_1^2 + 2x_2^2 - 2x_1x_2 = (x_1 - x_2)^2 + x_2^2 \geqq 0,$$

da $(x_1 - x_2)^2 \geqq 0$ und $x_2^2 \geqq 0$. Die Matrix **A** ist sogar positiv definit. Aus $q_{\mathbf{A}}\left(\begin{bmatrix} x_1 \\ x_2 \end{bmatrix}\right) = (x_1 - x_2)^2 + x_2^2 = 0$ folgt nämlich zuerst $(x_1 - x_2)^2 = 0$ und $x_2^2 = 0$, daraus folgt $x_1 - x_2 = 0$ und $x_2 = 0$ und schließlich $x_1 = x_2 = 0$. Die Matrix $(-\mathbf{A}) = \begin{bmatrix} -1 & 1 \\ 1 & -2 \end{bmatrix}$ ist nach dem Satz 6.4 negativ definit.

Die Matrix $\mathbf{B} = \begin{bmatrix} 1 & 3 \\ 3 & 9 \end{bmatrix}$ ist positiv semidefinit, für alle $\begin{bmatrix} x_1 \\ x_2 \end{bmatrix} \in \mathbb{R}^2$ ist nämlich

$$q_{\mathbf{B}}\left(\begin{bmatrix} x_1 \\ x_2 \end{bmatrix}\right) = (x_1, x_2) \cdot \begin{bmatrix} 1 & 3 \\ 3 & 9 \end{bmatrix} \cdot \begin{bmatrix} x_1 \\ x_2 \end{bmatrix} = x_1^2 + 9x_2^2 + 6x_1x_2 = (x_1 + 3x_2)^2 \geqq 0.$$

Die Matrix **B** ist aber nicht positiv definit, da z.B. $\begin{bmatrix} 3 \\ -1 \end{bmatrix} \neq \begin{bmatrix} 0 \\ 0 \end{bmatrix}$ ist, aber $q_{\mathbf{B}}\left(\begin{bmatrix} 3 \\ -1 \end{bmatrix}\right) = 0$ gilt. Die Matrix $(-\mathbf{B})$ ist negativ semidefinit aber nicht negativ definit.

Die Matrix $\mathbf{C} = \begin{bmatrix} 1 & 2 \\ 2 & 3 \end{bmatrix}$ ist wegen $q_{\mathbf{C}}\left(\begin{bmatrix} 2 \\ -1 \end{bmatrix}\right) = 2^2 + 3 \cdot (-1)^2 + 4 \cdot 2 \cdot (-1) = -1 < 0$ und $q_{\mathbf{C}}\left(\begin{bmatrix} 1 \\ 0 \end{bmatrix}\right) = 1^2 + 3 \cdot 0 + 4 \cdot 1 \cdot 0 = 1 > 0$ indefinit. △

Satz 6.5:
Es sei $\mathbf{A} = (a_{ij})$ eine symmetrische Matrix der Ordnung n. Es gilt:
a) Wenn **A** positiv definit ist, dann ist für alle $i = 1, \ldots, n$ stets $a_{ii} > 0$.
b) Wenn **A** negativ definit ist, dann ist für alle $i = 1, \ldots, n$ stets $a_{ii} < 0$.
c) Wenn **A** positiv semidefinit ist, dann ist für alle $i = 1, \ldots, n$ stets $a_{ii} \geqq 0$.
d) Wenn **A** negativ semidefinit ist, dann ist für alle $i = 1, \ldots, n$ stets $a_{ii} \leqq 0$.
e) Wenn es i, j mit $1 \leqq i, j \leqq n$ und $a_{ii} < 0$ und $a_{jj} > 0$ gibt, dann ist **A** indefinit.

Beweis: Alle Aussagen folgen aus der Tatsache, daß für alle Vektoren $\mathbf{e}_i$, $i = 1, \ldots, n$, der kanonischen Basis von $\mathbb{R}^n$ stets $q_{\mathbf{A}}(\mathbf{e}_i) = a_{ii}$ gilt. △

Die Aussagen a) bis d) des Satzes 6.5 stellen **notwendige**, aber nicht hinreichende Bedingungen dafür, daß die Matrix **A** positiv definit, negativ definit etc. ist. Die Matrix $\mathbf{C} = \begin{bmatrix} 1 & 2 \\ 2 & 3 \end{bmatrix}$ hat zwar nur positive Hauptdiagonalelemente, sie ist aber nach dem Beispiel 4 indefinit. Die Aussage e) stellt eine **hinreichende**, aber nicht notwendige Bedingung dafür dar, daß die Matrix **A** indefinit ist. Als Beispiel kann wieder die Matrix $\mathbf{C} = \begin{bmatrix} 1 & 2 \\ 2 & 3 \end{bmatrix}$ dienen.

Es gibt mehrere Verfahren, wie man feststellen kann, ob eine konkrete symmetrische Matrix positiv definit, negativ definit, usw. ist. Eine Möglichkeit besteht darin, daß man das charakteristische Polynom $\chi_{\mathbf{A}}$ der Matrix **A** berechnet und die sämtlichen Eigenwerte der Matrix **A** (das sind genau die Nullstellen des Polynoms $\chi_{\mathbf{A}}$) bestimmt. Es läßt sich zeigen, daß jede symmetrische Matrix wenigstens einen Eigenwert besitzt. Die Herleitung des nächsten Satzes ist umständlich, sie kann in jedem weiterführenden Lehrbuch der linearen Algebra (z. B. [ART]) nachgelesen werden.

Satz 6.6:
Es seien **A** eine symmetrische Matrix und $\lambda_1, \ldots, \lambda_k$ die sämtlichen Eigenwerte der Matrix **A**. Es gilt:

a) **A** ist genau dann positiv definit, wenn für alle $i = 1, \ldots, k$ stets $\lambda_i > 0$ gilt.
b) **A** ist genau dann negativ definit, wenn für alle $i = 1, \ldots, k$ stets $\lambda_i < 0$ gilt.
c) **A** ist genau dann positiv semidefinit, wenn für alle $i = 1, \ldots, k$ stets $\lambda_i \geqq 0$ gilt.
d) **A** ist genau dann negativ semidefinit, wenn für alle $i = 1, \ldots, k$ stets $\lambda_i \leqq 0$ gilt.
e) **A** ist genau dann indefinit, wenn es i, j mit $1 \leqq i, j \leqq k$ mit $\lambda_i > 0$ und $\lambda_j < 0$ gibt.

Im allgemeinen ist die Berechnung der Nullstellen des charakteristischen Polynoms einer Matrix der Ordnung $n \geqq 3$ problematisch, wir werden uns nach dem Beispiel mit einer brauchbareren Methode beschäftigen.

Beispiel 5: Es sei $\mathbf{A} = \begin{bmatrix} 1 & 2 \\ 2 & 1 \end{bmatrix}$. Es ist $\chi_{\mathbf{A}}(\lambda) = \begin{vmatrix} (1-\lambda) & 2 \\ 2 & (1-\lambda) \end{vmatrix} = (1-\lambda)^2 - 2^2$
$= \lambda^2 - 2\lambda + 1 - 4 = \lambda^2 - 2\lambda - 3 = (\lambda - 3)(\lambda + 1)$. Die Matrix **A** hat also die Eigenwerte $\lambda_1 = 3$ und $\lambda_2 = -1$. Nach dem Satz 6.6 ist sie also indefinit. △

Satz 6.7:
Es sei **A** eine symmetrische Matrix der Ordnung n und **B** eine reguläre Matrix der Ordnung n. Es gilt:

a) $\mathbf{B}^T \cdot \mathbf{A} \cdot \mathbf{B}$ ist symmetrisch.
b) Die Matrix **A** ist positiv definit, negativ definit, positiv semidefinit, negativ semidefinit bzw. indefinit genau dann, wenn die Matrix $\mathbf{B}^T \cdot \mathbf{A} \cdot \mathbf{B}$ positiv definit, negativ definit, positiv semidefinit, negativ semidefinit bzw. indefinit ist.

Beweis:

a) $(\mathbf{B}^T \cdot \mathbf{A} \cdot \mathbf{B})^T = \mathbf{B}^T \cdot \mathbf{A}^T \cdot (\mathbf{B}^T)^T = \mathbf{B}^T \cdot \mathbf{A}^T \cdot \mathbf{B} = \mathbf{B}^T \cdot \mathbf{A} \cdot \mathbf{B}$.

b) Da $\mathbf{B}$ regulär ist, so ist die lineare Abbildung $\varphi_{\mathbf{B}}: \mathbb{R}^n \to \mathbb{R}^n$, $\mathbf{x} \mapsto \mathbf{B} \cdot \mathbf{x}$ eine Bijektion. 1) Es sei $\mathbf{A}$ positiv definit. Für alle $\mathbf{x} \neq \mathbf{0}$ ist $\varphi_{\mathbf{B}}(\mathbf{x}) \neq 0$ und daher

$$0 < \varphi_{\mathbf{B}}(\mathbf{x})^T \cdot \mathbf{A} \cdot \varphi_{\mathbf{B}}(\mathbf{x}) = (\mathbf{B} \cdot \mathbf{x})^T \cdot \mathbf{A} \cdot (\mathbf{B} \cdot \mathbf{x}) = \mathbf{x}^T \cdot (\mathbf{B}^T \cdot \mathbf{A} \cdot \mathbf{B}) \cdot \mathbf{x}.$$

Die Matrix $\mathbf{B}^T \cdot \mathbf{A} \cdot \mathbf{B}$ ist also positiv definit. 2) Es sei nun die Matrix $\mathbf{B}^T \cdot \mathbf{A} \cdot \mathbf{B}$ positiv definit. Da $\mathbf{B}$ regulär ist, gibt es die zu $\mathbf{B}$ inverse Matrix $\mathbf{B}^{-1}$. Die Matrix $\mathbf{B}^{-1}$ ist regulär. Nach 1) ist also die Matrix

$$\begin{aligned}(\mathbf{B}^{-1})^T \cdot (\mathbf{B}^T \cdot \mathbf{A} \cdot \mathbf{B}) \cdot \mathbf{B}^{-1} &= ((\mathbf{B}^{-1})^T \cdot \mathbf{B}^T) \cdot \mathbf{A} \cdot (\mathbf{B} \cdot \mathbf{B}^{-1}) \\ &= (\mathbf{B} \cdot \mathbf{B}^{-1})^T \cdot \mathbf{A} \cdot (\mathbf{B} \cdot \mathbf{B}^{-1}) = \mathbf{A}\end{aligned}$$

positiv definit. Die restlichen Fälle werden analog bewiesen. △

Es sei $\mathbf{D}$ eine Diagonalmatrix der Ordnung n, $\mathbf{D} = \begin{bmatrix} d_1 & 0 & \dots & 0 \\ 0 & d_2 & \dots & 0 \\ \vdots & \vdots & \dots & \vdots \\ 0 & 0 & \dots & d_n \end{bmatrix}$. Es gilt

$$q_{\mathbf{D}}\left(\begin{bmatrix} x_1 \\ x_2 \\ \vdots \\ x_n \end{bmatrix}\right) = (x_1, \dots, x_n) \cdot \mathbf{D} \cdot \begin{bmatrix} x_1 \\ x_2 \\ \vdots \\ x_n \end{bmatrix} = d_1 x_1^2 + d_2 x_2^2 + \dots + d_n x_n^2.$$

Man erkennt sofort: Die Matrix $\mathbf{D}$ ist genau dann positiv definit, negativ definit, positiv semidefinit bzw. negativ semidefinit, wenn $d_i > 0$, $d_i < 0$, $d_i \geqq 0$ bzw. $d_i \leqq 0$ für alle $i = 1, \dots, n$ gilt. Die Matrix $\mathbf{D}$ ist genau dann indefinit, wenn es i, j mit $d_i > 0$ und $d_j < 0$ gibt. Wir werden später zeigen, daß es zu jeder symmetrischen Matrix $\mathbf{A}$ der Ordnung n eine reguläre Matrix $\mathbf{M}$ der Ordnung n gibt so, daß $\mathbf{M}^T \cdot \mathbf{A} \cdot \mathbf{M}$ eine Diagonalmatrix ist. Dazu sind einige Vorbereitungen nötig.

Es seien $\mathbf{A}$ eine symmetrische und $\mathbf{M}_{ij}(\alpha)$, $\mathbf{D}_k(\beta)$, $\mathbf{P}_{rs}$ die elementaren Matrizen der Ordnung n. Es gilt zuerst $\mathbf{M}_{ij}(\alpha)^T = \mathbf{M}_{ji}(\alpha)$, $\mathbf{D}_k(\beta)^T = \mathbf{D}_k(\beta)$ und $\mathbf{P}_{rs}^T = \mathbf{P}_{rs}$. Die Matrix $\mathbf{M}_{ij}(\alpha)^T \cdot \mathbf{A} \cdot \mathbf{M}_{ij}(\alpha) = \mathbf{M}_{ji}(\alpha) \cdot \mathbf{A} \cdot \mathbf{M}_{ij}(\alpha)$ entsteht aus der Matrix $\mathbf{A}$, indem man zuerst das α-fache der i-ten Zeile zu der j-ten Zeile addiert und dann das α-fache der i-ten Spalte (der neuen Matrix) zu der j-ten Spalte addiert. Die Matrix $\mathbf{P}_{rs}^T \cdot \mathbf{A} \cdot \mathbf{P}_{rs} = \mathbf{P}_{rs} \cdot \mathbf{A} \cdot \mathbf{P}_{rs}$ ergibt sich aus der Matrix $\mathbf{A}$ dadurch, daß zuerst die r-te und die s-te Zeile der Matrix $\mathbf{A}$ und dann die r-te und die s-te Spalte (der neuen Matrix) miteinander vertauscht werden. Die Matrix $\mathbf{D}_k(\beta)^T \cdot \mathbf{A} \cdot \mathbf{D}_k(\beta) = \mathbf{D}_k(\beta) \cdot \mathbf{A} \cdot \mathbf{D}_k(\beta)$ ist diejenige Matrix, die sich durch die Multiplikation der k-ten Zeile und der anschließenden Multiplikation der k-ten Spalte von $\mathbf{A}$ ergibt. (Das Diagonalelement a_{kk} von $\mathbf{A} = (a_{ij})$ wird also insgesamt mit β^2 multipliziert!). Man kann die Matrix $\mathbf{A}$ durch sukzessive Zeilen- und denen entsprechenden Spaltenumformungen in eine Diagonalmatrix überführen.

Wir gehen von der symmetrischen Matrix $\mathbf{A} = (a_{ij})$ der Ordnung n aus. Es sind zuerst drei Fälle möglich:

Fall 1: $a_{11} \neq 0$. Man wende der Reihe nach die Zeilenumformungen $z_i := z_i - \frac{a_{i1}}{a_{11}} \cdot z_1$ $(i = 2, \dots, n)$ an. Dann wende man die entsprechenden Spaltenumformungen $s_i := s_i - \frac{a_{i1}}{a_{11}} \cdot s_1$ $(i = 2, \dots, n)$ an. (Beachte: $a_{i1} = a_{1i}$!).

Fall 2: $a_{11} = 0$ und $a_{jj} \neq 0$ für ein $j > 1$. Man vertausche zuerst die erste mit der j-ten Zeile und dann die erste mit der j-ten Spalte. Nun steht in der oberen linken Ecke das Element $a_{jj} \neq 0$. Fahre weiter wie im Fall 1 fort.

Fall 3: $a_{jj} = 0$ für alle $j = 1, \ldots, n$. Suche i, j mit $a_{ij} \neq 0$. (Falls alle $a_{ij} = 0$ sind, dann ist **A** die Nullmatrix und es gibt nichts zu tun!). Addiere die i-te Zeile zu der j-ten Zeile und dann die i-te Spalte zu der j-ten Spalte. Nun steht in der j-ten Position der Hauptdiagonale das Element $2a_{ij} \neq 0$. Fahre dann wie im Fall 1 bzw. 2 fort.

Wenn die oben beschriebenen Umformungen durchgeführt worden sind, hat die so entstandene Matrix die Form

$$\left[\begin{array}{c|c} d_1 & 0 \ldots 0 \\ \hline 0 & \\ \vdots & \mathbf{A}' \\ 0 & \end{array}\right].$$

Die Matrix A′ ist symmetrisch von der Ordnung $n-1$. Man fährt auf die oben beschriebene Art mit der Matrix **A′** fort, man erhält eine Matrix der Form

$$\left[\begin{array}{cc|c} d_1 & 0 & 0 \ldots 0 \\ 0 & d_2 & 0 \ldots 0 \\ \hline 0 & 0 & \\ \vdots & \vdots & \mathbf{A}'' \\ 0 & 0 & \end{array}\right].$$

Die Matrix **A″** ist wieder symmetrisch. Man wiederholt das Verfahren solange, bis man eine Diagonalmatrix erhält.

Satz 6.8:

Zu jeder symmetrischen Matrix **A** der Ordnung n gibt es eine reguläre Matrix **M** der Ordnung n so, daß $\mathbf{M}^T \cdot \mathbf{A} \cdot \mathbf{M}$ Diagonalmatrix ist.

Beweis: Es gibt, wie oben gezeigt worden ist, elementare Matrizen $\mathbf{M}_1, \ldots, \mathbf{M}_s$ so, daß $\mathbf{M}_s^T \cdot (\mathbf{M}_{s-1}^T \cdot (\ldots \cdot (\mathbf{M}_1^T \cdot \mathbf{A} \cdot \mathbf{M}_1) \cdot \ldots \cdot \mathbf{M}_{s-1}) \cdot \mathbf{M}_s = \mathbf{D}$ diagonal ist. Man setze $\mathbf{M} = \mathbf{M}_1 \cdot \ldots \cdot \mathbf{M}_s$, es gilt offensichtlich $\mathbf{M}^T \cdot \mathbf{A} \cdot \mathbf{M} = \mathbf{D}$. △

Will man feststellen, ob eine symmetrische Matrix **A** positiv definit, negativ definit usw. ist, so kann man nach dem oben angegebenen Verfahren vorgehen.

Beispiel 6: Es sei $\mathbf{A} = \begin{bmatrix} 1 & 1 & 0 & 3 \\ 1 & 1 & 3 & 0 \\ 0 & 3 & 1 & 0 \\ 3 & 0 & 0 & 9 \end{bmatrix}$. Das angegebene Verfahren liefert:

$$\begin{bmatrix} 1 & 1 & 0 & 3 \\ 1 & 1 & 3 & 0 \\ 0 & 3 & 1 & 0 \\ 3 & 0 & 0 & 9 \end{bmatrix} \quad (\text{Fall 1: } z_2 := z_2 - z_1,\ z_4 := z_4 - 3z_1)$$

$$\downarrow$$

$$\begin{bmatrix} 1 & 1 & 0 & 3 \\ 0 & 0 & 3 & -3 \\ 0 & 3 & 1 & 0 \\ 0 & -3 & 0 & 0 \end{bmatrix} \quad (s_2 := s_2 - s_1,\ s_4 := s_4 - 3s_1)$$

$$\downarrow$$

(1) $$\begin{bmatrix} 1 & 0 & 0 & 0 \\ 0 & 0 & 3 & -3 \\ 0 & 3 & 1 & 0 \\ 0 & -3 & 0 & 0 \end{bmatrix} \quad (\text{Fall 2: } z_2 \leftrightarrow z_3)$$

$$\downarrow$$

$$\begin{bmatrix} 1 & 0 & 0 & 0 \\ 0 & 3 & 1 & 0 \\ 0 & 0 & 3 & -3 \\ 0 & -3 & 0 & 0 \end{bmatrix} \quad (s_2 \leftrightarrow s_3)$$

$$\downarrow$$

$$\begin{bmatrix} 1 & 0 & 0 & 0 \\ 0 & 1 & 3 & 0 \\ 0 & 3 & 0 & -3 \\ 0 & 0 & -3 & 0 \end{bmatrix} \quad (\text{Fall 1: } z_3 := z_3 - 3z_2)$$

$$\downarrow$$

(2) $$\begin{bmatrix} 1 & 0 & 0 & 0 \\ 0 & 1 & 3 & 0 \\ 0 & 0 & -9 & -3 \\ 0 & 0 & -3 & 0 \end{bmatrix} \quad (s_3 := s_3 - 3s_2)$$

$$\downarrow$$

$$\begin{bmatrix} 1 & 0 & 0 & 0 \\ 0 & 1 & 0 & 0 \\ 0 & 0 & -9 & -3 \\ 0 & 0 & -3 & 0 \end{bmatrix} \quad (\text{Fall 1: } z_4 := z_4 - \tfrac{1}{3}z_3)$$

$$\downarrow$$

$$\begin{bmatrix} 1 & 0 & 0 & 0 \\ 0 & 1 & 0 & 0 \\ 0 & 0 & -9 & -3 \\ 0 & 0 & 0 & 1 \end{bmatrix} \quad (s_4 := s_4 - \tfrac{1}{3}s_3)$$

$$\downarrow$$

$$\begin{bmatrix} 1 & 0 & 0 & 0 \\ 0 & 1 & 0 & 0 \\ 0 & 0 & -9 & 0 \\ 0 & 0 & 0 & 1 \end{bmatrix}$$

Die Matrix $\mathbf{D} = \begin{bmatrix} 1 & 0 & 0 & 0 \\ 0 & 1 & 0 & 0 \\ 0 & 0 & -9 & 0 \\ 0 & 0 & 0 & 1 \end{bmatrix}$ ist indefinit, folglich ist auch die Matrix $\mathbf{A} = \begin{bmatrix} 1 & 1 & 0 & 3 \\ 1 & 1 & 3 & 0 \\ 0 & 3 & 1 & 0 \\ 3 & 0 & 0 & 9 \end{bmatrix}$ indefinit. Bereits die Matrix (2) (und damit auch die

Matrix **A**) ist nach Satz 6.5e) indefinit. An dieser Stelle hätte man die Rechnung schon abbrechen können. Es lohnt sich also, nach jedem Zwischenschritt der Rechnung die aktuelle Matrix zu betrachten. Aus (1), d. h. nach dem ersten Schritt, folgte schon, daß die Matrix **A** nicht positiv definit und nicht negativ semidefinit sein kann. △

Ist es aus irgendwelchem Grund notwendig, für eine symmetrische Matrix **A** der Ordnung n eine reguläre Matrix **M** zu ermitteln so, daß $\mathbf{M}^T \cdot \mathbf{A} \cdot \mathbf{M}$ diagonal ist, so kann man ähnlich wie bei der Berechnung der inversen Matrizen vorgehen. Man beginnt mit dem Rechenschema $(\mathbf{A}|\mathbf{I}_n)$, das ist eine (n, 2n)-Matrix. Wir führen dieselben Operationen, die die Matrix **A** in die Diagonalgestalt überführen mit der Matrix $(\mathbf{A}|\mathbf{I}_n)$ durch. Insbesondere wird die (n, n)-Matrix **rechts** im Rechenschema nur von den **Zeilen**umformungen betroffen. Nach der Beendigung der Rechnung erhalten wir die Matrix der Form $(\mathbf{D}|\mathbf{H})$, wobei **D** diagonal ist. Setzt man $\mathbf{M} := \mathbf{H}^T$, so gilt offensichtlich $\mathbf{D} = \mathbf{M}^T \cdot \mathbf{A} \cdot \mathbf{M}$.

Beispiel 7: Es sei $\mathbf{A} = \begin{bmatrix} 1 & 3 & 0 \\ 3 & 11 & 4 \\ 0 & 4 & 11 \end{bmatrix}$. Wir erhalten:

$$\left[\begin{array}{ccc|ccc} 1 & 3 & 0 & 1 & 0 & 0 \\ 3 & 11 & 4 & 0 & 1 & 0 \\ 0 & 4 & 11 & 0 & 0 & 1 \end{array}\right] \quad (z_2 := z_2 - 3z_1)$$

$$\downarrow$$

$$\left[\begin{array}{ccc|ccc} 1 & 3 & 0 & 1 & 0 & 0 \\ 0 & 2 & 4 & -3 & 1 & 0 \\ 0 & 4 & 11 & 0 & 0 & 1 \end{array}\right] \quad (s_2 := s_2 - 3s_1)$$

$$\downarrow$$

$$\left[\begin{array}{ccc|ccc} 1 & 0 & 0 & 1 & 0 & 0 \\ 0 & 2 & 4 & -3 & 1 & 0 \\ 0 & 4 & 11 & 0 & 0 & 1 \end{array}\right] \quad (z_3 := z_3 - 2z_2)$$

$$\downarrow$$

$$\left[\begin{array}{ccc|ccc} 1 & 0 & 0 & 1 & 0 & 0 \\ 0 & 2 & 4 & -3 & 1 & 0 \\ 0 & 0 & 3 & 6 & -2 & 1 \end{array}\right] \quad (s_3 := s_3 - 2s_2)$$

$$\downarrow$$

$$\left[\begin{array}{ccc|ccc} 1 & 0 & 0 & 1 & 0 & 0 \\ 0 & 2 & 0 & -3 & 1 & 0 \\ 0 & 0 & 3 & 6 & -2 & 1 \end{array}\right]$$

Setze $\mathbf{M} = \begin{bmatrix} 1 & 0 & 0 \\ -3 & 1 & 0 \\ 6 & -2 & 1 \end{bmatrix}^T = \begin{bmatrix} 1 & -3 & 6 \\ 0 & 1 & -2 \\ 0 & 0 & 1 \end{bmatrix}$.

Es gilt $\mathbf{M}^T \cdot \mathbf{A} \cdot \mathbf{M} = \begin{bmatrix} 1 & 0 & 0 \\ 0 & 2 & 0 \\ 0 & 0 & 3 \end{bmatrix}$. △

Kapitel III: Funktionen einer Variablen

III.1 Folgen und Reihen

§ 1.1 Definition und Darstellung von Folgen

Definition: (Folge)
Wenn jeder natürlichen Zahl $n \in \mathbb{N}$ eine reelle Zahl a_n zugeordnet wird, spricht man von einer **unendlichen Zahlenfolge** oder kurz von einer **Folge**. Eine Folge ist also eine Abbildung $f\colon \mathbb{N} \to \mathbb{R}$, $n \mapsto a_n$. Die einzelnen Zahlen a_n heißen **Glieder oder Terme** der Folge.

Eine Folge bezeichnet man mit $(a_n)_{n \in \mathbb{N}}$ oder kurz mit (a_n). Meist beschreibt man eine Folge (a_n) durch eine Gleichung der Form $a_n = f(n)$, in der das Folgenglied a_n als Funktion von n dargestellt ist.

Beispiel 1:

Bildungsgesetz der Folge	Die ersten vier Terme der Folge
1) $a_n = 1$	$1, 1, 1, 1$
2) $b_n = n$	$1, 2, 3, 4$
3) $c_n = (-1)^n$	$-1, 1, -1, 1$
4) $d_n = \frac{1}{n}$	$1, \frac{1}{2}, \frac{1}{3}, \frac{1}{4}$
5) $e_n = (-1)^{n+1} \cdot \frac{1}{n}$	$1, -\frac{1}{2}, \frac{1}{3}, -\frac{1}{4}$
6) $f_n = \frac{n+1}{n}$	$2, \frac{3}{2}, \frac{4}{3}, \frac{5}{4}$

Es gibt zwei Möglichkeiten, sich Folgen geometrisch zu veranschaulichen. Die erste Möglichkeit ist, ein kartesisches Koordinatensystem zu zeichnen und dann jeweils über dem Punkt n auf der x-Achse den Wert a_n in der y-Koordinate anzutragen. Die andere Möglichkeit ist, auf der Zahlengerade jeweils die Lage des Punktes a_n zu markieren. In der Zeichnung auf der Seite 116 sind die oben definierten Folgen b_n und d_n in beiden Formen dargestellt.

§ 1.2 Eigenschaften von Folgen

Im folgenden werden einige Eigenschaften von Folgen untersucht. Eine Folge (a_n) heißt:

a) eine **arithmetische Folge**, wenn für alle $n \in \mathbb{N}$ gilt:

$$a_{n+1} - a_n = d, \text{ wobei } d \in \mathbb{R} \text{ eine feste Zahl ist.}$$

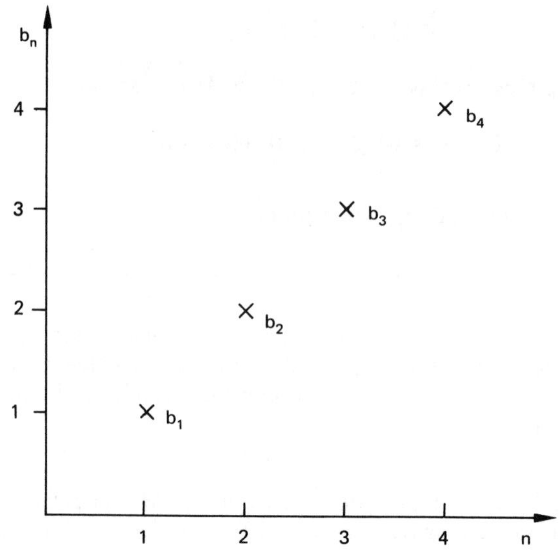

b_n
4
3
2
1
b_1
b_2
b_3
b_4
1
2
3
4
n

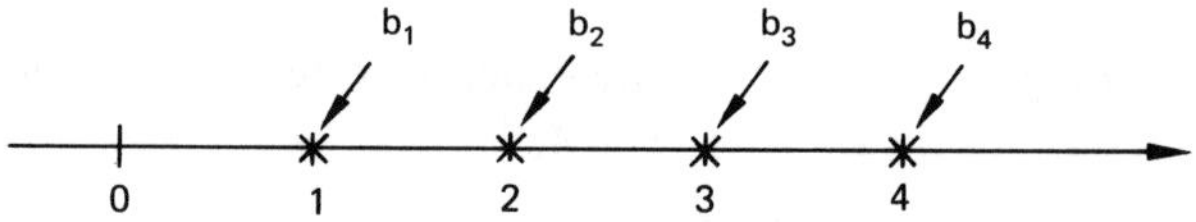

b_1
b_2
b_3
b_4
0
1
2
3
4

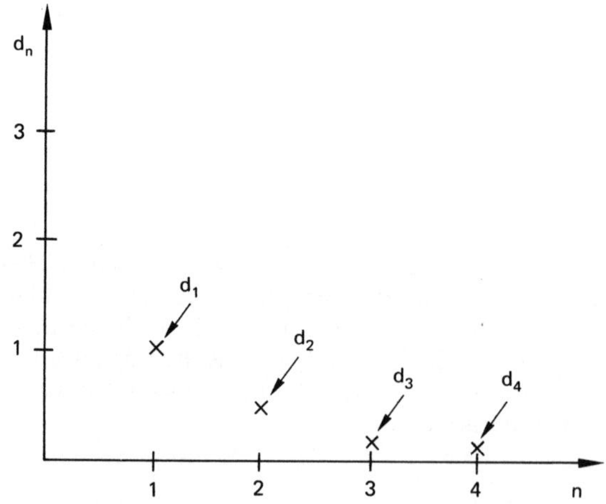

d_n
3
2
1
d_1
d_2
d_3
d_4
1
2
3
4
n

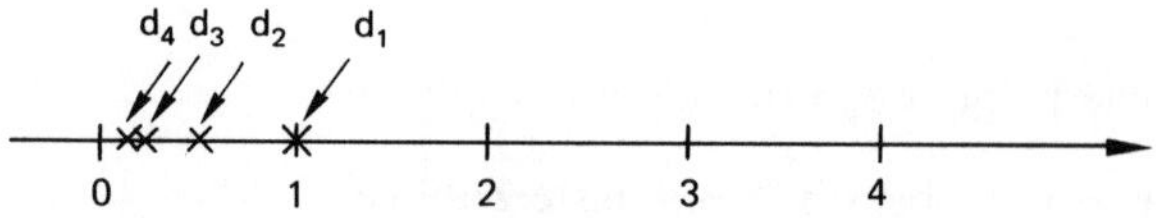

d_4
d_3
d_2
d_1
0
1
2
3
4

b) eine **geometrische Folge**, wenn für alle $n \in \mathbb{N}$ gilt:

$$\frac{a_{n+1}}{a_n} = q, \text{ wobei } q \in \mathbb{R} \text{ eine feste Zahl ist.}$$

Bei einer arithmetischen Folge ist also die Differenz zweier Folgenterme immer konstant, bei einer geometrischen Folge ist der Quotient immer konstant.

Beispiel 1: Die Folge (a_n) mit $a_n = 2n + 1$ ist eine arithmetische Folge, denn $a_{n+1} - a_n = 2(n+1) + 1 - (2n+1) = 2n + 2 + 1 - 2n - 1 = 2$ für alle $n \in \mathbb{N}$. △

Beispiel 2: Die Folge (b_n) mit $b_n = 2^{-n}$ ist eine geometrische Folge, denn

$$\frac{b_{n+1}}{b_n} = \frac{2^{-(n+1)}}{2^{-n}} = \frac{1}{2}.$$ △

Wenn sich die Glieder einer Folge durch Funktionen aus den vorhergehenden Gliedern der Folge bestimmen lassen, spricht man von rekursiven Folgen.

Definition: (rekursive Folge)
Sei eine Funktion $F: \mathbb{R}^k \to \mathbb{R}, (x_1, \ldots, x_k) \mapsto F(x_1, \ldots, x_k)$ gegeben sowie k reelle Zahlen $a_1, \ldots, a_k$. Definiert man:

$$a_{k+n} = F(a_n, \ldots, a_{k+n-1}) \quad \text{für alle } n \in \mathbb{N}, \text{ so}$$

heißt diese Folge eine **rekursive Folge** mit Rekursionsfunktion F und Anfangstermen $a_1, \ldots, a_k$.

Beispiel 3: Gegeben ist die Funktion $F: \mathbb{R} \to \mathbb{R}, x \mapsto F(x) = \frac{x}{2}$ und der Anfangsterm $a_1 = 1$. Dann erhält man eine rekursive Folge mit der Rekursionsvorschrift $a_{n+1} = \frac{a_n}{2}$ und somit für die folgenden Terme: $a_2 = \frac{1}{2}, a_3 = \frac{1}{4}$. Allgemein findet man die Form $a_n = 2^{-n+1}$. △

Beispiel 4: Gegeben ist die Funktion

$$F: \mathbb{R}^2 \to \mathbb{R}, (x_1, x_2) \mapsto F(x_1, x_2) = x_2 + \tfrac{1}{2}(x_2 - x_1)$$

und als Anfangsterme $a_1 = 1$ und $a_2 = 2$. Dann ergibt sich als Rekursionsformel:

$$a_n = F(a_{n-2}, a_{n-1}) = a_{n-1} + \tfrac{1}{2}(a_{n-1} - a_{n-2}).$$

Das liefert dann für die folgenden Terme:

$$a_3 = a_2 + \tfrac{1}{2}(a_2 - a_1) = 2 + \tfrac{1}{2}(2 - 1) = \tfrac{5}{2}$$
$$a_4 = a_3 + \tfrac{1}{2}(a_3 - a_2) = \tfrac{5}{2} + \tfrac{1}{2}(\tfrac{5}{2} - 2) = \tfrac{11}{4}, \text{ usw.}$$ △

Beispiel 5: Gegeben ist die Funktion

$$F: \mathbb{R}^2 \to \mathbb{R}, (x_1, x_2) \mapsto F(x_1, x_2) = x_1 + x_2.$$

Mit den Anfangstermen $a_1 = 1$ und $a_2 = 1$ erhält man dann:

$$a_3 = a_2 + a_1 = 1 + 1 = 2$$
$$a_4 = a_2 + a_3 = 1 + 2 = 3, \quad \text{usw.}$$

Diese Folge bezeichnet man als **Fibonacci-Folge**. △

Eine Folge (a_n) heißt:

a) **nach oben beschränkt**, wenn es eine Zahl $c \in \mathbb{R}$ gibt, so daß $a_n \leqq c$ für alle $n \in \mathbb{N}$.

b) **nach unten beschränkt**, wenn es eine Zahl $c \in \mathbb{R}$ gibt, so daß $a_n \geqq c$ für alle $n \in \mathbb{N}$.

c) **beschränkt**, wenn sie sowohl nach oben als auch nach unten beschränkt ist.

Beispiel 6: Die Folge (a_n) mit $a_n = -n$ ist nach oben beschränkt, denn $a_n = -n \leqq -1$ für alle $n \in \mathbb{N}$. Sie ist aber nicht nach unten beschränkt. △

Beispiel 7: Die Folge (b_n) mit $b_n = 2^n$ ist nach unten beschränkt, denn $b_n = 2^n \geqq 2$ für alle $n \in \mathbb{N}$. Sie ist aber nicht nach oben beschränkt. △

Beispiel 8: Die Folge (c_n) mit $c_n = (-1)^n$ ist beschränkt, denn $-1 \leqq c_n \leqq 1$ für alle $n \in \mathbb{N}$. △

Eine Folge (a_n) heißt:

a) **(streng) monoton steigend**, wenn $a_n \leqq a_{n+1}$ (bzw. $a_n < a_{n+1}$) für alle $n \in \mathbb{N}$ gilt.

b) **(streng) monton fallend**, wenn $a_n \geqq a_{n+1}$ (bzw. $a_n > a_{n+1}$) für alle $n \in \mathbb{N}$ gilt.

Beispiel 9: Die Folge (a_n) mit $a_n = \frac{1}{n}$ ist streng monoton fallend, denn:

$$a_{n+1} - a_n = \frac{1}{n+1} - \frac{1}{n} = \frac{n-n-1}{n(n+1)} = -\frac{1}{n(n+1)} < 0 \text{ für alle } n \in \mathbb{N}. \triangle$$

Beispiel 10: Die Folge $(c_n) = (-1)^n$ ist weder monoton fallend noch monoton steigend, denn wenn n gerade ist, gilt $c_{n+1} - c_n = -2$ und wenn n ungerade ist, gilt $c_{n+1} - c_n = 2$. △

§ 1.3 Grenzwert einer Folge

Wenn man verschiedene Folgen aufzeichnet, sieht man, daß sich die Folgeterme, wenn n größer wird, sehr unterschiedlich verhalten. In der vorigen Zeichnung erkennt man, daß sich die Terme der Folge $d_n = \frac{1}{n}$ immer mehr der Zahl 0 nähern. Hingegen springen bei der Folge $c_n = (-1)^n$ die Werte immer zwischen den Zahlen 1 und -1 hin und her.

Bei der Folge $x_n = 1 + (-\frac{1}{2})^n$ nähern sich die Werte immer mehr der Zahl 1; sie sind einmal größer und dann wieder kleiner als die Zahl 1, aber ihr Abstand zu 1, gegeben durch $|1 + (1 - (-\frac{1}{2})^n)| = |(-\frac{1}{2})^n| = |\frac{1}{2}|^n = 2^{-n}$, wird immer kleiner, wenn n größer wird. Die Folge ist in der nächsten Abbildung zu sehen.

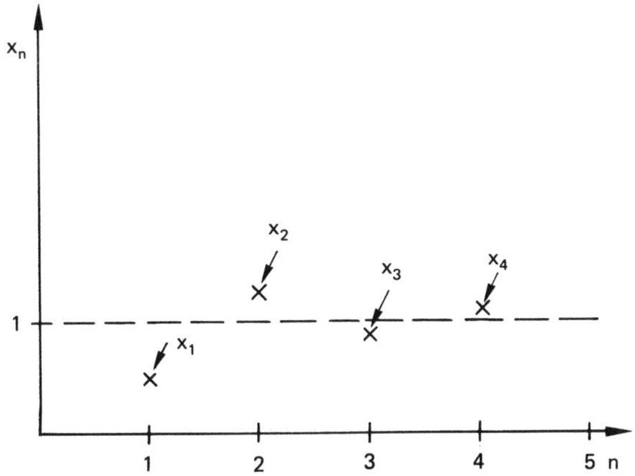

Einer der wichtigsten Begriffe für Folgen ist der Grenzwertbegriff. Anschaulich kommt man zu diesem Begriff, wenn sich bei einer Folge (a_n) die Terme a_n für $n \to \infty$ immer mehr an einen festen Wert annähern wie bei zwei der obigen Beispiele.

Definition: (Grenzwert einer Folge)
Eine Zahl $a \in \mathbb{R}$ heißt **Grenzwert der Folge** (a_n), wenn es für alle $\varepsilon > 0$ eine natürliche Zahl N (abhängig von ε) gibt, so daß für alle $n \geqq N$ gilt:

$$|a_n - a| \leqq \varepsilon$$

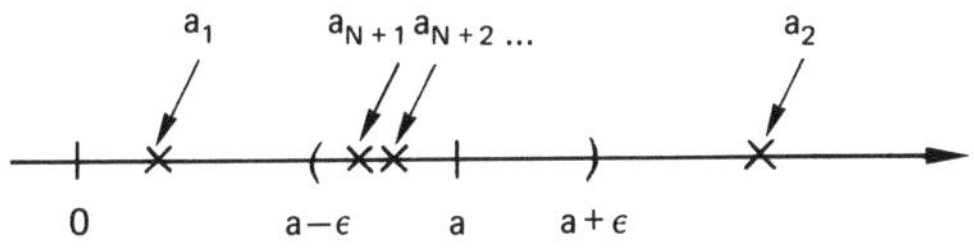

Für „a ist Grenzwert der Folge (a_n)" schreibt man auch:

„(a_n) konvergiert gegen a"

oder „$a_n \to a$ für $n \to \infty$"
oder „$a_n \to a$"
oder „$\lim_{n \to \infty} a_n = a$".

Für die Bedingung $|a_n - a| \leqq \varepsilon$ kann man auch schreiben $a - \varepsilon \leqq a_n \leqq a + \varepsilon$ oder $a_n \in [a - \varepsilon, a + \varepsilon]$.

Beispiel 1: Die Folge (a_n) mit $a_n = 1$ hat den Grenzwert 1, denn $|a_n - 1| = 0$ und damit für alle $\varepsilon > 0$ stets $|a_n - 1| = 0 \leqq \varepsilon$. △

Beispiel 2: Die Folge (d_n) mit $d_n = \frac{1}{n}$ hat den Grenzwert 0, wenn man für ein $\varepsilon > 0$ als N eine natürliche Zahl wählt, die größer ist als $\frac{1}{\varepsilon}$, denn dann gilt für alle $n \geqq N$:

$$\left|\frac{1}{n} - 0\right| = \frac{1}{n} \leqq \frac{1}{N} \leqq \varepsilon.$$ △

Beispiel 3: Die Folge (c_n) mit $c_n = (-1)^n$ hat keinen Grenzwert. Für eine beliebige Zahl $\alpha \neq 1$ gilt, falls n gerade ist, $|c_n - \alpha| = |1 - \alpha|$, also immer gleich einer festen Zahl größer 0. Falls $\alpha = 1$, gilt für alle ungeraden n stets $|c_n - \alpha| = |-1-1| = 2$. Es gibt keine Zahl $\alpha \in \mathbb{R}$, so daß für $n \to \infty$ der Abstand der c_n zu dieser Zahl immer kleiner wird. △

Eine Folge, die einen Grenzwert besitzt, bezeichnet man als **konvergent**. Die Folgen in Beispiel 1 und 2 sind konvergent. Falls eine Folge keinen Grenzwert besitzt, heißt sie **divergent**. Die Folge in Beispiel 3 ist divergent.

Ein Spezialfall der divergenten Folgen sind die bestimmt divergenten Folgen. Eine Folge (a_n) heißt **bestimmt divergent gegen $+\infty$ (bzw. $-\infty$)**, wenn es für jedes $c \in \mathbb{R}$ eine (von c abhängige) natürliche Zahl N gibt, so daß für alle $n \geqq N$ gilt:

$$a_n \geqq c \quad (\text{bzw. } a_n \leqq c).$$

Man verwendet folgende Schreibweise:

$$\lim_{n\to\infty} a_n = +\infty \quad (\text{bzw. } \lim_{n\to\infty} a_n = -\infty).$$

Beispiel 4: Die Folge (b_n) mit $b_n = n$ ist bestimmt divergent gegen $+\infty$. △

Beispiel 5: Die Folge (x_n) mit $x_n = -n^2$ ist bestimmt divergent gegen $-\infty$. △

Der Grenzwert einer Folge ist immer eindeutig. Eine konvergente Folge ist immer auch eine beschränkte Folge, da sich für große n die Folgenterme dem Grenzwert annähern und daher beschränkt bleiben. Der Grenzwert einer konvergenten Folge ändert sich nicht, wenn endlich viele Terme der Folge abgeändert werden. Bei monotonen Folgen gilt:

a) Eine nach oben beschränkte, monoton steigende Folge ist konvergent.

b) Eine nach unten beschränkte, monoton fallende Folge ist konvergent.

Für einige Folgen werden hier (ohne Beweis) ihre Grenzwerte angegeben. Für die Folge (a_n) mit $a_n = n^\alpha$ $(\alpha \in \mathbb{R})$ gilt:

$$\lim_{n\to\infty} n^\alpha = \begin{cases} +\infty & \alpha > 0 \\ 1 & \alpha = 0 \\ 0 & \alpha < 0 \end{cases}$$

Für die Folge (a_n) mit $a_n = q^n$ $(q \in \mathbb{R})$ gilt:

$$\lim_{n\to\infty} q^n = \begin{cases} +\infty & q > 1 \\ 1 & q = 1 \\ 0 & -1 < q < 1 \\ \text{existiert nicht für } q \leqq -1 \end{cases}$$

Beispiel 6: Für die Folge (b_n) mit $b_n = n^{-2}$ gilt: $\lim\limits_{n\to\infty} n^{-2} = 0$. △

Beispiel 7: Für die Folge (c_n) mit $c_n = (\frac{1}{3})^n$ gilt: $\lim\limits_{n\to\infty} (\frac{1}{3})^n = 0$. △

Wenn man mehrere konvergente Folgen hat und durch arithmetische Operationen daraus neue Folgen bildet, kann man durch dieselben Operationen den Grenzwert dieser Folgen erhalten. So erhält man, falls alle Grenzwerte der „ursprünglichen" Folgen endlich sind, die Grenzwerte der neuen Folgen, indem man die Grenzwerte der ursprünglichen Folgen durch die entsprechenden arithmetischen Operationen verknüpft.

Satz 1.1: (Grenzwerte von Funktionen von Folgen)

Gegeben sind zwei konvergente Folgen (a_n) und (b_n), wobei $\lim\limits_{n\to\infty} a_n = a$ und $\lim\limits_{n\to\infty} b_n = b$ mit $a, b \in \mathbb{R}$. Dann gilt:

1) $\lim\limits_{n\to\infty} (a_n + c) = a + c$ für $c \in \mathbb{R}$.
2) $\lim\limits_{n\to\infty} (c \cdot a_n) = c \cdot a$ für $c \in \mathbb{R}$.
3) $\lim\limits_{n\to\infty} (a_n + b_n) = a + b$.
4) $\lim\limits_{n\to\infty} (a_n \cdot b_n) = a \cdot b$.
5) Falls alle b_n und b ungleich 0 sind: $\lim\limits_{n\to\infty} \frac{a_n}{b_n} = \frac{a}{b}$.
6) $\lim\limits_{n\to\infty} a_n^k = a^k$ für $k \in \mathbb{N}$.

Beispiel 8: Für die Folgen (a_n) und (b_n) gegeben mit $a_n = n^{-1}$ und $b_n = (-\frac{1}{2})^n$ gilt $\lim\limits_{n\to\infty} a_n = 0$ und $\lim\limits_{n\to\infty} b_n = 0$. Mit dem Satz erhält man für die Folge (c_n) mit $c_n = a_n + b_n$: $\lim\limits_{n\to\infty} c_n = 0$. △

Beispiel 9: Für die Folgen (d_n) und (e_n) mit $d_n = \dfrac{n-1}{n}$ und $e_n = 1 - (\frac{1}{3})^n$ gilt:

$$\lim_{n\to\infty} d_n = 1 \quad \text{und} \quad \lim_{n\to\infty} e_n = 1.$$

Damit folgt für die Folge $(d_n \cdot e_n)$:

$$\lim_{n\to\infty} (d_n \cdot e_n) = 1 \cdot 1 = 1.$$ △

Eine Folge (a_n) bezeichnet man als **Nullfolge**, wenn gilt $\lim\limits_{n\to\infty} a_n = 0$. Für Nullfolgen gilt der folgende Satz:

Satz 1.2:
a) Eine Folge (a_n) ist genau dann eine Nullfolge, wenn auch die Folge $(|a_n|)$ der Absolutbeträge $|a_n|$ eine Nullfolge ist.
b) Wenn (a_n) eine Nullfolge ist und (b_n) eine beschränkte Folge, dann ist die Folge $(a_n \cdot b_n)$ eine Nullfolge.

In Teil b) des obigen Satzes wird bei der Folge (b_n) nicht verlangt, daß ein Grenzwert existiert, sondern nur, daß die Folge beschränkt ist.

Beispiel 10: Gegeben sind die Folgen (a_n) mit $a_n = \frac{1}{n}$ und (b_n) mit $b_n = (-1)^n$. Dann gilt nach dem Satz, da (a_n) eine Nullfolge und (b_n) beschränkt ist:

$$\lim_{n\to\infty} (a_n \cdot b_n) = \lim_{n\to\infty} \frac{(-1)^n}{n} = 0. \qquad \triangle$$

In ähnlicher Weise erhält man Grenzwerte für Folgen, wenn man eine Folge zwischen zwei Folgen mit gleichem Grenzwert einschachtelt.

Satz 1.3:
Seien drei Folgen (a_n), (b_n) und (c_n) gegeben. Dabei seien (a_n) und (c_n) konvergent mit $\lim\limits_{n\to\infty} a_n = \lim\limits_{n\to\infty} c_n = a \in \mathbb{R}$, und für alle $n \in \mathbb{N}$ gelte: $a_n \leqq b_n \leqq c_n$. Dann ist auch die Folge (b_n) konvergent, und es gilt: $\lim\limits_{n\to\infty} b_n = a$.

Beispiel 10: Gegeben ist die Folge $b_n = \sqrt{n+3} - \sqrt{n}$. Man formt um:

$$b_n = \sqrt{n+3} - \sqrt{n} = \frac{(\sqrt{n+3} - \sqrt{n})(\sqrt{n+3} + \sqrt{n})}{\sqrt{n+3} + \sqrt{n}} = \frac{n+3-n}{\sqrt{n+3} + \sqrt{n}}$$
$$= \frac{3}{\sqrt{n+3} + \sqrt{n}} \leqq \frac{3}{2\sqrt{n}} = \frac{3}{2} \cdot n^{-\frac{1}{2}}.$$

Betrachtet man die Folgen $a_n = 0$ und $c_n = \frac{3}{2} \cdot n^{-\frac{1}{2}}$, so gilt $\lim\limits_{n\to\infty} a_n = \lim\limits_{n\to\infty} c_n = 0$ und $a_n \leqq b_n \leqq c_n$ für alle $n \in \mathbb{N}$. Daher gilt auch für die Folge (b_n): $\lim\limits_{n\to\infty} b_n = 0$. $\triangle$

§ 1.4 Reihen

Aus Folgen erhält man durch Aufsummieren der Folgenterme Reihen.

Definition: (Reihe)
Gegeben ist eine Folge (a_n). Dieser Folge wird eine neue Folge (s_n) zugeordnet, wobei:

$$s_n = \sum_{i=1}^{n} a_i \quad \text{für} \quad n \in \mathbb{N}.$$

Die Folge (s_n) bezeichnet man als zur Folge (a_n) gehörige **(unendliche) Reihe**.

Die Zahl s_n heißt die **n-te Partialsumme** der Reihe. Man schreibt kurz $\sum_{i=1}^{\infty} a_i$ für die zur Folge (a_n) gehörige Reihe. Wenn die Folge (s_n) gegen eine Zahl $s \in \mathbb{R}$ konvergiert, heißt die Reihe $\sum_{i=1}^{\infty} a_i$ konvergent, und man schreibt:

$$\sum_{i=1}^{\infty} a_i = s.$$

Besitzt die Folge (s_n) keinen Grenzwert, so heißt die unendliche Reihe **divergent**.

Als Beispiele für Reihen betrachten wir die zu **geometrischen Folgen** gehörigen **geometrischen Reihen**. Gegeben sei eine geometrische Folge (a_n) mit $a_n = q^n$. Wir untersuchen die Partialsummen

$$s_n = \sum_{i=1}^{n} a_i = \sum_{i=1}^{n} q^i.$$

Es gilt für s_n:

$$\begin{aligned} s_n &= q + q^2 + q^3 + \ldots + q^n \\ -q \cdot s_n &= \quad\; - q^2 - q^3 - \ldots - q^n - q^{n+1} \end{aligned}$$

Wenn man die beiden Gleichungen addiert, erhält man:

$$s_n(1-q) = q - q^{n+1}$$

Somit:

$$s_n = \frac{q - q^{n+1}}{1-q}, \quad \text{falls } q \neq 1 \text{ ist. } s_n = n, \text{ falls } q = 1.$$

Falls $-1 < q < 1$, ist die Folge (s_n) konvergent mit Grenzwert $\frac{q}{1-q}$. Wenn $|q| \geqq 1$, ist die Folge (s_n) nicht konvergent.

Beispiel 1: Die geometrische Reihe $s_n = \sum_{i=1}^{n} (\frac{1}{3})^i$ ist konvergent mit dem Grenzwert

$$\frac{\frac{1}{3}}{1-\frac{1}{3}} = \frac{1}{2}.$$ △

Falls eine unendliche Reihe $\sum_{i=1}^{\infty} a_i$ konvergent ist, muß die Folge (a_n) eine Nullfolge sein. Es gibt aber Nullfolgen, bei denen die zugehörige Reihe nicht konvergent ist.

Beispiel 2: Die **harmonische Reihe** (s_n) entsteht aus der Nullfolge $\left(\frac{1}{n}\right)$, es ist $s_n = \sum_{i=1}^{n} \frac{1}{i}$. Diese Reihe ist divergent, obwohl $\left(\frac{1}{n}\right)$ eine Nullfolge ist. Es gilt nämlich:

$$\sum_{i=1}^{2^k} \frac{1}{i} = \sum_{i=1}^{2^{k-1}} \frac{1}{i} + \sum_{i=2^{k-1}+1}^{2^k} \frac{1}{i} \geqq \sum_{i=1}^{2^{k-1}} \frac{1}{i} + \sum_{i=2^{k-1}+1}^{2^k} 2^{-k}$$

$$= \sum_{i=1}^{2^{k-1}} \frac{1}{i} + 2^{-k}(2^k - 2^{k-1}) = \sum_{i=1}^{2^{k-1}} \frac{1}{i} + \frac{1}{2}.$$

Daraus folgt durch Induktion über k, daß für $k \geqq 1$ gilt: $s_{2^k} = \sum_{i=1}^{2^k} \frac{1}{i} \geqq \frac{k}{2}$; die Reihe ist divergent, denn da sie streng monoton wachsend ist, gilt für alle $n \geqq 2^k$: $s_n \geqq \frac{k}{2}$. Wenn $k \to \infty$, dann auch $s_n \to \infty$. △

§ 1.5 Dezimaldarstellung reeller Zahlen

Die reellen Zahlen werden meist in der Form von **Dezimalbrüchen** dargestellt, es ist z. B. $\frac{1}{8} = 0{,}125$, $\frac{5}{2} = 2{,}5$, $\frac{1}{3} = 0{,}3333\ldots$ und $\pi = 3{,}1415\ldots$ Eine reelle Zahl hat eine **endliche** oder **unendliche** Dezimalbruchdarstellung. So haben z. B. die Zahlen $\frac{1}{8}$ und $\frac{5}{2}$ eine endliche und die Zahlen $\frac{1}{3}$ und π eine unendliche Dezimalbruchdarstellung. Manche Zahlen haben sowohl eine endliche als auch eine unendliche Dezimalbruchdarstellung. Es ist z. B. $0{,}1 = 0{,}09999\ldots$

Jede reelle Zahl läßt sich als eine Reihe der Form

$$(1) \qquad a_0 + \sum_{i=1}^{\infty} a_i \cdot 10^{-i} \quad \text{bzw.} \quad -(a_0 + \sum_{i=1}^{\infty} a_i \cdot 10^{-i})$$

darstellen, wobei $a_0 \in \mathbb{N}$ und für alle $i \in \mathbb{N}$ gilt $a_i \in \mathbb{N}$ mit $0 \leqq a_i \leqq 9$. Es läßt sich umgekehrt zeigen, daß die Reihe (1) konvergent ist; dabei ist der Grenzwert der Reihe diejenige Zahl, die die Dezimalbruchdarstellung der Form $a_0, a_1 a_2 a_3 \ldots$ hat. So ist z. B.

$$\pi = 3{,}1415\ldots = 3 + 1 \cdot 10^{-1} + 4 \cdot 10^{-2} + 1 \cdot 10^{-3} + 5 \cdot 10^{-4} + \ldots$$

Es ist offensichtlich, daß jede reelle Zahl mit einer endlichen Dezimalbruchdarstellung eine rationale Zahl ist; aus dieser Tatsache folgt insbesondere, daß sich nicht jede reelle Zahl durch einen endlichen Dezimalbruch darstellen läßt. Die Zahlen 0,3, 0,33, 0,333 usw. sind der Reihe nach immer bessere Näherungen der Zahl $\frac{1}{3}$, keine dieser Zahlen ist aber gleich der Zahl $\frac{1}{3}$. Ein Taschenrechnerergebnis ist also im allgemeinen nur eine Näherung des exakten Ergebnisses, da der Taschenrechner nur eine bestimmte Anzahl von Dezimalstellen beim Rechnen berücksichtigt und anzeigt.

Diejenigen Dezimalbruchdarstellungen, bei denen sich ab einer bestimmten Stelle der Darstellung eine Zifferngruppe ständig wiederholen, heißen **periodisch**, es ist z. B. $\frac{1}{3} = 0{,}3333\ldots$ und $\frac{1}{99} = 0{,}010101\ldots$ Man schreibt auch $\frac{1}{3} = 0{,}\overline{3}$ bzw. $\frac{1}{99} = 0{,}\overline{01}$. Jede endliche Dezimalbruchdarstellung kann man als periodische auffassen; es ist

z. B. $\frac{1}{8} = 0{,}12500000\ldots = 0{,}125\overline{0}$. Man kann zeigen, daß eine Zahl genau dann rational ist, wenn sie eine periodische Dezimalbruchdarstellung besitzt. (Diese muß aber nicht eindeutig sein, wie das Beispiel $1{,}0000\ldots = 0{,}99999\ldots$ zeigt.)

Beispiel 1: Gegeben ist die Zahl $a = 1{,}141414\ldots = 1{,}\overline{14}$. Gesucht wird eine Darstellung dieser Zahl in der Form $\frac{p}{q}$ mit $p, q \in \mathbb{Z}$. Es ist $a = 1{,}\overline{14} = 1 + \sum_{i=1}^{\infty} 14 \cdot (100)^{-i}$ $= 1 + 14 \cdot \sum_{i=1}^{\infty} 100^{-i}$. Die geometrische Reihe $\sum_{i=1}^{\infty} 100^{-i}$ ist konvergent gegen die Zahl $\frac{1}{100} \cdot \frac{1}{1 - \frac{1}{100}} = \frac{1}{99}$; es ist also $a = 1 + 14 \cdot \frac{1}{99} = \frac{113}{99}$. △

Jede reelle Zahl $a \neq 0$ kann man in der Form $a = b \cdot 10^k$ schreiben, wobei $b \in \mathbb{R}$ mit $\frac{1}{10} < |b| \leqq 1$ und $k \in \mathbb{Z}$ ist. So ist z. B. $125{,}5 = 0{,}1255 \cdot 10^3$, $-0{,}00343 = = (-0{,}343) \cdot 10^{-2}$ und $\pi = 0{,}31415\ldots \cdot 10^1$. Diese Darstellung der reellen Zahlen wird als **Gleitkommadarstellung** bezeichnet; sie ist insbesondere bei Taschenrechnern gebräuchlich.

III.2 Grundbegriffe für Funktionen einer reellen Variablen

§ 2.1 Definition und Darstellung

In § 1.6, Kapitel I, wurde der Begriff der Abbildung behandelt: Eine Funktion einer reellen Variablen (Veränderlichen) ist ein Spezialfall einer Abbildung.

Definition: (Funktion einer reellen Variablen)
Gegeben ist eine (nichtleere) Teilmenge $D \subset \mathbb{R}$. Eine Abbildung $f: D \to \mathbb{R}$, $x \mapsto f(x)$ bezeichnet man als **reelle Funktion einer reellen Variablen**.

Eine Funktion $f: D \to \mathbb{R}$ ordnet also jedem $x \in D$ eine reelle Zahl $f(x) \in \mathbb{R}$ zu. Man schreibt das in der Form: $y = f(x)$.

Es werden folgende Bezeichnungen verwendet:

D heißt der **Definitionsbereich** von f.
f(D) heißt die **Bildmenge** von f.
x heißt die **unabhängige Variable** (oder **Argument**).
y heißt die **abhängige Variable** (oder **Funktionswert**).

Eine Funktion ist also definiert durch Angabe ihres Definitionsbereiches D und ihrer Zuordnungsvorschrift $y = f(x)$, die angibt, wie man zu einem gegebenen $x \in D$ den zugehörigen Funktionswert $f(x)$ berechnet.

Beispiel 1: Sei $D = \mathbb{R}$, und für $x \in \mathbb{R}$ sei $f(x) = 1$. Das ist eine Funktion, bei der jedem $x \in \mathbb{R}$ die Zahl 1 zugeordnet wird. △

Beispiel 2: $D = (0, \infty)$ und $f(x)$ sei jeweils die größte ganze Zahl, die kleiner ist als x, also für $x \in (0,1]$ ist $f(x) = 0$, für $x \in (n, n+1]$ ist $f(x) = n$. (siehe Zeichnung)

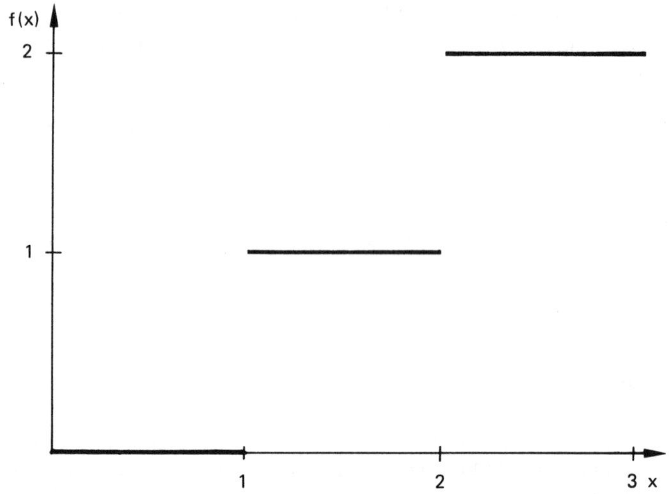

△

Beispiel 3: Sei $D = [-2,2]$ und die Zuordnungsvorschrift gegeben durch $f(x) = x^2 - x + 1$. Das ist eine Funktion f: $[-2,2] \to \mathbb{R}, x \mapsto f(x) = x^2 - x + 1$. Zum Beispiel wird der Zahl 1 der Wert $f(1) = 1^2 - 1 + 1 = 1$ zugeordnet und der Zahl 2 der Wert $f(2) = 2^2 - 2 + 1 = 3$. △

Da eine Funktion ein Spezialfall einer Abbildung ist, gelten alle Aussagen über Abbildungen auch für Funktionen. Die Funktionen kann man graphisch in der kartesischen Koordinatenebene darstellen. Die Menge $G_f = \{(x, f(x)) | x \in D\}$ heißt der **Graph** der Funktionen.

In der obigen Definition haben wir die unabhängige Variable mit x bezeichnet und die abhängige Variable mit y. Das ist eine in der Mathematik übliche Konvention. Man kann die Größen auch mit anderen Symbolen bezeichnen. In der Anwendung benützt man oft bei Beziehungen zwischen ökonomischen Größen als Abkürzung den ersten Buchstaben der Namen, z.B. $N = f(P)$ für die Beziehung: die N(achfrage) als Funktion des P(reises).

Man verwendet Funktionen zum Beschreiben von Zusammenhängen zwischen verschiedenen Größen. Beschreibungen von in ökonomischen Anwendungen wichtigen Funktionen findet man z.B. in [B/K] I (22–30), [DÜ] (360–381), [MA] (26–29), [PF] I (61–67) und in [BÖ].

Vorsicht: Im folgenden wird oft statt ausführlich „die Funktion f: $D \to \mathbb{R}, x \mapsto f(x)$" abkürzend geschrieben „die Funktion $y = f(x)$ auf D" oder „die Funktion $f(x) = x^2$ auf D" oder auch „die Funktion f(x)". Falls man nur schreibt „die Funktion f(x)", ohne den Definitionsbereich anzugeben, ist als Definitionsbereich die größte Teilmenge $D \subset \mathbb{R}$ gemeint, für deren Elemente die Zuordnungsvorschrift sinnvoll ist. Es wird nicht immer präzise unterschieden zwischen der Zuordnungsvorschrift der Funktion und der Funktion selbst; die Bedeutung ist aber immer aus dem Zusammenhang klar.

Reelle Funktionen einer reellen Variablen veranschaulicht man sich am besten durch Zeichnungen. Man geht dabei so vor: Gegeben ist eine Funktion f: $[a, b] \to \mathbb{R}, x \mapsto f(x)$.

a) Man berechnet für einige Punkte im Intervall $[a, b]$ die Funktionswerte. Am besten wählt man eine äquidistante Zerlegung $x_i = a + \frac{i-1}{n} \cdot (b-a)$, wobei $(i = 1, \ldots, n+1)$; d. h. man zerlegt das Intervall in n gleichlange Intervalle. Die für diese Punkte x_i berechneten Funktionswerte $f(x_i)$ trägt man dann in eine Wertetabelle ein:

$a = x_1$	x_2	. . . .	x_n	$b = x_{n+1}$
$f(x_1)$	$f(x_2)$	. . . .	$f(x_n)$	$f(x_{n+1})$

Um die Funktion zu zeichnen, trägt man in einem kartesischen Koordinatensystem auf der waagrechten Achse (x-Achse oder Abszisse) die Werte $x_1, \ldots, x_{n+1}$ auf und auf der senkrechten Achse (y-Achse oder Ordinate) jeweils über x_i den zugehörigen Funktionswert $f(x_i)$. Wichtig dabei ist es, einen Maßstab zu wählen, so daß alle Werte in die Zeichnung eingetragen werden können. Die Punkte kann man durch eine Kurve verbinden, wenn die Funktion stetig ist. Der Begriff der Stetigkeit wird in § 2.6 besprochen.

Beispiel 4: Für die Funktion $f: [-2, 3] \to \mathbb{R}, x \mapsto f(x) = \frac{x^2}{2} - x + 1$ legt man zunächst eine Wertetabelle an.

−2	−1	0	1	2	3
5	2,5	1	0,5	1	2,5

Dann wählt man ein geeignetes Koordinatensystem; hier ist es sinnvoll, auf der y-Achse einen Maßstab so zu wählen, daß man die großen Werte bei −2 noch zeichnen kann. In der folgenden Zeichnung ist die Funktion dargestellt.

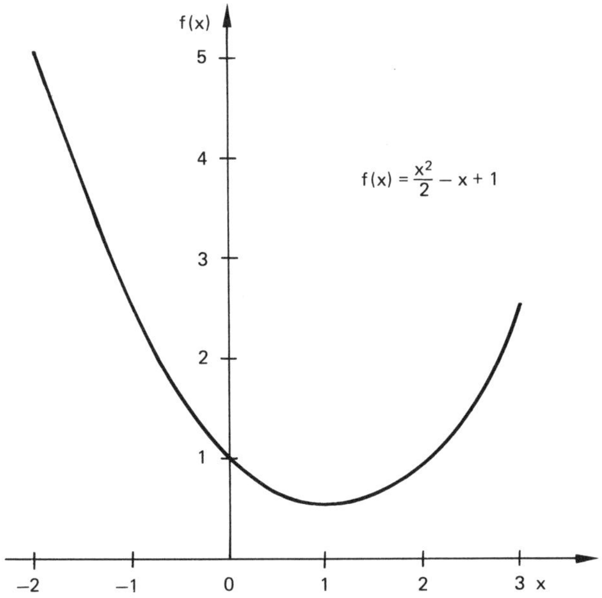

△

§ 2.2 Lineare, affinlineare und quadratische Funktionen

Zwei der einfachsten Funktionenklassen sind die linearen und quadratischen Funktionen.

Eine Funktion f: $\mathbb{R} \to \mathbb{R}$ heißt **linear**, wenn für alle $x \in \mathbb{R}$ gilt:

$$f(x) = ax \quad \text{mit} \quad a \in \mathbb{R}.$$

Beispiel 1: Die Funktion f: $\mathbb{R} \to \mathbb{R}$, $x \mapsto f(x) = 2x$ ist eine lineare Funktion (siehe folgende Zeichnung). △

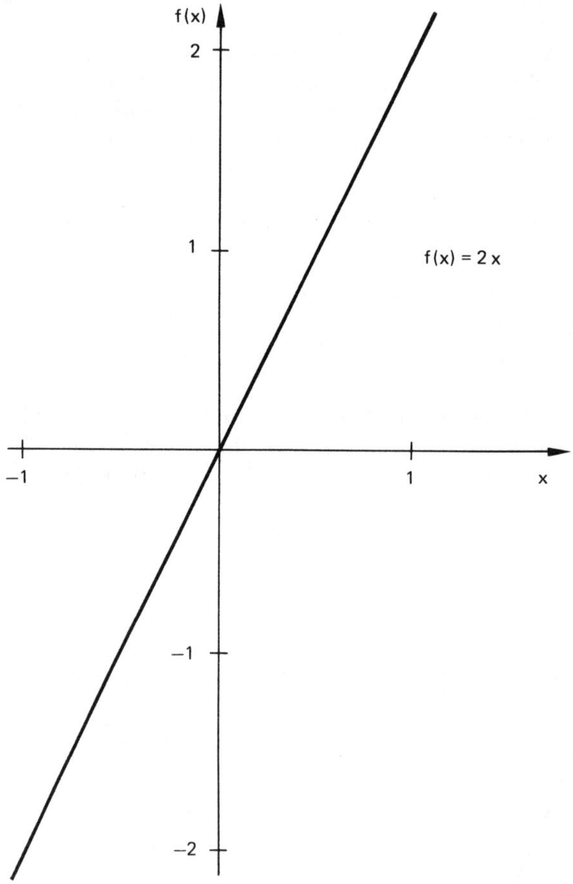

Eine Funktion heißt **affinlinear**, wenn für alle $x \in \mathbb{R}$ gilt:

$$f(x) = ax + b \quad \text{mit} \quad a, b \in \mathbb{R}.$$

Beispiel 2: Die Funktion f: $\mathbb{R} \to \mathbb{R}$, $x \mapsto f(x) = \frac{1}{2}x + 1$ ist eine affinlineare Funktion (siehe folgende Zeichnung).

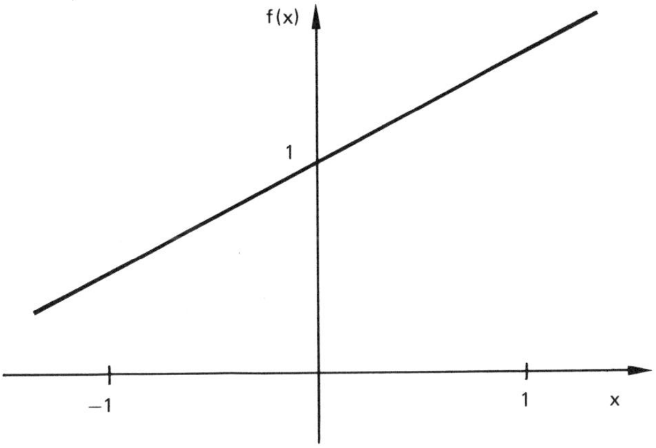

Eine Funktion heißt **quadratisch**, wenn für alle $x \in \mathbb{R}$ gilt:

$$f(x) = ax^2 + bx + c \quad \text{mit} \quad a, b, c \in \mathbb{R}. \qquad \triangle$$

Beispiel 3: Die Funktion $f: \mathbb{R} \to \mathbb{R}, x \mapsto f(x) = \frac{x^2}{2} - 2x + 1$ ist eine quadratische Funktion (siehe Zeichnung Seite 127).

§ 2.3 Eigenschaften von Funktionen

Im folgenden werden die wichtigsten Eigenschaften von Funktionen besprochen.

Eine Funktion $f: D \to \mathbb{R}, x \mapsto f(x)$ heißt **beschränkt in D**, wenn es Zahlen $a, b \in \mathbb{R}$ mit $a \leqq b$ gibt, so daß für alle $x \in D$ gilt:

$$a \leqq f(x) \leqq b.$$

Das heißt: Die Bildmenge $f(D)$ der Funktion liegt im Intervall $[a, b]$.

Beispiel 1: Die Funktion $f: [0,1] \to \mathbb{R}, x \mapsto f(x) = x$ ist beschränkt in $[0, 1]$, da für alle $x \in [0,1]$ gilt: $0 \leqq f(x) \leqq 1$. $\triangle$

Beispiel 2: Die Funktion $f: (0, \infty) \to \mathbb{R}, x \mapsto f(x) = \frac{1}{x}$ ist nicht beschränkt in $(0, \infty)$, da für ein beliebiges $b > 0$ gilt, daß für alle $x \in (0, \frac{1}{b})$ gilt $f(x) = \frac{1}{x} > b$.

Es gibt also keine obere Schranke für die Funktionswerte, wie man auch aus der Zeichnung erkennen kann.

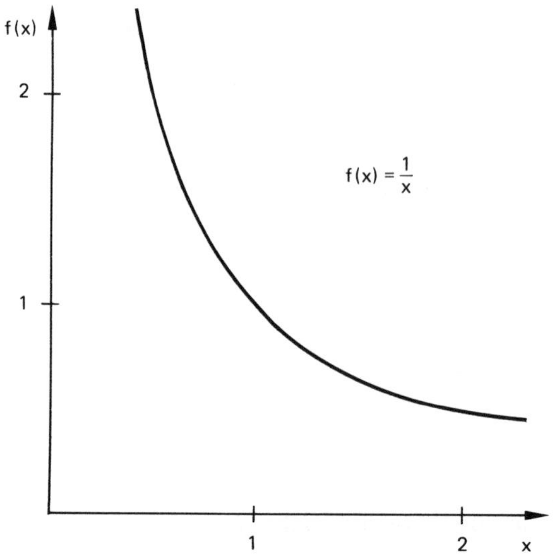

Dagegen ist diese Funktion in einem Intervall (a, ∞) mit $a > 0$ beschränkt, denn für alle $x \geqq a$ gilt

$$0 \leqq f(x) \leqq f(a) = \frac{1}{a}. \qquad \triangle$$

Eine Funktion $f: D \to \mathbb{R}$ heißt **monoton steigend (fallend)** in D, falls für alle $x_1, x_2 \in D$ mit $x_1 \leqq x_2$ gilt:

$$f(x_1) \leqq f(x_2) \quad (\text{bzw. } f(x_1) \geqq f(x_2))$$

Das bedeutet, daß bei Anwachsen des Arguments x auch die Funktionswerte f(x) größer werden oder zumindest nicht abnehmen (bzw. kleiner werden oder zumindest nicht zunehmen).

Beispiel 3: Gegeben ist die Funktion $f(x) = ax + b$ auf $\mathbb{R}$, wobei a und b beliebige reelle Konstanten seien. Für beliebige $x_1, x_2 \in \mathbb{R}$ ist die Differenz der Funktionswerte:

$$f(x_2) - f(x_1) = ax_2 + b - (ax_1 + b) = ax_2 + b - ax_1 - b = a(x_2 - x_1).$$

Falls $x_2 > x_1$, ist $x_2 - x_1 > 0$. Falls $a \geqq 0$, gilt dann $a(x_2 - x_1) \geqq 0$ und damit $f(x_2) \geqq f(x_1)$; falls $a \leqq 0$, folgt $f(x_2) \leqq f(x_1)$. Falls $a = 0$, gilt für alle x_1 und x_2: $f(x_1) = f(x_2)$. Somit:

$a > 0 \Rightarrow$ f ist monoton steigend in $\mathbb{R}$.
$a < 0 \Rightarrow$ f ist monoton fallend in $\mathbb{R}$.
$a = 0 \Rightarrow$ f ist monoton steigend und fallend. △

Beispiel 4: Sei $f(x) = \frac{1}{2}x - 1$ für $x \in \mathbb{R}$. Das ist ein Spezialfall des vorigen Beispiels. Aus den obigen Betrachtungen und aus der Zeichnung ersieht man, daß diese Funktion monoton steigend ist. △

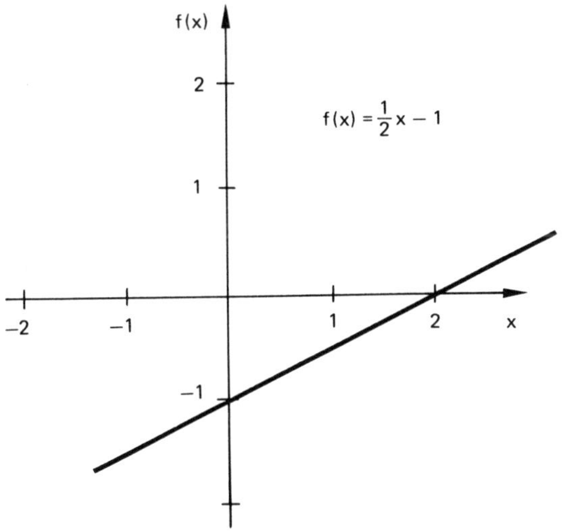

Es kann vorkommen, daß eine Funktion sowohl monoton steigend als auch monoton fallend ist, falls die Funktionswerte konstant bleiben. Um diejenigen Funktionen zu charakterisieren, bei denen die Funktionswerte tatsächlich steigen oder fallen, führt man einen weiteren Begriff ein.

Eine Funktion f: $D \to \mathbb{R}$ heißt **streng monoton steigend (fallend)** in $I \subset D$, wenn für alle $x_1, x_2 \in I$ mit $x_1 < x_2$ gilt:

$$f(x_1) < f(x_2) \quad (\text{bzw. } f(x_1) > f(x_2))$$

Hier wird zusätzlich gefordert, daß die Werte echt größer (kleiner) werden, wenn das Argument echt größer wird.

Beispiel 5: Bei dem vorletzten Beispiel sieht man, daß gilt:

Falls $a > 0$, ist f streng monoton steigend.
Falls $a < 0$, ist f streng monoton fallend.
Falls $a = 0$, ist f weder streng monoton steigend noch streng monoton fallend. Die Funktion im letzten Beispiel ist eine streng monoton steigende Funktion. △

Beispiel 6: Gegeben ist die Funktion

$$f\colon [0, \infty) \to \mathbb{R},\ x \mapsto \begin{cases} 1 & x \leqq 1 \\ x^{-1} & x > 1 \end{cases}$$

Diese Funktion ist im ganzen Definitionsbereich monoton fallend; in dem Intervall $[1, \infty)$ ist sie sogar streng monoton fallend.

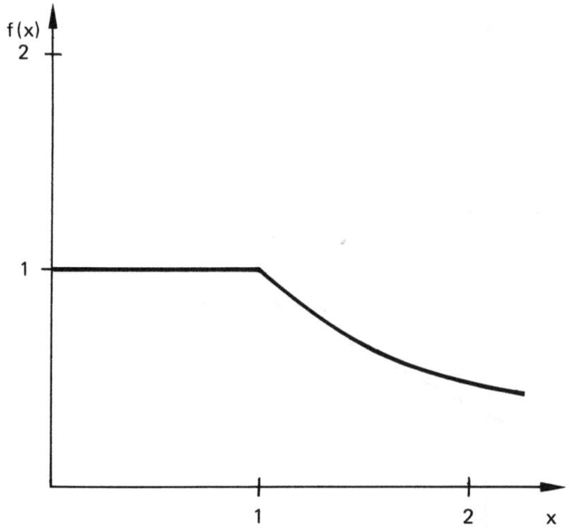

Funktion aus Beispiel 6 △

Eine Funktion f: D → ℝ heißt **injektiv**, wenn für alle x, y ∈ D gilt:

$$f(x) \neq f(y), \quad \text{wenn } x \neq y.$$

Anschaulich ist eine Funktion genau dann injektiv, wenn jede Parallele zur x-Achse (jede Gerade der Form y = c) den Graph von f höchstens in einem Punkt x_0 schneidet. Es gilt dann $f(x_0) = c$ und für alle $x \in D$ mit $x \neq x_0$: $f(x) \neq c$.

Eine Funktion f: D → ℝ heißt **surjektiv**, wenn für alle $y \in \mathbb{R}$ ein $x \in D$ existiert mit $f(x) = y$.

Anschaulich ist eine Funktion genau dann surjektiv, wenn jede Parallele zur x-Achse (Gerade y = c) den Graph von f mindestens in einem Punkt x_0 schneidet. Es gilt dann $f(x_0) = c$.

Beispiel 7: Die Funktion $f(x) = x^2$ ist auf ℝ weder injektiv noch surjektiv, da für $c > 0$, die Gerade $y = c$ den Graph in den zwei Punkten $\sqrt{c}$ und $-\sqrt{c}$ schneidet (also nicht injektiv); falls aber $c < 0$, schneidet die Gerade $y = c$ den Graphen nicht (also nicht surjektiv). △

Wenn eine Funktion streng monoton steigend ist, dann ist sie auch injektiv. Wenn nämlich zwei Punkte x_1 und x_2 mit $x_1 \neq x_2$ gegeben sind, muß entweder gelten $x_1 < x_2$ oder $x_1 > x_2$; dann gilt $f(x_1) < f(x_2)$ oder $f(x_1) > f(x_2)$, also sicher $f(x_1) \neq f(x_2)$. Genauso zeigt man das bei **streng monoton fallenden** Funktionen. Man hat den folgenden Satz.

Satz 2.1:
Sei f: D → ℝ mit D ⊂ ℝ eine streng monoton fallende oder steigende Funktion. Dann ist f eine injektive Funktion.

Bei einigen Fragestellungen der Extremwertbestimmung ist es wichtig zu wissen, ob eine Funktion schneller oder langsamer wächst als eine lineare Funktion.

Eine Funktion $f: D \to \mathbb{R}$ heißt **konvex im Intervall $I \subset D$**, wenn für alle $x_1, x_2 \in I$ mit $x_1 < x_2$ gilt:

(1) $$f(hx_1 + (1-h)x_2) \leqq hf(x_1) + (1-h)f(x_2) \quad \text{für alle } h \in [0,1].$$

Eine Funktion $f: D \to \mathbb{R}$ heißt **konkav in dem Intervall $I \subset D$**, wenn für alle $x_1, x_2 \in I$ mit $x_1 < x_2$ gilt:

(2) $$f(hx_1 + (1-h)x_2) \geqq hf(x_1) + (1-h)f(x_2) \quad \text{für alle } h \in [0,1].$$

Vorsicht: Die Definition der Begriffe konvex und konkav ist nicht einheitlich. In manchen Büchern sind sie genau umgekehrt definiert.

Beispiel 8: Das einfachste Beispiel für eine konvexe Funktion ist die Funktion $f(x) = x^2$. Den Beweis dafür, daß sie konvex ist, erhält man aus der folgenden geometrischen Überlegung. △

Geometrisch bedeutet die Tatsache, daß eine Funktion in einem Intervall I konvex ist, folgendes:
Alle Punkte x zwischen zwei Punkten x_1 und x_2 aus diesem Intervall I mit $x_1 < x_2$ kann man in der Form $x = hx_1 + (1-h)x_2$ schreiben, wobei $h = \frac{x_2 - x}{x_2 - x_1}$, also $0 \leqq h \leqq 1$. Zum Beispiel gilt für $h = 1$: $x_1 = 1 \cdot x_1 + (1-1) \cdot x_2 = x_1$. Die obige Ungleichung (1) besagt, daß bei einem solchen Punkt x der Funktionswert kleiner oder gleich der Größe $hf(x_1) + (1-h)f(x_2)$ ist. Das ist aber der Funktionswert einer Geraden durch die Punkte $(x_1, f(x_1))$ und $(x_2, f(x_2))$ in dem Punkt x. Das heißt: Für beliebige Punkte $x_1 < x_2$ aus dem Intervall liegt der Graph der Funktion nicht über der Strecke zwischen den Punkten $(x_1, f(x_1))$ und $(x_2, f(x_2))$.

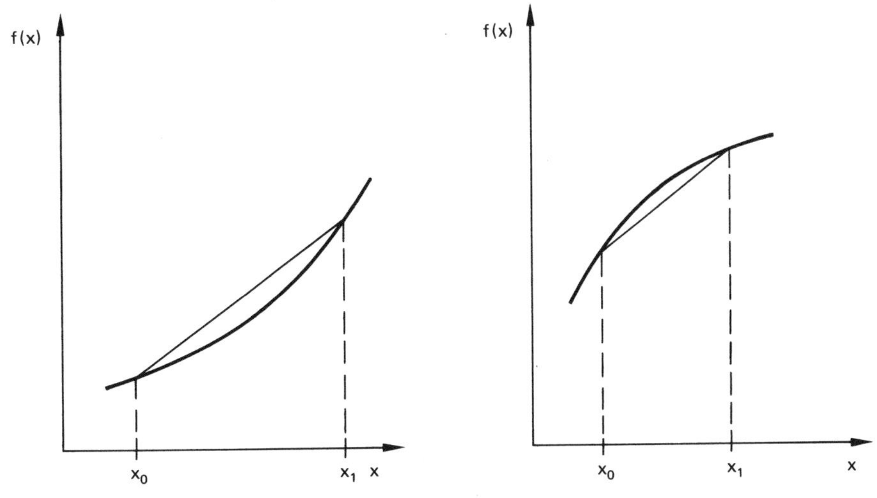

konvexe Funktion   konkave Funktion

Bei einigen Problemen werden die Untersuchungen vereinfacht, wenn man Symmetrieeigenschaften der Funktion berücksichtigt.

Eine Funktion $f: \mathbb{R} \to \mathbb{R}$ heißt:

a) **gerade**, wenn $f(x) = f(-x)$ für alle $x \in \mathbb{R}$.
b) **ungerade**, wenn $f(x) = -f(-x)$ für alle $x \in \mathbb{R}$.

Wenn eine Funktion gerade ist, heißt das, daß ihr Graph achsensymmetrisch zur y-Achse ist; wenn eine Funktion ungerade ist, dann ist ihr Graph punktsymmetrisch zum Nullpunkt (0, 0).

Beispiel 9: Die Funktion $f(x) = x^2$ ist gerade, da:

$$f(x) = x^2 = (-x)^2 = f(-x). \qquad \triangle$$

Beispiel 10: Die Funktion $g(x) = x^3 + x$ ist ungerade, da:

$$g(x) = x^3 + x = -(-x)^3 - (-x) = -((-x)^3 + (-x)) = -g(-x). \qquad \triangle$$

§ 2.4 Zusammengesetzte Funktionen und Umkehrfunktionen

Bei dem Begriff der Abbildung wurden zusammengesetzte Abbildungen und Umkehrabbildungen definiert. Hier werden diese Begriffe für den Spezialfall von Funktionen untersucht.

Gegeben seien zwei Funktionen $f: I_1 \to \mathbb{R}$ und $g: I_2 \to \mathbb{R}$ auf zwei Intervallen I_1 und I_2. Falls gilt $f(I_1) \subset I_2$, d.h. daß die Bildmenge der ersten Funktion in der Definitionsmenge der zweiten enthalten ist, kann man die zusammengesetzte Funktion $g \circ f$ bilden. Das ist eine Funktion von I_1 in $\mathbb{R}$ mit folgender Zuordnungsvorschrift: $(g \circ f)(x) = g(f(x))$. In Kurzform geschrieben:

$$g \circ f: I_1 \to \mathbb{R}, x \mapsto (g \circ f)(x) = g(f(x)).$$

Die Zuordnungsvorschrift dieser Funktion erhält man in folgender Weise:

a) Man ersetzt in der Zuordnungsvorschrift $x \mapsto g(x)$ der Funktion g das Variablensymbol durch ein anderes Symbol; man setzt z.B. z statt x, also $z \mapsto g(z)$.
b) Dann ersetzt man in dieser Zuordnungsvorschrift $z \mapsto g(z)$ den neuen Variablennamen z durch f(x) und vereinfacht die so entstandene Zuordnungsvorschrift der Funktion $g \circ f$, soweit möglich.

Beispiel 1: Gegeben sind

$$f: (0, \infty) \to R, x \mapsto f(x) = 2x + 1 \quad \text{und}$$
$$g: (0, \infty) \to \mathbb{R}, x \mapsto g(x) = \sqrt{2x + 2}.$$

Man schreibt die Zuordnungsvorschrift von g in der Form:

$$g(z) = \sqrt{2z + 2}.$$

Dann ersetzt man z durch f(x):

$$(g \circ f)(x) = g(f(x)) = g(2x+1) = \sqrt{2(2x+1)+2} = \sqrt{4x+2+2} =$$
$$= \sqrt{4x+4} = 2\sqrt{x+1}\,.$$

Die Funktion $g \circ f$ hat also die Zuordnungsvorschrift:

$$(g \circ f)(x) = \sqrt{4x+4} = 2\sqrt{x+1}\,. \qquad \triangle$$

Wenn man für eine Funktion die Umkehrfunktion bestimmen will, muß man zunächst prüfen, ob die Funktion injektiv ist, da nur dann die Umkehrfunktion existiert. Im vorigen Abschnitt wurde gezeigt, daß jede streng monotone Funktion injektiv ist. Es gilt somit:

Satz 2.2:
Jede streng monotone Funktion $f\colon D \to \mathbb{R}, x \mapsto f(x)$ besitzt eine Umkehrfunktion $f^{-1}\colon f(D) \to \mathbb{R}, x \mapsto f^{-1}(x)$.

Wie man mittels der Ableitung einer Funktion die strenge Monotonie und damit die Umkehrbarkeit einer Funktion zeigen kann, wird in § 3.7 erklärt. Hier wird erläutert, wie man die Zuordnungsvorschrift der Umkehrfunktion angeben kann, wenn bekannt ist, daß die Umkehrfunktion f^{-1} existiert. Dazu gibt es zwei Möglichkeiten:

1) Graphische Darstellung der Umkehrfunktion:

Sei eine injektive Funktion $f\colon D \to \mathbb{R}, x \mapsto f(x)$ gegeben. Aus der Zeichnung sieht man, daß man durch Vertauschen der Achsen den Graphen der Umkehrfunktion erhält.

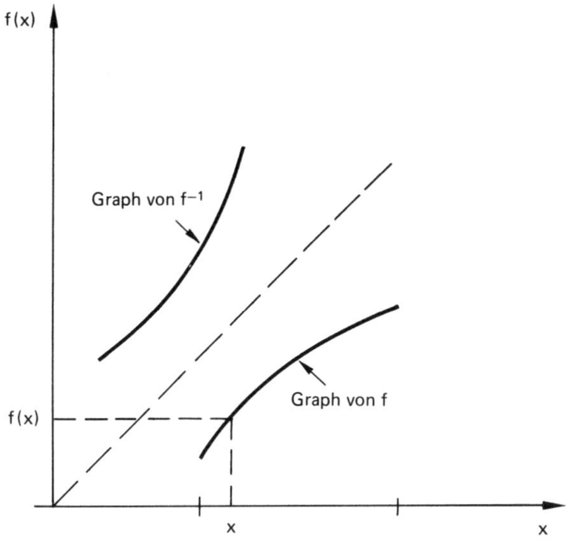

Bei den vertauschten Achsen wird der Graph entlang der Geraden $y = x$ gespiegelt, durch den gespiegelten Graphen wird jedem Punkt y genau der Punkt x zugeordnet, für den gilt $f(x) = y$.

2) Berechnung der Zuordnungsvorschrift durch Umformen der Zuordnungsvorschrift der ursprünglichen Funktion:

Bei einer umkehrbaren Funktion $f: D \to \mathbb{R}, x \mapsto f(x)$ erhält man die Zuordnungsvorschrift der Umkehrfunktion folgendermaßen:

a) Man schreibt die Zuordnungsvorschrift der Funktion f in der Form $y = f(x)$.

b) Man löst diese Gleichung nach x auf, als ob x eine unbekannte Größe ist.

Das Ergebnis ist dann eine Gleichung der Form $x = f^{-1}(y)$. Das ist die Zuordnungsvorschrift der Umkehrfunktion. Setzt man auf der rechten Seite einen Wert $y \in f(D)$, erhält man als Ergebnis den Punkt $x \in D$, für den gilt $f(x) = y$.

Beispiel 2: Gegeben ist die Funktion $f: \mathbb{R} \to \mathbb{R}, x \mapsto f(x) = 2x + 1$.

Man schreibt die Zuordnungsvorschrift in der Form $y = f(x)$, hier $y = 2x + 1$. Aufgelöst nach x erhält man $x = \frac{y}{2} - \frac{1}{2}$. Die Umkehrfunktion hat daher die Zuordnungsvorschrift $f^{-1}(y) = \frac{y}{2} - \frac{1}{2}$. Graphisch findet man durch Spiegeln des Graphen der Funktion den Graph der oben berechneten Umkehrfunktion.

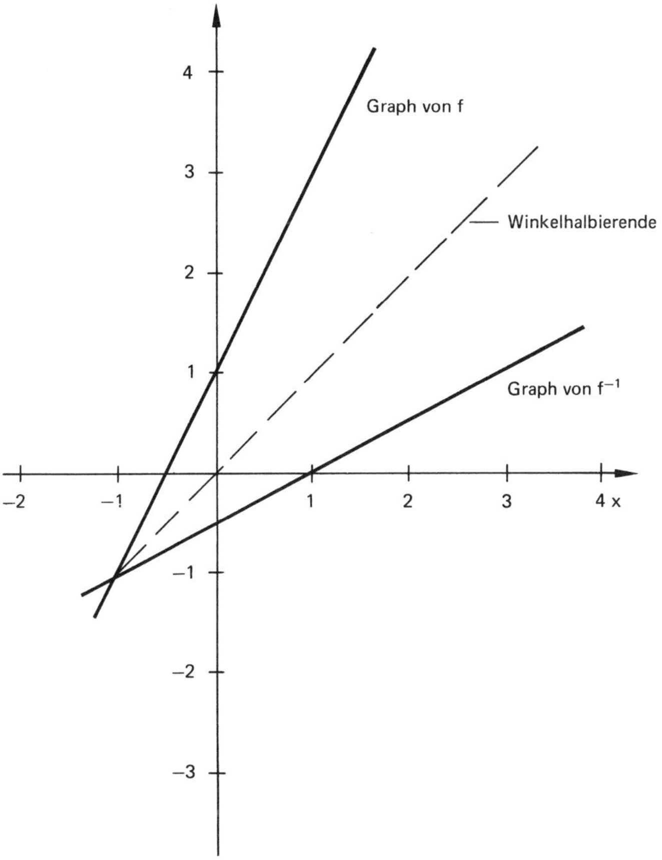

△

Beispiel 3: Gegeben ist die Funktion f: $[0,\infty) \to \mathbb{R}$, $x \mapsto f(x) = \frac{1}{1+x^2}$. Man schreibt die Zuordnungsvorschrift wieder in der Form:

$$y = f(x), \quad \text{also} \quad y = \frac{1}{1+x^2}.$$

Diese Gleichung löst man nach x auf:

$y = \frac{1}{1+x^2}$; $y(1+x^2) = 1$; $1 + x^2 = \frac{1}{y}$; $x^2 = \frac{1}{y} - 1$; Da die Zahl x aus dem Definitionsbereich $[0,\infty)$ der Funktion f ist, muß $x \geqq 0$ gelten: $x = \sqrt{\frac{1}{y} - 1}$. △

§ 2.5 Grenzwerte von Funktionen

In § 1.2 wurde der Grenzwertbegriff für Folgen eingeführt. Hier soll der Grenzwertbegriff für Funktionen erklärt werden. Diesen Begriff erhält man, wenn man das Verhalten von Funktionen in der Nähe eines Punktes untersucht. Sei f: $D \to \mathbb{R}$ eine

Funktion und x_0 eine Zahl derart, daß es ein $h_0 > 0$ gibt, so daß $(x_0 - h_0, x_0) \subset D$ ist, d.h. die Funktion f ist in einem offenen Intervall, das x_0 als rechten Randpunkt hat, definiert. Betrachtet man nun in immer kleiner werdenden Teilintervallen $(x_0 - h, x_0) \subset (x_0 - h_0, x_0)$ mit $0 < h < h_0$ für $h \to 0$ das Verhalten der Funktionswerte f(x) in diesen Intervallen, gelangt man zum Begriff des linksseitigen Grenzwerts einer Funktion.

Die Funktion f hat in x_0 den **linksseitigen Grenzwert** $\alpha \in \mathbb{R}$, wenn es für jedes $\varepsilon > 0$ ein (von ε abhängiges) $\delta > 0$ gibt, so daß für alle $x \in D \cap (x_0 - \delta, x_0)$ gilt:

$$|f(x) - \alpha| < \varepsilon.$$

Analog definiert man unter entsprechenden Voraussetzungen den rechtsseitigen Grenzwert für eine Funktion f in einem Punkt x_0.

Die Funktion f hat in x_0 den **rechtsseitigen Grenzwert** $\beta \in \mathbb{R}$, wenn es für jedes $\varepsilon > 0$ ein (von ε abhängiges) $\delta > 0$ gibt, so daß für alle $x \in D \cap (x_0, x_0 + \delta)$ gilt:

$$|f(x) - \beta| < \varepsilon.$$

Man schreibt für den rechts(links-)seitigen Grenzwert von f in x_0 kurz:

$$\lim_{\substack{x \to x_0 \\ x > x_0}} f(x) = \alpha \quad \text{bzw.} \quad \lim_{\substack{x \to x_0 \\ x < x_0}} f(x) = \beta.$$

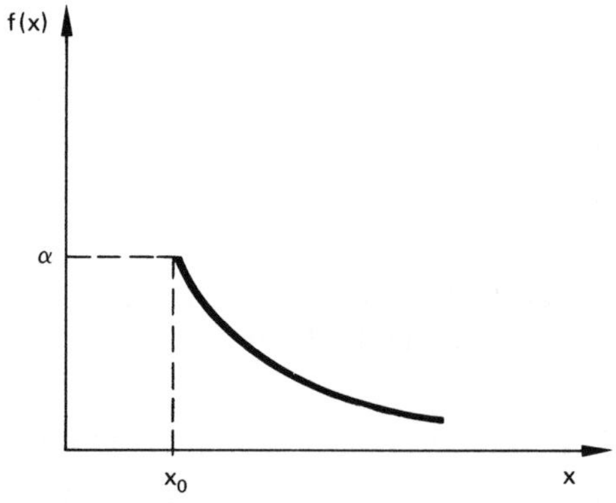

Rechtsseitiger Grenzwert α in x_0

Beispiel 1: Gegeben ist die Funktion f: $\mathbb{R} \to \mathbb{R}$ mit der Zuordnungsvorschrift:

$$f(x) = \begin{cases} -1, & x < 0 \\ 0, & x = 0 \\ +1, & x > 0 \end{cases}$$

Diese Funktion hat im Punkt 0 den rechtsseitigen Grenzwert +1, den linksseitigen Grenzwert −1 und den Funktionswert 0. In allen Punkten $x < 0$ sind linksseitiger und rechtsseitiger Grenzwert gleich dem Funktionswert in diesem Punkt, nämlich gleich −1. Analog erhält man für alle $x > 0$ als entsprechenden Grenzwert 1. △

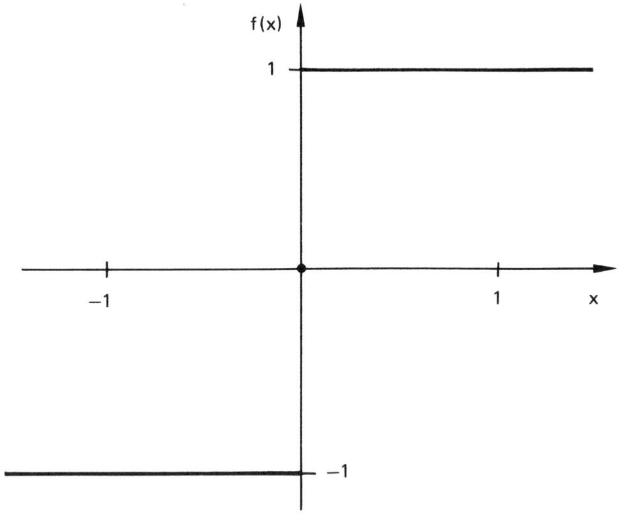

Funktion aus Beispiel 1

Beispiel 2: Gegeben ist die Funktion f: $\mathbb{R} \setminus \{1\} \to \mathbb{R}, x \to \frac{x^2 - 1}{x - 1}$. Für alle $x \neq 1$ läßt sich schreiben:

$$f(x) = \frac{x^2 - 1}{x - 1} = \frac{(x-1)(x+1)}{x-1} = x + 1 .$$

Es gilt also für alle Punkte in der Nähe von x = 1 mit der Ausnahme von 1 stets f(x) = x + 1. Damit gilt für x = 1:

$$\lim_{\substack{x \to 1 \\ x < 1}} f(x) = \lim_{\substack{x \to 1 \\ x < 1}} (x + 1) = 2 \quad \text{und} \quad \lim_{\substack{x \to 1 \\ x > 1}} f(x) = \lim_{\substack{x \to 1 \\ x > 1}} (x + 1) = 2 .$$

Die Funktion hat also in 1 den links- und rechtsseitigen Grenzwert 2. △

Falls eine Funktion f in einem Punkt x_0 sowohl einen links- als auch einen rechtsseitigen Grenzwert besitzt und beide gleich einem Wert $\alpha \in \mathbb{R}$ sind, bezeichnet man diesen Wert α als den **Grenzwert der Funktion f in diesem Punkt** und schreibt dafür $\lim_{x \to x_0} f(x) = \alpha$. Dabei muß die Funktion f im Punkt x_0 selbst nicht definiert sein, sondern nur in der Nähe des Punktes.

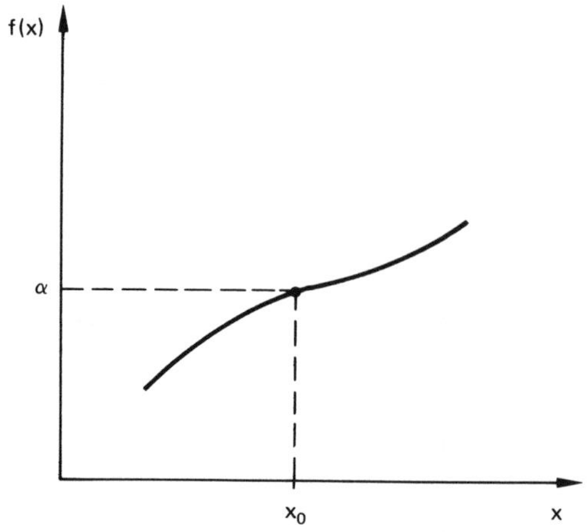

Beispiel 3: Betrachtet man die obigen beiden Beispiele, so hat die Funktion aus Beispiel 1 in allen Punkten $x < 0$ den Grenzwert -1 und in allen Punkten $x > 0$ den Grenzwert $+1$. In 0 existiert kein Grenzwert, da linksseitiger und rechtsseitiger Grenzwert nicht gleich sind. Die Funktion im zweiten Beispiel hat in den Punkten $x \neq 1$ immer den Grenzwert $x + 1$ und genauso im Punkt $x = 1$. △

Ähnlich wie bei bestimmt divergenten Folgen kann man für Funktionen $+\infty$ oder $-\infty$ als uneigentlichen Grenzwert definieren.

Eine Funktion f hat in einem Punkt x_0 den **(uneigentlichen) Grenzwert $+\infty$ (bzw. $-\infty$)**, wenn es für alle $K \in \mathbb{R}$ ein (von K abhängiges) $\delta > 0$ gibt, so daß für alle $x \in (x_0 - \delta, x_0 + \delta) \cap D$ gilt:

$$f(x) > K \quad (\text{bzw. } f(x) < K)$$

Das heißt, für beliebig große Zahlen K kann man immer ein $\delta > 0$ finden, so daß für alle x, deren Abstand zu x_0 kleiner als δ (außer x_0) ist, die Funktionswerte größer (bzw. kleiner) als K sind. Man schreibt dafür in Kurzform:

$$\lim_{x \to x_0} f(x) = +\infty \quad (\text{bzw. } \lim_{x \to x_0} f(x) = -\infty)$$

In ähnlicher Weise definiert man den linksseitigen (rechtsseitigen) Grenzwert $+\infty$ bzw. $-\infty$ und schreibt dafür:

$$\lim_{\substack{x \to x_0 \\ x < x_0}} f(x) = +\infty \quad \text{bzw.} \quad \lim_{\substack{x \to x_0 \\ x > x_0}} f(x) = -\infty \quad \text{bzw.}$$

$$\lim_{\substack{x \to x_0 \\ x > x_0}} f(x) = +\infty, \quad \text{bzw.} \quad \lim_{\substack{x \to x_0 \\ x < x_0}} f(x) = -\infty.$$

Beispiel 4: Gegeben ist $f(x) = \frac{1}{x}$. Es gilt für diese Funktion

$$\lim_{\substack{x \to 0 \\ x < 0}} f(x) = -\infty \quad \text{und} \quad \lim_{\substack{x \to 0 \\ x > 0}} f(x) = +\infty.$$

Die Funktion hat also in 0 den linksseitigen Grenzwert $-\infty$ und den rechtsseitigen Grenzwert $+\infty$.

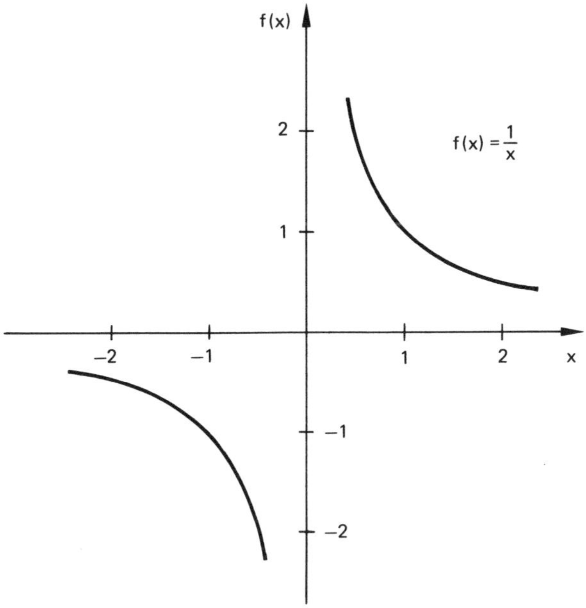

△

Beispiel 5: Gegeben ist die Funktion $g(x) = \frac{1}{x^2}$. Es gilt für diese Funktion $\lim_{x \to 0} g(x) = +\infty$. Die Funktion g hat in 0 den Grenzwert $+\infty$. △

Für das Rechnen mit Grenzwerten von Funktionen gelten ähnliche Regeln wie bei Grenzwerten von Folgen. Wir beschränken uns hier auf den Fall endlicher Grenzwerte. Falls unendliche Grenzwerte auftreten, kann man diese Regeln im allgemeinen nicht anwenden.

Satz 2.4:
Seien f und g zwei Funktionen mit:

$$\lim_{x \to x_0} f(x) = \alpha \in \mathbb{R} \quad \text{und} \quad \lim_{x \to x_0} g(x) = \beta \in \mathbb{R}.$$

Dann gilt:

a) $\lim_{x \to x_0} (f(x) + c) = \alpha + c$ für alle $c \in \mathbb{R}$.

b) $\lim_{x \to x_0} (c \cdot f(x)) = c \cdot \alpha$ für alle $c \in \mathbb{R}$.

c) $\lim_{x \to x_0} (f(x) + g(x)) = \alpha + \beta$.

d) $\lim_{x \to x_0} (f(x) \cdot g(x)) = \alpha \cdot \beta$.

e) $\lim_{x \to x_0} \frac{f(x)}{g(x)} = \frac{\alpha}{\beta}$, falls $g(x) \neq 0$ für alle x in der Nähe von x_0 und $\beta \neq 0$ ist.

f) $\lim_{x \to x_0} (f(x))^k = \alpha^k$ für alle $k \in \mathbb{N}$.

Beispiel 6: Seien die Funktionen $f(x) = \frac{x^2 - 1}{x - 1}$ auf $\mathbb{R} \setminus \{1\}$ und $g(x) = x^2$ auf $\mathbb{R}$ gegeben. Es gilt dann unter Verwendung der vorher für diese Funktionen berechneten Grenzwerte:

$$\lim_{x \to 1} (f(x) + g(x)) = 2 + 1 = 3. \qquad \triangle$$

In ähnlicher Weise wie bei Folgen kann man für Funktionen den Grenzwert einer Funktion für $x \to \pm\infty$ definieren. Eine Funktion $f\colon \mathbb{R} \to \mathbb{R}$ hat **für $x \to \infty$ (bzw. $x \to -\infty$) den Grenzwert $\alpha \in \mathbb{R}$**, wenn es für alle $\varepsilon > 0$ ein (von ε abhängiges) $C \in \mathbb{R}$ gibt, so daß gilt:

$$|f(x) - \alpha| < \varepsilon \quad \text{für alle } x > C \quad (\text{bzw. alle } x < C)$$

Beispiel 7: Die Funktion $f(x) = \frac{1}{x}$ hat für $x \to \infty$ den Grenzwert 0 und ebenso für $x \to -\infty$. $\triangle$

Die Funktion hat dann den Grenzwert $+\infty$ für $x \to \infty$ bzw. $x \to -\infty$, wenn die Funktionswerte für $x \to \infty$ bzw. $x \to -\infty$ beliebig anwachsen. Das heißt, wenn für eine Funktion $f\colon \mathbb{R} \to \mathbb{R}$ folgendes zutrifft:

Für alle $C \in \mathbb{R}$ gibt es eine (von C abhängige) Zahl $K \in \mathbb{R}$, so daß für alle $x > K$ (bzw. $x < K$) stets gilt:

$$f(x) > C,$$

sagt man, die Funktion f hat für $x \to \infty$ (bzw. $x \to -\infty$) den Grenzwert $+\infty$. Man schreibt hierfür $\lim_{x \to +\infty} f(x) = +\infty$ (bzw. $\lim_{x \to -\infty} f(x) = +\infty$). Analog definiert man den Grenzwert $-\infty$ für $x \to \infty$ bzw. $x \to -\infty$.

Beispiel 8: Die Funktion $f(x) = x^3$ hat für $x \to +\infty$ den Grenzwert $+\infty$ und für $x \to -\infty$ den Grenzwert $-\infty$.

§ 2.6 Stetigkeit von Funktionen

Definition: (Stetigkeit)
Gegeben ist eine Funktion f auf einem Intervall (a, b). Die Funktion f heißt **stetig** in einem Punkt $x_0 \in (a, b)$, wenn gilt:

$$\lim_{x \to x_0} f(x) = f(x_0)$$

Das bedeutet, daß sich bei Annäherung der Argumentwerte x an x_0 (aus beiden Richtungen) die Funktionswerte $f(x)$ an $f(x_0)$ annähern. In manchen Büchern wird die Stetigkeit mit Folgen definiert. Es gilt folgender Satz.

Satz 2.5:
Die Funktion f ist genau dann stetig in einem Punkt $x_0 \in (a, b)$, wenn für alle Folgen (x_n) mit $x_n \in (a, b)$ für alle $n \in \mathbb{N}$ und $\lim\limits_{n \to \infty} x_n = x_0$ gilt:

$$\lim_{n \to \infty} f(x_n) = f(x_0).$$

Falls die Funktion f: $D \to \mathbb{R}$, wobei D ein offenes Intervall ist, in allen Punkten aus D stetig ist, bezeichnet man sie als eine auf D **stetige** Funktion. Eine auf dem abgeschlossenen Intervall $[a, b]$ definierte Funktion f heißt **rechts(links-)stetig** in a (bzw. b), falls

$$\lim_{\substack{x \to a \\ x > a}} f(x) = f(a) \quad (\text{bzw. } \lim_{\substack{x \to b \\ x < b}} f(x) = f(b))$$

Eine solche Funktion f heißt **stetig auf** $[a, b]$, wenn sie in allen Punkten $x \in (a, b)$ stetig, in a rechts- und in b linksstetig ist.

Satz 2.6:
Sind f und g zwei auf einem Intervall I stetige Funktionen sind, so gilt
a) $f + g$ ist eine auf I stetige Funktion.
b) $f \cdot g$ ist eine auf I stetige Funktion.
c) $\frac{f}{g}$ ist eine auf I stetige Funktion, falls $g(x) \neq 0$ für alle $x \in I$.
d) Falls die Umkehrfunktion f^{-1} existiert, ist sie eine stetige Funktion auf dem Intervall $f(I)$. (Die Bildmenge einer auf einem Intervall stetigen Funktion ist wieder ein Intervall.)

Wenn eine Funktion stetig ist, bedeutet das anschaulich, daß ihr Graph im Definitionsbereich keinen Sprung hat. Deshalb gilt der folgende Satz.

Satz 2.7:
Eine Funktion f, die auf einem abgeschlossenen Intervall $[a, b]$ stetig ist, nimmt jeden Wert zwischen $f(a)$ und $f(b)$ an, d. h. für jede Zahl c zwischen $f(a)$ und $f(b)$ gibt es mindestens einen Punkt $x_c \in (a, b)$ mit $f(x_c) = c$.

Anschaulich ist dieser Satz plausibel. Bei einer stetigen Funktion kann man den Graphen von dem Punkt $(a, f, (a))$ bis $(b, f(b))$ einem Zug durchzeichnen, daher muß er jede Gerade der Form $y = c$ für c zwischen $f(a)$ und $f(b)$ mindestens einmal schneiden.

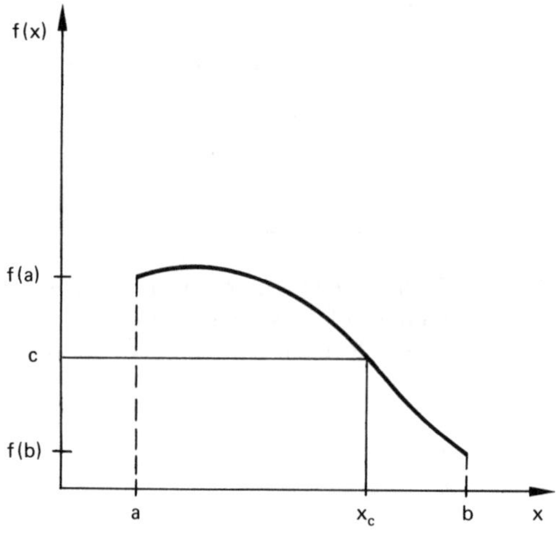

III.3 Differentialrechnung für Funktionen einer reellen Variablen

§ 3.1 Einleitung

Bei einer Funktion ist man oft an den Eigenschaften der Funktion interessiert, die sich nicht sofort aus der Zuordnungsvorschrift der Funktion erkennen lassen. Zwei wichtige Fragen, die auch bei der Anwendung mathematischer Methoden in den Wirtschaftswissenschaften von Bedeutung sind, wären z. B.:

1) Wie stark ändern sich die Funktionswerte f(x), wenn das Argument x verändert wird?

2) An welchen Punkten ihres Definitionsbereiches hat die Funktion ihren größten oder kleinsten Funktionswert?

Ein einfaches Beispiel, bei dem diese Fragen interessieren, sind Kosten-, Umsatz- und Gewinnfunktionen, bei denen x die produzierte Menge und der Funktionswert jeweils die entsprechenden Kosten, Umsätze oder Gewinne angibt.

In diesem Abschnitt wird auch die Differentiation der in Abschnitt III.4 beschriebenen elementaren Funktionen behandelt: Es ist daher sinnvoll, die beiden Abschnitte entweder parallel durchzuarbeiten oder zunächst die Definitionen der Funktionen in III.4 durchzulesen.

§ 3.2 Der Differentialquotient

Der grundlegende Begriff der Differentialrechnung ist der Differentialquotient, der in diesem Abschnitt eingeführt wird.

Gegeben ist eine Funktion f(x) auf einem Intervall I = (a, b). Seien x_0 und $x_0 + h$ zwei Punkte aus (a, b). Die Änderung der Funktionswerte, wenn man vom Punkt x_0 zum Punkt $x_0 + h$ übergeht, ist die Differenz $f(x_0 + h) - f(x_0)$. Diese Differenz ist die absolute Änderung der Funktionswerte. Die relative Änderung der Funktionswerte, bezogen auf die Änderung der Argumentwerte, ist gegeben durch den

Differenzenquotienten; in diesem Fall:

$$\frac{f(x_0+h)-f(x_0)}{(x_0+h)-x_0}=\frac{f(x_0+h)-f(x_0)}{h}.$$

Dieser Quotient hat, wie man aus der folgenden Zeichnung ersieht, eine geometrische Bedeutung:

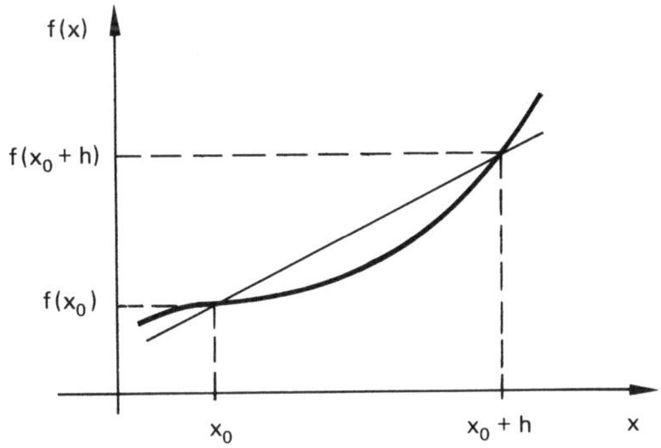

Der Quotient ist die Steigung der Geraden, die durch die beiden Punkte $(x_0, f(x_0))$ und $(x_0+h, f(x_0+h))$ verläuft. Diese Gerade bezeichnet man als **Sekante** durch diese Punkte. Untersucht man das Grenzverhalten des Differenzenquotienten für $h \to 0$, d.h. wenn sich die Punkte $x_0 + h$ immer mehr dem Punkt x_0 annähern, erhält man im Grenzübergang den Differentialquotienten. Dabei nähern sich die Sekanten der **Tangente** an die Funktion im Punkt x_0.

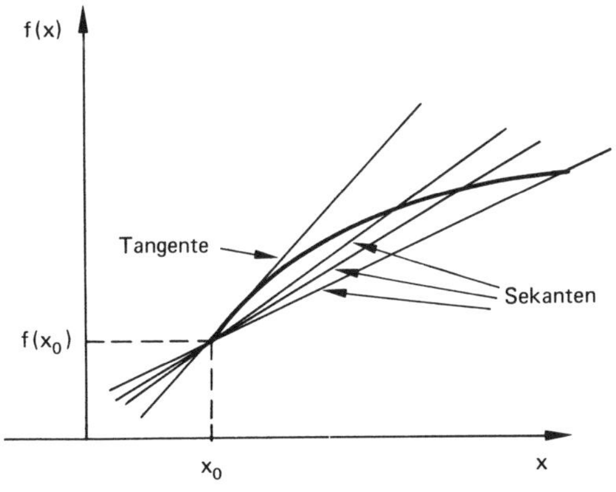

Definition: (Differentialquotient)
Eine Funktion $f: (a, b) \to \mathbb{R}$ heißt **differenzierbar in x_0** $\in (a, b)$, wenn der Grenzwert

$$\lim_{h\to 0}\frac{f(x_0+h)-f(x_0)}{h}$$

existiert.

Dieser Grenzwert heißt dann der **Differentialquotient** oder die **Ableitung der Funktion f im Punkt** x_0. Man schreibt für den Differentialquotienten:

$$f'(x_0) = \lim_{h \to 0} \frac{f(x_0 + h) - f(x_0)}{h}.$$

Für den Differentialquotienten ist auch folgende andere Schreibweise üblich:

$$f'(x_0) = \left.\frac{d f(x)}{d x}\right|_{x = x_0}.$$

Falls man die Zuordnungsvorschrift der Funktion f in der Form $y = f(x)$ schreibt, bezeichnet man die Ableitung im Punkt x_0 auch mit $y'(x_0)$.

Eine Funktion heißt **differenzierbar in einem Intervall (a, b)**, wenn sie in jedem Punkt $x_0 \in (a, b)$ differenzierbar ist. Die Funktion $f': (a, b) \to \mathbb{R}, x \mapsto f'(x)$, die jedem $x \in (a, b)$ die Ableitung von f in x zuordnet, heißt dann die **(erste) Ableitung von f**. Für die Ableitungsfunktion $f'(x)$ schreibt man oft auch $(f(x))'$.

Die Ableitung $f'(x_0)$ gibt die Steigung der Tangente der Graphen von f im Punkt $(x_0, f(x_0))$ an.

Anschaulich bedeutet die Tatsache, daß f in x_0 differenzierbar ist, daß die Funktion f in der Nähe des Punktes x_0 durch die Gerade $y = f(x_0) + f'(x_0)h$ approximiert wird; denn wegen $f'(x_0) = \lim\limits_{h \to 0} \frac{f(x_0 + h) - f(x_0)}{h}$ gilt für kleine h näherungsweise:

$$f(x_0 + h) - f(x_0) \approx h \cdot f'(x_0).$$

Für verschiedene Punkte erhält man im allgemeinen verschiedene Geraden. Die Bedeutung dieser Approximation wird in § 3.5 erläutert.

Wie man die Ableitung einer Funktion durch einen direkten Grenzübergang berechnen kann, wird in den folgenden Beispielen gezeigt.

Beispiel 1: $f(x) = ax + b$. Das ist die Gleichung einer Geraden. Man erhält als Ableitung:

$$f'(x) = \lim_{h \to 0} \frac{f(x + h) - f(x)}{h} = \lim_{h \to 0} \frac{a(x + h) + b - ax - b}{h}$$

$$= \lim_{h \to 0} \frac{ah}{h} = \lim_{h \to 0} a = a.$$

Die Ableitung ist also gleich der Steigung der Geraden. △

Beispiel 2: $f(x) = x^n$. Man erhält:

$$f'(x) = \lim_{h \to 0} \frac{f(x + h) - f(x)}{h} = \lim_{h \to 0} \frac{(x + h)^n - x^n}{h} =$$

Mit dem binomischen Lehrsatz (siehe Kap. I, § 5.3):

$$= \lim_{h \to 0} \frac{\sum_{i=0}^{n} \binom{n}{i} x^i \cdot h^{n-i} - x^n}{h} = \lim_{h \to 0} \frac{\sum_{i=0}^{n-1} \binom{n}{i} x^i \cdot h^{n-i}}{h}$$

$$= \lim_{h \to 0} \sum_{i=0}^{n-1} \binom{n}{i} x^i \cdot h^{n-i-1}$$

$$= \lim_{h \to 0} \left(\binom{n}{0} x^0 \cdot h^{n-1} + \ldots + \binom{n}{n-1} x^{n-1} \cdot h^0 \right)$$

$$= \binom{n}{n-1} x^{n-1} = n \cdot x^{n-1}. \qquad \triangle$$

Diese direkte Berechnung der Ableitung durch Grenzübergang ist etwas kompliziert. In der folgenden Tabelle sind die Ableitungen der in III.4 beschriebenen elementaren Funktionen und einiger Spezialfälle davon aufgelistet.

Tabelle der ersten Ableitungen der elementaren Funktionen

Funktion f(x)	Ableitung f′(x)	
x^n	$n \cdot x^{n-1}$	$(n \in \mathbb{N})$
$ax + b$	a	
$ax^2 + bx + c$	$2ax + b$	
$\frac{1}{x^n}$	$-\frac{n}{x^{n+1}}$	$(n \in \mathbb{N})$
$\sqrt{x}$	$\frac{1}{2 \cdot \sqrt{x}}$	
e^x	e^x	
a^x	$\ln(a) \cdot a^x$	
$\ln(x)$	$\frac{1}{x}$	
${}^a\log(x)$	$\frac{1}{x \cdot \ln(a)}$	für $a > 0$ und $a \neq 1$.
$\sin(x)$	$\cos(x)$	
$\cos(x)$	$-\sin(x)$	
$\tan(x)$	$\frac{1}{\cos^2(x)}$	
$\mathrm{cotan}(x)$	$-\frac{1}{\sin^2(x)}$	
$\arcsin(x)$	$\frac{1}{\sqrt{1-x^2}}$	
$\arccos(x)$	$-\frac{1}{\sqrt{1-x^2}}$	
$\arctan(x)$	$\frac{1}{1+x^2}$	
$\mathrm{arccotan}(x)$	$-\frac{1}{1+x^2}$	

Wenn eine Funktion f in einem Punkt x differenzierbar ist, gilt für $h \to 0$: $\frac{f(x+h)-f(x)}{h} \to f'(x)$; damit folgt $f(x+h)-f(x) \to 0$ für $h \to 0$, die Funktion ist dann in x auch stetig. Umgekehrt gilt das aber nicht, wie die Funktion $f: \mathbb{R} \to \mathbb{R}$, $x \mapsto f(x) = |x|$ zeigt. Im Punkt 0 gilt für $h > 0$:

$$\lim_{\substack{h\to 0\\ h>0}} \frac{1}{h}(f(h+0)-f(0)) = \lim_{\substack{h\to 0\\ h>0}} \frac{1}{h}(|h|-0) = \lim_{\substack{h\to 0\\ h>0}} \frac{h}{h} = 1$$

und für $h < 0$ gilt:

$$\lim_{\substack{h\to 0\\ h<0}} \frac{1}{h}(f(h+0)-f(0)) = \lim_{\substack{h\to 0\\ h<0}} \frac{1}{h}(|h|-0) = \lim_{\substack{h\to 0\\ h<0}} \frac{-h}{h} = -1.$$

Es existiert also kein Grenzwert, da rechts- und linksseitiger Grenzwert unterschiedlich sind. In der Zeichnung sieht man, daß der Graph der Funktion in 0 einen Knick hat.

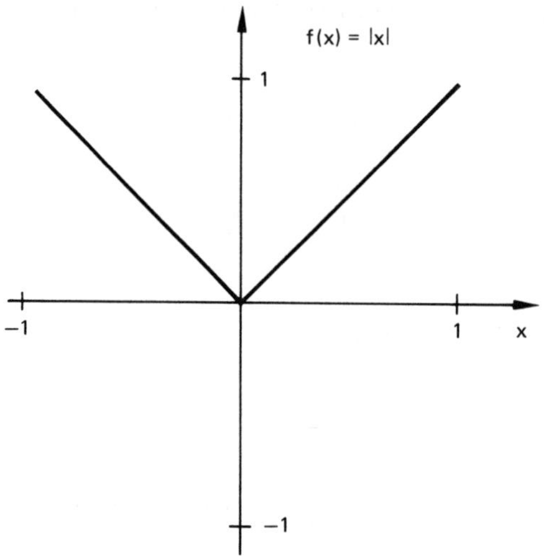

Satz 3.1:
Wenn eine Funktion in einem Punkt x differenzierbar ist, dann ist sie in diesem Punkt x auch stetig.

Anschaulich kann man sagen, daß eine Funktion in einem Punkt differenzierbar ist, wenn ihr Graph dort keinen Sprung und keinen Knick aufweist. Wenn der Graph in dem Punkt zwar keinen Sprung, aber einen Knick hat, ist die Funktion dort nur stetig, aber nicht differenzierbar. In der folgenden Zeichnung ist der Graph einer Funktion f gezeigt. In den drei markierten Punkten x_1, x_2 und x_3 gilt:

In x_1 ist die Funktion f stetig, aber nicht differenzierbar.
In x_2 ist die Funktion f weder stetig noch differenzierbar.
In x_3 ist die Funktion f stetig und differenzierbar.

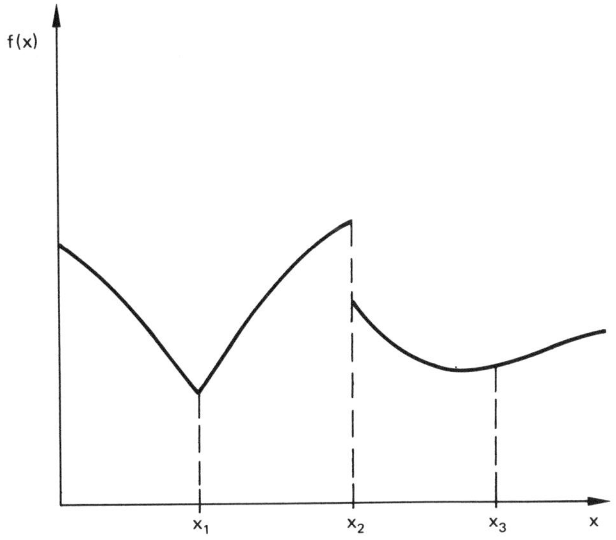

§ 3.3 Differentiationsregeln

Für Funktionen, die aus den in der obigen Ableitungstabelle angegebenen Funktionen zusammengesetzt sind, also für alle elementaren Funktionen, kann man mit den folgenden Rechenregeln die Ableitung auf die bekannten Ableitungen der Funktionen in der Tabelle zurückführen.

Satz 3.2:
Seien f und g zwei Funktionen, die in x differenzierbar sind. Dann gilt:

a) $(f(x)+c)' = f'(x)$ für alle $c \in \mathbb{R}$.

b) $(c \cdot f(x))' = c \cdot f'(x)$ für alle $c \in \mathbb{R}$.

c) $(f(x) \pm g(x))' = f'(x) \pm g'(x)$.

Das heißt, die Ableitung der Funktionen auf der linken Seite existiert und ist gegeben durch den Ausdruck auf der rechten Seite.

Beispiel 1: $f(x) = 3e^x$. Mit b) erhält man für die Ableitung

$$f'(x) = 3(e^x)' = 3e^x. \qquad \triangle$$

Beispiel 2: $f(x) = x^3$ und $g(x) = \sin(x)$. Mit c) erhält man für die Summe:

$$(x^3 + \sin(x))' = (x^3)' + (\sin(x))' = 3 \cdot x^2 + \cos(x). \qquad \triangle$$

Für das Produkt zweier Funktionen gilt:

Satz 3.3:
Die Ableitung des Produkts zweier in x differenzierbarer Funktionen f und g ist gegeben durch:

$$(f(x) \cdot g(x))' = f'(x) \cdot g(x) + f(x) \cdot g'(x).$$

Diese Formel kann man einfach herleiten, indem man zunächst den Differenzenquotienten der Funktion $f(x) \cdot g(x)$ betrachtet und dann die Formel $ab - cd = a(b-d) + d(a-c)$ anwendet:

$$\frac{f(x+h) \cdot g(x+h) - f(x) \cdot g(x)}{h} =$$

$$= \frac{f(x+h) \cdot (g(x+h) - g(x)) + g(x) \cdot (f(x+h) - f(x))}{h} =$$

$$= f(x+h) \cdot \left(\frac{g(x+h) - g(x)}{h}\right) + g(x) \cdot \left(\frac{f(x+h) - f(x)}{h}\right)$$

$$\downarrow \qquad\qquad \downarrow \qquad\qquad\qquad \downarrow$$

Es gilt für $h \to 0$: $\quad f(x) \cdot \quad g'(x) \quad + g(x) \cdot \quad f'(x)$

Da f in x differenzierbar ist, ist f dort auch stetig, deshalb gilt $f(x+h) \to f(x)$ für $h \to 0$. Die übrigen Grenzübergänge gelten wegen der Differenzierbarkeit von f und g in x.

Beispiel 3: Gegeben sind die Funktionen $f(x) = e^x$ und $g(x) = \ln(x)$. Das Produkt $f(x) \cdot g(x)$ hat dann die Ableitung:

$$(e^x \cdot \ln(x))' = (e^x)' \cdot \ln(x) + e^x \cdot (\ln(x))' =$$

$$= e^x \cdot \ln(x) + e^x \cdot \frac{1}{x} = e^x \cdot \left(\ln(x) + \frac{1}{x}\right). \qquad \triangle$$

In analoger Weise kann man die Ableitung des Produkts von n Funktionen berechnen. Seien $f_1(x), \ldots, f_n(x)$ Funktionen, die in x differenzierbar sind, dann ist auch das Produkt $\prod_{i=1}^{n} f_i(x)$ in x differenzierbar mit der Ableitung:

$$\left(\prod_{i=1}^{n} f_i(x)\right)' = \sum_{i=1}^{n} \left(f_i'(x) \prod_{\substack{j=1 \\ j \neq i}}^{n} f_j(x)\right).$$

Das heißt, die Ableitung des Produkts ist die Summe der einzelnen Ableitungen, jeweils multipliziert mit dem Produkt aller anderen Funktionen.

Beispiel 4: $f_1(x) = \sin(x)$, $f_2(x) = \ln(x)$ und $f_3(x) = x^3$. Dann gilt für alle $x \in (0, \infty)$:

$$(f_1(x) \cdot f_2(x) \cdot f_3(x))' =$$

$$= f_1'(x) \cdot f_2(x) \cdot f_3(x) + f_1(x) \cdot f_2'(x) \cdot f_3(x) + f_1(x) \cdot f_2(x) \cdot f_3'(x)$$

$$= \cos(x) \cdot \ln(x) \cdot x^3 + \sin(x) \cdot \frac{1}{x} \cdot x^3 + \sin(x) \cdot \ln(x) \cdot 3 \cdot x^2. \qquad \triangle$$

Die Ableitung des Quotienten zweier Funktionen f und g erhält man in ähnlicher Weise, indem man zunächst den Differenzenquotienten der Funktion $\frac{f}{g}$ berechnet und dann den Grenzübergang ausführt. Es gilt für den Differenzenquotienten:

$$\frac{1}{h}\cdot\left(\frac{f(x+h)}{g(x+h)}-\frac{f(x)}{g(x)}\right)=\frac{1}{h}\cdot\left(\frac{f(x+h)\,g(x)-f(x)\,g(x+h)}{g(x+h)\,g(x)}\right)$$

$$=\frac{1}{h}\cdot\left(\frac{g(x)\,(f(x+h)-f(x))-f(x)\,(g(x+h)-g(x))}{g(x+h)\,g(x)}\right)$$

$$=\frac{f(x+h)-f(x)}{h}\cdot\frac{1}{g(x+h)}-\frac{g(x+h)-g(x)}{h}\cdot\frac{f(x)}{g(x+h)\,g(x)}$$

Es gilt für $h \to 0$:

$$\downarrow \qquad \downarrow \qquad \downarrow \qquad \downarrow$$

$$f'(x)\cdot\frac{1}{g(x)}-g'(x)\cdot\frac{f(x)}{(g(x))^2}$$

$$=\frac{g(x)\,f'(x)-g'(x)\,f(x)}{(g(x))^2}.$$

Allgemein gilt der folgende Satz:

Satz 3.4:
Seien f und g zwei in x differenzierbare Funktionen mit $g(x) \neq 0$. Dann ist der Quotient $\frac{f(x)}{g(x)}$ eine in x differenzierbare Funktion mit:

$$\left(\frac{f(x)}{g(x)}\right)'=\frac{g(x)\cdot f'(x)-g'(x)\cdot f(x)}{(g(x))^2}$$

Beispiel 5: $h(x)=\frac{\ln(x)}{x^2}$, der Quotient der Funktionen $f(x)=\ln(x)$ und $g(x)=x^2$.

Die Ableitung dieses Quotienten ist dann nach der Quotientenregel:

$$\frac{x^2\cdot x^{-1}-2x\cdot\ln(x)}{x^4}=\frac{1-2\ln(x)}{x^3}. \qquad \triangle$$

Beispiel 6: Gegeben ist die Funktion $h(x)=\frac{2x+1}{7x^2+3x}$. Dann ist die Ableitung

$$h'(x)=\frac{(7x^2+3x)\cdot 2-(14x+3)\cdot(2x+1)}{(7x^2+3x)^2}=\frac{-14x^2-14x-3}{(7x^2+3x)^2}. \qquad \triangle$$

Die wichtigste Differentationsregel ist die Kettenregel für die Ableitung von zusammengesetzten Funktionen.

Satz 3.5:
Gegeben sind zwei Funktionen f und g derart, daß die zusammengesetzte Funktion $g \circ f$ gebildet werden kann. Wenn f in x und g in f(x) differenzierbar ist, ist die zusammengesetzte Funktion $g \circ f$ in x differenzierbar mit der Ableitung:

$$((g \circ f)(x))' = g'(f(x)) \cdot f'(x).$$

Man erhält die Ableitung von $g \circ f$ in x also als Produkt der Ableitung von g in f(x) mit der Ableitung von f in x. Plausibel wird diese Formel, wenn man den Differenzenquotienten von $g \circ f$ in x betrachtet. Man hat:

$$\frac{g(f(x+h)) - g(f(x))}{h} = \frac{g(f(x+h)) - g(f(x))}{f(x+h) - f(x)} \cdot \frac{f(x+h) - f(x)}{h}$$

$$\downarrow \qquad \qquad \downarrow \qquad \qquad \downarrow$$

Für $h \to 0$: $$(g(f(x))' = g'(f(x)) \cdot f'(x).$$

Bei manchen Funktionen ist es nötig, die Kettenregel mehrmals anzuwenden. Es gilt z.B. für eine Funktion $h(x) = f_3(f_2(f_1(x)))$, wenn f_1, f_2 und f_3 entsprechend differenzierbar sind:

$$h'(x) = f_3'(f_2(f_1(x)) \cdot f_2'(f_1(x)) \cdot f_1'(x).$$

Beispiel 7: $f(x) = x^2 + 2x$ und $g(x) = x^3$. Die zusammengesetzte Funktion $g \circ f$ hat die Form

$$(g \circ f)(x) = g(f(x)) = (x^2 + 2x)^3.$$

Es gilt für die Ableitungen:

$$f'(x) = 2 \cdot x + 2 \quad \text{und} \quad g'(x) = 3x^2.$$

Mit der Kettenregel findet man für $g \circ f$:

$$(g \circ f)'(x) = g'(f(x)) \cdot f'(x) = \\ = 3(x^2 + 2x)^2(2x + 2). \qquad \triangle$$

Beispiel 8: Gegeben ist die Funktion $h(x) = (x^2 + 2x + 1)^{\frac{1}{3}}$. Dann erhält man für die Ableitung:

$$h'(x) = \tfrac{1}{3}(x^2 + 2x + 1)^{-\frac{2}{3}}(2x + 2). \qquad \triangle$$

Beispiel 9: Gegeben ist die Funktion $h(x) = \ln(x^2 + \sin(x^3))$. Dann erhält man die Ableitung:

$$h'(x) = \frac{1}{x^2 + \sin(x^3)} \cdot (2x + \cos(x^3) \cdot 3x^2). \qquad \triangle$$

Die Ableitung der Umkehrfunktion kann man mit Hilfe der Kettenregel herleiten. Sei f eine umkehrbare Funktion, die in x_0 differenzierbar ist. Es gilt nach Definition der Umkehrfunktion $f^{-1}(f(x)) = x$ für alle x aus dem Definitionsbereich der

Funktion. Die Ableitung der Funktion x ist konstant gleich 1. Mit der Kettenregel gilt also:

$$1 = (f^{-1}(f(x)))' = (f^{-1})'(f(x)) \cdot f'(x).$$

Umgeformt erhält man:

$$(f^{-1})'(f(x)) = \frac{1}{f'(x)}.$$

> **Satz 3.6:**
> Sei f: D → ℝ eine injektive Funktion, die in $x_0 \in D$ differenzierbar ist mit $f'(x_0) \neq 0$. Dann ist die Umkehrfunktion f^{-1} in dem Punkt $y_0 = f(x_0)$ differenzierbar, und es gilt für die Ableitung:
>
> $$(f^{-1})'(y_0) = \frac{1}{f'(x_0)}.$$

Beispiel 10: $f(x) = x^2$ auf $(0, \infty)$. Diese Funktion ist injektiv und somit umkehrbar. Die Umkehrfunktion ist $f^{-1}(x) = \sqrt{x}$. Die Ableitung der Funktion f ist $f'(x) = 2x$. Man erhält für die Ableitung der Umkehrfunktion in einem Punkt

$$y_0 = f(x_0) = x_0^2:$$

$$(f^{-1})'(y_0) = \frac{1}{2x_0} = \frac{1}{2\sqrt{y_0}}.$$

Das ist die bekannte Ableitung der Wurzelfunktion. △

Für den natürlichen Logarithmus $\ln(f(x))$ einer differenzierbaren Funktion $f(x)$ kann man mit der Kettenregel eine einfache Formel für die Ableitung gewinnen. Man erhält:

> **Satz 3.7:**
> Sei f: (a, b) → ℝ eine differenzierbare Funktion mit $f(x) > 0$ für alle $x \in (a, b)$; dann ist die Funktion h: (a, b) → ℝ mit $h(x) = \ln(f(x))$ auch differenzierbar mit der Ableitung:
>
> $$h'(x) = \frac{f'(x)}{f(x)}.$$

§ 3.4 Die Elastizität einer Funktion

Die Ableitung einer Funktion gibt die relative Änderung der Funktionswerte bezüglich der Änderung des Arguments an. Betrachtet man z. B. eine Nachfragefunktion der Form $f(x) = 20 - x$ auf dem Intervall $[0, 20]$, wobei x den Preis der Ware in DM und f(x) die nachgefragte Menge in Kilo angibt, so kann man die Ableitung verwenden, um die Änderung der Nachfrage bei einer Änderung des

Preises zu bestimmen. Berechnet man diese Ableitung, erhält man $f'(x) = -1$. Wenn sich der Preis um h DM ändert, gilt, da die Funktion linear ist, für die Änderung der Nachfrage exakt $f(x+h) - f(x) = -h$. Beschreibt man nun die gleiche Preis-Nachfrage-Beziehung in anderen Einheiten, z. B. den Preis in Pfennigen und die nachgefragte Menge in Gramm, erhält man eine Funktion der Form $g(x) = 20000 - 10 \cdot x$ auf dem Intervall $[0,2000]$. Die Ableitung dieser Funktion ist $g'(x) = -10$. Betrachtet man nun einen Preis von 10 DM = 1000 Pfennig, so sind die Ableitungen der entsprechenden Nachfragefunktionen f und g in den Punkten 10 und 1000 unterschiedlich, da sie vom verwendeten Maßstab abhängen.

Diese Tatsache führte dazu, daß man eine Maßzahl für die Änderung der Funktionswerte suchte, die unabhängig vom Maßstab ist, in welchem die Größen gemessen werden. Dafür geeignet ist eine Größe, die die prozentuale Änderung des Funktionswerts bezogen auf die prozentuale Änderung des Arguments beschreibt. Im vorigen Beispiel wäre das:

$$\frac{\text{Änderung der Nachfrage in \% vom ursprünglichen Wert}}{\text{Änderung des Preises in \% vom ursprünglichen Wert}}$$

Betrachtet man die Differenz bei einer Änderung von x zu x + h, so ist die relative Änderung bezogen auf den ursprünglichen Wert x:

$$\frac{x+h-x}{x} = \frac{h}{x}.$$

Die relative Änderung des Funktionswerts bezogen auf den ursprünglichen Wert f(x) ist gegeben durch:

$$\frac{f(x+h) - f(x)}{f(x)}.$$

Bildet man den Quotienten der beiden Größen, erhält man:

$$\frac{f(x+h) - f(x)}{f(x)} \cdot \frac{x}{h} = \frac{f(x+h) - f(x)}{h} \cdot \frac{x}{f(x)}.$$

Im Grenzübergang für $h \to 0$ erhält man, falls f in x differenzierbar ist, eine Größe, die man als Elastizität der Funktion in diesem Punkt bezeichnet.

Definition: (Elastizität)
Sei f eine in x differenzierbare Funktion mit $f(x) \neq 0$. Als **Elastizität** $\varepsilon_f(x)$ der Funktion f in x bezeichnet man die Größe:

$$\varepsilon_f(x) = x \cdot \frac{f'(x)}{f(x)}.$$

Diese Größe ist unabhängig von der Wahl der Einheiten, in denen x und die Funktionswerte f(x) gemessen werden. Im obigen Beispiel errechnet man für $\varepsilon_f(10)$ und $\varepsilon_g(1000)$ jeweils den gleichen Wert -1. Wie man durch Vergleich mit Satz 3.7 erkennt, kann man die Elastizität auch in der Form $\varepsilon_f(x) = x \cdot (\ln(f(x)))'$ schreiben.

Beispiel 1: $f(x) = ax + b; \quad \varepsilon_f(x) = \dfrac{ax}{ax+b}$. △

Beispiel 2: $f(x) = a \cdot x^\alpha; \quad \varepsilon_f(x) = \dfrac{x(a\alpha x^{\alpha-1})}{ax^\alpha} = \alpha$. △

Beispiel 3: $f(x) = a\ln(\alpha x)$;

$$\varepsilon_f(x) = \frac{x(a\alpha(\alpha x)^{-1})}{a \cdot \ln(\alpha x)} = \frac{a}{a \cdot \ln(\alpha x)} = \frac{1}{\ln(\alpha x)}.$$ △

Beispiel 4: $f(x) = a \cdot e^{\alpha x}; \quad \varepsilon_f(x) = \dfrac{x \cdot (a\alpha e^{\alpha x})}{a \cdot e^{\alpha x}} = \alpha \cdot x$. △

Ähnlich wie bei Ableitungen kann man die Elastizitäten von aus differenzierbaren Funktionen zusammengesetzten Funktionen aus den Elastizitäten der ursprünglichen Funktionen berechnen.

Satz 3.8:
Seien f und g in x differenzierbare Funktionen mit $f(x) \neq 0$ und $g(x) \neq 0$. Dann gelten für die Elastizitäten der folgenden Funktionen die folgenden Gleichungen:

1) Für die Summe $f + c$ und das Produkt $d \cdot f$ mit $d \neq 0$:

$$\varepsilon_{f+c}(x) = \frac{f(x) \cdot \varepsilon_f(x)}{f(x) + c} \quad \text{und} \quad \varepsilon_{d \cdot f}(x) = \varepsilon_f(x).$$

2) Für die Summe $f + g$: $\quad \varepsilon_{f+g}(x) = \dfrac{f(x) \cdot \varepsilon_f(x) + g(x) \cdot \varepsilon_g(x)}{f(x) + g(x)}$.

3) Für das Produkt $f \cdot g$: $\quad \varepsilon_{f \cdot g} = \varepsilon_f(x) + \varepsilon_g(x)$.

4) für den Quotienten $\dfrac{f}{g}$: $\quad \varepsilon_{\frac{f}{g}}(x) = \varepsilon_f(x) - \varepsilon_g(x)$

5) Für die zusammengesetzte Funktion $g \circ f$:

$$\varepsilon_{g \circ f}(x) = \varepsilon_g(f(x)) \cdot \varepsilon_f(x) \quad \text{falls } g(f(x)) \neq 0 \quad \text{und} \quad f(x) \neq 0.$$

6) Für die Umkehrfunktion f^{-1}: $\quad \varepsilon_{f^{-1}}(f(x)) = \dfrac{1}{\varepsilon_f(x)}$.

Diese Formeln kann man durch Bildung der entsprechenden Differentialquotienten ableiten.

Beispiel 5: Gegeben ist die Funktion $h(x) = \dfrac{\ln(x)}{x^2}$. Man erhält für die Ableitung $h'(x) = \dfrac{1 - 2 \cdot \ln(x)}{x^3}$. Damit findet man für die die Elastizität:

$$\varepsilon_h(x) = \frac{x(1 - 2 \cdot \ln(x))}{x^3} \cdot \frac{x^2}{\ln(x)} = \frac{1 - 2 \cdot \ln(x)}{\ln(x)}.$$ △

Bei ökonomischen Anwendungen verwendet man folgende Bezeichnungen:

a) die Funktion f heißt in x **elastisch**, wenn $|\varepsilon_f(x)| > 1$.
b) die Funktion f heißt in x **1-elastisch**, wenn $|\varepsilon_f(x)| = 1$.
c) die Funktion f heißt in x **unelastisch**, wenn $|\varepsilon_f(x)| < 1$.

Beispiel 6: Gegeben ist die Funktion $h(x) = \frac{\ln(x)}{x^2}$ auf dem Intervall $(1, \infty)$. Die Elastizität der Funktion ist $\varepsilon_h(x) = \frac{1 - 2\ln(x)}{\ln(x)} = \frac{1}{\ln(x)} - 2$. Um festzustellen, in welchen Bereichen h elastisch, 1-elastisch oder unelastisch ist, berechnet man die Lösungen der Gleichung $|\varepsilon_h(x)| = 1$ und untersucht dann die Elastizität zwischen diesen Punkten. Durch Fallunterscheidung hat man zwei Gleichungen zu untersuchen: $\varepsilon_h(x) = 1$ und $\varepsilon_h(x) = -1$. Als Lösung der ersten erhält man $x_1 = e^{\frac{1}{3}}$ und als Lösung der zweiten $x_2 = e$. Durch Nachrechnen sieht man, daß im Intervall $(e^{\frac{1}{3}}, e)$ die Funktion unelastisch, in $e^{\frac{1}{3}}$ und e 1-elastisch und in den Intervallen $(1, e^{\frac{1}{3}})$ und (e, ∞) elastisch ist. △

§ 3.5 Der Mittelwertsatz der Differentialrechnung und das Differential einer Funktion

Einer der wichtigsten Sätze der Differentialrechnung ist der Mittelwertsatz. Mit seiner Hilfe kann man die grundlegenden Verfahren der Differentialrechnung erklären.

Satz 3.9: (Mittelwertsatz der Differentialrechnung)
Gegeben ist eine Funktion $f: [a, b] \to \mathbb{R}$, die in $[a, b]$ stetig und in (a, b) differenzierbar ist. Dann existiert (mindestens) ein Punkt $c \in (a, b)$, so daß gilt:

$$f'(c) = \frac{f(b) - f(a)}{b - a}$$

In anderer Formulierung: Es gibt ein $\theta \in (0, 1)$, so daß gilt:

$$f'(a + \theta(b - a)) = \frac{f(b) - f(a)}{b - a}.$$

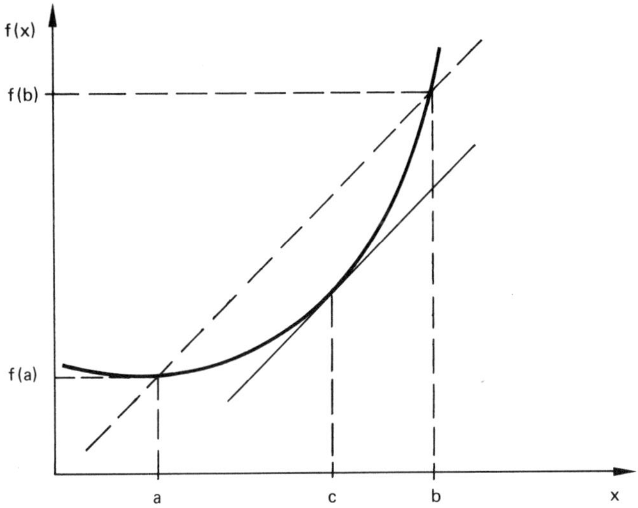

Das bedeutet, es gibt zumindest einen Punkt c in (a, b), so daß der Differenzenquotient der Änderung von a nach b gleich der Ableitung in c ist. Der Satz gibt nicht an, wo der Punkt c in dem Intervall liegt.

Anschaulich ist die obige Aussage plausibel; wenn man den Abstand eines Fahrzeugs, das sich geradlinig von einem Startpunkt fortbewegt, von diesem Punkt durch eine Funktion f beschreibt und die Geschwindigkeit durch die Ableitung f′, so ist der Differenzenquotient gleich der Durchschnittsgeschwindigkeit im Zeitraum [a, b]. Wenn sich die Geschwindigkeit des Fahrzeugs nicht sprunghaft ändert, muß es einen Zeitpunkt c zwischen a und b geben, in dem die momentane Geschwindigkeit f′(c) gleich der Durchschnittsgeschwindigkeit ist; denn die momentane Geschwindigkeit kann nicht immer größer oder immer kleiner als die Durchschnittsgeschwindigkeit sein. Einen Beweis des Satzes findet man in [B/K], S. 101/3.

Nach dem Mittelwertsatz der Differentialrechnung gilt:

$$f(x+h) - f(x) = h \cdot f'(x + \theta h), \quad \text{für ein } \theta \in (0,1).$$

Wenn die Ableitungsfunktion f′ stetig ist und $|h|$ klein ist, kann man näherungsweise $f'(x + \theta h)$ durch $f'(x)$ ersetzen und erhält:

$$f(x+h) - f(x) \approx h \cdot f'(x)$$

Geometrisch ist das die in § 3.2 beschriebene Approximation des Graphen der Funktion durch die Tangente in x. Wenn f eine lineare Funktion ist, d. h. $f'(z) = c$ für alle z aus dem Definitionsbereich der Funktion, dann ist die Näherung exakt.

Definition: (Differential)
Sei $f: (a, b) \to \mathbb{R}$ eine in $x \in (a, b)$ differenzierbare Funktion. Dann heißt die Funktion $df_x: \mathbb{R} \to \mathbb{R}, h \mapsto df_x(h) = h \cdot f'(x)$ das **Differential der Funktion f im Punkt x**.

Das Differential ist eine lineare Funktion. Wenn $x + h \in (a, b)$, gibt der Wert $df_x(h) = h \cdot f'(x)$ eine Näherung für die Differenz der Funktionswerte $f(x + h) - f(x)$. Diese Näherung ist brauchbar, wenn $|h|$ klein ist und die Ableitungsfunktion f′ sich nicht zu stark ändert.

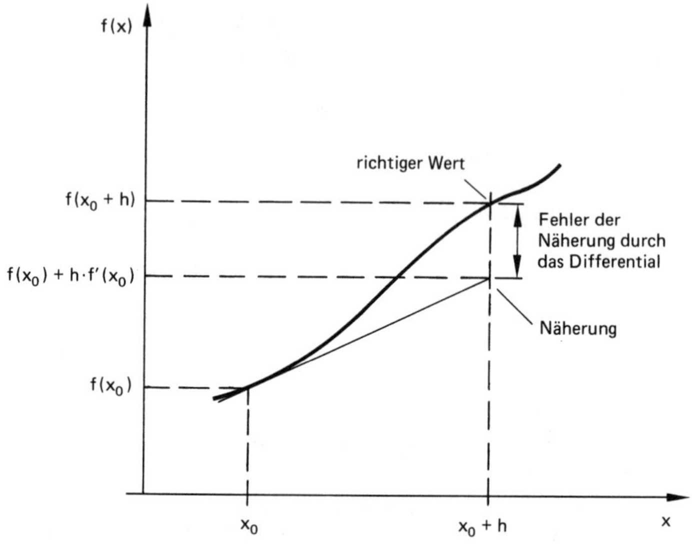

Beispiel 1: Gegeben ist die Funktion $f(x) = x^3 + 2\ln(x)$, $x > 0$. Die Ableitung ist: $f'(x) = 3x^2 + \frac{2}{x}$. Im Punkt $x = 1$ erhält man $f(1) = 1$ und $f'(1) = 3 + 2 = 5$. Mit dem Differential erhält man als Näherung für die Differenz $f(1,1) - f(1)$:

$$f(1,1) - f(1) \approx 0{,}1 \cdot f'(1) = 0{,}1 \cdot 5 = 0{,}5 .$$

Also als Näherung für $f(1,1)$:

$$f(1,1) \approx f(1) + 0{,}1 \cdot f'(1) = 1 + 0{,}5 = 1{,}5 .$$

Der tatsächliche Funktionswert in 1,1 ist 1,5216 (auf 4 Stellen genau). Hier gibt die Approximation mit dem Differential eine gute Näherung. Betrachtet man dagegen den Punkt 2, erhält man als Näherung mit dem Differential bei $1: f(2) \approx f(1) + 1 \cdot f'(1) = 1 + 5 = 6$. Der tatsächliche Funktionswert $f(2)$ ist aber 9,3862. Je größer der Abstand der Punkte von dem Punkt, für den das Differential berechnet wurde, desto schlechter wird im allgemeinen die Näherung durch das Differential. △

§ 3.6 Höhere Ableitungen

Ist die Ableitungsfunktion f′ einer im Intervall I differenzierbaren Funktion wieder differenzierbar in I, so nennt man die Ableitungsfunktion von f′ **die zweite Ableitung**

von f und bezeichnet sie mit f''. Die zweite Ableitung einer Funktion f erhält man, indem man die erste Ableitung f' nach den bekannten Regeln differenziert.

Beispiel 1: $f(x) = x^2$. Die erste Ableitung ist $f'(x) = 2 \cdot x$. Durch Differenzieren dieser Funktion erhält man die zweite Ableitung $f''(x) = (2 \cdot x)' = 2$. △

Beispiel 2: $f(x) = e^x \cdot \sin(x)$. Die ersten beiden Ableitungen sind:

$$f'(x) = e^x \cdot \sin(x) + e^x \cdot \cos(x) \quad \text{und}$$
$$f''(x) = e^x \sin(x) + e^x \cos(x) + e^x \cdot \cos(x) - e^x \cdot \sin(x) = 2e^x \cdot \cos(x). \qquad \triangle$$

Allgemein definiert man die **n-te Ableitung $f^{(n)}(x)$ einer Funktion f in einem Punkt x_0** rekursiv als die Ableitung der Funktion $f^{(n-1)}(x)$ im Punkt x_0, falls $f^{(n-1)}(x)$ existiert und in x_0 differenzierbar ist. Man verwendet die folgende Schreibweisen für die n-te Ableitung im Punkt x_0:

$$f^{(n)}(x_0) \quad \text{oder} \quad \frac{d^n f(x_0)}{dx^n} \quad \text{oder} \quad \left.\frac{d^n f(x)}{dx^n}\right|_{x=x_0}.$$

Existiert in einem Punkt x_0 die n-te Ableitung $f^{(n)}(x)$ der Funktion f, so heißt f in x_0 **n-mal differenzierbar**. Ist f in einem ganzen Intervall I n-mal differenzierbar, heißt f **n-mal differenzierbar in I**. Für die zweite oder dritte Ableitungsfunktion f'' oder f''' schreibt man oft auch $(f(x))''$ oder $(f(x))'''$. Für die Funktion selbst und die erste Ableitung schreibt man mitunter auch $f^{(0)}(x)$ oder $f^{(1)}(x)$.

Tabelle der n-ten Ableitungen einiger Funktionen

Funktion $f(x)$	n-te Ableitung $f^{(n)}(x)$
x^m	$m(m-1)(m-2)\dots(m-n+1)x^{m-n}$ (Wenn $m \in \mathbb{N}$ ist, sind alle Ableitungen ab der $(m+1)$-ten gleich 0)
$\ln(x)$	$(-1)^{n-1}\dfrac{(n-1)!}{x^n}$
${}^a\log(x)$	$(-1)^{n-1}\dfrac{(n-1)!}{\ln(a)x^n}$
e^x	e^x
$e^{\alpha x}$	$\alpha^n e^{\alpha x}$
a^x	$(\ln(a))^n a^x$
a^{kx}	$(k \cdot \ln(a))^n a^{kx}$
$\sin(x)$	$\sin\left(x + \dfrac{n \cdot \pi}{2}\right)$
$\cos(x)$	$\cos\left(x + \dfrac{n \cdot \pi}{2}\right)$

Beispiel 3: $f(x) = e^x + x^4$. Diese Funktion hat die folgenden Ableitungen:

$$f'(x) = e^x + 4 \cdot x^3; \quad f''(x) = e^x + 12 \cdot x^2; \quad f^{(3)}(x) = e^x + 24 \cdot x;$$
$$f^{(4)}(x) = e^x + 24; \quad f^{(5)}(x) = e^x.$$

Alle höheren Ableitungen sind gleich der fünften Ableitung $f^{(5)}(x)$. △

Wichtig ist die **Leibniz-Regel** zur Berechnung der n-ten Ableitung $\frac{d^n(f(x)\,g(x))}{dx^n}$ des Produkts zweier n-mal differenzierbarer Funktionen f und g. Es gilt:

$$\frac{d^n(f(x)\,g(x))}{dx^n} = \sum_{i=0}^{n} \binom{n}{i} f^{(i)}(x)\, g^{(n-i)}(x).$$

Beispiel 4: $f(x) = x^2$ und $g(x) = e^{-2x}$. Dann gilt

$$\frac{d^2(x^2 e^{-2x})}{dx^2} = \binom{2}{0} \cdot x^2 \cdot (-2)^2 \cdot e^{-2x} + \binom{2}{1} \cdot 2x \cdot (-2) \cdot e^{-2x} + \binom{2}{2} \cdot 2 \cdot e^{-2x}$$
$$= 4x^2 \cdot e^{-2x} - 8x \cdot e^{-2x} + 2 \cdot e^{-2x}.$$
△

§ 3.7 Monotonie und Konvexität differenzierbarer Funktionen

In diesem Abschnitt soll erklärt werden, wie man mit Hilfe der Ableitungen einer Funktion deren Monotonie- und Konvexitätseigenschaften feststellen kann. Dazu verwendet man den Mittelwertsatz der Differentialrechnung.

Sei f eine auf dem Intervall $I = (a, b)$ definierte und im ganzen Intervall differenzierbare Funktion. Wenn für alle $x \in (a, b)$ gilt, daß $f'(x) \geqq 0$ ist, folgt mit dem Mittelwertsatz für zwei Punkte x_1 und x_2 aus I mit $x_1 < x_2$: $f(x_2) - f(x_1) = f'(x) \cdot (x_2 - x_1)$, wobei $x \in (x_1, x_2)$. Da $f'(x) \geqq 0$ nach Voraussetzung und $x_2 - x_1 > 0$, folgt somit: $f(x_2) - f(x_1) \geqq 0$, also $f(x_2) \geqq f(x_1)$ für beliebige Punkte x_1, x_2 mit $x_1 < x_2$ aus I. Die Funktion ist also monoton steigend in I. Analog zeigt man, daß $f'(x) \leqq 0$ für alle x aus I impliziert, daß die Funktion monoton fallend ist. Es gilt folgender Satz.

> **Satz 3.10:**
> Sei f eine auf dem Intervall (a, b) differenzierbare Funktion. Wenn $f'(x) > 0$ für alle $x \in (a, b)$ (bzw. $f'(x) < 0$ für alle $x \in (a, b)$), dann ist die Funktion f streng monoton steigend auf (a, b) (bzw. streng monoton fallend).

Man beachte, daß obiger Satz nur eine hinreichende Bedingung angibt. Es gibt Funktionen, wie z. B. x^3, bei denen die Ableitung nicht überall größer als 0 ist und die trotzdem streng monoton steigend sind.

Anders ist es, wenn man nur Monotonie fordert. Dann gilt der folgende Satz.

Satz 3.11:
Sei f eine auf dem Intervall (a, b) differenzierbare Funktion. Dann gilt:
a) f ist genau dann monoton steigend auf (a, b), wenn $f'(x) \geqq 0$ für alle $x \in (a, b)$.
b) f ist genau dann monoton fallend auf (a, b), wenn $f'(x) \leqq 0$ für alle $x \in (a, b)$.

Hier sind jeweils in a) und b) beide Aussagen äquivalent.

Beispiel 1: Gegeben ist die Funktion $f(x) = x^2$ auf $(0, \infty)$. Da $f'(x) = 2x > 0$ für alle $x > 0$, ist f auf $(0, \infty)$ streng monoton steigend. △

Beispiel 2: Sei $g(x) = x^3$. Dann ist g auf dem Intervall $(0, \infty)$ und dem Intervall $(-\infty, 0)$ nach dem Satz 3.10 streng monoton steigend. Man sieht, daß g auf ganz $\mathbb{R}$ streng monoton steigend ist, obwohl im Punkt 0 die Ableitung $g'(0) = 0$. △

In ähnlicher Weise kann man bei einer in einem Intervall I zweimal differenzierbaren Funktion f mit Hilfe der zweiten Ableitung überprüfen, ob die Funktion dort konvex oder konkav ist. Wenn die zweite Ableitung $f''(x)$ für alle $x \in I$ nicht kleiner als Null ist, gilt nach dem obigen Satz, da die zweite Ableitung von f die erste von f' ist, daß die erste Ableitung f' in I monoton steigend ist. Seien drei Punkte x_1, x_2 und x aus I gegeben mit $x_1 < x_2$ und $x = \lambda x_1 + (1 - \lambda) x_2$, $(\lambda \in (0, 1))$. Dann gilt nach dem Mittelwertsatz der Differentialrechnung:

$$(1) \qquad \frac{f(x) - f(x_1)}{x - x_1} = f'(z_1) \quad \text{mit} \quad z_1 \in (x_1, x).$$

$$(2) \qquad \frac{f(x_2) - f(x)}{x_2 - x} = f'(z_2) \quad \text{mit} \quad z_2 \in (x, x_2).$$

Da die Ableitung monoton steigend ist, gilt $f'(z_1) \leqq f'(z_2)$ und damit folgt aus (1) und (2):

$$(3) \qquad \frac{f(x) - f(x_1)}{x - x_1} \leqq \frac{f(x_2) - f(x)}{x_2 - x}.$$

Multipliziert mit $(x - x_1) \cdot (x_2 - x)$:

$$(f(x) - f(x_1))(x_2 - x) \leqq (f(x_2) - f(x))(x - x_1), \text{ folglich}$$
$$f(x)(x_2 - x_1) \leqq f(x_1)(x_2 - x) + f(x_2)(x - x_1)$$

Da $x = \lambda x_1 + (1 - \lambda) x_2$, folgt mit Einsetzen:

$$f(\lambda x_1 + (1 - \lambda) x_2) \leqq \lambda f(x_1) + (1 - \lambda) f(x_2).$$

f ist also eine konvexe Funktion.

Analog findet man im Fall einer nichtpositiven zweiten Ableitung, daß die Funktion dann konkav ist.

Satz 3.12:
Sei f eine in dem Intervall (a, b) zweimal differenzierbare Funktion. Dann ist f in dem Intervall (a, b) genau dann konvex (bzw. konkav), wenn $f''(x) \geqq 0$ (bzw. $f''(x) \leqq 0$) für alle $x \in (a, b)$ gilt.

Beispiel 3: $f(x) = \ln(x) - x^2$ auf $(0, \infty)$. Die zweite Ableitung dieser Funktion ist $f''(x) = -\frac{1}{x^2} - 2$. Diese zweite Ableitung ist für alle $x > 0$ kleiner als 0; daher ist die Funktion konkav. △

Untersucht man eine gegebene Funktion auf Monotonie und Konvexitätsverhalten, so berechnet man am besten die Nullstellen der ersten beiden Ableitungen und untersucht dann, ob die Ableitungen zwischen diesen Punkten positiv oder negativ sind.

Beispiel 4: $f(x) = e^{-x^2}$. Die Ableitungen der Funktion sind:

$$f'(x) = -2xe^{-x^2} \quad \text{und} \quad f''(x) = -2e^{-x^2} + (-2x)^2 e^{-x^2} = e^{-x^2}(4x^2 - 2).$$

Die erste Ableitung hat nur in 0 eine Nullstelle, für $x < 0$ gilt $f'(x) > 0$ und f ist daher in diesem Bereich streng monoton steigend; dagegen ist für $x > 0$ stets $f'(x) < 0$ und f ist dort dann streng monoton fallend. Die zweite Ableitung f'' hat Nullstellen in den Punkten $-\frac{1}{\sqrt{2}}$ und $\frac{1}{\sqrt{2}}$. Zwischen diesen Punkten ist $f''(x) < 0$, ansonsten ist $f''(x) > 0$. Daher ist f in dem Intervall $\left(-\frac{1}{\sqrt{2}}, \frac{1}{\sqrt{2}}\right)$ konkav und in den Intervallen $\left(-\infty, -\frac{1}{\sqrt{2}}\right)$ und $\left(\frac{1}{\sqrt{2}}, \infty\right)$ konvex. △

§ 3.8 Extremwerte von Funktionen einer Variablen

Bei der Untersuchung von Funktionen interessiert man sich oft für die Punkte, an denen die Funktion am größten oder am kleinsten ist. Bei differenzierbaren Funktionen ist es mit Hilfe der Ableitungen möglich, Methoden anzugeben, mit denen man diese Punkte bestimmen kann. Zunächst soll der Begriff des größten und kleinsten Werts präzisiert werden.

Definition: (Lokaler Extremwert)
Sei f eine Funktion auf der Menge $D \subset \mathbb{R}$. Die Funktion f hat ein **lokales Maximum** (bzw. **Minimum**) im Punkt $x_0 \in D$, wenn es ein $\varepsilon > 0$ gibt, so daß für alle $x \in (x_0 - \varepsilon, x_0 + \varepsilon) \cap D$ gilt:

$$f(x) \leqq f(x_0) \quad (\text{bzw. } f(x) \geqq f(x_0)).$$

Ein lokales Minimum oder Maximum heißt **lokaler Extremwert**.

Bei einem lokalen Maximum (Minimum) in x_0 müssen nur für die Punkte in der Nähe von x_0 die Funktionswerte nicht größer (nicht kleiner) als der Funktionswert in x_0 sein. So hat z.B. hat die Funktion in der Zeichnung ein lokales Minimum in x_1, da für alle x in dem Intervall $(x_1 - \varepsilon, x_1 + \varepsilon)$ stets $f(x) \leqq f(x_1)$ ist. Aber weiter von x_1 entfernt gibt es Punkte x mit $f(x) > f(x_1)$.

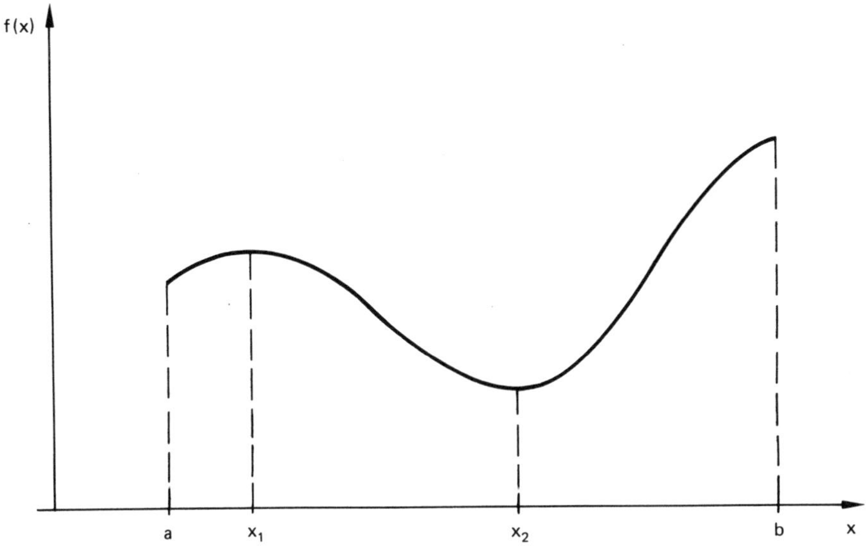

Um diejenigen Punkte zu charakterisieren, in denen die Funktionswerte größer (kleiner) als die Funktionswerte in allen anderen Punkten des Definitionsbereichs sind, führt man den Begriff des globalen Extremwerts ein.

Definition: (globaler Extremwert)
Sei $f: D \to \mathbb{R}$ eine Funktion auf der Menge D. Die Funktion f hat ein **globales Maximum** (bzw. **Minimum**) in dem Punkt $x_0 \in D$, wenn für alle $x \in D$ gilt:

$$f(x) \leqq f(x_0) \quad (\text{bzw. } f(x) \geqq f(x_0)).$$

Ein globales Maximum oder Minimum heißt **globaler Extremwert**.

Vorsicht: Bei einem globalen Extremwert wird der Funktionswert mit allen Funktionswerten im Definitionsbereich der Funktion verglichen. Wenn der Definitionsbereich der Funktion verändert wird, kann sich auch die Lage der globalen Extremwerte ändern.

Bei der Funktion in der Zeichnung hat f in dem Punkt x_1 ein globales Maximum. Die Funktion hat in x_1 auch ein lokales Maximum. Aus der Definition der beiden Begriffe sieht man, daß jedes globale Maximum (Minimum) auch ein lokales ist, aber nicht umgekehrt. Im obigen Beispiel ist x_1 nur ein lokales Maximum.

Nicht jede Funktion hat überhaupt Maxima oder Minima. Aber für stetige Funktionen gilt:

Satz 3.13: (Extrema stetiger Funktionen)
Sei f: $[a, b] \to \mathbb{R}$ eine stetige Funktion. Dann existieren (mindestens) ein Punkt x_0 und ein Punkt x_1 in $[a, b]$ mit:

$$f(x_0) \geqq f(x) \quad \text{und} \quad f(x_1) \leqq f(x) \quad \text{für alle } x \in [a, b].$$

Das heißt f hat auf $[a, b]$ ein globales Minimum und ein globales Maximum. Das muß nicht gelten, wenn man eine stetige Funktion auf einem offenen Intervall betrachtet, z. B. hat die Funktion $f(x) = \tan(x)$ in dem Intervall $\left(-\frac{\pi}{2}, \frac{\pi}{2}\right)$ kein globales Maximum und kein globales Minimum, wie man in der Zeichnung der Funktion auf Seite 183 erkennt.

§ 3.9 Bestimmung von lokalen Extremwerten

Im folgenden sei f eine Funktion auf einem offenen Intervall (a, b). Sei $x_0 \in (a, b)$ ein Punkt, in welchem f ein lokales Maximum hat und in dem f differenzierbar ist. Es gibt also ein $\varepsilon > 0$, so daß für alle $x \in (x_0 - \varepsilon, x_0 + \varepsilon)$ gilt: $f(x) \leqq f(x_0)$. Daraus folgt für alle Punkte $x_1 \in (x_0 - \varepsilon, x_0)$:

$$\frac{f(x_1) - f(x_0)}{x_1 - x_0} \geqq 0$$

und für alle Punkte $x_2 \in (x_0, x_0 + \varepsilon)$:

$$\frac{f(x_2) - f(x_0)}{x_2 - x_0} \leqq 0.$$

Da f in x_0 differenzierbar ist, existiert der Grenzwert der Differenzenquotienten; dieser Grenzwert muß gleich 0 sein, denn der rechtsseitige Grenzwert ist $\geqq 0$ und der linksseitige $\leqq 0$. In ähnlicher Weise folgert man im Falle eines lokalen Minimums in x_0 dasselbe. Es gilt somit:

Satz 3.14: (Notwendige Bedingung für lokale Extremwerte)
Sei f: $(a, b) \to \mathbb{R}$ eine in $x_0 \in (a, b)$ differenzierbare Funktion. Wenn f in x_0 ein lokales Maximum oder Minimum hat, gilt:

$$f'(x_0) = 0.$$

Vorsicht: Das ist nur eine notwendige Bedingung für lokale Extremwerte einer auf dem offenen Intervall (a, b) definierten Funktion. Wenn in einem Punkt x_0 gilt $f'(x_0) = 0$, muß dort nicht ein lokaler Extremwert sein.

Beispiel 1: Bei der Funktion $g(x) = x^3$ hat man $g'(x) = 3x^2$. Nur für $x = 0$ ist $g'(x) = 0$, aber die Funktion hat dort kein Extremum, wie man auch in der folgenden Zeichnung sieht. △

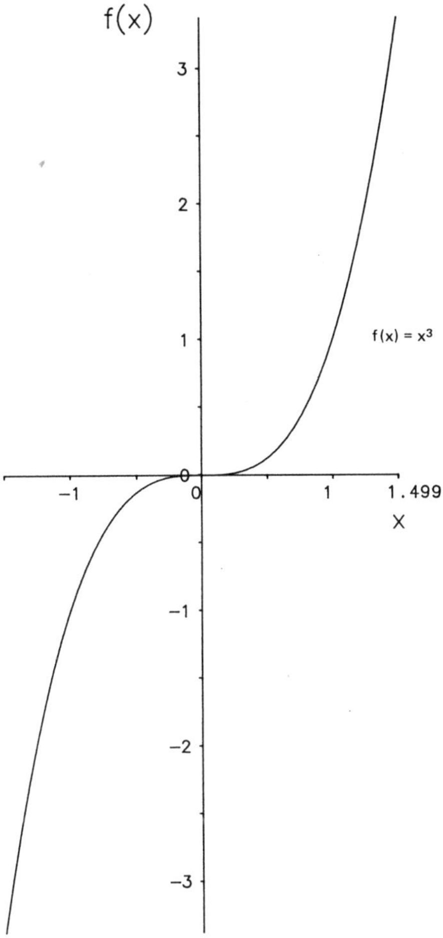

Beispiel 2: Für die Funktion $f(x) = x^2$ gilt $f'(x) = 2x$. Auch diese Ableitung ist nur im Punkt 0 gleich 0, aber hier hat die Funktion tatsächlich ein Extremum, wie auch aus der Zeichnung ersichtlich. △

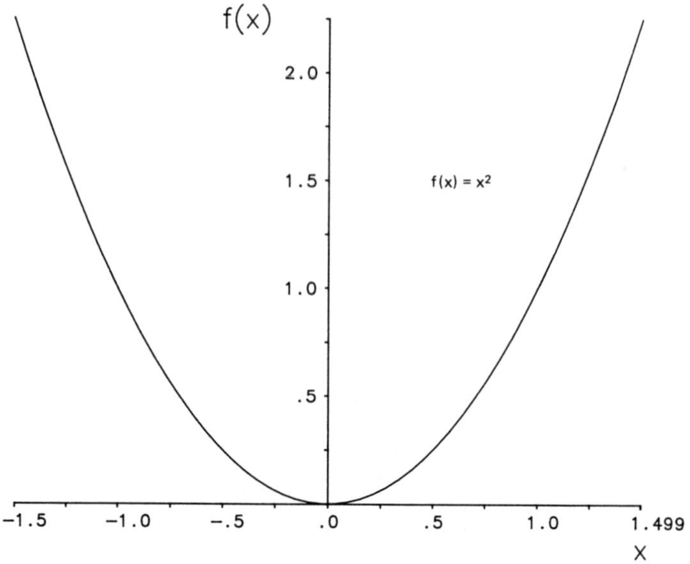

Sei jetzt x_0 ein Punkt mit $f'(x_0) = 0$. Aus Beispiel 1 sieht man, daß f dort keinen Extremwert haben muß. Man muß zusätzlich das Verhalten der Funktion in der Nähe des Punktes x_0 untersuchen, um entscheiden zu können, ob f in x_0 einen lokalen Extremwert hat. Wenn es ein Intervall $(x_0 - \varepsilon, x_0 + \varepsilon)$ gibt, so daß $f'(x) < 0$ für alle x mit $x_0 - \varepsilon < x < x_0$ und $f'(x) > 0$ für alle x mit $x_0 < x < x_0 + \varepsilon$, so existiert nach dem Mittelwertsatz der Differentialrechnung jeweils ein z zwischen x und x_0 mit

$$f(x) = f(x_0) + f'(z)(x - x_0) \geqq f(x_0).$$

Für alle Punkte in der Nähe von x_0 sind also die Funktionswerte nicht kleiner als in x_0. In x_0 liegt daher ein lokales Minimum. Es gilt der folgende Satz.

Satz 3.15:
Sei f eine Funktion auf dem Intervall (a, b), die in $x_0 \in (a, b)$ differenzierbar ist, mit folgenden Eigenschaften:

a) $f'(x_0) = 0$.
b) Es gibt ein Intervall $(x_0 - \varepsilon, x_0 + \varepsilon) \subset (a, b)$, so daß:

$$f'(x) \geqq 0 \quad (\text{bzw. } f'(x) \leqq 0) \quad \text{für alle } x \in (x_0 - \varepsilon, x_0) \quad \text{und}$$
$$f'(x) \leqq 0 \quad (\text{bzw. } f'(x) \geqq 0) \quad \text{für alle } x \in (x_0, x_0 + \varepsilon).$$

Dann hat f in x_0 ein lokales Maximum (bzw. Minimum) in x_0.

Beispiel 3: $f(x) = (x - 1)^4$ mit $f'(x) = 4(x - 1)^3$. Die Ableitung hat eine Nullstelle im Punkt 1. Es gilt für $x < 1$ $f'(x) < 0$ und für $x > 1$ dagegen $f'(x) > 0$. Die Funktion f hat also in 1 ein lokales Minimum. △

Der letzte Satz gibt eine hinreichende Bedingung für lokale Extremwerte an. Ob in der Nähe eines Punktes x_0 die erste Ableitung die angegebenen Bedingungen erfüllt, kann man mit der zweiten Ableitung durch den Mittelwertsatz überprüfen. Falls in einen Intervall $(x_0 - \varepsilon, x_0 + \varepsilon)$ die zweite Ableitung $f''(x)$ größer ist als 0, ist die erste Ableitung $f'(x)$ in diesem Intervall streng monoton steigend. Wenn also $f'(x_0) = 0$, ist für alle $x \in (x_0 - \varepsilon, x_0)$ stets $f'(x) < 0$ und für alle $x \in (x_0, x_0 + \varepsilon)$ dann $f'(x) > 0$. Es genügt, die zweite Ableitung in x_0 zu untersuchen, und man erhält folgenden Satz.

Satz 3.16:
Sei f eine Funktion auf dem Intervall (a, b), die in $x_0 \in (a, b)$ zweimal differenzierbar ist mit folgenden Eigenschaften:

a) $f'(x_0) = 0$.

b) $f''(x_0) < 0$ (bzw. $f''(x_0) > 0$).

Dann hat f in x_0 ein lokales Maximum (Minimum).

Vorsicht: Dieser Satz gibt nur eine hinreichende Bedingung für lokale Extremwerte. Wenn $f''(x_0) = 0$, kann man **nicht** folgern, daß in x_0 kein lokaler Extremwert ist.

Wenn $f'(x_0) = 0$, muß man entweder versuchen, mit Satz 3.15 festzustellen, ob in x_0 ein Extremwert liegt, oder durch Berechnen höherer Ableitungen von f die Frage zu klären. Es gilt folgender Satz (zum Beweis siehe z. B. [B/K] I, S. 220/1).

Satz 3.17:
Sei f eine Funktion auf dem offenen Intervall (a, b), die in (a, b) (mindestens) n-mal differenzierbar ist. Wenn gilt:

a) $f'(x_0) = f''(x_0) = \ldots = f^{(n-1)}(x_0) = 0$,

b) $f^{(n)}(x_0) < 0$ (bzw. $f^{(n)}(x_0) > 0$),

so hat f in x_0 ein lokales Maximum (Minimum), **wenn n gerade ist**.
Wenn in diesem Fall **n ungerade ist**, hat f in x_0 keinen lokalen Extremwert.

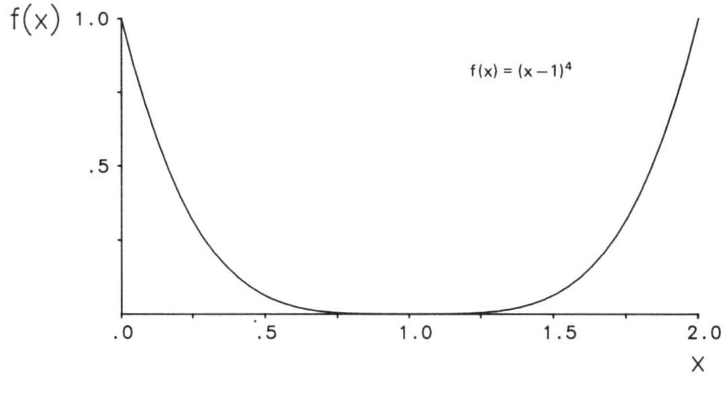

Wenn man die angegebenen Sätze zusammenfaßt, erhält man folgendes Schema zur Berechnung von Extremwerten:

Schema zur Berechnung der lokalen Extremwerte einer zweimal differenzierbaren Funktion f auf einem Intervall (a, b).

1) Berechne die Ableitungsfunktionen $f'(x)$ und $f''(x)$.
2) Berechne alle Punkte $x_1, \ldots, x_n$ in (a, b), für die gilt:
   $$f'(x_i) = 0.$$
3) Berechne für $x_1, \ldots, x_n$ die zweiten Ableitungen:
   $$f''(x_1), \ldots, f''(x_n).$$
4) Wenn $f''(x_i) < 0$, dann hat f in x_i ein lokales Maximum.
   Wenn $f''(x_i) > 0$, dann hat f in x_i ein lokales Minimum.
   Wenn $f''(x_i) = 0$, muß man mit Satz 3.15 oder 3.17 versuchen festzustellen, ob in x_i ein lokaler Extremwert ist.

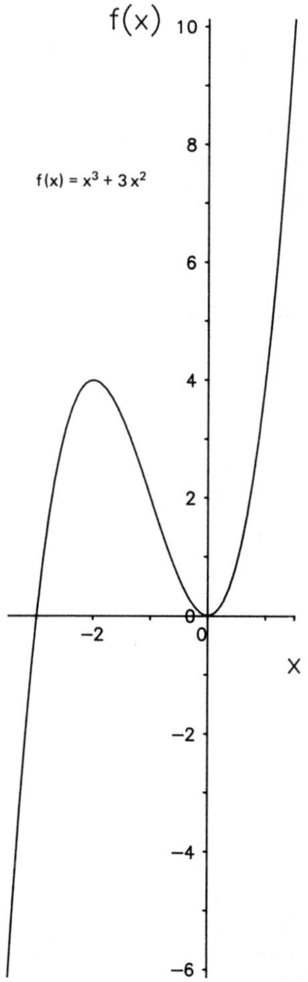

Beispiel 4: $f(x) = x^3 + 3x^2$ auf $(-3, 3)$.

1: Man berechnet die Ableitungen: $f'(x) = 3x^2 + 6x$ und $f''(x) = 6x + 6$.

2: Nullstellen der Ableitung: $3x^2 + 6x = 0 \Leftrightarrow 3x(x+2) = 0$. Man erhält zwei Lösungen: $x_1 = -2$ und $x_2 = 0$.

3: Berechnen der zweiten Ableitungen:

$$f''(x_1) = f''(-2) = 6(-2) + 6 = -6 < 0 \Rightarrow \text{lokales Maximum in } -2.$$
$$f''(x_2) = f''(0) = 6 \cdot 0 + 6 = 6 > 0 \Rightarrow \text{lokales Minimum in } 0.$$

Der Verlauf der Funktion ist in der Zeichnung auf Seite 168 zu sehen. △

§ 3.10 Berechnung globaler Extremwerte

Sei f eine differenzierbare Funktion auf einem abgeschlossenen Intervall $[a, b]$. Da f dann auch stetig auf $[a, b]$ ist, muß f globale Extremwerte haben. Wenn ein Punkt ein globaler Extremwert ist, dann ist er auch ein lokaler. Um die globalen Extremwerte zu finden, muß man alle lokalen Extremwerte der Funktion im offenen Intervall (a, b) finden und zusätzlich dazu die Randpunkte a und b untersuchen, welchen Wert die Funktion dort hat.

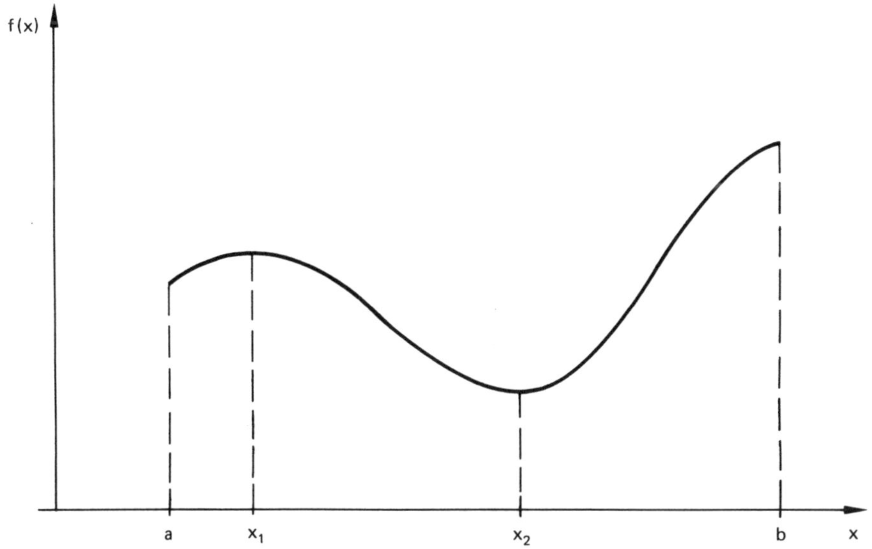

Durch Vergleich der Funktionswerte kann man dann feststellen, in welchen Punkten globale Extremwerte sind.

Schema zur Berechnung der globalen Extremwerte einer differenzierbaren Funktion f auf einem abgeschlossenen Intervall [a, b]

1) Berechne die Ableitungsfunktion $f'(x)$.
2) Bestimme alle Punkte $x_1, \dots, x_n$ im Intervall (a, b), für die gilt $f'(x_i) = 0$.

3) Berechne die Funktionswerte: $f(x_1), \ldots, f(x_n)$, f(a) und f(b). (Also die Funktionswerte in den Punkten x_i und in den Randpunkten a und b).
4) Vergleiche die Funktionswerte in diesen Punkten.
   a) In den Punkten aus der Menge $\{x_1, \ldots, x_n, a, b\}$ in denen die Funktionswerte am größten sind, sind die globalen Maxima der Funktion.
   b) In den Punkten aus der Menge $\{x_1, \ldots, x_n, a, b\}$ in denen die Funktionswerte am kleinsten sind, sind die globalen Minima der Funktion.

Vorsicht: Bei dieser Methode erhält man nur die globalen Extremwerte der Funktion in dem Intervall [a, b]. Man kann diejenigen Punkte aus der Menge $\{x_1, \ldots, x_n, a, b\}$, in denen kein globaler Extremwert vorliegt, mit den Methoden aus dem vorigen Paragraphen daraufhin untersuchen, ob dort lokale Extremwerte vorliegen.

Beispiel 1: $f(x) = \ln(x^2+1)$ auf dem Intervall $[-1, 1]$.

1. Schritt: $f'(x) = \dfrac{2x}{x^2+1}$.

2. Schritt: $f'(x) = 0 \Leftrightarrow \dfrac{2x}{x^2+1} = 0 \Leftrightarrow x = 0$. Es gibt also nur einen Punkt x_1 in $[-1, 1]$ mit verschwindender Ableitung, nämlich $x_1 = 0$.

3. Schritt: $f(0) = 0$, $f(-1) = \ln(2)$ und $f(1) = \ln(2)$.

4. Schritt: f hat in den Punkten -1 und 1 globale Maxima mit dem Wert ln(2). Im Punkt 0 hat f ein globales Minimum mit dem Wert 0. △

Beispiel 2: $f(x) = x^4 + 4x^3 + 3$ auf $[-4, 2]$.

1. Schritt: $f'(x) = 4x^3 + 12x^2 = 4x^2 \cdot (x+3)$.

2. Schritt: Die Ableitungsfunktion hat Nullstellen in den Punkten $x_1 = 0$ und $x_2 = -3$.

3. Schritt: $f(-4) = 3$, $f(-3) = -24$, $f(0) = 3$, $f(2) = 51$.

4. Schritt: Die Funktion f hat in dem Punkt 2 ein globales Maximum mit dem Wert 51 und in dem Punkt -3 ein globales Minimum mit dem Wert -24. △

§ 3.11 Extremwerte bei konvexen und konkaven Funktionen

Bei konvexen und konkaven Funktionen ist es einfacher, die globalen Extremwerte der Funktionen zu bestimmen, als im vorigen Paragraphen beschrieben. Sei f eine auf dem offenen Intervall (a, b) definierte, zweimal differenzierbare und konvexe Funktion. Für einen Punkt $x_0 \in (a, b)$ gelte $f'(x_0) = 0$. Wegen des Mittelwertsatzes der Differentialrechnung existiert für alle $x \in (a, b)$ ein z zwischen x und x_0 mit:

(1) $\quad f(x) - f(x_0) = f'(z) \cdot (x - x_0)$.

Da aber f konvex und zweimal differenzierbar ist, muß nach Satz 3.12 die erste Ableitung f' monoton steigend sein. Es gilt also für $z \leqq x_0$:

(2) $\quad f'(z) \leqq f'(x_0) = 0$

Genauso für $z \geqq x_0$:

$$f'(z) \geqq f'(x_0) = 0.$$

Daraus folgt mit (1) und (2) für alle $x \in (a, b)$:

$$f(x) - f(x_0) = f'(z) \cdot (x - x_0) \geqq 0.$$

In x_0 hat die Funktion also ein globales Minimum. Wenn man bei einer konvexen Funktion eine Nullstelle der Ableitung gefunden hat, ist dort auch immer ein globales Minimum. Analog kann man zeigen, daß bei konkaven Funktionen jede Nullstelle der Ableitung immer ein globales Maximum liegt. Allgemein gilt folgender Satz.

Satz 3.18:
Gegeben ist eine Funktion f auf einem offenen Intervall (a, b), die dort differenzierbar und konvex (bzw. konkav) ist. In einem Punkt x_0 mit $f'(x_0) = 0$ hat die Funktion f stets in diesem Punkt ein globales Minimum (bzw. Maximum).

Beispiel 1: $f(x) = x^2$. Die einzige Nullstelle der Ableitung $f'(x) = 2x$ ist in 0. Da f eine konvexe Funktion ist, hat sie in 0 ein globales Minimum. △

Beispiel 2: $g(x) = \ln(x) - x$ auf $(0, \infty)$. Die Ableitungen sind: $g'(x) = \frac{1}{x} - 1$ und $g''(x) = -\frac{1}{x^2}$. Diese Funktion ist konkav im ganzen Definitionsbereich. Die einzige Nullstelle der Ableitung ist im Punkt 1. Dort hat die Funktion ein globales Maximum. △

§ 3.12 Die Regel von l'Hospital

Wenn bei zwei Funktionen f und g gilt, daß $\lim_{x \to x_0} f(x) = \lim_{x \to x_0} g(x) = 0$, dann kann man nicht sofort erkennen, wie sich dann der Quotient $\frac{f(x)}{g(x)}$ für $x \to x_0$ verhält. Mit der Regel von l'Hospital kann man für differenzierbare Funktionen unter gewissen Voraussetzungen diesen Grenzwert berechnen.

Satz 3.19 (Regel von l'Hospital):
Es seien f und g zwei differenzierbare Funktionen auf (a, b). Weiter gelte $g'(x) \neq 0$ für alle $x \in (a, b)$, $\lim_{\substack{x \to b \\ x < b}} f(x) = 0$ und $\lim_{\substack{x \to b \\ x < b}} g(x) = 0$. Wenn der Grenzwert $\lim_{\substack{x \to b \\ x < b}} \frac{f'(x)}{g'(x)} = s \in \mathbb{R}$ existiert, dann existiert auch der Grenzwert $\lim_{\substack{x \to b \\ x < b}} \frac{f(x)}{g(x)}$ und ist gleich s.

Diese Regel kann man auch für Grenzwerte $x \to a$ mit $x > a$ formulieren. Man erhält eine analoge Aussage unter den entsprechenden Voraussetzungen:

$$\lim_{\substack{x \to a \\ x > a}} \frac{f(x)}{g(x)} = \lim_{\substack{x \to a \\ x > a}} \frac{f'(x)}{g'(x)} = s, \text{ wenn der Grenzwert von } \frac{f'(x)}{g'(x)} \text{ existiert.}$$

Diese Regel kann man sich mit dem Mittelwertsatz der Differentialrechnung plausibel machen. Wenn f und g auch in b definiert und stetig sind, gilt mit

$$\lim_{\substack{x \to b \\ x < b}} f(x) = \lim_{\substack{x \to b \\ x < b}} g(x) = 0$$

auch $f(b) = g(b) = 0$. Sei $x \in (a, b)$, dann gilt:

(1) $f(x) = f(b) + f'(c_x)(x - b)$, wobei $c_x \in (x, b)$ und

(2) $g(x) = g(b) + g'(d_x)(x - b)$, wobei $d_x \in (x, b)$.

und damit für den Quotienten, wenn $g'(x) \neq 0$ für alle $x \in (a, b]$:

$$\frac{f(x)}{g(x)} = \frac{f(b) + f'(c_x)(x - b)}{g(b) + g'(d_x)(x - b)} = \frac{f'(c_x)(x - b)}{g'(d_x)(x - b)} = \frac{f'(c_x)}{g'(d_x)}.$$

Da x gegen b konvergiert und die Punkte c_x und d_x zwischen x und b liegen, konvergieren diese auch gegen b, und der Quotient der Ableitungen in diesen Punkten dann gegen den entsprechenden Grenzwert. Den allgemeinen Fall, wenn f und g in b nicht definiert sind, kann man in ähnlicher Weise behandeln (siehe z. B. [B/K] I, S. 213/4).

Beispiel 1: Gegeben sind die Funktionen $f(x) = \sin(x)$ und $g(x) = x$ auf dem Intervall $(-1, 0)$. Es gilt $f'(x) = \cos(x)$ und $g'(x) = 1$. Für alle x in dem Intervall ist somit $g'(x) \neq 0$ und $g(x) \neq 0$. Da $\lim_{\substack{x \to 0 \\ x < 0}} f(x) = \lim_{\substack{x \to 0 \\ x < 0}} g(x) = 0$, ist der Grenzwert des Quotienten zunächst unbestimmt.

Es gilt aber für den Grenzwert der Ableitungen:

$$\lim_{\substack{x \to 0 \\ x < 0}} \frac{f'(x)}{g'(x)} = \lim_{\substack{x \to 0 \\ x < 0}} \frac{\cos(x)}{1} = \cos(0) = 1.$$

Damit erhält man:

$$\lim_{\substack{x \to 0 \\ x < 0}} \frac{\sin(x)}{x} = 1. \qquad \triangle$$

§ 3.13 Der Satz von Taylor

Wenn eine Funktion $f\colon (a, b) \to \mathbb{R}$ in dem Intervall (a, b) n-mal differenzierbar ist, kann man die Funktion in der Nähe eines Punktes $x_0 \in (a, b)$ mittels der Ableitungen der Funktion in dem Punkt x_0 approximieren. Es gilt folgender Satz:

> **Satz 3.20:**
> Sei die Funktion f: (a, b) → ℝ auf (a, b) (n + 1)-mal differenzierbar. Dann gibt es für alle $x_0, x \in (a,b)$ eine Zahl $\theta \in (0,1)$ (abhängig von x_0 und x), so daß gilt:
>
> $$f(x) = \sum_{i=0}^{n} \frac{f^{(i)}(x_0)}{i!}(x - x_0)^i + \frac{f^{(n+1)}(x_0 + \theta(x - x_0))}{(n+1)!}(x - x_0)^{n+1}.$$

Das Polynom $P_n(x) = \sum\limits_{i=0}^{n} \frac{f^{(i)}(x_0)}{i!}(x - x_0)^i$ heißt **n-tes Taylorpolynom** der Funktion f im Punkt x_0. Der Term

$$R_n(x) = \frac{f^{(n+1)}(x_0 + \theta(x + x_0))}{(n+1)!}(x - x_0)^{n+1}$$

heißt **Restglied der Taylorformel in der Lagrange'schen Form**.

Wenn man als x_0 den Punkt 0 wählt, bezeichnet man das Taylorpolynom in diesem Spezialfall auch als **Mac-Laurin-Polynom**.

Wenn die (n + 1)-te Ableitung $f^{(n+1)}$ der Funktion in dem Intervall (a, b) beschränkt ist, d.h. eine Zahl C existiert so, daß für alle $x \in (a,b)$ gilt: $|f^{(n+1)}(x)| \leqq C$, erhält man aus der Taylorformel:

$$|f(x) - P_n(x)| = |R_n(x)| \leqq C \cdot \frac{|x_0 - x|^{n+1}}{(n+1)!}.$$

Wenn x nahe bei x_0 liegt, ist das eine Abschätzung für den Fehler, den man macht, wenn man f(x) durch $P_n(x)$ approximiert.

Den obigen Satz kann man mit dem Mittelwertsatz der Differentialrechnung beweisen.

Man betrachtet die Funktion G(z):

(1) $$G(z) = f(z) - f(x) + \sum_{i=1}^{n} \frac{f^{(i)}(z)}{i!}(x - z)^i + \frac{K}{(n+1)!}(x - z)^{n+1}.$$

Dabei ist K so gewählt, daß $G(x_0) = 0$ ist. Aus der Definition von G folgt, daß auch G(x) = 0 ist. Es gilt also:

(2) $$G(x_0) = G(x) = 0.$$

G(z) ist eine differenzierbare Funktion. Mit der Produktregel erhält man für die Ableitung:

$$G'(z) = f'(z) + \sum_{i=1}^{n} \left(\frac{f^{(i+1)}(z)}{i!}(x - z)^i - \frac{f^{(i)}(z)}{i!}\, i \cdot (x - z)^{i-1} \right) - \frac{K}{(n+1)!}(n+1)(x - z)^n.$$

In dieser Formel kürzen sich alle Summanden bis auf zwei, also:

$$G'(z) = \frac{f^{(n+1)}(z)}{n!}(x - z)^n - \frac{K}{n!}(x - z)^n = \frac{(x - z)^n}{n!} \cdot (f^{(n+1)}(z) - K).$$

Wegen (2) gilt nach dem Mittelwertsatz der Differentialrechnung, daß es ein c zwischen x und x_0 gibt mit:

$$G'(c) = 0, \quad \text{also} \quad f^{(n+1)}(c) = K.$$

Damit findet man, wenn man in (1) K durch $f^{(n+1)}(c)$ ersetzt, die Taylorformel aus Satz 3.20. Da c zwischen x und x_0 liegt, kann man c in der Form $c = x + \theta(x_0 - x)$ mit $\theta \in (0,1)$ schreiben.

Beispiel 1: Gegeben ist die Funktion $f(x) = \dfrac{1}{1-x}$ für $x < 1$. Die ersten drei Ableitungen dieser Funktion sind:

$$f'(x) = \frac{1}{(1-x)^2}, \quad f''(x) = \frac{2}{(1-x)^3} \quad \text{und} \quad f'''(x) = \frac{6}{(1-x)^4}.$$

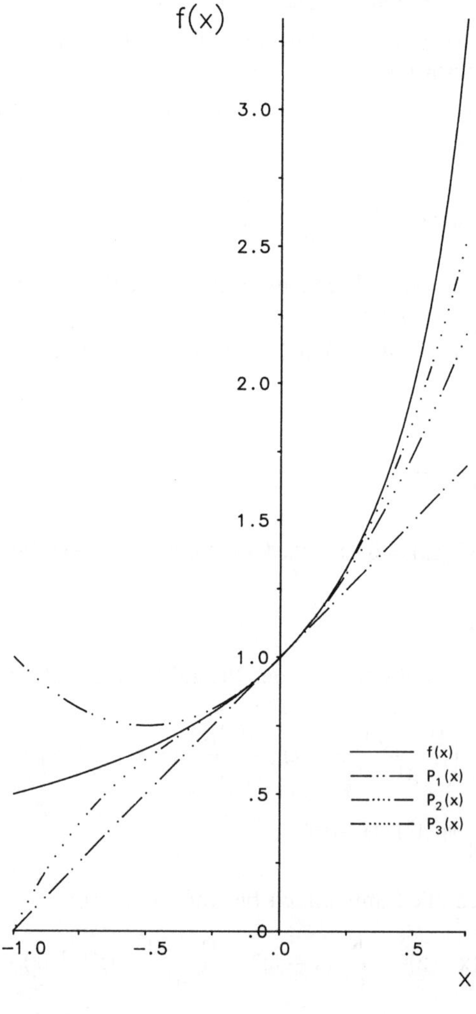

Die Taylorpolynome $P_1(x)$, $P_2(x)$ und $P_3(x)$ um den Nullpunkt sind:

$$P_1(x) = 1 + x, \quad P_2(x) = 1 + x + x^2, \quad P_3(x) = 1 + x + x^2 + x^3.$$

In der folgenden Tabelle sind für die Punkte 0,01, 0,1, 0,5 und 0,9 jeweils die Werte dieser Polynome mit dem Funktionswert in diesem Punkt verglichen.

	$x = 0{,}01$	$x = 0{,}1$	$x = 0{,}5$	$x = 0{,}9$
$f(x)$	1,0101...	1,1111...	2,0	10,0
$P_1(x)$	1,01	1,1	1,5	1,9
$P_2(x)$	1,0101	1,11	1,75	2,71
$P_3(x)$	1,010101	1,111	1,875	3,439

In der folgenden Zeichnung sind die Funktion f und die Taylorpolynome P_1, P_2 und P_3 zu sehen.

Beispiel 2: Gegeben ist die Funktion $g(x) = \sin(x)$. Die ersten beiden Ableitungen dieser Funktion sind $g'(x) = \cos(x)$ und $g''(x) = -\sin(x)$.

Man erhält als Taylorpolynom zweiter Ordnung um 0:

$$P_2(x) = \sin(0) + \cos(0) \cdot x - \sin(0) \cdot \frac{x^2}{2} = x. \qquad \triangle$$

III.4 Elementare Funktionen

§ 4.1 Polynome

Ein **Polynom** ist eine Funktion der folgenden Form:

$$f: \mathbb{R} \to \mathbb{R}, \quad x \mapsto f(x) = \sum_{i=0}^{n} a_i x^i = a_n x^n + a_{n-1} x^{n-1} \ldots + a_1 x + a_0,$$

wobei n eine natürliche Zahl ist und die $a_i \in \mathbb{R}$ für $i = 0, \ldots, n$ mit $a_n \neq 0$. Die Zahl n heißt dann der **Grad** des Polynoms.

Beispiele für Polynome sind die konstanten Funktionen $f(x) = a_0$ $(a_0 \neq 0)$ (der Grad ist in diesem Fall 0), die affinlinearen Funktionen $f(x) = a_1 x + a_0$ (Grad 1), die quadratischen Funktionen $f(x) = a_2 x^2 + a_1 x + a_0$ (Grad 2) und alle Potenzfunktionen $f(x) = x^n$ (Grad n). Dem Nullpolynom, d.h. der konstanten Funktion $f(x) = 0$ wird kein Grad zugeordnet.

Bei vielen Funktionen ist es möglich, den Verlauf in der Nähe eines Punktes durch Polynome zu approximieren. (Siehe III.3.13).

Die Ableitung eines Polynoms f erhält man durch gliedweises Differenzieren der einzelnen Terme $a_i x^i$:

$$f'(x) = \sum_{i=1}^{n} i a_i x^{i-1} = n a_n x^{n-1} + (n-1) a_{n-1} x^{n-2} + \ldots + a_2 x + a_1.$$

Diese Funktion ist wieder ein Polynom. Die Ableitung $f'(x)$ existiert für alle $x \in \mathbb{R}$.

Durch weiteres Differenzieren erhält man die höheren Ableitungen. Allgemein gilt, daß ein Polynom beliebig oft differenzierbar ist. Bei einem Polynom n-ten Grades ist aber dann die $(n+1)$-te Ableitung überall gleich 0 und ebenso alle höheren Ableitungen.

Falls für ein Polynom f und $c \in \mathbb{R}$ gilt, daß $f(c) = 0$, so heißt c eine **Nullstelle** des Polynoms. In diesem Fall gibt es ein Polynom g, so daß gilt:

$$f(x) = (x - c) \cdot g(x) \quad \text{für alle } x \in \mathbb{R}.$$

Beispiel 1: Die Funktion $f(x) = x^2 + x - 2$ ist ein Polynom zweiten Grades. Die Ableitungen sind $f'(x) = 2x + 1$, $f''(x) = 2$ und $f^{(n)}(x) = 0$ für alle $n \geqq 3$. Durch Lösen der Gleichung $x^2 + x - 2 = 0$ erhält man die Nullstellen von f, die Punkte 1 und -2. Man kann $f(x)$ dann in der Form $f(x) = (x-1)(x+2)$ schreiben. △

§ 4.2 Rationale Funktionen

Gegeben sind zwei Polynome f_1 und f_2. Eine Funktion $r(x)$ der Form $r(x) = \frac{f_1(x)}{f_2(x)}$, einem Quotienten aus zwei Polynomen, bezeichnet man als **rationale Funktion**. Eine solche Funktion ist definiert für alle $x \in \mathbb{R}$ mit $f_2(x) \neq 0$.

Die Ableitung $r'(x)$ einer solchen Funktion erhält man mittels der Quotientenregel aus den Ableitungen der Polynome f_1 und f_2:

$$r'(x) = \frac{f_2(x) \cdot f_1'(x) - f_2'(x) \cdot f_1(x)}{(f_2(x))^2}$$

Beispiel 1: Gegeben ist $r(x) = \frac{2x+1}{x^2-4}$. Diese Funktion ist definiert für alle $x \in \mathbb{R} \setminus \{2, -2\}$, da in den Punkten 2 und -2 der Nenner 0 wird. Die Ableitung $r'(x)$ ist gegeben durch:

$$r'(x) = \frac{(x^2-4)\,2 - 2x(2x+1)}{(x^2-4)^2} = -\frac{2x^2 + 2x + 8}{(x^2-4)^2}$$ △

§ 4.3 Algebraische Funktionen

Gegeben ist eine rationale Funktion $r(x)$. Eine Funktion $q(x) = (r(x))^{\frac{1}{n}} = \sqrt[n]{r(x)}$, wobei n eine natürliche Zahl ist, bezeichnet man als eine **algebraische Funktion**. Diese Funktion ist definiert für alle $x \in \mathbb{R}$ mit $r(x) \geqq 0$.

Die Ableitung $q'(x)$ einer algebraischen Funktion erhält man mittels der Kettenregel aus der Ableitung von $r(x)$:

$$q'(x) = \frac{1}{n}(r(x))^{\frac{1}{n}-1} \cdot r'(x).$$

Beispiel 1: Gegeben ist $q(x) = \left[\frac{2x+1}{x^2-4}\right]^{\frac{1}{4}}$. Diese Funktion ist definiert für alle

$x \in \mathbb{R}$ mit $\dfrac{2x+1}{x^2-4} \geqq 0$. Als Ableitung berechnet man:

$$q'(x) = \frac{1}{4} \cdot \left[\frac{2x+1}{x^2-4}\right]^{\frac{1}{4}-1} \cdot \frac{-2x^2-2x-8}{(x^2-4)^2} \qquad \triangle$$

§ 4.4 Exponential- und Logarithmusfunktion

Für eine Zahl $a > 0$ und eine rationale Zahl $\frac{p}{q}$ mit $q > 0$ definiert man den **gebrochenrationalen Exponenten** $a^{\frac{p}{q}}$ durch $a^{\frac{p}{q}} = \sqrt[q]{a^p}$. Damit ist a^x für alle rationalen Zahlen x erklärt. Man kann nun a^x für alle reellen Zahlen definieren, indem man für jedes irrationale x eine Folge (q_n) von rationalen Zahlen betrachtet mit $\lim_{n\to\infty} q_n = x$ und setzt $a^x = \lim_{n\to\infty} a^{q_n}$ (Eine solche Folge existiert, weil man mit der Dezimalbruchdarstellung eine solche konstruieren kann). Man kann zeigen, daß man so für alle $x \in \mathbb{R}$ eine eindeutige Definition von a^x bekommt. Man hat damit eine Funktion:

$$f\colon \mathbb{R} \to \mathbb{R}, \quad x \mapsto a^x$$

definiert für alle $a > 0$. Die so definierte Funktion ist stetig. Zeichnet man die Funktion a^x, so sieht man, daß für $a > 1$ die Funktion streng monoton steigend ist und für $0 < a < 1$ die Funktion streng monoton fallend ist. Für $a = 1$ ist die Funktion konstant.

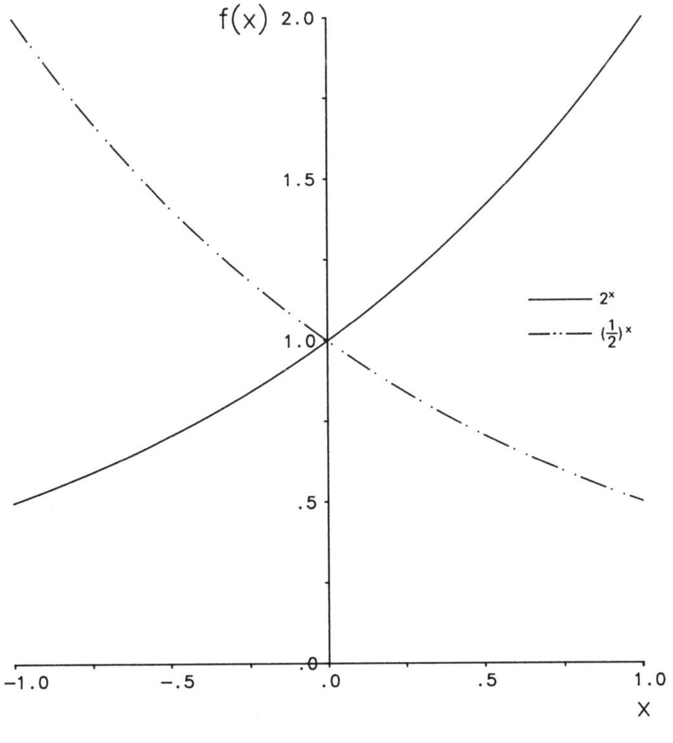

Man kann nachweisen, daß a^x eine differenzierbare Funktion auf $\mathbb{R}$ ist. Berechnet man die Ableitung, erhält man:

$$\frac{da^x}{dx} = \lim_{h\to 0} \frac{1}{h} (a^{x+h} - a^x) = \lim_{h\to 0} \frac{1}{h} \cdot a^x(a^h - 1) = a^x \cdot \lim_{h\to 0} \frac{1}{h} \cdot (a^h - 1)$$

$$= a^x \cdot \lim_{h\to 0} \frac{1}{h} \cdot (a^h - a^0) = a^x \cdot \left.\frac{da^x}{dx}\right|_{x=0}$$

Die Ableitung der Funktion a^x in einem Punkt x ist gleich dem Funktionswert a^x in diesem Punkt multipliziert mit der Ableitung dieser Funktion im Punkt 0. Man kann zeigen, daß es eine Zahl $e > 0$ gibt, so daß für die Funktion e^x gilt:

$$\left.\frac{de^x}{dx}\right|_{x=0} = 1 \quad \text{und damit} \quad \frac{de^x}{dx} = e^x.$$

Diese Zahl e heißt **Eulersche Zahl**. e ist eine irrationale Zahl. Es gilt approximativ auf 6 Stellen:

$$e \approx 2{,}718282.$$

Die Funktion e^x bezeichnet man als **natürliche Exponentialfunktion oder als e-Funktion. Die Ableitungsfunktion dieser Funktion ist gleich der Funktion selbst. Man schreibt oft für diese Funktion exp(x) statt e^x.**

Eigenschaften der Exponentialfunktionen

a) Der Definitionsbereich der Funktion a^x $(a > 0, a \neq 1)$ ist $\mathbb{R}$, ihr Bildbereich $(0, \infty)$.

b) Falls $a > 1$, ist a^x streng monoton wachsend mit: $\lim_{x\to-\infty} a^x = 0$ und $\lim_{x\to\infty} a^x = +\infty$. Falls $0 < a < 1$, ist a^x streng monoton fallend mit:

$$\lim_{x\to-\infty} a^x = +\infty \quad \text{und} \quad \lim_{x\to\infty} a^x = 0.$$

c) Für alle $x, y \in \mathbb{R}$ gilt:

$$a^{x+y} = a^x \cdot a^y, \qquad a^{x-y} = \frac{a^x}{a^y},$$

$$a^{x\cdot y} = a^{y\cdot x} = (a^x)^y = (a^y)^x.$$

d) $$a^x = e^{\ln(a)\cdot x}$$

Das heißt man kann bei einem Taschenrechner, der nur die natürliche Exponential- und Logarithmusfunktion hat, mittels dieser Formel auch a^x berechnen.

e) $\frac{da^x}{dx} = \ln(a) \cdot a^x, \quad \frac{de^x}{dx} = e^x.$

f) Die Exponentialfunktion a^x ist beliebig oft differenzierbar.

Da alle Exponentialfunktionen a^x streng monoton sind, falls $a \neq 1$, sind sie alle auch umkehrbar. Die Umkehrfunktion zur Funktion a^x heißt Logarithmusfunktion zur Basis a. Diese Funktion bezeichnet man mit ${}^a\log(x)$. Da der Bildbereich der Funktion a^x die Menge $(0, \infty)$ ist, hat die Umkehrfunktion ${}^a\log(x)$ den Definitionsbereich $(0, \infty)$:

$$ {}^a\log(x)\colon (0, \infty) \to \mathbb{R}, \quad x \mapsto {}^a\log(x). $$

Dabei gilt $a^{{}^a\log(x)} = x$ und ${}^a\log(a^x) = x$, denn ${}^a\log(x)$ ist die Umkehrfunktion zu a^x.

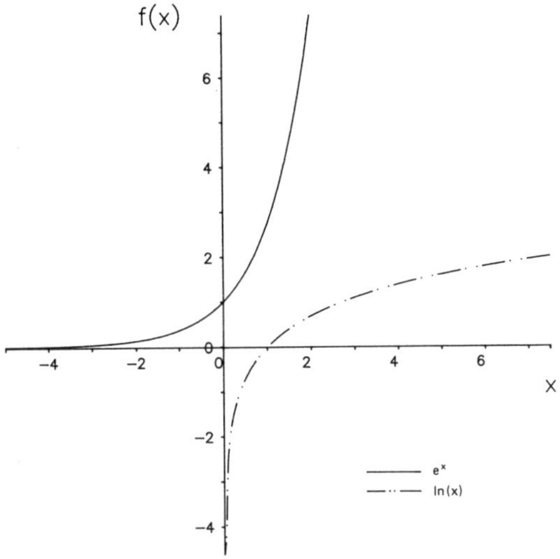

Die Umkehrfunktion zur natürlichen Exponentialfunktion heißt **natürliche Logarithmusfunktion**. Sie wird mit $\ln(x)$ bezeichnet.

Eigenschaften der Logarithmusfunktionen

a) Der Definitionsbereich der Funktion ${}^a\log(x)$ mit $0 < a$ und $a \neq 1$ ist $(0, \infty)$, ihr Bildbereich ist $\mathbb{R}$.

b) Ist $a > 1$, so ist ${}^a\log(x)$ streng monoton wachsend mit:

$$ \lim_{x \to 0} {}^a\log(x) = -\infty \quad \text{und} \quad \lim_{x \to \infty} {}^a\log(x) = +\infty. $$

Ist $0 < a < 1$, so ist ${}^a\log(x)$ streng monoton fallend mit

$$ \lim_{x \to 0} {}^a\log(x) = +\infty \quad \text{und} \quad \lim_{x \to \infty} {}^a\log(x) = -\infty. $$

c) Für beliebige $x, y > 0$ und $z \in \mathbb{R}$ gilt:

$$ {}^a\log(x \cdot y) = {}^a\log(x) + {}^a\log(y). $$

$$ {}^a\log\left(\frac{x}{y}\right) = {}^a\log(x) - {}^a\log(y). $$

$$ {}^a\log(x^z) = z \cdot {}^a\log(x). $$

d) ${}^{a}\log(x) = \dfrac{{}^{b}\log(x)}{{}^{b}\log(a)}$ für alle a, b > 0 mit $a \neq 1$, $b \neq 1$ und $x > 0$. Speziell gilt für den natürlichen Logarithmus:

$$ {}^{a}\log(x) = \frac{\ln(x)}{\ln(a)}. $$

e) Die Logarithmusfunktionen ${}^{a}\log(x)$ sind beliebig oft differenzierbar. Die erste Ableitung ist:

$$ \frac{d\,{}^{a}\log(x)}{dx} = \frac{1}{x \cdot \ln(a)} \quad \text{und} \quad \frac{d\ln(x)}{dx} = \frac{1}{x}. $$

§ 4.5 Trigonometrische Funktionen

Zum Verständnis der trigonometrischen Funktionen benötigt man ein wenig Geometrie. Man betrachtet einen Kreis um den Nullpunkt mit Radius 1 im $\mathbb{R}^2$ und einen Strahl vom Nullpunkt, der die x-Achse in einem Winkel α schneidet.

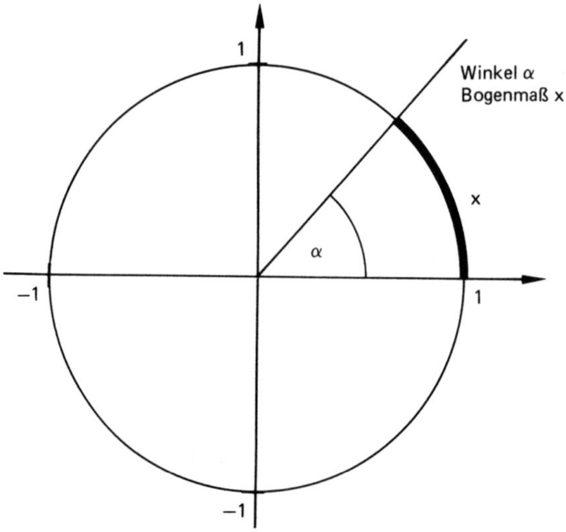

Man kann den Winkel wie üblich in Grad messen. In der Mathematik verwendet man oft eine andere Meßmethode, man mißt den Winkel in Bogenmaß. Das heißt, die Größe des Winkels wird angegeben durch die Länge des Kreisbogens auf dem Kreis mit Radius 1 vom Punkt (0, 1) bis zu dem Punkt, in dem der Strahl den Kreis schneidet. Da der Umfang des Kreises gleich $2 \cdot \pi$ ist, bestehen zwischen dem Bogenmaß x und dem in Grad gemessenen Winkelmaß α folgende Beziehungen:

$$ x = \alpha \cdot \frac{\pi}{180} \quad \text{und} \quad \alpha = \frac{180}{\pi} \cdot x. $$

Mit dem Bogenmaß ist jedem Punkt (u, v) auf dem Kreis eine Zahl x zugeordnet, nämlich die Länge des Kreisbogens von (1,0) zu diesem Punkt (u,v). Für einen solchen Punkt (u, v) betrachten wir nun die x_1-Koordinate u und die x_2-Koordinate v. Als die Funktion sin(x) („**Sinus** von x“) definiert man die x_2-Koordinate v des Punktes und als cos(x) („**Cosinus** von x“) definiert man die x_1-Koordinate u. Man hat somit für jede Zahl zwischen 0 und $2 \cdot \pi$ zwei Funktionen sin(x) und cos(x) definiert, deren Werte man erhält, wenn man von (1,0) die Strecke x auf dem Kreisbogen entgegen dem Uhrzeigersinn zurücklegt und bei dem so erreichten Punkt (u,v) die Koordinaten als Funktionswerte nimmt.

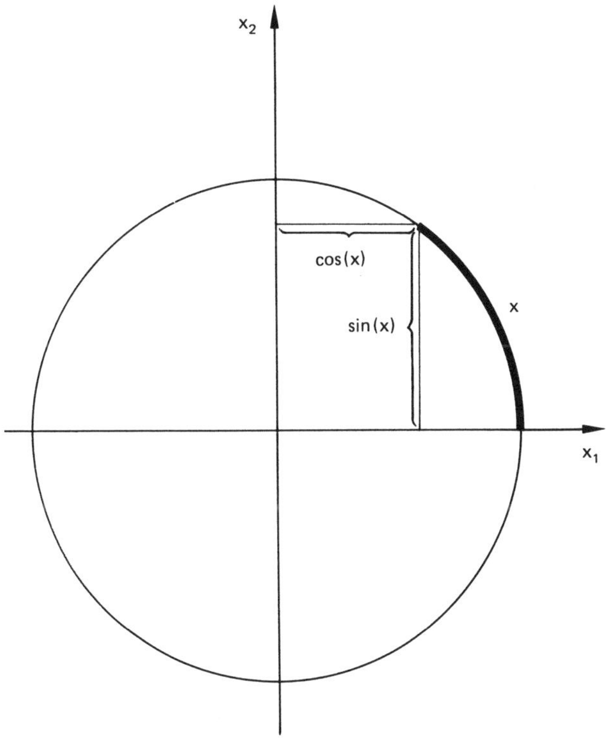

Falls x größer wird als $2 \cdot \pi$, wiederholt sich der ganze Vorgang, nachdem man einmal den Kreisrand durchlaufen hat. Man definiert also $\sin(x + 2\pi \cdot k) = \sin(x)$ und $\cos(x + 2\pi \cdot k) = \cos(x)$ für $k \in \mathbb{Z}$. Damit hat man zwei Funktionen, die auf der ganz $\mathbb{R}$ definiert sind:

$$\sin\colon \mathbb{R} \to \mathbb{R},\ x \mapsto \sin(x)$$
$$\cos\colon \mathbb{R} \to \mathbb{R},\ x \mapsto \cos(x).$$

Die Graphen der Funktionen sind in der folgenden Zeichnung dargestellt. Wie man aus den Zeichnungen erkennt, ist sin(x) eine ungerade und cos(x) eine gerade Funktion.

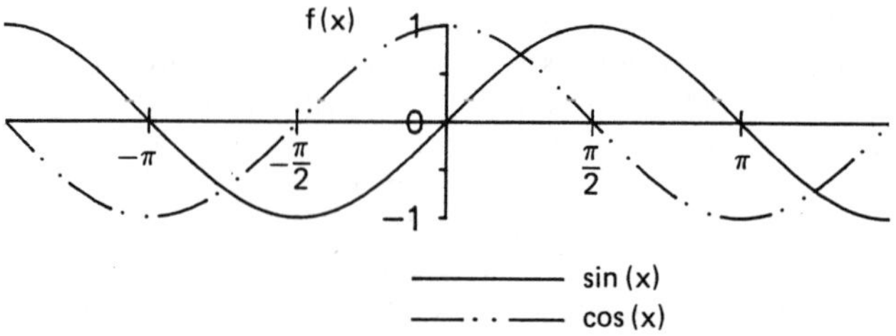

Mit diesen beiden Funktionen definiert man zwei weitere Funktionen, indem man die Quotienten der beiden bildet. Der **Tangens** ist definiert durch:

$$\tan\colon \mathbb{R}\setminus\{x \in \mathbb{R} \mid \cos(x) = 0\} \to \mathbb{R},\ x \mapsto \tan(x) = \frac{\sin(x)}{\cos(x)}.$$

Diese Funktion ist nur für diejenigen $x \in \mathbb{R}$ definiert, für die $\cos(x) \neq 0$ ist.

Der **Cotangens** ist definiert durch:

$$\cot\colon \mathbb{R}\setminus\{x \in \mathbb{R} \mid \sin(x) = 0\} \to \mathbb{R},\ x \mapsto \cot(x) = \frac{\cos(x)}{\sin(x)}.$$

Diese Funktion ist nur für diejenigen $x \in \mathbb{R}$ definiert, für die $\sin(x) \neq 0$ ist.

In der folgenden Zeichnung sind die beiden Funktionen dargestellt. Man erkennt, daß die Funktion $\tan(x)$ in jedem offenen Intervall $\left(-\frac{\pi}{2} + k \cdot \pi, \frac{\pi}{2} + k \cdot \pi\right)$ mit $k \in \mathbb{Z}$ eine streng monoton wachsende Funktion ist. Außerdem ist sie eine ungerade Funktion. Die Funktion $\cot(x)$ hingegen ist in den offenen Intervallen $(k \cdot \pi, (k+1) \cdot \pi)$ mit $k \in \mathbb{Z}$ jeweils streng monoton fallend; außerdem ist sie eine ungerade Funktion.

Für die Potenzen der trigonometrischen Funktionen hat man folgende Kurzschreibweise: $\sin^n(x)$ statt $(\sin(x))^n$, $\cos^n(x)$ statt $(\cos(x))^n$, $\tan^n(x)$ statt $(\tan(x))^n$ und $\cot^n(x)$ statt $(\cot(x))^n$.

Alle vier Funktionen $\sin(x)$, $\cos(x)$, $\tan(x)$ und $\cot(x)$ sind in ihrem Definitionsbereich beliebig oft differenzierbar. Die ersten Ableitungen sind jeweils:

$$\frac{d\sin(x)}{dx} = \cos(x).$$

$$\frac{d\cos(x)}{dx} = -\sin(x).$$

$$\frac{d\tan(x)}{dx} = \frac{1}{\cos^2(x)}$$

$$\frac{d\cot(x)}{dx} = -\frac{1}{\sin^2(x)}.$$

Vorsicht: Für die Funktionen $\tan(x)$ und $\cot(x)$ werden auch die Schreibweisen $\mathrm{tg}(x)$ und $\mathrm{ctg}(x)$ benutzt.

§ 4.6 Die Umkehrfunktionen der trigonometrischen Funktionen

Da die trigonometrischen Funktionen nicht injektiv sind, kann man sie nur umkehren, wenn man den Definitionsbereich so einschränkt, daß sie in dem eingeschränkten Definitionsbereich injektiv sind. Man kann geeignete Bereiche wählen, so daß die Funktionen umkehrbar werden. Die Sinusfunktion ist im Intervall $\left[-\frac{\pi}{2}, \frac{\pi}{2}\right]$ streng monoton wachsend und die Cosinusfunktion ist in $[0, \pi]$ streng monoton fallend. Ebenso ist die Tangensfunktion auf $\left(-\frac{\pi}{2}, \frac{\pi}{2}\right)$

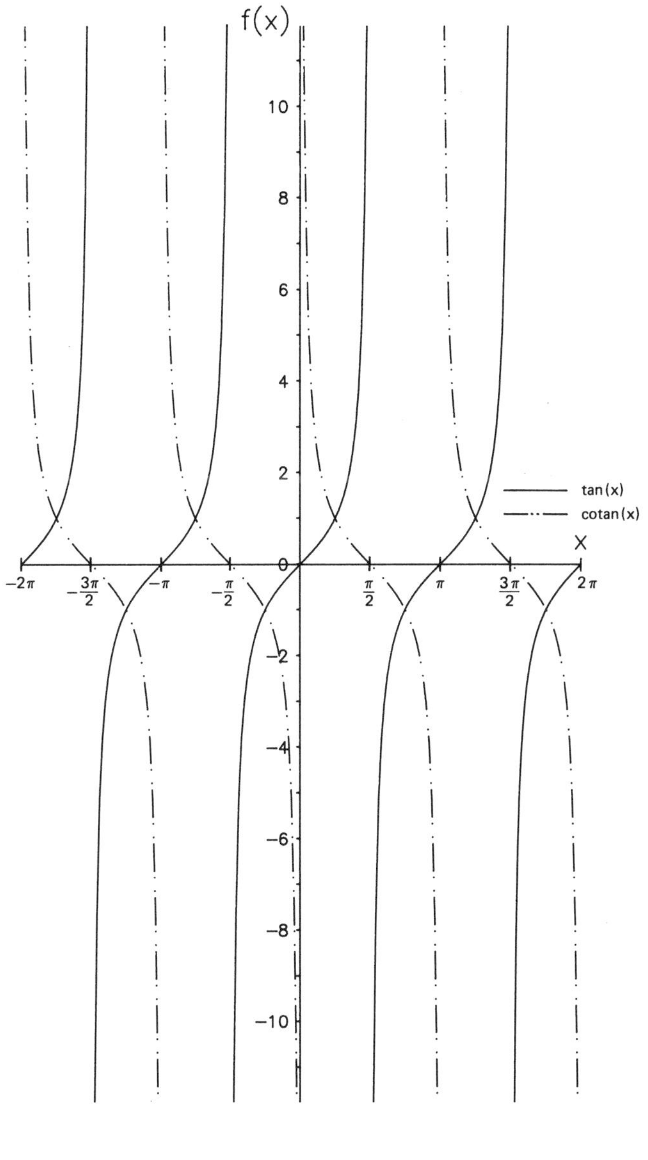

streng monoton wachsend und die Cotangensfunktion auf $(0, \pi)$ streng monoton fallend. Alle diese Funktionen, eingeschränkt auf diese Intervalle, sind daher umkehrbar. Man verwendet für die Umkehrfunktionen folgende Bezeichnungen:

Funktion	Eingeschränkter Definitionsbereich	Umkehrfunktion	Definitionsbereich der Umkehrfunktion
sin(x)	$\left[-\frac{\pi}{2}, \frac{\pi}{2}\right]$	arcsin(x) („arccussinus“)	$[-1, 1]$
cos(x)	$[0, \pi]$	arccos(x) („arcuscosinus“)	$[-1, 1]$
tan(x)	$\left(-\frac{\pi}{2}, \frac{\pi}{2}\right)$	arctan(x) („arcustangens“)	$\mathbb{R}$
cot(x)	$(0, \pi)$	arccot(x) („arcuscotangens“)	$\mathbb{R}$

Die Graphen dieser Funktionen sind in den nächsten Zeichnungen dargestellt.

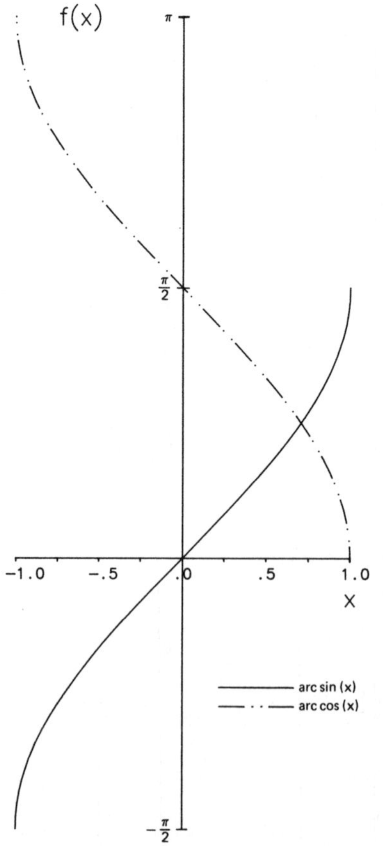

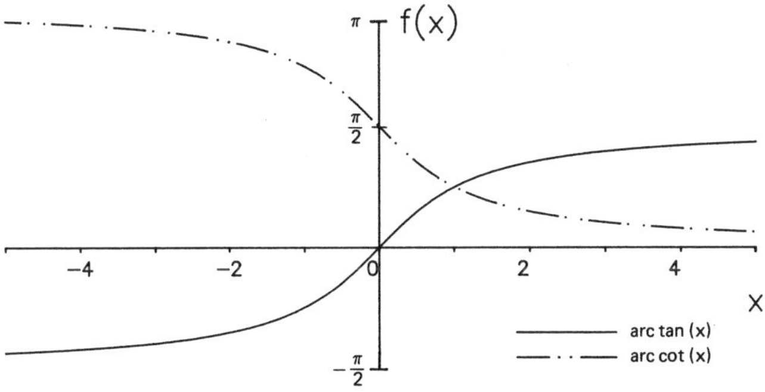

Außer an den Randpunkten -1 und 1 bei den Funktionen $\arcsin(x)$ und $\arccos(x)$ sind diese Funktionen in allen Punkten ihres Definitionsbereichs beliebig oft differenzierbar. Die Ableitungen sind:

$$\frac{d\arcsin(x)}{dx} = \frac{1}{\sqrt{1-x^2}} \qquad \text{für} \quad |x| < 1,$$

$$\frac{d\arccos(x)}{dx} = -\frac{1}{\sqrt{1-x^2}} \qquad \text{für} \quad |x| < 1,$$

$$\frac{d\arctan(x)}{dx} = \frac{1}{1+x^2},$$

$$\frac{d\arcsin(x)}{dx} = -\frac{1}{1+x^2}.$$

§ 4.7 Elementare Funktionen

Eine Funktion heißt **elementar**, wenn sie eine der in den vorigen Paragraphen definierte Funktionen ist oder aus diesen durch Verkettung und durch algebraische Operationen bilden läßt. (Als algebraische Operationen bezeichnet man: Addition, Subtraktion, Multiplikation, Division, Potenzieren und Wurzelziehen).

Beispiel 1: Die Funktionen $f(x) = \sin(x)$ und $g(x) = \arctan(\sin(x) + \ln(x^2))$ sind elementare Funktionen. △

Beispiel 2: Die Funktionen $f(x) = |x|$ und $g(x) = |x^2 + 3x|$ sind keine elementaren Funktionen, da hier die Betragsfunktion vorkommt. △

Für elementare Funktionen gilt der folgende Satz.

Satz 4.1:
Sei $f\colon (a, b) \to \mathbb{R}$ eine elementare Funktion. Dann gilt:
a) f ist stetig auf (a, b).
b) f ist differenzierbar auf (a, b).

Die Ableitungen elementarer Funktionen lassen sich mit den angegebenen Rechenregeln für Ableitungen auf die bekannten Ableitungen der in § 4.1 bis 4.6 besprochenen Grundfunktionen zurückführen.

Beispiel 3: Gegeben ist die Funktion $f(x) = \ln\left(\sin\left(x^2 + \frac{1}{1+x^3}\right)\right)$. Die Ableitung ist:

$$f'(x) = \frac{1}{\sin\left(x^2 + \frac{1}{1+x^3}\right)} \cdot \cos\left(x^2 + \frac{1}{1+x^3}\right) \cdot \left(2x - \frac{3x^2}{(1+x^3)^2}\right). \qquad \triangle$$

III.5 Integralrechnung

§ 5.1 Einführung

Im Abschnitt III.2 wurde die Berechnung der Ableitung einer Funktion erklärt. Bei einer Reihe von Fragestellungen tritt das umgekehrte Problem auf. Eine Funktion f ist gegeben und man sucht eine Funktion F, so daß f die Ableitungsfunktion dieser Funktion F ist. Derartige Fragestellungen werden in der Integralrechnung untersucht.

Es gibt zwei Möglichkeiten, die Integralrechnung zu begründen. Entweder man geht rein formal von der Umkehrung der Differentiation aus oder man untersucht das Problem der Flächenberechnung. Im nächsten Paragraphen werden wir zunächst durch Umkehrung der Differentiation das unbestimmte Integral einer Funktion definieren und dann im darauf folgenden den Zusammenhang mit der Flächenberechnung erläutern. Wichtige Anwendungen der Integralrechnung sind die Lösung von Differentialgleichungen (siehe [HA], S. 247ff) und die Berechnung der Verteilungsfunktionen von Zufallsvariablen (siehe [B/B], S. 104ff und [RÜ], S. 39ff). Das bestimmte Integral wird hier mittels Treppenfunktionen eingeführt und nicht in der üblichen Weise mit Riemannsummen. Eine ausführliche Darstellung dieses Integralbegriffs findet man in [M/W], S. 201ff.

§ 5.2 Das unbestimmte Integral

Gegeben ist eine Funktion f auf einem Intervall (a, b). Wir untersuchen, ob es eine Funktion F gibt, so daß f die Ableitungsfunktion von F ist.

Eine Funktion F, für die gilt: $F'(x) = f(x)$ für alle $x \in (a, b)$ heißt **Stammfunktion der Funktion f in (a, b).**

Falls eine Stammfunktion von f existiert, muß diese nicht eindeutig bestimmt sein; denn nach den Rechenregeln für Ableitungen hat die Funktion $F + C$ (wobei $C \in \mathbb{R}$) die gleiche Ableitung, wie die Funktion F, ist also auch eine Stammfunktion von f.

Beispiel 1: Gegeben ist die Funktion $f(x) = x^2$. Dann sind alle Funktionen der Form $\frac{x^3}{3} + C$ Stammfunktionen der Funktion f, denn es gilt:

$$\left(\frac{x^3}{3} + C\right)' = x^2.$$

Es gibt also, falls überhaupt, gleich unendlich viele Stammfunktionen, die sich in ihren Funktionswerten nur um eine Konstante unterscheiden. Um die Menge aller Stammfunktionen zu bezeichnen, definiert man:

Definition: (Unbestimmtes Integral)
Sei f eine Funktion auf dem Intervall (a, b). Als **unbestimmtes Integral von f** auf (a, b) bezeichnet man eine beliebige Stammfunktion der Funktion f auf (a, b). Wenn F eine Stammfunktion von f auf (a, b) ist, bezeichnet man das unbestimmte Integral von f auf (a, b) mit dem Symbol $\int f(x)\,dx$ und schreibt:

$$\int f(x)\,dx = F(x) + C.$$

Dabei heißt f(x) der **Integrand** und x die Integrationsvariable.

Beispiel 2: Es sei $f(x) = x^n$. Dann gilt: $\int f(x)\,dx = \frac{x^{n+1}}{n+1} + C$, denn durch Differenzieren sieht man:

$$\left(\frac{x^{n+1}}{n+1} + C\right)' = x^n. \qquad \triangle$$

Beispiel 3: Es sei $f(x) = \sin(x)$. Dann gilt:

$$\int \sin(x)\,dx = -\cos(x) + C, \quad \text{denn:} \quad (-\cos(x))' = \sin(x). \qquad \triangle$$

Beispiel 4: Es sei $f(x) = e^x$. Dann gilt: $\int e^x\,dx = e^x + C$, denn $(e^x)' = e^x$. $\triangle$

Rechenregeln für unbestimmte Integrale:
1) $\int (f(x) + g(x))\,dx = \int f(x)\,dx + \int g(x)\,dx.$
2) $\int \alpha \cdot f(x)\,dx = \alpha \cdot \int f(x)\,dx.$
3) $\int x^\alpha\,dx = \frac{x^{\alpha+1}}{\alpha+1} + C \quad \text{für} \quad \alpha \neq -1.$
4) $\int x^{-1}\,dx = \ln(x) + C.$

Mittels dieser Regeln kann man für Summen und Vielfache von Funktionen die Stammfunktion berechnen. Die Regeln 3 und 4 geben die Stammfunktionen der Potenzfunktionen an; man überprüft ihre Richtigkeit durch Differenzieren der Stammfunktionen.

Beispiel 5: Gegeben ist die Funktion $f(x) = x^n + e^x$. Wie in den vorigen Beispielen berechnet, gilt:

$$\int x^n\,dx = \frac{x^{n+1}}{n+1} + C \quad \text{und} \quad \int e^x\,dx = e^x + C.$$

Mit Rechenregel 1) folgt dann:

$$\int(x^n + e^x)\,dx = \int x^n\,dx + \int e^x\,dx = \frac{x^{n+1}}{n+1} + e^x + C.$$

Wir schreiben nur eine Konstante, da die Summe zweier Konstanten wieder eine Konstante ist. △

Beispiel 6: Gegeben ist $g(x) = x^{-1} + 2 \cdot x$. Dann gilt mit den Rechenregeln 1) und 2):

$$\int(x^{-1} + 2 \cdot x)\,dx = \int x^{-1}\,dx + 2 \cdot \int x\,dx = \ln(x) + x^2 + C.$$ △

Vorsicht: Nicht für alle elementaren Funktionen aus Abschnitt III.4, die man durch Zusammensetzung aus den dort definierten Funktionen konstruiert, kann man eine Stammfunktion finden, die wieder eine elementare Funktion ist. Das ist ein wichtiger Unterschied zwischen der Berechnung der Ableitung und der Stammfunktion einer Funktion. Bei einer elementaren Funktion kann man immer durch die Rechenregeln aus Abschnitt III.3 die Ableitung berechnen; es gibt aber keine allgemeinen Regeln, wie man für eine gegebene elementare Funktion eine Stammfunktion bestimmt.

Beispiel 7: Für die elementare Funktion $f(x) = e^{-x^2}$ kann man keine elementare Funktion finden, die eine Stammfunktion dieser Funktion ist. △

§ 5.3 Das bestimmte Integral

In diesem Abschnitt wird gezeigt, wie man den Begriff des Integrals aus dem Problem der Flächenberechnung herleiten kann. Betrachten wir zunächst die konstante Funktion $f(x) = c$ $(c > 0)$ auf dem Intervall $[a, b]$. Die Fläche F zwischen der x-Achse, dem Graph der Funktion und den Geraden $x = a$ und $x = b$ ist nach der Formel „Grundlinie × Höhe“ gegeben durch $F = (b - a) \cdot c$.

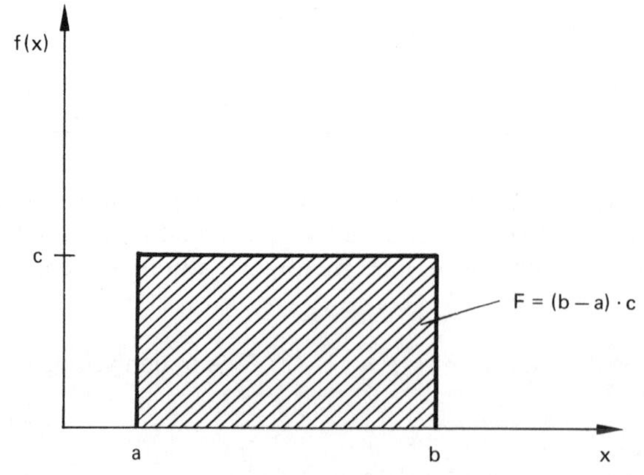

Für Funktionen, die sich aus derartigen einfachen Funktionen zusammensetzen, kann man ebenfalls mit dieser Methode die Fläche berechnen.

Eine Funktion f auf einem Intervall [a, b] heißt **Treppenfunktion**, falls es endlich viele Punkte $x_1, \ldots, x_{n+1}$ mit $x_1 = a < x_2 \ldots < x_{n-1} < x_n < b = x_{n+1}$ und n Zahlen $c_1, \ldots, c_n$, so daß gilt:

$$f(x) = c_i, \text{ wenn } x \in [x_i, x_{i+1}) \text{ für } i = 1, \ldots, n \text{ und } f(b) = c_n.$$

Das heißt in dem halboffenen Intervall $[x_i, x_{i+1})$ ist die Funktion gleich der Konstanten c_i.

Beispiel 1: Gegeben ist die Funktion f auf [0, 1] mit:

$$f\colon [0,1] \to \mathbb{R},\ x \mapsto \begin{cases} \frac{1}{2}, & \text{wenn } x \in [0, \frac{1}{2}) \\ 1, & \text{wenn } x \in [\frac{1}{2}, 1]. \end{cases}$$

Diese Funktion ist eine Treppenfunktion. Die schraffierte Fläche F berechnet man, indem man die Fläche der beiden Rechtecke berechnet und addiert:

$$F = \tfrac{1}{2} \cdot \tfrac{1}{2} + \tfrac{1}{2} \cdot 1 = \tfrac{3}{4}. \qquad \triangle$$

Für Treppenfunktionen, bei denen alle $c_i \geqq 0$ sind erhält man die folgende Formel für die Fläche F zwischen dem Graphen der Funktion, der x-Achse und den Geraden x = a und x = b:

$$F = \sum_{i=1}^{n} c_i \cdot (x_{i+1} - x_i).$$

Wie man aus der Zeichnung ersieht, ergibt sich diese Formel durch Aufsummieren der Flächen der einzelnen Rechtecke.

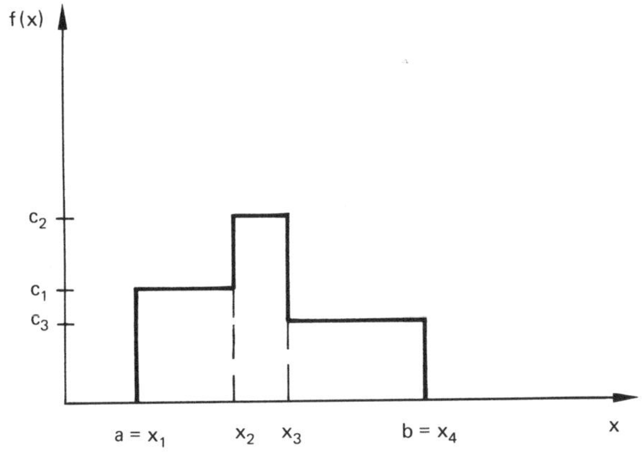

Diese Formel liefert natürlich nur dann die Fläche F, wenn alle $c_i \geqq 0$ sind. Falls ein c_i negativ ist, ist $c_i \cdot (x_{i+1} - x_i)$ gleich dem Negativen der Fläche des Rechtecks. Man erhält also, wenn man die obige Formel anwendet, weil ein Teil der c_i's negativ ist, statt der Fläche F die Differenz der Fläche F_1 über der x-Achse und der Fläche F_2 unter der x-Achse. Im folgenden Bild:

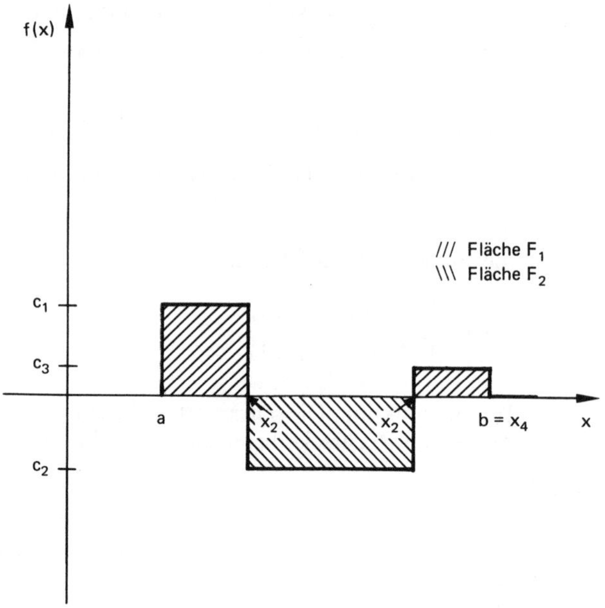

Hier erhält man mit der obigen Formel die Differenz der Flächen $F_1 - F_2$.

Definition: (Integral einer Treppenfunktion)
Sei f eine Treppenfunktion auf [a, b] wie oben angegeben. Dann definiert man das **Integral I von f** als die Summe der Produkte $c_i \cdot (x_{i+1} - x_i)$:

$$I = \sum_{i=1}^{n} c_i \cdot (x_{i+1} - x_i).$$

Betrachtet man eine beliebige Funktion, so kann man versuchen, den Graphen durch Treppenfunktionen einzuschachteln. Das heißt man sucht Treppenfunktionen, deren Funktionswerte immer größer oder immer kleiner sind als die Funktionswerte der gegebenen Funktion f.

Beispiel 2: Gegeben ist die Funktion $f(x) = x^2$ auf $[0,1]$. Betrachtet man die beiden Treppenfunktionen $f_1(x)$ und $f_2(x)$ auf $[0,1]$, definiert durch $f_1(x) = 0$ für $x \in [0, \frac{1}{2})$ und $f_1(x) = \frac{1}{4}$ für $x \in [\frac{1}{2}, 1]$, sowie $f_2(x) = \frac{1}{4}$ für $x \in [0, \frac{1}{2})$ und $f_2(x) = 1$ für $x \in [\frac{1}{2}, 1]$, so gilt für alle $x \in [0, 1]$: $f_1(x) \leqq f(x) \leqq f_2(x)$.

Weil alle drei Funktionen positiv sind, die Fläche zwischen dem Graphen der Funktion f, der x-Achse und den Geraden $x = 0$ und $x = 1$ größer gleich der Fläche zwischen dem Graphen der Funktion f_1 und diesen Geraden und kleiner gleich der Fläche zwischen dem Graphen der Funktion f_2 und den Geraden. Mit diesen beiden Flächen kann man deshalb die dazwischenliegende abschätzen. △

Definition: (Ober- und Untersumme einer Funktion)
Gegeben ist eine beschränkte Funktion f auf einem Intervall [a, b]. Als **Untersumme (Obersumme)** dieser Funktion bezeichnet man das Integral einer Treppenfunktion f_1 (bzw. f_2) auf [a, b], für die gilt:

$$f_1(x) \leqq f(x) \quad \text{für alle } x \in [a,b]$$
$$(\text{bzw. } f_2(x) \geqq f(x) \quad \text{für alle } x \in [a,b]).$$

Eine Untersumme (Obersumme) einer Funktion ist also das Integral einer Treppenfunktion, deren Graph unter (über) dem Graphen der Funktion liegt.

Definition: (Integrierbarkeit)
Gegeben ist eine Funktion f auf [a, b]. f heißt **integrierbar auf [a, b]**, wenn es eine Zahl I gibt, so daß es für alle $\varepsilon > 0$ eine Untersumme I_1 und eine Obersumme I_2 für die Funktion f auf dem Intervall [a, b] gibt, so daß:

$$I - \varepsilon \leqq I_1 \leqq I \leqq I_2 \leqq I + \varepsilon.$$

Diese Zahl I heißt dann das **bestimmte Integral** der Funktion f über das Intervall [a, b]. Man schreibt dafür:

$$I = \int_a^b f(x)\,dx.$$

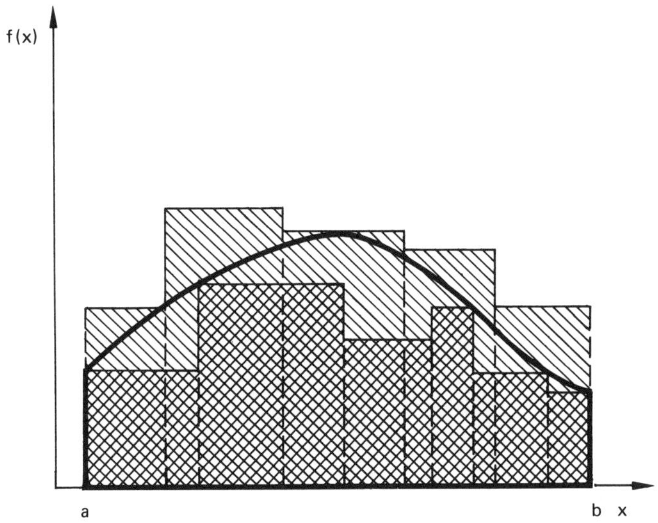

In dieser Definition bezeichnet man die Funktion f als Integrand und x als die Integrationsvariable. Die Integrationsvariable ist nur ein Symbol, das man beliebig wählen kann, wenn keine Verwechslungen auftreten können. Man kann also statt $\int_a^b f(x)\,dx$ auch schreiben $\int_a^b f(y)\,dy$. Das bedeutet das gleiche, man hat nur eine andere Bezeichnung für die Integrationsvariable gewählt.

Beispiel 3: Gegeben ist die Funktion $f(x) = x$ auf $[0,1]$. Man betrachtet die Treppenfunktionen f_1^n und f_2^n auf $[0,1]$, wobei definiert sei:

$$f_1^n(x) = \frac{i-1}{n} \quad \text{für} \quad x \in \left[\frac{i-1}{n}, \frac{i}{n}\right) \quad \text{und}$$

$$f_2^n(x) = \frac{i}{n} \quad \text{für} \quad x \in \left[\frac{i-1}{n}, \frac{i}{n}\right) \quad \text{für} \quad i = 1, \ldots, n.$$

Die Integrale der Funktionen f_1^n sind dann Untersummen für die Funktion f und die Integrale der Funktionen f_2^n Obersummen für f, denn $f_1^n(x) \leqq f(x) \leqq f_2^n(x)$ für alle x aus $[0,1]$. Das Integral einer Untersumme f_1^n ist:

$$\sum_{i=1}^{n} \frac{i-1}{n} \cdot \frac{1}{n} = \frac{1}{n^2} \cdot \sum_{i=1}^{n} (i-1) = \frac{1}{n^2} \cdot \frac{n \cdot (n-1)}{2} = \frac{1}{2} - \frac{1}{2n}.$$

Analog erhält man für eine Obersumme f_2^n als Integral:

$$\sum_{i=1}^{n} \frac{i}{n} \cdot \frac{1}{n} = \frac{1}{n^2} \cdot \sum_{i=1}^{n} i = \frac{1}{n^2} \cdot \frac{n \cdot (n+1)}{2} = \frac{1}{2} + \frac{1}{2n}.$$

In der folgenden Zeichnung sind die Treppenfunktionen f_1^4 und f_2^4 eingezeichnet.

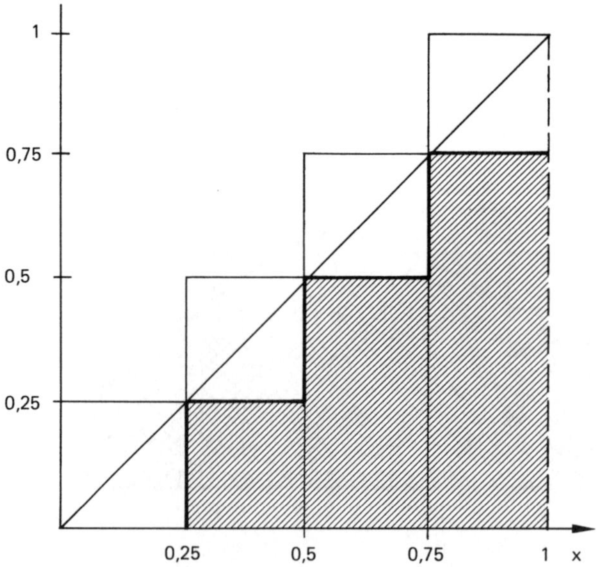

Sei jetzt $\varepsilon > 0$ eine beliebige Zahl; wenn man n größer als $\frac{1}{2\varepsilon}$ wählt, gilt für die Untersumme f_1^n und die Obersumme f_2^n:

$$\tfrac{1}{2} - \varepsilon \leqq I_1^n \leqq \tfrac{1}{2} \leqq I_2^n \leqq \tfrac{1}{2} + \varepsilon.$$

Für alle ε kann man also Unter- und Obersummen finden, die immer näher an die Zahl $\frac{1}{2}$ herankommen. Das Integral der Funktion f ist $\frac{1}{2}$:

$$\int_0^1 f(x)\,dx = \frac{1}{2}.$$

Dieses Ergebnis kann man auch mit elementargeometrischen Methoden erhalten, denn die zu berechnende Fläche ist ein Dreieck. △

Für stetige Funktionen gilt folgendes:

Satz 5.1:
Sei f eine auf dem Intervall $[a,b]$ stetige Funktion. Dann ist f auf $[a,b]$ integrierbar.

Es gibt aber auch nichtstetige Funktionen, wie z. B. die Treppenfunktionen, die integrierbar sind.

Zum Abschluß des Paragraphen erläutern wir kurz, wie der Integralbegriff oft eingeführt wird, nämlich mittels der Riemannsummen. Bei dieser Methode wird der Verlauf der Funktion durch geeignete Summen approximiert, statt von oben und unten eingeschachtelt.

Definition: (Riemannsumme)
Sei f eine Funktion auf $[a,b]$. Gegeben sind $n+1$ Zahlen $x_1, \ldots, x_{n+1}$ mit $a = x_1 < x_2 \ldots < x_{n-1} < x_{n+1} = b$ und n Zahlen $\xi_i \in [x_i, x_{i+1})$. Das Integral S der Treppenfunktion auf $[a,b]$ die im Intervall $[x_i, x_{i+1})$ den Wert $f(\xi_i)$ hat, nämlich:

$$S = \sum_{i=1}^{n} f(\xi_i) \cdot (x_{i+1} - x_i)$$

bezeichnet man als **Riemannsumme zur Funktion f**.

Falls man die Zahl der Punkte gegen ∞ geht und das Maximum ihrer Abstände $x_{i+1} - x_i$ gegen 0 geht, konvergieren die entsprechenden Riemannsummen gegen das Integral der Funktion f, wenn f integrierbar ist.

§ 5.4 Rechenregeln für Integrale

Im folgenden werden einige Rechenregeln für Integrale angegeben. f und g seien auf $[a, b]$ integrierbare Funktionen. Dann gilt:

1) $\int_a^b \alpha \cdot f(x)\,dx = \alpha \cdot \int_a^b f(x)\,dx$ für alle $\alpha \in \mathbb{R}$.

2) $\int_a^b (f(x) \pm g(x))\,dx = \int_a^b f(x)\,dx \pm \int_a^b g(x)\,dx$.

3) $\int_a^b f(x)\,dx = \int_a^c f(x)\,dx + \int_c^b f(x)\,dx$ für alle $c \in (a, b)$.

4) $\int_a^a f(x)\,dx = 0$.

5) $\int_b^a f(x)\,dx = -\int_a^b f(x)\,dx$.

Da das Integral über eine Funktion aus den Summen über Treppenfunktionen hergeleitet wurde, gilt auch hier, daß Flächen unter der x-Achse negativ gezählt werden. Bei der Funktion in der Zeichnung ist das Integral $\int_a^b f(x)\,dx$ gleich dem Flächeninhalt der querschraffierten Fläche minus dem Flächeninhalt der längsschraffierten Fläche:

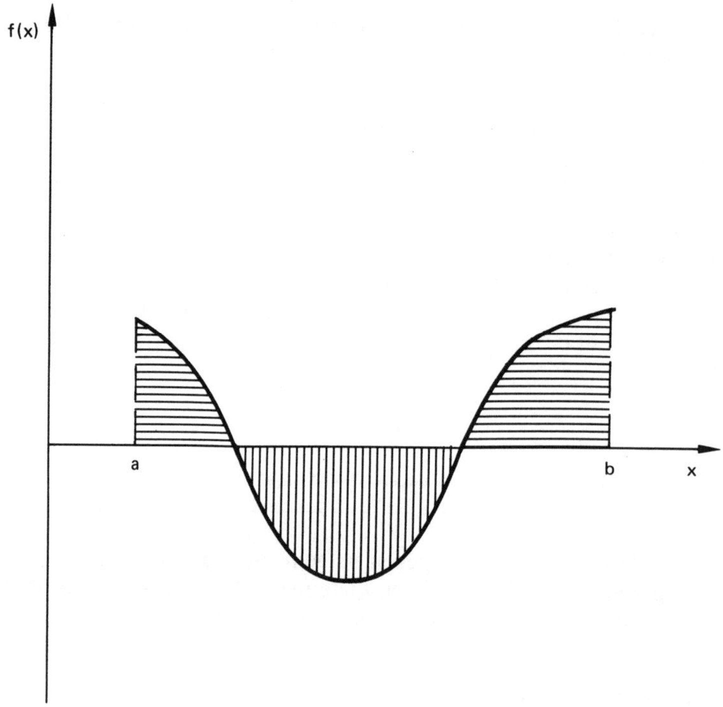

Um die einzelnen Flächeninhalte zu bekommen, muß man das Integral hier in drei Teile zerlegen.

Um bestimmte Integrale leicht berechnen zu können, benötigen wir noch den Zusammenhang zwischen bestimmten Integralen und den Stammfunktionen.

§ 5.5 Hauptsatz der Differential- und Integralrechnung

Sehr wichtig ist der Zusammenhang zwischen dem bestimmten und dem unbestimmten Integral. Sei f eine stetige und integrierbare Funktion auf dem Intervall [a, b]. Dann ist f auch integrierbar auf jedem Teilintervall [a, x] mit $a < x < b$. Wir definieren jetzt eine Funktion $G(x) = \int_a^x f(x)\,dx$. Diese Funktion ordnet jedem x den Wert des bestimmten Integrals von a bis x über die Funktion f zu. Berechnet man den Differenzenquotienten dieser Funktion für zwei Punkte x_0 und $x_0 + h$ in [a, b], so erhält man mit den Regeln aus § 5.4:

$$(1) \qquad \frac{G(x_0+h) - G(x_0)}{h} = \frac{1}{h} \cdot \left(\int_a^{x_0+h} f(x)\,dx - \int_a^{x_0} f(x)\,dx \right) = \frac{1}{h} \cdot \int_{x_0}^{x_0+h} f(x)\,dx\,.$$

In der folgenden Zeichnung ist das Integral von x_0 bis $x_0 + h$ über f graphisch dargestellt:

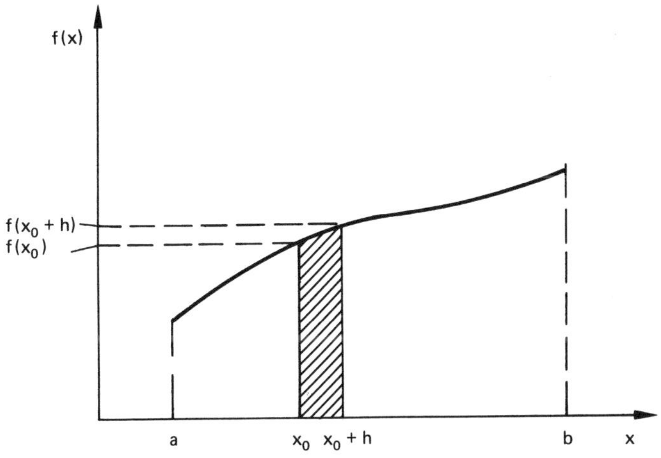

Das Integral ist gleich dem Flächeninhalt der schraffierten Fläche. Für kleine h kann man diese Fläche durch die Fläche eines Rechtecks mit Grundlinie h und Höhe $f(x_0)$ approximieren, weil f stetig ist und daher für kleine h die Differenz der Funktionswerte zwischen x_0 und $x_0 + h$ klein ist. Man hat also approximativ:

$$\int_{x_0}^{x_0+h} f(x)\,dx \approx h \cdot f(x_0)\,.$$

In der folgenden Zeichnung ist diese Approximation dargestellt.

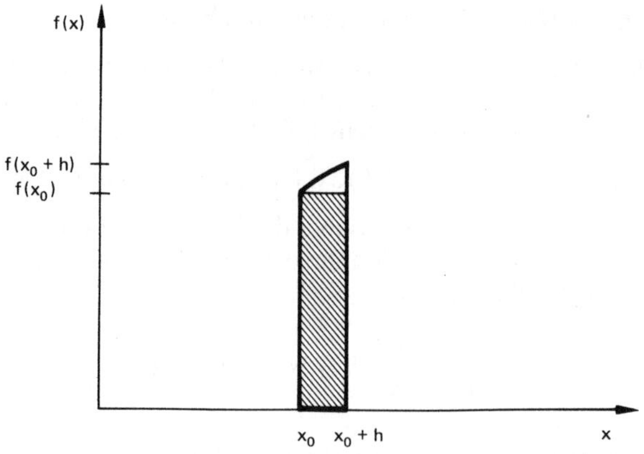

Zusammen mit Gleichung (1) gilt dann:

$$\text{(2)} \qquad \frac{G(x+h)-G(x)}{h} \approx \frac{1}{h} \cdot h \cdot f(x) = f(x).$$

Das heißt daß für $h \to 0$ der Differenzenquotient der Funktion $G(x)$ gegen $f(x)$ konvergiert. $G(x)$ ist also differenzierbar in x mit Ableitung:

$$G'(x) = f(x).$$

Die Funktion G ist also eine Stammfunktion von f:

$$\int f(x)\,dx = G(x) + C.$$

Wenn F eine beliebige Stammfunktion von f ist, gilt:

$$F(x) = G(x) + C.$$

Für die Differenz $F(b) - F(a)$ gilt dann:

$$\begin{aligned} F(b) - F(a) &= (G(b) + C) - (G(a) + C) = G(b) - G(a) \\ &= \int_a^b f(x)\,dx - \int_a^a f(x)\,dx = \int_a^b f(x)\,dx. \end{aligned}$$

Damit hat man den folgenden Satz, den Hauptsatz der Differential- und Integralrechnung.

Satz 5.2:
Sei f eine stetige Funktion auf [a, b] und F sei eine auf [a, b] stetige Stammfunktion von f auf (a, b). Dann gilt für $a \leqq x \leqq b$:

$$\frac{d}{dx} \int_a^x f(y)\,dy = f(x) \quad \text{und} \quad \int_a^x f(y)\,dy = F(x) - F(a).$$

Insbesondere gilt:

$$\int_a^b f(y)\,dy = F(b) - F(a).$$

Das heißt, wenn man irgendeine Stammfunktion von f kennt, kann man damit bestimmte Integrale über die Funktion f berechnen. Man hat für die Differenz F(b) − F(a) bei Stammfunktionen auch die Schreibweisen:

$$[F(x)]_a^b \quad \text{oder} \quad F(x)|_a^b.$$

Beispiel 1: Gegeben ist die Funktion $f(x) = x^2$. Eine Stammfunktion ist die Funktion $F(x) = \frac{x^3}{3}$. Man erhält für bestimmte Integrale über die Funktion f:

$$\int_a^b f(x)\,dx = [F(x)]_a^b, \quad \text{in diesen Fall:}$$

$$\int_a^b x^2\,dx = \left[\frac{x^3}{3}\right]_a^b = \frac{b^3}{3} - \frac{a^3}{3}. \qquad \triangle$$

Beispiel 1: Das bestimmte Integral $\int_0^\pi \cos(x)\,dx = [\sin(x)]_0^\pi = \sin(\pi) - \sin(0) = 0 - 0 = 0$. Wie man aus der Zeichnung erkennt, sind die Inhalte der beiden Flächen über und unter der x-Achse gleich, daher ist das Integral gleich 0. Wenn man die entsprechenden Flächen berechnen will, muß man das Integral in zwei Integrale über die Teilbereiche, in denen die Funktion positiv bzw. negativ ist,

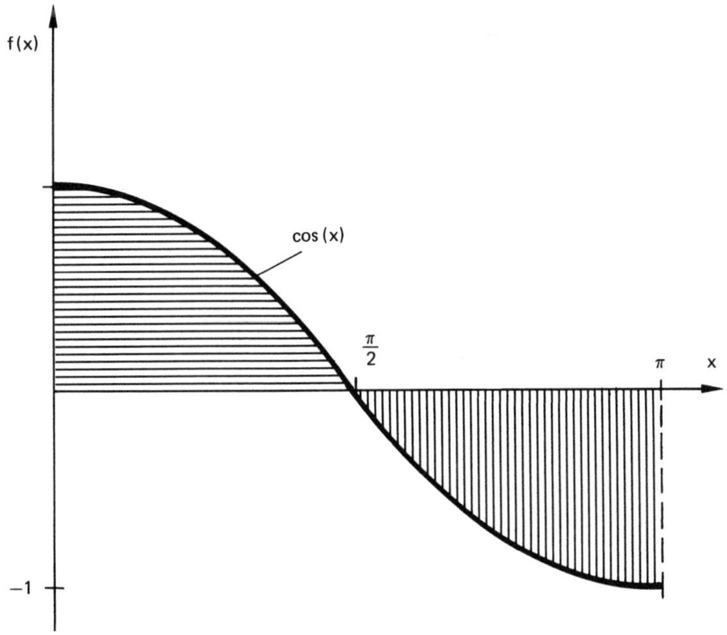

zerlegen. Das sind die Intervalle $\left[0, \frac{\pi}{2}\right]$ und $\left(\frac{\pi}{2}, \pi\right]$. Für diese Integrale erhält man:

$$\int_0^{\frac{\pi}{2}} \cos(x)\,dx = [\sin(x)]_0^{\frac{\pi}{2}} = \sin\left(\frac{\pi}{2}\right) - \sin(0) = 1 \quad \text{und}$$

$$\int_{\frac{\pi}{2}}^{\pi} \cos(x)\,dx = -1.$$

Das erste Integral ist gleich der längsschraffierten Fläche, das zweite gleich dem Negativen der querschraffierten Fläche (siehe Seite 196). △

§ 5.6 Uneigentliche Integrale

Das bestimmte Integral ist bisher nur für Funktionen auf einem abgeschlossenen, endlichen Intervall definiert. Man kann unter gewissen Voraussetzungen auch Integrale über unendliche Intervalle definieren.

Definition: (Uneigentliches Integral)
Sei die Funktion f auf dem Intervall $[a, \infty)$ definiert. Falls f auf allen Teilintervallen $[a, b]$ mit $b > a$ integrierbar ist und

$\lim_{b \to \infty} \int_a^b f(x)\,dx$ existiert, so nennt man diesen Grenzwert das **uneigentliche Integral**

über f von a bis ∞ und schreibt dafür $\int_a^{\infty} f(x)\,dx$.

Dieser Grenzwert muß nicht existieren, in diesem Fall ist das Integral nicht definiert.

In analoger Weise kann man für eine Funktion f, definiert auf einem Intervall $(-\infty, a]$, die auf allen Intervallen $[b, a]$ mit $b < a$ integrierbar ist, definieren:

$$\int_{-\infty}^{a} f(x)\,dx = \lim_{b \to -\infty} \int_b^a f(x)\,dx.$$

Wenn f auf allen Intervallen $[a, b]$ mit $a < b$ integrierbar ist und die uneigentlichen Integrale $\int_a^{\infty} f(x)\,dx$ und $\int_{-\infty}^{a} f(x)\,dx$ existieren, definiert man das uneigentliche Integral über die Funktion f von $-\infty$ bis ∞ durch:

$$\int_{-\infty}^{\infty} f(x)\,dx = \int_{-\infty}^{a} f(x)\,dx + \int_a^{\infty} f(x)\,dx.$$

Beispiel 1: Gegeben ist $f(x) = \frac{1}{x^2}$ auf dem Intervall $[1, \infty)$. Es gilt für $b > 1$:

$$\int_1^b f(x)\,dx = [-x^{-1}]_1^b = -b^{-1} + 1 = 1 - b^{-1}.$$

Für $b \to \infty$ gilt somit:

$$\lim_{b \to \infty} \int_1^b f(x)\,dx = \lim_{b \to \infty} (1 - b^{-1}) = 1 .$$

Damit ist das uneigentliche Integral über f von 1 bis ∞ definiert und es gilt:

$$\int_1^\infty f(x)\,dx = 1 . \qquad \triangle$$

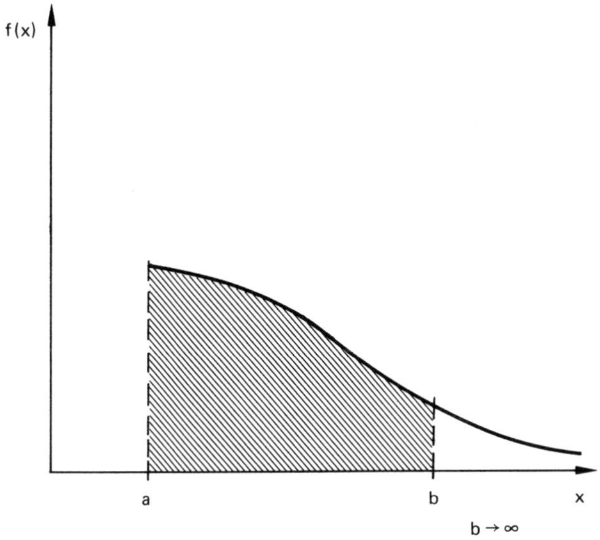

In ähnlicher Weise kann uneigentliche Integrale definieren, wenn die Funktion auf einem Intervall unbeschränkt ist. Sei die Funktion f auf dem halboffenen Intervall [a, b) definiert. Falls f auf allen Teilintervallen [a, c] mit $a \leqq c < b$ integrierbar ist und der Grenzwert $\lim\limits_{\substack{c \to b \\ c < b}} \int_a^c f(x)\,dx$ existiert, definiert man:

$$\int_a^b f(x)\,dx = \lim_{\substack{c \to b \\ c < b}} \int_a^c f(x)\,dx .$$

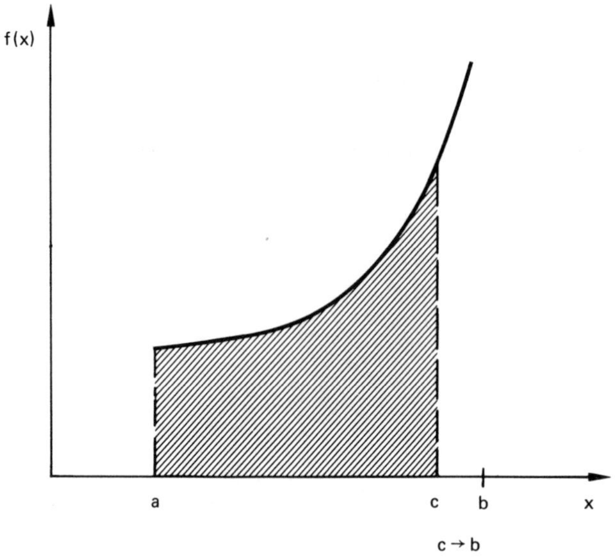

Analog definiert man, wenn f auf dem halboffenen Intervall (a, b] definiert ist, unter den entsprechenden Voraussetzungen:

$$\int_a^b f(x)\,dx = \lim_{\substack{c\to a\\ c>a}} \int_c^b f(x)\,dx.$$

Beispiel 2: Gegeben ist die Funktion $f(x) = x^{-\frac{1}{2}}$ auf (0, 1]. Für $x \to 0$ geht f(x) gegen $+\infty$. Für alle c mit $0 < c < 1$ gilt:

$$\int_c^1 f(x)\,dx = [2 \cdot x^{\frac{1}{2}}]_c^1 = 2 - 2 \cdot c^{\frac{1}{2}}.$$

Für $c \to 0$ gilt deshalb: $\lim\limits_{c\to 0} \int_c^1 x^{-\frac{1}{2}}\,dx = 2$. Man erhält das uneigentliche Integral: $\int_0^1 x^{-\frac{1}{2}}\,dx = 2$. △

§ 5.7 Partielle Integration und Substitution

Für jede elementare Funktion ist es möglich, mittels der Rechenregeln für Ableitungen die Ableitungen wieder durch elementare Funktionen darzustellen. Dagegen ist es oft nicht möglich, die Stammfunktionen einer elementaren Funktion durch elementare Funktionen darzustellen. Es gibt auch keine allgemeingültigen Regeln, wie man für eine beliebige Funktion eine Stammfunktion berechnen kann.

In einigen Fällen ist es möglich, Funktionen so umzuformen, daß man dann eine Stammfunktion berechnen kann.

Um die Stammfunktion eines Produkts von zwei Funktionen f und g zu erhalten, kann man versuchen, durch Umformungen auf Funktionen zu kommen, deren Integral einfach berechnet werden kann. Es gilt für die Ableitung des Produkts $f \cdot g$:

(1) $(f(x) \cdot g(x))' = f'(x) \cdot g(x) + f(x) \cdot g'(x)$.

Wenn man die Stammfunktion dieser Funktionen bestimmt, erhält man für die linke Seite:

(2) $\int (f(x) \cdot g(x))' dx = f(x) \cdot g(x) + C$.

Für die rechte Seite:

(3)
$$\begin{aligned}&\int (f'(x) \cdot g(x) + f(x) \cdot g'(x))\,dx \\ &= \int f'(x) \cdot g(x)\,dx + \int f(x) \cdot g'(x)\,dx + C.\end{aligned}$$

Wenn man (2) und (3) gleichsetzt, erhält man:

(4) $f(x) \cdot g(x) = \int f'(x) \cdot g(x)\,dx + \int f(x) \cdot g'(x)\,dx + C$

Umgeformt gilt dann:

(5) $\int f'(x)\,g(x)\,dx = f(x)\,g(x) - \int f(x)\,g'(x)\,dx + C$.

Falls man eine Stammfunktion von $f(x)\,g'(x)$ kennt, kann man mit der obigen Formel eine Stammfunktion von $f'(x)\,g(x)$ berechnen.

Beispiel 1: Gegeben sind die Funktionen $f(x) = e^x$ und $g(x) = x$. Dann gilt $f'(x) = e^x$ und $g'(x) = 1$. Für $f'(x)\,g(x) = e^x \cdot x$ gilt dann mit (5):

$$\begin{aligned}\int e^x \cdot x\,dx &= e^x \cdot x - \int e^x \cdot 1\,dx \\ &= e^x \cdot x - \int e^x dx = e^x \cdot x - e^x + C = e^x(x-1) + C.\end{aligned}$$ △

Beispiel 2: Gegeben sind die Funktionen $f(x) = \sin(x)$ und $g(x) = \cos(x)$. Zu berechnen ist das unbestimmte Integral $\int \sin(x) \cdot \cos(x)\,dx$. Da $(\cos(x))' = -\sin(x)$ und $(\sin(x))' = \cos(x)$, erhält man:

$$\int \sin(x) \cdot \cos(x)\,dx = \sin(x) \cdot \sin(x) - \int \sin(x) \cdot \cos(x)\,dx + C.$$

Das Integral auf der rechten Seite ist das gleiche wie das auf der linken. Daraus folgt:

$$2 \cdot \int \sin(x) \cdot \cos(x)\,dx = \sin^2(x) + C.$$

Dividiert durch 2:

$$\int \sin(x) \cdot \cos(x)\,dx = \tfrac{1}{2} \cdot \sin^2(x) + C.$$ △

Für das bestimmte Integral über das Produkt zweier Funktionen erhält man folgenden Satz.

Satz 5.3:
Seien f und g zwei differenzierbare Funktionen auf [a, b], deren Ableitungen auf [a, b] stetig sind; dann gilt:

$$\int_a^b f'(x)\,g(x)\,dx = [f(x)\,g(x)]_a^b - \int_a^b f(x)\,g'(x)\,dx.$$

Gegeben ist eine Funktion h, deren Integral berechnet werden soll. Man sucht zwei Funktionen f und g, so daß gilt $h(x) = f'(x)\,g(x)$ und die Stammfunktion von $f(x)\,g'(x)$ leicht berechnet werden kann.

Beispiel 3: Betrachtet man Beispiel 1), so erhält man für das bestimmte Integral von 0 bis 1 über die Funktion:

$$\int_0^1 e^x \cdot x\,dx = [e^x \cdot (x-1)]_0^1 = e \cdot 0 - e^0 \cdot (-1) = 1. \qquad \triangle$$

Die Substitutionsmethode zur Berechnung von Integralen ist analog zur Berechnung von Ableitungen mittels der Kettenregel. Die Ableitung der zusammengesetzten Funktion $G(f(x))$, wobei G eine Stammfunktion der Funktion g sei, ist gegeben durch:

$$(G(f(x))' = g(f(x))\,f'(x).$$

Daraus folgt, daß die Funktion $G(f(x))$ eine Stammfunktion der Funktion $g(f(x))\,f'(x)$ ist:

$$\int g(f(x))\,f'(x)\,dx = G(f(x)) + C$$

Wenn man eine Stammfunktion $G(x)$ der Funktion $g(x)$ kennt, kann man somit für die Funktion $g(f(x))\,f'(x)$ eine Stammfunktion berechnen.

Beispiel 4: Es sei $f(x) = a + bx$ und $g(x) = x^n$. Eine Stammfunktion von g ist dann die Funktion $G(x) = \frac{x^{n+1}}{n+1}$. Dann gilt für die Funktion $g(f(x))\,f'(x) = (a+bx)^n b$:

$$\int g(f(x))\,f'(x)\,dx = \frac{(a+bx)^{n+1}}{n+1} + C. \qquad \triangle$$

Um die Substitutionsregel anzuwenden, muß man bei einer vorgegebenen Funktion h versuchen, zwei Funktionen f und g zu finden, bei denen eine Stammfunktion G von g bekannt ist und gilt $h(x) = g(f(x))\,f'(x)$. Dann ist die Funktion $G(f(x))$ eine Stammfunktion von $h(x)$.

Beispiel 5: Gegeben ist das unbestimmte Integral $\int \frac{1}{x-4}\,dx$. Man setzt $f(x) = x - 4$, $f'(x) = 1$ und $g(x) = \frac{1}{x}$. Dann ist $G(x) = \ln(x)$ eine Stammfunktion von $g(x)$ und es gilt $\frac{1}{x-4} = g(f((x)) \cdot f'(x)$. Mit der Substitutionsregel erhält man dann:

$$\int \frac{1}{x-4}\,dx = \ln(x-4) + C. \qquad \triangle$$

Bei bestimmten Integralen hat diese Regel die Form:

Satz 5.4:
Die Funktion g sei auf dem Intervall [a, b] stetig und die Funktion f auf dem Intervall $[\alpha, \beta]$ stetig differenzierbar mit $f([\alpha, \beta]) \subset [a, b]$. Dann gilt:

$$\int_{f(\alpha)}^{f(\beta)} g(x)\,dx = \int_{\alpha}^{\beta} g(f(u))\,f'(u)\,du.$$

Vorsicht: Hier ist die Änderung der Integrationsgrenzen zu beachten.

Beispiel 5: Das Integral $\int_0^3 (3u+3)^{\frac{1}{2}}\,du$ sei zu berechnen. Man setze $g(x) = x^{\frac{1}{2}}$ und $f(u) = 3u + 3$. Dann gilt:

$$\int_0^3 3 \cdot (3u+3)^{\frac{1}{2}}\,du = \int_0^3 (3u+3)^{\frac{1}{2}}(3u+3)'\,du$$

Mit Anwendung der Substitutionsregel folgt:

$$\int_{f(0)}^{f(3)} x^{\frac{1}{2}}\,dx = \int_3^{12} x^{\frac{1}{2}}\,dx = \left[\frac{2}{3} \cdot x^{\frac{3}{2}}\right]_3^{12}.$$

$$\int_0^3 (3u+3)^{\frac{1}{2}}\,du = \frac{1}{3} \cdot \int_3^{12} x^{\frac{1}{2}}\,dx \quad \text{und damit:}$$

$$\int_0^3 (3u+3)^{\frac{1}{2}}\,du = \frac{1}{3}\left[\frac{2}{3} \cdot x^{\frac{3}{2}}\right]_3^{12} = \frac{1}{3}\left[\frac{2}{3}(12^{\frac{3}{2}} - 3^{\frac{3}{2}})\right] = \frac{2}{9}(12^{\frac{3}{2}} - 3^{\frac{3}{2}}) = \frac{14}{\sqrt{3}}. \qquad \triangle$$

Zur Berechnung der Integrale von rationalen Funktionen gibt es die Methode der Partialbruchzerlegung, die in [B/K] I, S. 167–176 behandelt wird.

Kapitel IV: Funktionen mehrerer reeller Variablen

IV.1 Grundbegriffe

§ 1.1 Definition und Darstellung

In Kapitel III wurden Funktionen einer reellen Variablen behandelt. Häufig werden aber Größen von mehreren anderen Größen beeinflußt.

> **Definition:** (Funktion mehrerer Variablen)
> Eine **Funktion mehrerer Variablen** ist eine Abbildung $f\colon D \to \mathbb{R}$, $\mathbf{x} \mapsto f(\mathbf{x})$ von einer Teilmenge $D \subset \mathbb{R}^n$ in $\mathbb{R}$, wobei jedem Punkt $\mathbf{x} = (x_1, \ldots, x_n) \in D$ eine Zahl $f(\mathbf{x}) = f(x_1, \ldots, x_n)$ zugeordnet wird.

Man schreibt die Zuordnungsvorschrift entweder in der Form $\mathbf{x} \mapsto f(\mathbf{x})$ oder $(x_1, \ldots, x_n) \mapsto f(x_1, \ldots, x_n)$ oder $\mathbf{x} \mapsto f(x_1, \ldots, x_n)$.

Zur Definition einer derartigen Funktion benötigt man wie bei den Funktionen einer Variablen die Definitionsmenge D und die Zuordnungsvorschrift $\mathbf{x} \mapsto f(\mathbf{x})$.

Beispiel 1: $f\colon \mathbb{R}^2 \to \mathbb{R}$, $\mathbf{x} \mapsto f(x_1, x_2) = x_1^2 + x_2^2$. Der Funktionswert im Punkt (2,1) ist z.B.: $f(2,1) = 2^2 + 1^2 = 5$. △

Beispiel 2: $g\colon \mathbb{R}^3 \to \mathbb{R}$, $\mathbf{x} \mapsto g(x_1, x_2, x_3) = x_2 e^{x_1} + x_3$. Diese Funktion hat z.B. in dem Punkt $(0, -3, 4)$ den Wert $g(0, -3, 4) = -3 \cdot e^0 + 4 = -3 + 4 = 1$. △

Funktionen einer Variablen kann man leicht graphisch darstellen. Bei Funktionen mehrerer Variablen ist das nicht mehr so einfach. Man kann zwar Wertetabellen berechnen, die für verschiedene Punkte $\mathbf{x}^1, \ldots, \mathbf{x}^k$ die Funktionswerte $f(\mathbf{x}^1)$ bis $f(\mathbf{x}^k)$ angeben, aber diese Tabellen kann man nicht mehr sofort in eine Zeichnung umsetzen.

Eine Möglichkeit, Funktionen zweier Variablen zu veranschaulichen, ist die dreidimensionale Zeichnung im kartesischen Koordinatensystem. Man zeichnet über jedem Punkt $(x_1, x_2) \in D$ in der Ebene in der Höhe $f(x_1, x_2)$ einen Punkt mit den Koordinaten $(x_1, x_2, f(x_1, x_2))$. Die Höhenkoordinate des Punktes ist also gleich dem Funktionswert. Alle diese Punkte zusammen ergeben eine Fläche im $\mathbb{R}^3$, den **Graphen** oder das **Funktionsgebirge** der Funktion. Der Graph G_f einer Funktion $f\colon D \to \mathbb{R}$ ist definiert durch

$$G_f = \{(x_1, x_2, x_3) \in \mathbb{R}^3 \mid (x_1, x_2) \in D,\ x_3 = f(x_1, x_2)\}$$

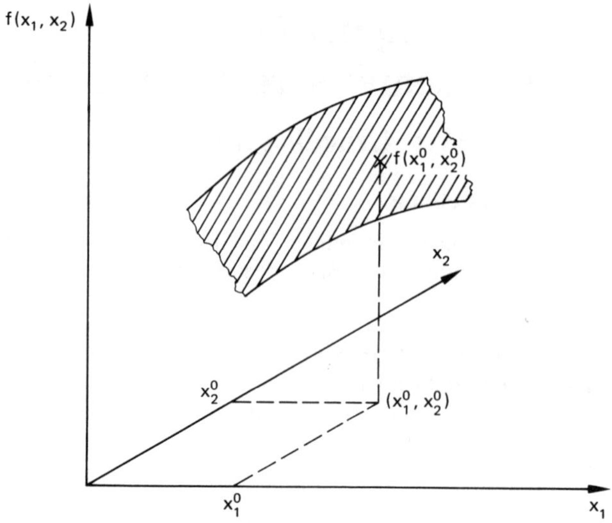

Beispiel 3: Gegeben ist die Funktion $f(x_1, x_2) = x_1^2 + x_2^2$. In der folgenden Abbildung ist der Graph der Funktion gezeichnet für $-1 \leqq x_1 \leqq 1$ und $-1 \leqq x_2 \leqq 1$. △

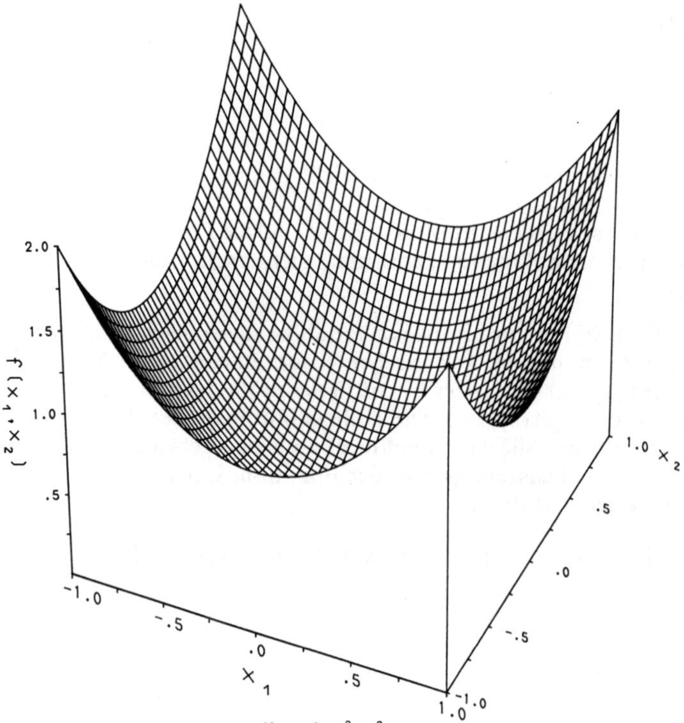

$f(x_1, x_2) = x_1^2 + x_2^2$

Beispiel 4: $g(x_1, x_2) = x_1^2 - x_2^2 + 1$. In der folgenden Abbildung ist der Graph dieser Funktion gezeichnet für $-1 \leqq x_1 \leqq 1$ und $-1 \leqq x_2 \leqq 1$. △

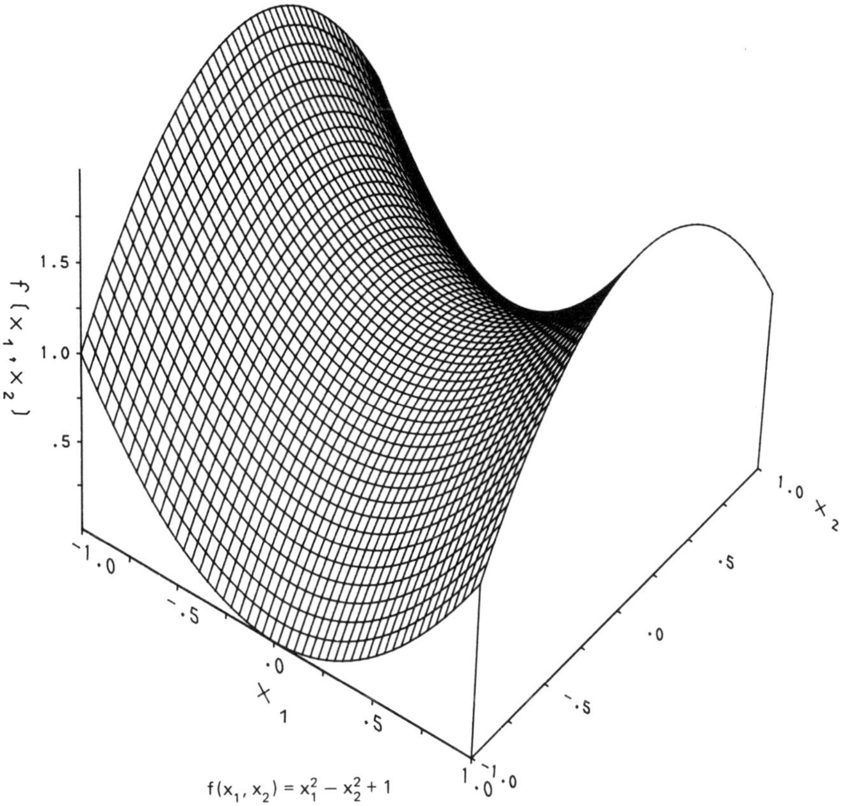

Darstellungen dieser Art sind im allgemeinen nur mit Computerprogrammen möglich, die aus den vorgegebenen Funktionswerten den Graphen berechnen.

Eine weitere Möglichkeit, Funktionen zweier Variablen darzustellen, sind Höhenlinien. Diese entsprechen den in der kartographischen Darstellung üblichen Höhenlinien; dabei sind die geographischen Koordinaten der Argumentwert und der Funktionswert ist die Höhe des Punktes. Man markiert in der Ebene alle Punkte (x_1, x_2), deren Funktionswert gleich einem festen Wert c ist, und verbindet diese Punkte durch Kurven.

Definition: (Höhenlinie, Isoquante, Isolinie, Niveaulinie)
Sei f: $D \to \mathbb{R}$ eine Funktion auf einer Menge $D \subset \mathbb{R}^2$. Die Menge aller Punkte $(x_1, x_2) \in D$ mit $f(x_1, x_2) = c$ heißt die **Höhenlinie (Isoquante, Isolinie, Niveaulinie)** der Funktion f zum Wert c.

Beispiel 5: In der nächsten Abbildung sind einige Höhenlinien der Funktion $f(x_1, x_2) = x_1^2 + x_2^2$ eingezeichnet. △

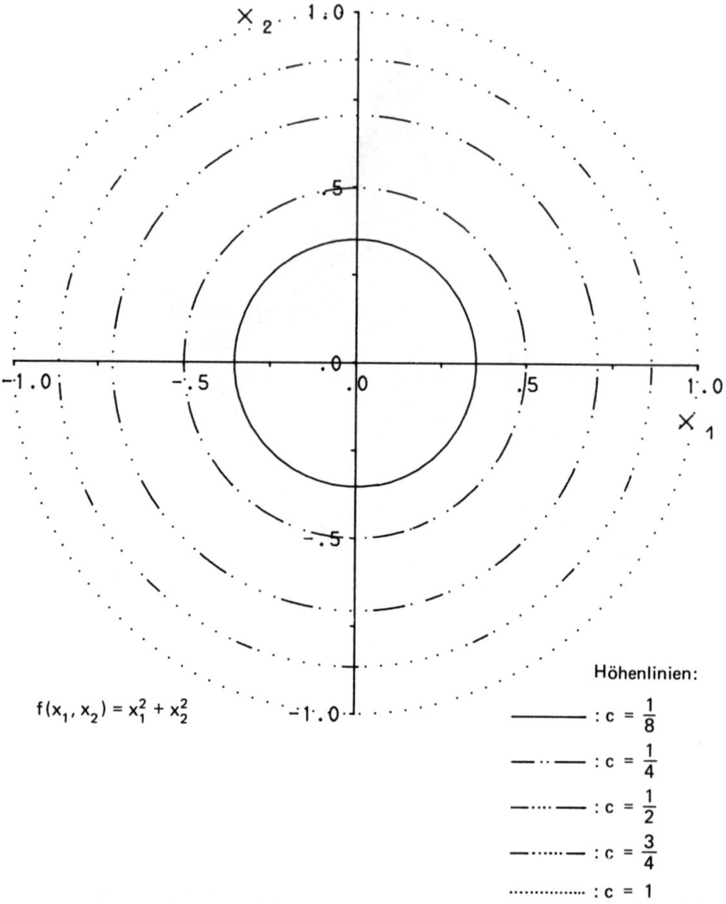

Beispiel 6: In der folgenden Abbildung sind einige Höhenlinien der Funktion $f(x_1, x_2) = x_1^2 - x_2^2 + 1$ eingezeichnet.

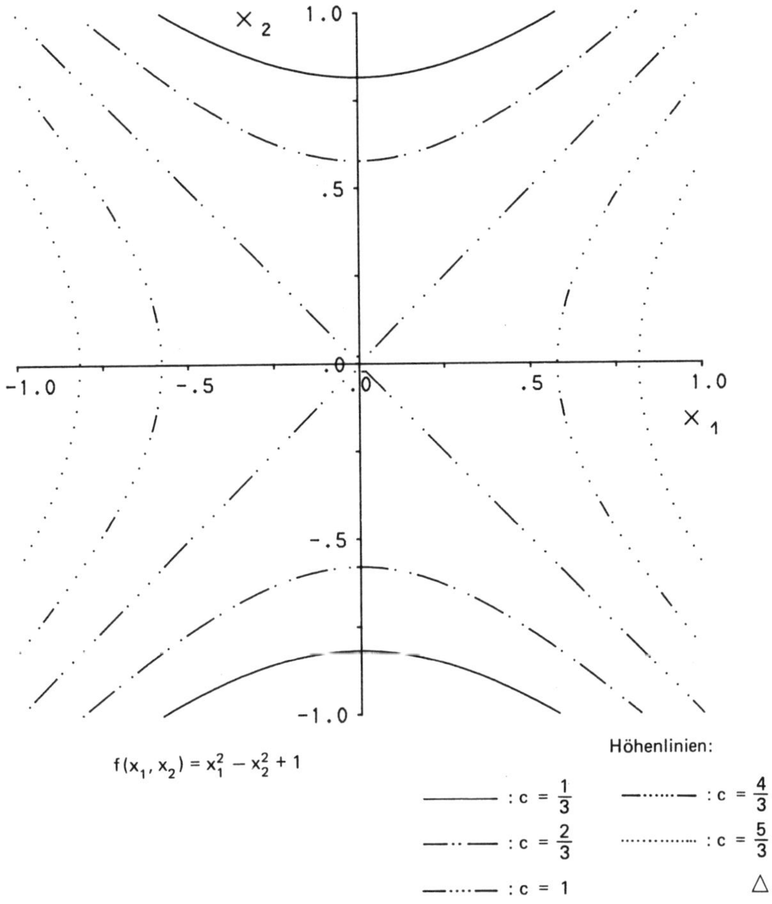

Die Berechnung der Höhenlinien ist in obigen Beispielen noch analytisch möglich. In den meisten Fällen ist das Berechnen und Zeichnen der Höhenlinien auch nur mit Hilfe von Computerprogrammen möglich. Dabei wird zunächst ein Punkt (x_1, x_2) mit $f(x_1, x_2) = c$ gesucht und dann mit dem Satz über implizite Funktionen (siehe § 2.6) die Punkte in der Nähe bestimmt, die den gleichen Funktionswert c haben.

Die dritte Möglichkeit, Funktionen mehrerer Variablen darzustellen, sind **Vertikalschnitte** durch die Funktion. Diese Methode ist im Gegensatz zu den beiden vorigen auch bei Funktionen von mehr als zwei Variablen anwendbar. Bei einer Funktion $f\colon \mathbb{R}^n \to \mathbb{R}$, $\mathbf{x} \mapsto f(\mathbf{x})$ wählt man einen Punkt $\mathbf{x}^\circ$ und eine Koordinate x_i. Ein **Vertikalschnitt der Funktion f durch $\mathbf{x}^\circ$ entlang der x_i-Achse** ist dann die Funktion $f^i\colon \mathbb{R} \to \mathbb{R}$, $x_i \mapsto f(x_1^0, \ldots, x_{i-1}^0, x_i, x_{i+1}^0, \ldots, x_n^0)$.

Diese Funktion f^i beschreibt das Verhalten der Funktion f, wenn alle Komponenten außer der i-ten gleich den entsprechenden Komponenten des Punktes $\mathbf{x}^0$ sind und nur die i-te Komponente x_i variiert. Bei Funktionen zweier Variabler erhält man einen Vertikalschnitt, wenn man entlang der x_i-Achse durch den Punkt $\mathbf{x}^0$ das Funktionsgebirge durchschneidet und die Schnittkurve betrachtet.

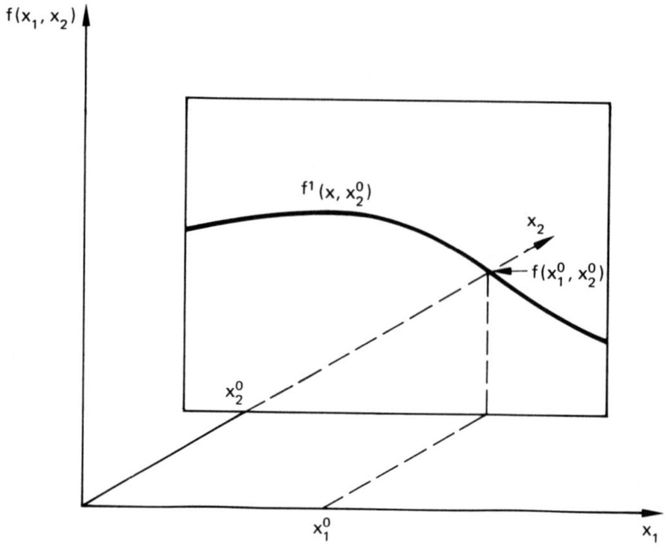

Vertikalschnitt entlang der x_1-Achse

Beispiel 7: Gegeben ist die Funktion $f: \mathbb{R}^3 \to \mathbb{R}, \mathbf{x} \mapsto f(\mathbf{x}) = x_1^2 + x_2^3 + \sin(x_3)$. Die Vertikalschnitte durch den Nullpunkt sind dann die Funktionen:

$$f^1: \mathbb{R} \to \mathbb{R},\ x_1 \mapsto f(x_1, 0, 0) = x_1^2.$$
$$f^2: \mathbb{R} \to \mathbb{R},\ x_2 \mapsto f(0, x_2, 0) = x_2^3.$$
$$f^3: \mathbb{R} \to \mathbb{R},\ x_3 \mapsto f(0, 0, x_3) = \sin(x_3).$$

△

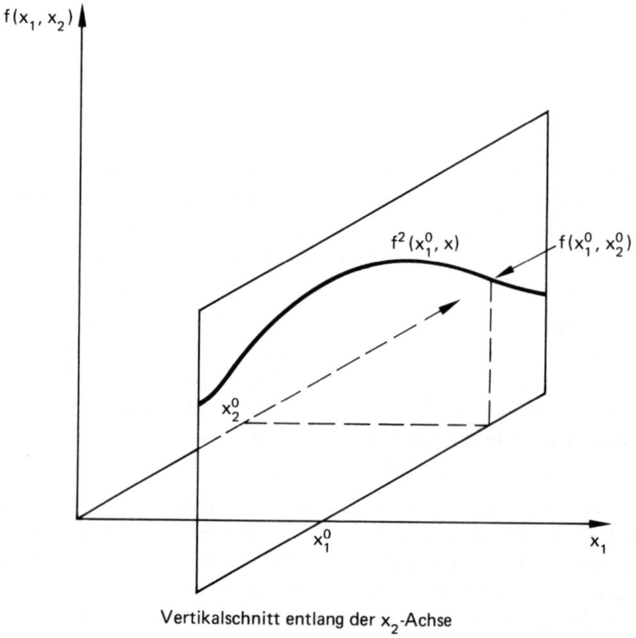

Vertikalschnitt entlang der x_2-Achse

§ 1.2 Punkte und Mengen im $\mathbb{R}^n$

Den Punkten im $\mathbb{R}^n$ entsprechen Vektoren. In Kapitel II ist erklärt, wie die Länge (Norm) eines Vektors definiert ist. Ähnlich wie bei zwei Punkten x und y aus $\mathbb{R}$ definiert man für zwei Punkte **x** und **y** aus dem $\mathbb{R}^n$ den Abstand durch die Länge des Vektors $\mathbf{x} - \mathbf{y}$.

Definition: (Euklidischer Abstand im $\mathbb{R}^n$)
Für zwei Punkte $\mathbf{x} = (x_1, \ldots, x_n)$ und $\mathbf{y} = (y_1, \ldots, y_n)$ des Vektorraums $\mathbb{R}^n$ definiert man den **(euklidischen) Abstand** durch die Größe:

$$|\mathbf{x} - \mathbf{y}| = \sqrt{\sum_{i=1}^{n} (x_i - y_i)^2}$$

Beispiel 1: Für die Vektoren $\mathbf{x} = \begin{bmatrix} 2 \\ 3 \end{bmatrix}$ und $\mathbf{y} = \begin{bmatrix} -2 \\ -1 \end{bmatrix}$ gilt:

$$|\mathbf{x} - \mathbf{y}| = \sqrt{(2-(-2))^2 + (3-(-1))^2} = \sqrt{16+16} = \sqrt{32} = \sqrt{2} \cdot 4. \quad \triangle$$

Seien **x** und **y** zwei Punkte im $\mathbb{R}^n$. Als **Strecke** zwischen **x** und **y** bezeichnet man die Menge aller Punkte $\mathbf{z}(\lambda)$ mit $\mathbf{z}(\lambda) = (1-\lambda)\mathbf{x} + \lambda\mathbf{y}$, wobei $\lambda \in [0,1]$. Wenn λ von 0 nach 1 verändert wird, bewegt sich der Punkt $\mathbf{z}(\lambda)$ von **x** nach **y**. Im zweidimensionalen Fall hat man folgendes Bild:

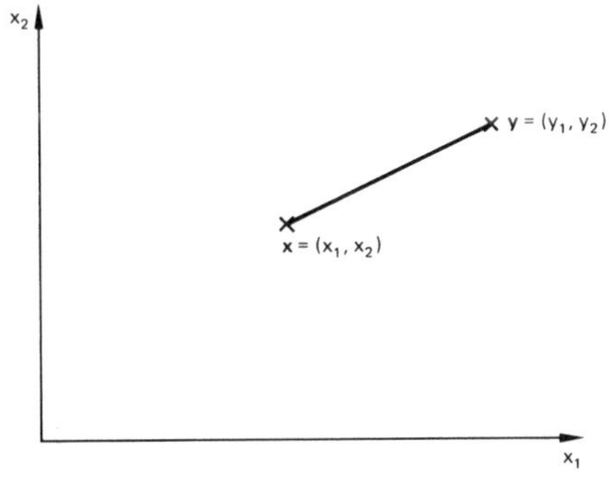

Für Punkte aus dem $\mathbb{R}^n$ definiert man die ε-Umgebung eines Punktes $\mathbf{x}^0 \in \mathbb{R}^n$ als die Menge aller Punkte, deren Abstand zu $\mathbf{x}^0$ kleiner ist als ε.

Definition: (ε-Umgebung eines Punktes $\mathbf{x}^0$)
Sei $\mathbf{x}^0 \in \mathbb{R}^n$. Die Menge $U_\varepsilon(\mathbf{x}^0)$, definiert durch:

$$U_\varepsilon(\mathbf{x}^0) = \{\mathbf{x} \in \mathbb{R}^n \mid |\mathbf{x} - \mathbf{x}^0| < \varepsilon\}$$

heißt die **ε-Umgebung des Punktes** $\mathbf{x}^0$.

Im eindimensionalen Fall ist die ε-Umgebung das offene Intervall $(x^0 - \varepsilon, x^0 + \varepsilon)$. Im zweidimensionalen Fall ist die ε-Umgebung die Menge aller Punkte in einem

Kreis mit Radius ε um $\mathbf{x}^0$ und im dreidimensionalen Fall die Menge aller Punkte in einer Kugel mit Radius ε um $\mathbf{x}^0$. Dabei gehören der Kreisrand und die Kugeloberfläche nicht dazu.

Beispiel 2: Die Menge $U_{\frac{1}{2}}(1,1)$, d.h. die $\frac{1}{2}$-Umgebung des Punktes $(1,1)$, besteht aus den Punkten im Inneren des Kreises mit Radius $\frac{1}{2}$ um den Punkt $(1,1)$ im $\mathbb{R}^2$. △

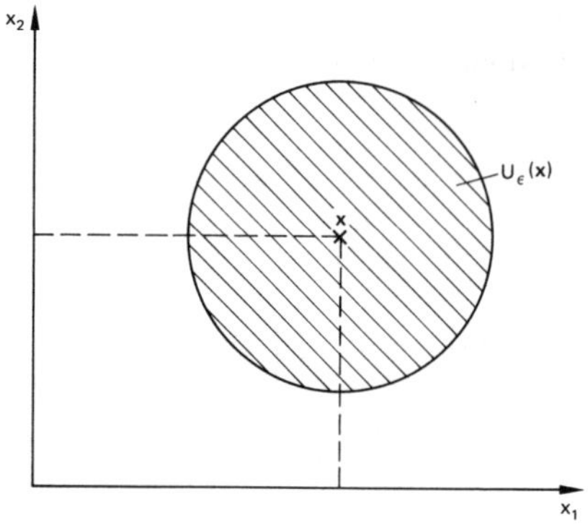

Eine Verallgemeinerung des Begriffs des offenen Intervalls ist die offene Menge im $\mathbb{R}^n$.

Definition: (Offene Menge)
Eine Teilmenge $M \subset \mathbb{R}^n$ heißt **offen**, wenn für jedes $\mathbf{x} \in M$ ein $\varepsilon > 0$ existiert, so daß die ε-Umgebung $U_\varepsilon(\mathbf{x}) \subset M$ ist. Eine Menge $N \subset \mathbb{R}^n$ heißt **abgeschlossen**, wenn die Komplementmenge $\bar{N}$ offen ist.

Beispiel 3: Die Menge $M = \{\mathbf{x} \in \mathbb{R}^2 \mid \text{mit } |\mathbf{x}| < 1\}$ ist eine offene Menge. Sei $\mathbf{x} \in M$; dann gilt $\sqrt{x_1^2 + x_2^2} = \varrho < 1$ wobei $0 \leqq \varrho < 1$. Wenn $0 < \varepsilon < 1 - \varrho$ ist, gilt für alle $\mathbf{y} \in U_\varepsilon(\mathbf{x})$ wegen der Dreiecksungleichung: $|\mathbf{y}| \leqq |\mathbf{x}| + |\mathbf{x} - \mathbf{y}| < \varrho + \varepsilon$ $< \varrho + (1 - \varrho) = 1$. Deshalb liegen alle diese $\mathbf{y}$ auch in M, denn $|\mathbf{y}| = \sqrt{y_1^2 + y_2^2}$. △

Definition: (Beschränkte Menge)
Eine Menge $M \subset \mathbb{R}^n$ heißt **beschränkt**, wenn es ein $K > 0$ gibt, so daß für alle $\mathbf{x} \in M$ gilt: $|\mathbf{x}| < K$.

Beispiel 4: Die Menge $D = \{\mathbf{x} \in \mathbb{R}^2 \mid \ -1 \leqq x_1 \leqq 1 \text{ und } -1 \leqq x_2 \leqq 1\}$ ist beschränkt; denn für alle $\mathbf{x} \in D$ gilt $x_1^2 + x_2^2 \leqq 1^2 + 1^2 \leqq 2$ und daher $|\mathbf{x}| \leqq \sqrt{2}$. △

§ 1.3 Eigenschaften von Funktionen mehrerer Variablen

Bei Funktionen einer Variablen wurde der Begriff der Stetigkeit in einem Punkt x^0 so definiert, daß mit gegen 0 gehendem Abstand der Punkte x zum Punkt x^0 auch der Abstand der Funktionswerte f(x) zu dem Wert $f(x^0)$ gegen 0 geht. Genauso definiert man für Funktionen mehrer Variablen die Stetigkeit, wobei man für den Abstand den oben definierten euklidischen Abstand verwendet.

> **Definition:** (Stetigkeit in einem Punkt)
> Die Funktion $f: D \to \mathbb{R}$ auf der Menge $D \subset \mathbb{R}^n$ heißt **stetig** im Punkt $\mathbf{x}^0 \in D$, wenn es für alle $\varepsilon > 0$ ein (von ε abhängiges) $\delta > 0$ gibt, so daß für alle $\mathbf{x} \in D$ mit $|\mathbf{x} - \mathbf{x}^0| < \delta$ gilt:
>
> $$|f(\mathbf{x}) - f(\mathbf{x}^0)| < \varepsilon.$$

Anschaulich bedeutet das im zweidimensionalen Fall, daß für alle Punkte $\mathbf{x}$ in einem Kreis mit Radius δ um den Punkt $\mathbf{x}^0$ gilt, daß $|f(\mathbf{x}) - f(\mathbf{x}^0)| < \varepsilon$.

Wenn eine Funktion $f: D \to \mathbb{R}$ mit $D \subset \mathbb{R}^n$ in allen Punkten von D stetig ist, heißt sie **stetig auf D** . Analog zum eindimensionalen Fall gelten für zwei Funktionen mehrerer Variablen $f: D \to \mathbb{R}$ und $g: D \to \mathbb{R}$ auf einer Menge $D \subset \mathbb{R}^n$, die auf D stetig sind, folgende Aussagen:

a) Die Funktionen $f + \alpha$ und $\alpha \cdot f$ sind stetig auf D für alle $\alpha \in \mathbb{R}$.

b) Die Funktionen $f + g$ und $f \cdot g$ sind stetig auf D.

c) $\frac{f}{g}$ ist stetig auf D, falls $g(\mathbf{x}) \neq 0$ für alle $\mathbf{x} \in D$.

d) Wenn $h: \mathbb{R} \to \mathbb{R}$ eine stetige Funktion ist, dann ist die zusammengesetzte Funktion $h \circ f: D \to \mathbb{R}$, $\mathbf{x} \mapsto h(f(\mathbf{x}))$ eine stetige Funktion auf D.

> **Definition:** (Beschränktheit einer Funktion)
> Eine Funktion $f: D \to \mathbb{R}$ mit $D \subset \mathbb{R}^n$ heißt nach **oben** (bzw. nach **unten**) **beschränkt** auf D, wenn es ein $C_1 \in \mathbb{R}$ (bzw. $C_2 \in \mathbb{R}$) gibt, so daß für alle $\mathbf{x} \in D$ gilt:
>
> $$f(\mathbf{x}) \leqq C_1 \quad (\text{bzw. } f(\mathbf{x}) \geqq C_2).$$
>
> Eine Funktion heißt **beschränkt auf** D, wenn sie dort sowohl nach oben als auch nach unten beschränkt ist.

Beispiel 1: Gegeben ist die Funktion $f(x_1, x_2) = e^{-(x_1^2 + x_2^2)}$. Dann gilt für alle $\mathbf{x} \in \mathbb{R}^2$: $x_1^2 + x_2^2 \geqq 0$ und damit, weil die natürliche Exponentialfunktion streng monoton steigend und für alle $x \in \mathbb{R}$ stets $e^x > 0$ ist, gilt:

$$0 \leqq f(x_1, x_2) = e^{-(x_1^2 + x_2^2)} \leqq e^0 = 1.$$

Diese Funktion ist beschränkt auf $\mathbb{R}^n$. △

§ 1.4 Lineare, affinlineare und quadratische Funktionen

Die einfachsten Funktionstypen sind die linearen und affinlinearen Funktionen. Eine Funktion f: $\mathbb{R}^n \to \mathbb{R}$ heißt **linear**, wenn es einen Vektor $\mathbf{b} \in \mathbb{R}^n$ gibt, so daß $f(\mathbf{x}) = \mathbf{b}^T \cdot \mathbf{x} = \sum_{i=1}^{n} b_i x_i$ für alle $\mathbf{x} \in \mathbb{R}^n$. Eine Funktion ist genau dann linear, wenn gilt:

a) $f(\lambda \mathbf{x}) = \lambda \cdot f(\mathbf{x})$ für alle $\mathbf{x} \in \mathbb{R}^n$ und alle $\lambda \in \mathbb{R}$.

b) $f(\mathbf{x}) + f(\mathbf{y}) = f(\mathbf{x}) + f(\mathbf{y})$ für alle $\mathbf{x}, \mathbf{y} \in \mathbb{R}^n$.

Lineare Funktionen sind ein Spezialfall der linearen Abbildungen, die in Kapitel II.4 behandelt sind.

Beispiel 1: Die Funktion f: $\mathbb{R}^2 \to \mathbb{R}$, $\mathbf{x} \mapsto f(\mathbf{x}) = x_1 + x_2$ ist eine lineare Funktion; denn $f(\mathbf{x}) = \mathbf{b}^T \cdot \mathbf{x}$ mit $\mathbf{b} = \begin{bmatrix} 1 \\ 1 \end{bmatrix}$. △

Eine Funktion f: $\mathbb{R}^n \to \mathbb{R}$ heißt **affinlinear**, wenn es einen Vektor $\mathbf{b} \in \mathbb{R}^n$ und eine Zahl $c \in \mathbb{R}$ gibt mit $f(\mathbf{x}) = \mathbf{b}^T \cdot \mathbf{x} + c = \sum_{i=1}^{n} b_i x_i + c$.

Beispiel 2: Die Funktion g: $\mathbb{R}^3 \to \mathbb{R}$, $\mathbf{x} \mapsto g(\mathbf{x}) = x_1 + 2x_2 + 3x_3 + 1$ ist affinlinear; denn $g(\mathbf{x}) = \mathbf{b}^T \cdot \mathbf{x} + c$ mit $\mathbf{b} = \begin{bmatrix} 1 \\ 2 \\ 3 \end{bmatrix}$ und $c = 1$. △

Die Funktionsgraphen dieser Funktionen sind Ebenen. In der nächsten Zeichnung ist der Graph der Funktion $f(\mathbf{x}) = -x_1 - x_2 + 1$ zu sehen.

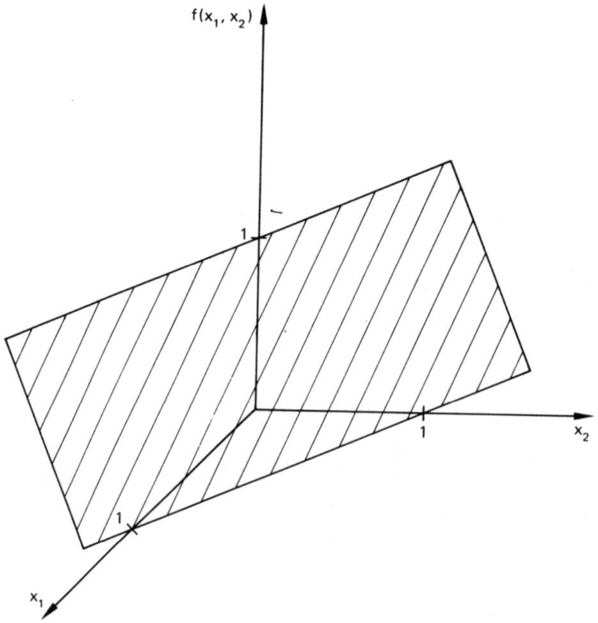

Ähnlich wie bei der Differentialrechnung mit einer Variablen werden im folgenden Abschnitt lineare und affinlineare Funktionen verwendet, um andere Funktionen zu approximieren.

Eine Funktion $f\colon \mathbb{R}^n \to \mathbb{R}$ heißt **quadratisch**, wenn es eine (n,n)-Matrix $\mathbf{A}$, einen Vektor $\mathbf{b} \in \mathbb{R}^n$ und eine Zahl $c \in \mathbb{R}$ gibt, so daß für alle $\mathbf{x} \in \mathbb{R}^n$: $f(\mathbf{x}) = \mathbf{x}^T\mathbf{A}\mathbf{x} + \mathbf{b}^T\mathbf{x} + c$. Die Funktionen in den Beispielen 3 bis 6 aus § 1.1 sind quadratische Funktionen.

Beispiel 3: Die Funktion $f\colon \mathbb{R}^2 \to \mathbb{R}$, $\mathbf{x} \mapsto f(\mathbf{x}) = x_1^2 + x_2^2 + 2x_1 + x_2 + 1$ ist eine quadratische Funktion; wenn man setzt $\mathbf{A} = \begin{bmatrix} 1 & 0 \\ 0 & 1 \end{bmatrix}$, $\mathbf{b} = \begin{bmatrix} 2 \\ 1 \end{bmatrix}$ und $c = 1$, erhält man $f(\mathbf{x}) = \mathbf{x}^T\mathbf{A}\mathbf{x} + \mathbf{b}^T\mathbf{x} + c$. △

§ 1.5 Produktionsfunktionen

Ein wichtiges Beispiel für Funktionen mehrerer Variablen sind die **Produktionsfunktionen** (siehe [BÖ], S. 148 ff). Diese Funktionen beschreiben die Produktion eines Guts in Abhängigkeit von den benötigten Produktionsfaktoren. Produktionsfaktoren sind z. B. Arbeit, Rohstoffe und Kapital. Bei einem festgelegten Produktionsverfahren und bekannten Faktoreinsatzmengen $x_1, \ldots, x_n$ kann man die Menge des produzierten Guts als Funktion $f(x_1, \ldots, x_n)$ dieser Faktoreinsatzmengen angeben.

Das Standardbeispiel für Produktionsfunktionen ist die **Cobb-Douglas-Funktion** $f(x_1, \ldots, x_n) = a x_1^{\alpha_1} \cdot x_2^{\alpha_2} \cdot \ldots \cdot x_n^{\alpha_n}$, wobei $a > 0$ und $\alpha_1 > 0, \ldots, \alpha_n > 0$. Diese Funktion beschreibt die Produktion in Abhängigkeit von n Faktoren. Der einfachste Spezialfall ist eine Funktion zweier Variablen der Form $f(x_1, x_2) = x_1^\alpha \cdot x_2^\beta$ mit $\alpha > 0$ und $\beta > 0$.

Beispiel 1: In der folgenden Zeichnung sind einige Höhenlinien und das Funktionsgebirge der Cobb-Douglas-Funktion $f(x_1, x_2) = x_1^{\frac{1}{2}} \cdot x_2^{\frac{1}{2}}$ gezeigt.

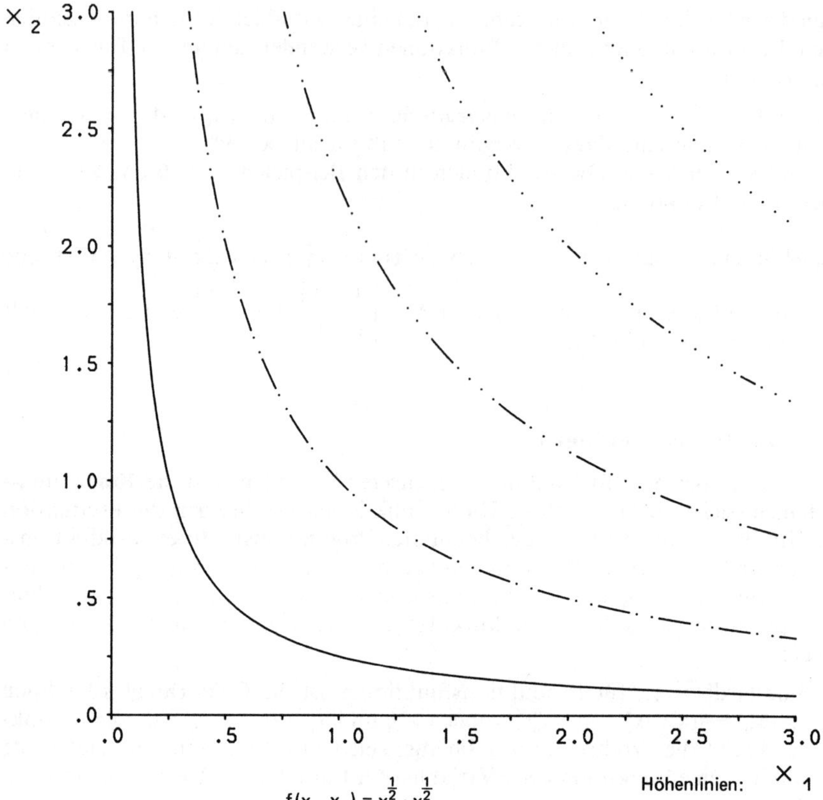

$f(x_1, x_2) = x_1^{\frac{1}{2}} \cdot x_2^{\frac{1}{2}}$

Höhenlinien:

——— : c = 0,5

—·—·— : c = 1

—····— : c = 1,5

—······— : c = 2

············ : c = 2,5

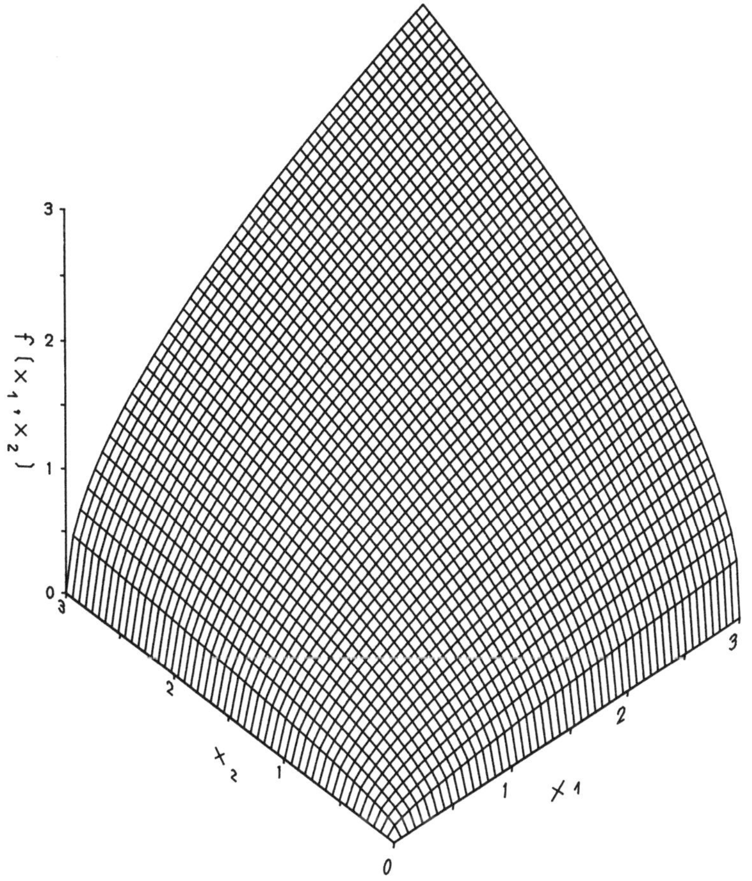

$f(x_1, x_2) = x_1^{\frac{1}{2}} \cdot x_2^{\frac{1}{2}}$

△

Beispiel 2: In der folgenden Zeichnung sind einige Höhenlinien und das Funktionsgebirge der Cobb-Douglas-Funktion $f(x_1, x_2) = x_1^{\frac{1}{4}} \cdot x_2^{\frac{3}{4}}$ gezeigt.

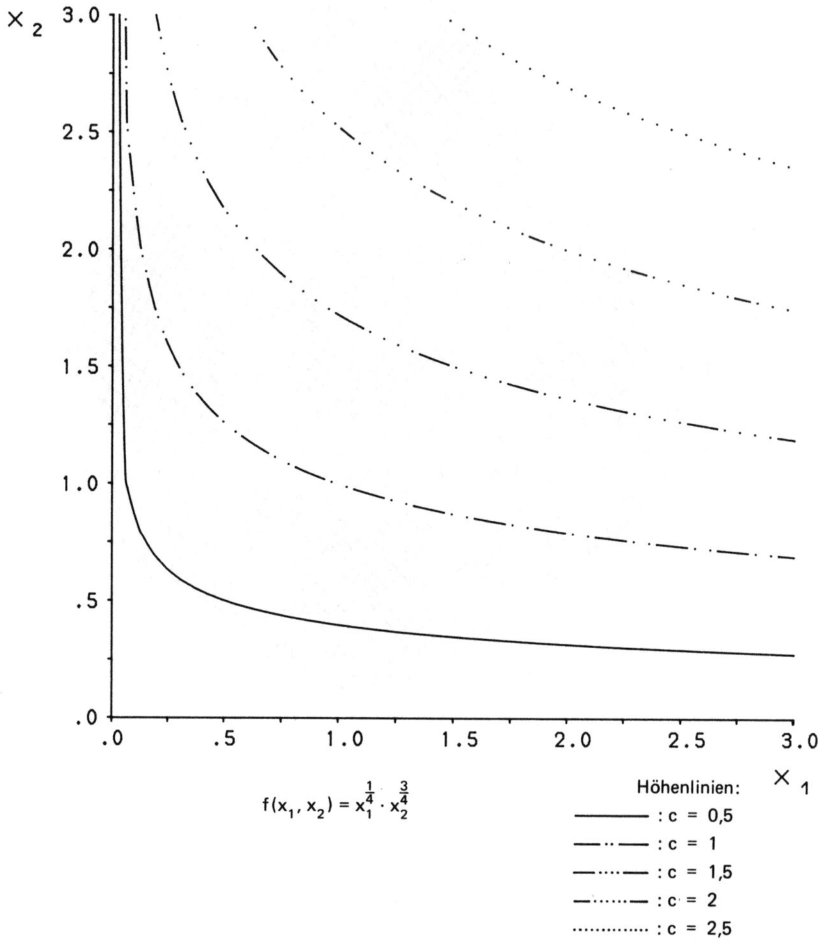

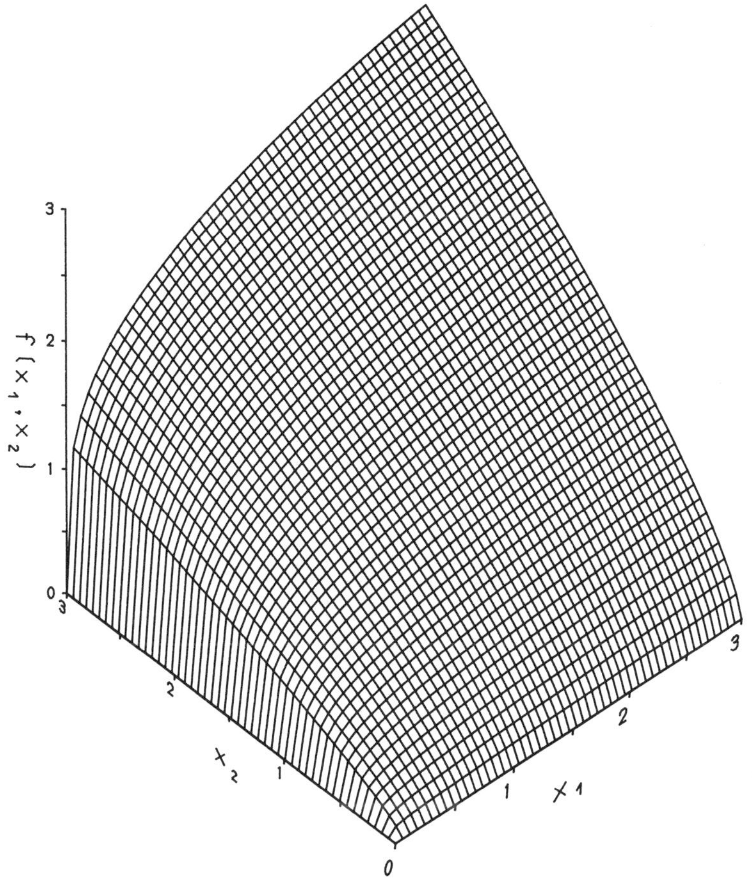

$f(x_1, x_2) = x_1^{\frac{1}{4}} \cdot x_2^{\frac{3}{4}}$

IV.2 Differentialrechnung von Funktionen mehrerer Variablen

§ 2.1 Partielle Ableitungen erster Ordnung

Gegeben ist eine Funktion $f\colon D \to \mathbb{R}$, definiert auf einer offenen Menge $D \subset \mathbb{R}^n$. Das Verhalten dieser Funktion in der Umgebung eines Punktes $\mathbf{x}^0 = (x_1^0, \ldots, x_n^0) \in D$ kann man untersuchen, indem man durch diesen Punkt $\mathbf{x}^0$ Vertikalschnitte entlang der x_1 bis zur x_n-Achse legt und das Verhalten dieser Funktion einer Variablen in der Nähe des Punktes x_i^0 untersucht. Die Schnittfunktion

$$f^i\colon (x_i^0 - \varepsilon, x_i^0 + \varepsilon) \to \mathbb{R}, x_i \mapsto f(x_1^0, \ldots, x_{i-1}^0, x_i, x_{i+1}^0, \ldots, x_n^0)$$

beschreibt das Verhalten der Funktion f in der Nähe von $\mathbf{x}^0$, wenn sich nur die Variable x_i verändert und alle anderen den festen Wert x_j^0 besitzen. Man kann dann feststellen, welche Eigenschaften diese Funktionen f^i haben, z. B. ob sie stetig oder differenzierbar sind. Falls f^i in x_i^0 differenzierbar ist, erhält man als Differentialquotienten den Ausdruck:

$$\lim_{h \to 0} \frac{1}{h} (f(x_1^0, \ldots, x_{i-1}^0, x_i^0 + h, x_{i+1}^0, \ldots, x_n^0) - f(x_1^0, \ldots, x_n^0))$$

Das ist der **Grenzwert der relativen Änderung der Funktion f** in $\mathbf{x}^0$, falls nur die Variable x_i verändert wird.

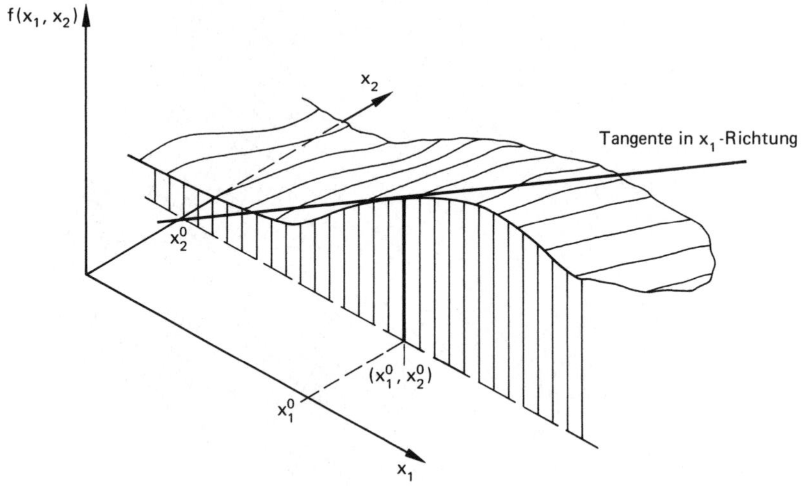

Definition: (Partielle Ableitung)
Sei f: $D \to \mathbb{R}$ eine Funktion mit $D \subset \mathbb{R}^n$ und $\mathbf{x}^0 \in D$. Wenn die Schnittfunktion f^i in x_i^0 differenzierbar ist, bezeichnet man diese Ableitung als die **partielle Ableitung** von f nach x_i in $\mathbf{x}^0$. Man schreibt dafür:

$$\frac{\partial f}{\partial x_i}(\mathbf{x}^0) = \lim_{h \to 0} \frac{1}{h} \cdot (f(x_1^0, \ldots, x_{i-1}^0, x_i^0 + h, x_{i+1}^0, \ldots, x_n^0) - f(x_1^0, \ldots, x_n^0))$$

Für die partielle Ableitung $\frac{\partial f}{\partial x_i}(\mathbf{x})$ schreiben wir auch in Kurzform:

$$\frac{\partial f}{\partial x_i}(\mathbf{x}) = f_{x_i}(\mathbf{x}).$$

Die partiellen Ableitungen nach den Variablen $x_1, \ldots, x_n$ bezeichnet man als **partielle Ableitungen erster Ordnung.**

Die Funktion f heißt **partiell nach x_i differenzierbar** in $\mathbf{x}^0$, wenn der obige Grenzwert existiert. Geometrisch ist die partielle Ableitung nach x_i in $\mathbf{x}^0$ die Steigung der Schnittfunktion f^i in x_i^0. Das Differential der Schnittfunktion f^i im Punkt x_i^0 bezeichnet man als **partielles Differential** der Funktion f nach x_i im Punkt $\mathbf{x}^0$. Falls die Funktion f nach allen Variablen x_1 bis x_n in $\mathbf{x}^0$ partiell differenzierbar ist, heißt sie **partiell differenzierbar** in $\mathbf{x}^0$. Wenn die Funktion in allen Punkten der Menge D nach x_i partiell differenzierbar ist (und die partielle Ableitung in D stetig ist), heißt sie **in D nach x_i (stetig) partiell differenzierbar**. Falls die Funktion in D nach allen Variablen x_1 bis x_n (stetig) partiell differenzierbar ist, heißt sie **(stetig) partiell differenzierbar in D**. Man berechnet die partiellen Ableitungen $\frac{\partial f}{\partial x_i}(\mathbf{x})$, indem man die Funktion $f(x_1, \ldots, x_n)$ als Funktion nur der einen Variablen x_i und alle anderen Variablen als Konstanten betrachtet und dann nach x_i differenziert, wobei man die bekannten Regeln für die Differentiation von Funktionen einer Variablen aus Kapitel III anwendet. Die partielle Ableitung nach x_i in einem Punkt $\mathbf{x}^0$ erhält man dann, indem man in der Formel für die Ableitung für x_1 bis x_n die Werte x_1^0 bis x_n^0 einsetzt.

Beispiel 1: $f(x_1, x_2) = 4x_1^2 \cdot x_2^2 - x_2^3$.

$$\frac{\partial f}{\partial x_1}(\mathbf{x}) = 8x_1 \cdot x_2^2; \quad \frac{\partial f}{\partial x_2}(\mathbf{x}) = 8x_1^2 \cdot x_2 - 3x_2^2.$$

Im Punkt $\mathbf{x}^0 = (-1, 2)$ z. B. sind die partiellen Ableitungen

$$\frac{\partial f}{\partial x_1}(\mathbf{x}^0) = 8 \cdot (-1) \cdot 2^2 = -32 \quad \text{und} \quad \frac{\partial f}{\partial x_2}(\mathbf{x}^0) = 8 \cdot (-1)^2 \cdot 2 - 3 \cdot 2^2 = 4. \qquad \triangle$$

Beispiel 2: $f(x_1, x_2, x_3) = x_1^2 + 2x_3^2 + e^{x_1 x_2}$.

$$\frac{\partial f}{\partial x_1}(\mathbf{x}) = 2x_1 + x_2 e^{x_1 x_2}; \quad \frac{\partial f}{\partial x_2}(\mathbf{x}) = x_1 e^{x_1 x_2}; \quad \frac{\partial f}{\partial x_3}(\mathbf{x}) = 4x_3. \qquad \triangle$$

Beispiel 3: Gegeben ist die Funktion $g(x_1, x_2) = \sin(x_1 x_2) + \arctan(x_2)$. Die partiellen Ableitungen sind:

$$\frac{\partial g}{\partial x_1}(\mathbf{x}) = \cos(x_1 x_2) \cdot x_2 \quad \text{und} \quad \frac{\partial g}{\partial x_2}(\mathbf{x}) = \cos(x_1 x_2) \cdot x_1 + \frac{1}{1 + x_2^2}. \qquad \triangle$$

Beispiel 4: Gegeben ist die Funktion

$$f(x_1, x_2, x_3) = x_1^3 \cos(x_2) + 2x_1(1 - x_2^3)^2 + 2\arctan(x_3).$$

Die partiellen Ableitungen sind dann:

$$\frac{\partial f}{\partial x_1}(\mathbf{x}) = 3x_1^2 \cos(x_2) + 2(1 - x_2^3)^2,$$

$$\frac{\partial f}{\partial x_2}(\mathbf{x}) = -x_1^3 \sin(x_2) - 12x_1(1 - x_2^3)x_2^2 \quad \text{und}$$

$$\frac{\partial f}{\partial x_3}(\mathbf{x}) = \frac{2}{1 + x_3^2}. \qquad \triangle$$

Die partiellen Ableitungen erster Ordnung faßt man zu einem Vektor zusammen.

Definition (Gradient):
Für eine Funktion $f: D \to \mathbb{R}$ mit $D \subset \mathbb{R}^n$, die in einem Punkt $\mathbf{x}^0 \in D$ alle partiellen Ableitungen erster Ordnung besitzt, definiert man den **Gradienten** $\nabla f(\mathbf{x}^0)$ wie folgt:

$$\nabla f(\mathbf{x}^0) = \begin{bmatrix} \frac{\partial f}{\partial x_1}(\mathbf{x}^0) \\ \vdots \\ \frac{\partial f}{\partial x_n}(\mathbf{x}^0) \end{bmatrix}.$$

Der Gradient ist also ein n-dimensionaler Spaltenvektor, dessen Komponenten die ersten partiellen Ableitungen der Funktion f in $\mathbf{x}^0$ sind.

Beispiel 5: Für die Funktion $f(x_1, x_2) = 4x_1^2x_2^2 - x_2^3$ wurden die partiellen Ableitungen bereits berechnet. Der Gradient ist:

$$\nabla f(\mathbf{x}) = \begin{bmatrix} 8x_1x_2^2 \\ 8x_1^2x_2 - 3x_2^2 \end{bmatrix}.$$

Im Punkt (1, 2) z. B. ist der Gradient:

$$\nabla f(1,2) = \begin{bmatrix} 32 \\ 4 \end{bmatrix}.$$ △

Beispiel 6: Sei $f(x_1, x_2, x_3) = x_1^2 + 2x_2^2 + 3x_3^2$. Es ist

$$\frac{\partial f}{\partial x_1}(\mathbf{x}) = 2x_1; \quad \frac{\partial f}{\partial x_2}(\mathbf{x}) = 4x_2; \quad \frac{\partial f}{\partial x_3}(\mathbf{x}) = 6x_3, \text{ und damit}$$

$$\nabla f(\mathbf{x}) = \begin{bmatrix} 2x_1 \\ 4x_2 \\ 6x_3 \end{bmatrix}.$$ △

§ 2.2 Kettenregel für Funktionen mehrerer Variablen

In Kapitel III, § 3.3 wurde die Kettenregel für eine zusammengesetzte Funktion einer Variablen zur Berechnung der Ableitung dieser Funktion angegeben. Diese Regel kann man auf Funktionen mehrerer Variablen verallgemeinern, wenn die Variablen Funktionen einer Größe sind.

Satz 2.1: (Kettenregel für Funktionen mehrerer Variablen)
Gegeben ist eine Funktion $f(x_1, \ldots, x_n)$ mit stetigen partiellen Ableitungen erster Ordnung. Wenn n Funktionen $x_1(t), \ldots, x_n(t)$ einer Variablen t gegeben sind, die alle nach t differenzierbar sind und die Funktion $g(t) = f(x_1(t), \ldots, x_n(t))$ existiert, ist diese Funktion g differenzierbar mit der Ableitung:

$$g'(t) = \sum_{i=1}^{n} \frac{\partial f}{\partial x_i}(x_1(t), \ldots, x_n(t)) \cdot x_i'(t).$$

Diese Formel für die Ableitung kann man sich durch Untersuchen der partiellen Ableitungen der Funktion f erklären. Im Falle zweier Variablen gilt:

$$f(x_1(t+h), x_2(t+h)) - f(x_1(t), x_2(t)) =$$
$$= f(x_1(t+h), x_2(t+h)) - f(x_1(t), x_2(t+h)) + f(x_1(t), x_2(t+h)) - f(x_1(t), x_2(t)).$$

Man betrachtet zunächst die Änderung des Funktionswerts von f, die durch die Abänderung der ersten Variablen von $x_1(t)$ auf $x_1(t+h)$ verursacht wird und dann die Änderung, die man durch Ersetzen des Werts der zweiten Variablen $x_2(t)$ durch $x_2(t+h)$ erhält. In beiden Fällen wird nur eine Variable verändert; man kann daher diese Änderungen mit den partiellen Ableitungen von f und den Ableitungen der Funktionen x_1 und x_2 beschreiben.

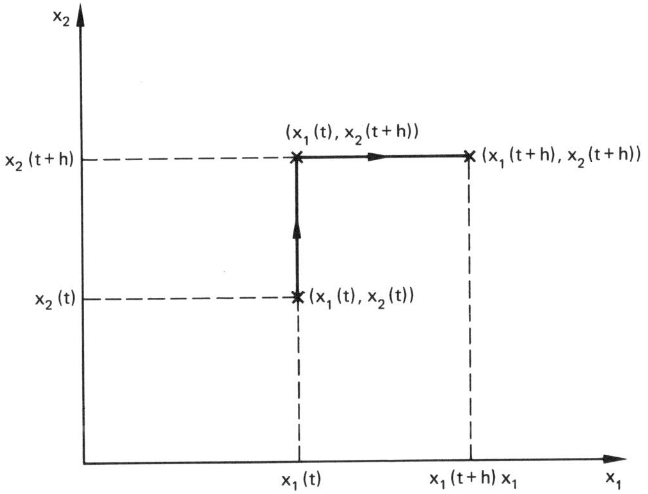

Mit den partiellen Differentialen von f ergibt sich die Näherung:

$$f(x_1(t+h), x_2(t+h)) - f(x_1(t), x_2(t+h)) + f(x_1(t), x_2(t+h)) - f(x_1(t), x_2(t))$$
$$\approx \frac{\partial f}{\partial x_1}(x_1(t), x_2(t+h))(x_1(t+h) - x_1(t)) + \frac{\partial f}{\partial x_2}(x_1(t), x_2(t))(x_2(t+h) - x_2(t)).$$

Für den Differenzenquotienten $\frac{1}{h}(f(x_1(t+h), x_2(t+h)) - f(x_1(t), x_2(t)))$ erhält man somit:

$$\frac{1}{h}\Big(f(x_1(t+h), x_2(t+h)) - f(x_1(t), x_2(t))\Big) \approx$$
$$\approx \frac{1}{h}\left(\frac{\partial f}{\partial x_1}(x_1(t), x_2(t+h))(x_1(t+h) - x_1(t)) + \frac{\partial f}{\partial x_2}(x_1(t), x_2(t))(x_2(t+h) - x_2(t))\right)$$
$$= \frac{\partial f}{\partial x_1}(x_1(t), x_2(t+h))\,\frac{x_1(t+h) - x_1(t)}{h} + \frac{\partial f}{\partial x_2}(x_1(t), x_2(t))\,\frac{x_2(t+h) - x_2(t)}{h}.$$

Da die partiellen Ableitungen von f stetig sind, ist

$\lim_{h \to 0} \frac{\partial f}{\partial x_1}(x_1(t), x_2(t+h)) = \frac{\partial f}{\partial x_1}(x_1(t), x_2(t))$; die Quotienten $\frac{x_i(t+h) - x_i(t)}{h}$ $(i = 1, 2)$ gehen für $h \to 0$ gegen $x_i'(t)$. Damit ergibt sich die Formel aus Satz 2.1.

Beispiel 1: Gegeben ist die Funktion $f(x_1, x_2, x_3) = x_1 e^{x_2 x_3}$ und die Funktionen $x_1(t) = e^t$, $x_2(t) = \sin(t)$ und $x_3(t) = t^2$. Für die Funktion $g(t) = f(x_1(t), x_2(t), x_3(t)) = f(e^t, \sin(t), t^2)$ gilt dann:

$$\begin{aligned} g'(t) &= \frac{\partial f}{\partial x_1}(\mathbf{x}) \cdot x_1'(t) + \frac{\partial f}{\partial x_2}(\mathbf{x}) \cdot x_2'(t) + \frac{\partial f}{\partial x_3}(\mathbf{x}) \cdot x_3'(t) \\ &= e^{x_2(t)x_3(t)} e^t + x_1(t) x_3(t)\, e^{x_2(t)x_3(t)} \cos(t) + x_1(t)\, x_2(t)\, e^{x_2(t)x_3(t)} \cdot 2t \\ &= e^{\sin(t)t^2 + t}(1 + t^2 \cdot \cos(t) + \sin(t) \cdot 2t). \end{aligned}$$

△

§ 2.3 Der Mittelwertsatz der Differentialrechnung für Funktionen mehrerer Variablen

Ähnlich wie bei differenzierbaren Funktionen einer Variablen ist es bei differenzierbaren Funktionen mehrerer Variablen möglich, die Änderung der Funktionswerte durch die partiellen Ableitungen zu beschreiben. Sei $f: D \to \mathbb{R}$ eine differenzierbare Funktion mit $D \subset \mathbb{R}^n$ und $\mathbf{x}$ und $\mathbf{x} + \mathbf{h}$ zwei Punkte aus D, so daß die Strecke zwischen $\mathbf{x}$ und $\mathbf{x} + \mathbf{h}$ in D liegt. Die Funktionen $x_i(t) = (1 - t)x_i + t(x_i + h_i) = x_i + th_i$ sind differenzierbar für alle t. Es gilt $x_i(0) = x_i$ und $x_i(1) = x_i + h_i$; wenn sich t von 0 nach 1 bewegt, durchläuft der Vektor $(x_1(t), \ldots, x_n(t))$ die Strecke von $\mathbf{x}$ bis $\mathbf{x} + \mathbf{h}$.

Es gilt somit: $f(x_1(0), \ldots, x_n(0)) = f(\mathbf{x})$ und $f(x_1(1), \ldots, x_n(1)) = f(\mathbf{x} + \mathbf{h})$. Die Funktion $g(t) = f(x_1(t), \ldots, x_n(t))$ von t kann mit der Kettenregel differenziert werden. Man erhält folgenden Satz.

Satz 2.2: (Mittelwertsatz der Differentialrechnung für Funktionen mehrerer Variablen)
Gegeben ist eine Funktion $f: D \to \mathbb{R}$ mit $D \subset \mathbb{R}^n$, die auf D differenzierbar ist und zwei Punkte $\mathbf{x}$ und $\mathbf{x} + \mathbf{h}$ aus D derart, daß die Strecke zwischen $\mathbf{x}$ und $\mathbf{x} + \mathbf{h}$ in D liegt. Dann gibt es eine Zahl $\theta \in (0, 1)$, so daß:

$$f(\mathbf{x} + \mathbf{h}) - f(\mathbf{x}) = \mathbf{h}^T \cdot \nabla f(\mathbf{x} + \theta\mathbf{h}) = \sum_{i=1}^{n} h_i \cdot f_{x_i}(\mathbf{x} + \theta\mathbf{h}).$$

Wie beim eindimensionalen Fall gibt der Satz nur an, daß eine Zahl θ existiert und nicht, welchen Wert θ im konkreten Fall hat.

§ 2.4 Das totale Differential

Für eine Funktion einer Variablen, die in einem Punkt x differenzierbar ist, wurde der Begriff des Differentials der Funktion in x in Kapitel III, § 3.5 eingeführt. Das

Differential $f'(x) \cdot h$ gibt dabei näherungsweise die Änderung des Funktionswerts $f(x+h) - f(x)$ an, wenn man das Argument x durch $x + h$ ersetzt, also:

$$f(x+h) - f(x) \approx f'(x) \cdot h.$$

Man betrachtet eine Funktion $f: D \to \mathbb{R}$ mit $D \subset \mathbb{R}^n$, die in D differenzierbar ist. Die Änderung des Funktionswerts, wenn man sich vom Punkt $\mathbf{x}$ zu einem Punkt $\mathbf{x} + \mathbf{h}$ mit ($\mathbf{h} = (h_1, \ldots, h_n)$) bewegt, kann man mit dem Mittelwertsatz beschreiben. Es gilt:

$$f(\mathbf{x}+\mathbf{h}) - f(\mathbf{x}) = \mathbf{h}^T \cdot \nabla f(\mathbf{x} + \theta\mathbf{h}), \quad \text{wobei } \theta \in (0,1) \text{ ist.}$$

Falls alle partiellen Ableitungen in $\mathbf{x}$ stetig sind, kann man näherungsweise für kleine Änderungen, d.h. wenn $|\mathbf{h}|$ klein ist, $\nabla f(\mathbf{x} + \theta\mathbf{h})$ durch $\nabla f(\mathbf{x})$ ersetzen. Man erhält so die Näherungsformel:

$$f(\mathbf{x}+\mathbf{h}) - f(\mathbf{x}) \approx \mathbf{h}^T \cdot \nabla f(\mathbf{x}).$$

Ausführlicher geschrieben:

$$f(\mathbf{x}+\mathbf{h}) - f(\mathbf{x}) \approx \sum_{i=1}^{n} h_i \cdot f_{x_i}(\mathbf{x}).$$

Bei dieser Formel gibt der Summand $h_i \cdot f_{x_i}(\mathbf{x})$ eine Näherung für die Änderung des Funktionswerts an, wenn man die i-te Komponente x_i durch $x_i + h_i$ ersetzt. Man bezeichnet diese Größe $h_i \cdot f_{x_i}(\mathbf{x})$, betrachtet als Funktion von h_i, wie bereits erwähnt, als partielles Differential von f in $\mathbf{x}$ bezüglich x_i. Wenn man einen Vertikalschnitt durch $\mathbf{x}$ parallel zur x_i-Achse legt, ist dieses partielle Differential das Differential der Schnittfunktion in x_i. Die Summe der partiellen Differentiale gibt eine Näherung für die gesamte Änderung $f(\mathbf{x}+\mathbf{h}) - f(\mathbf{x})$. Man definiert:

Definition: (Totales Differential)
Sei $f: D \to \mathbb{R}$ mit $D \subset \mathbb{R}^n$ eine in $\mathbf{x} \in D$ differenzierbare Funktion. Als **totales Differential** von f in $\mathbf{x}$ bezeichnet man die Funktion:

$$Df_{\mathbf{x}}: \mathbb{R}^n \to \mathbb{R}, \quad \mathbf{h} \mapsto Df_{\mathbf{x}}(\mathbf{h}) = \mathbf{h}^T \cdot \nabla f(\mathbf{x}) = \sum_{i=1}^{n} h_i \cdot f_{x_i}(\mathbf{x}).$$

Diese Funktion $Df_{\mathbf{x}}$ ist eine lineare Funktion. Es gilt näherungsweise:

(1) $$f(\mathbf{x}+\mathbf{h}) - f(\mathbf{x}) \approx Df_{\mathbf{x}}(\mathbf{h}).$$

Vorsicht: Diese Näherung ist nur sinnvoll, wenn die Funktion f in allen Punkten auf der Strecke zwischen $\mathbf{x}$ und $\mathbf{x} + \mathbf{h}$ alle partiellen Ableitungen erster Ordnung besitzt und diese stetig sind. Je größer $|\mathbf{h}|$ ist und je mehr sich die partiellen Ableitungen f_{x_i} ändern, desto schlechter wird im allgemeinen die Näherungsformel (1) für die Änderung der Funktionswerte. Geometrisch bedeutet die Näherung durch das totale Differential, daß das Funktionsgebirge der Funktion in der Nähe von $\mathbf{x}^0$ durch eine Ebene approximiert wird. Diese Ebene ist der Graph der affinlinearen Funktion

$$t: \mathbb{R}^n \to \mathbb{R}, \mathbf{h} \mapsto f(\mathbf{x}^0) + (\nabla f(\mathbf{x}^0))^T \cdot \mathbf{h} = f(\mathbf{x}^0) + \sum_{i=1}^{n} \frac{\partial f}{\partial x_i}(\mathbf{x}^0) h_i$$

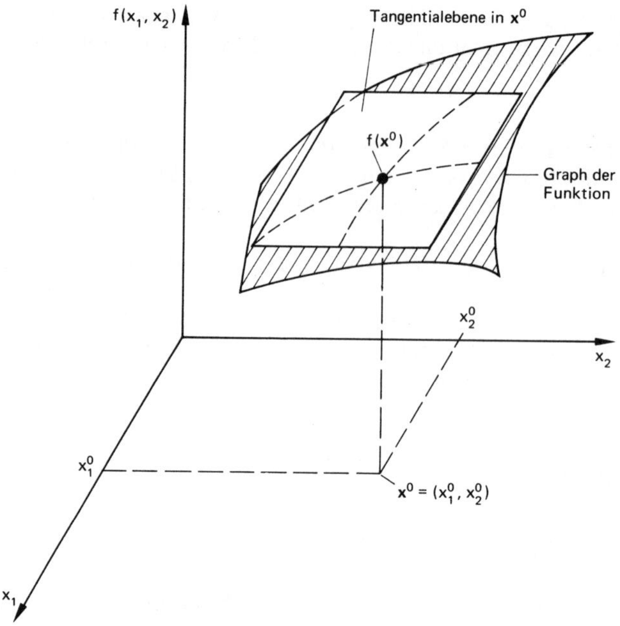

Diese Ebene heißt die **Tangentialebene von f im Punkt $\mathbf{x}^0$**.

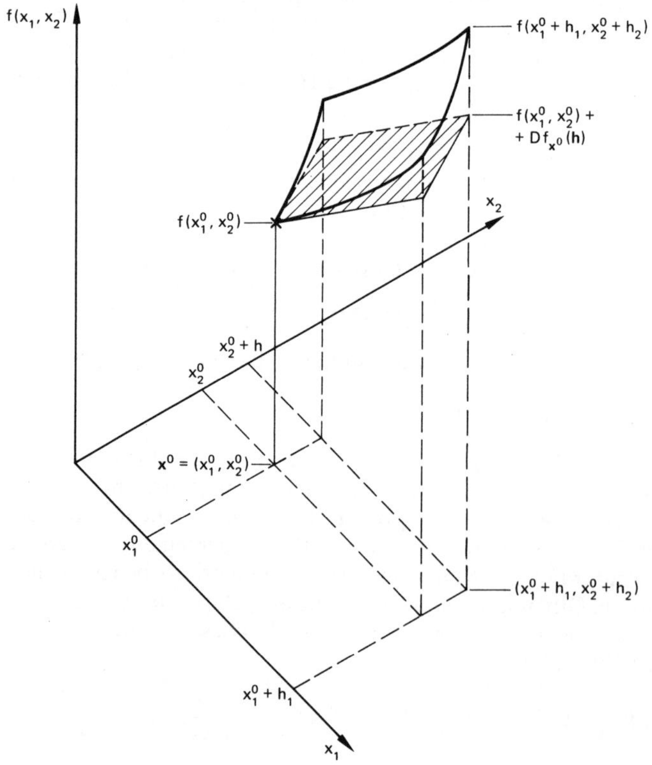

Beispiel 1: Gegeben ist die Funktion

$$f(x_1, x_2) = x_1^2 + x_1 x_2 + x_2^3.$$

Die partiellen Ableitungen sind:

$$f_{x_1}(\mathbf{x}) = 2x_1 + x_2 \quad \text{und} \quad f_{x_2}(\mathbf{x}) = x_1 + 3x_2^2.$$

Das totale Differential $Df_{\mathbf{x}_0}(\mathbf{h})$ im Punkt $x_0 = (1, 3)$ ist dann:

$$\begin{aligned} Df_{\mathbf{x}_0}(\mathbf{h}) &= \sum_{i=1}^{2} h_i \cdot f_{x_i}(\mathbf{x}_0) = h_1 \cdot f_{x_1}(\mathbf{x}_0) + h_2 \cdot f_{x_2}(\mathbf{x}_0) \\ &= h_1(2 \cdot 1 + 3) + h_2(1 + 3 \cdot 3^2) = 5 \cdot h_1 + 28 \cdot h_2. \end{aligned}$$

Es gilt $f(\mathbf{x}_0) = 31$. Berechnet man z.B. den Funktionswert $f(\mathbf{x}_0 + \mathbf{h}_0)$ mit $\mathbf{h}_0 = (-\frac{1}{10}, -\frac{1}{5})$, so erhält man:

$$f(\mathbf{x}_0 + \mathbf{h}_0) = f(\tfrac{9}{10}, \tfrac{14}{5}) = 0{,}81 + 2{,}52 + 21{,}952 = 25{,}282.$$

Mit dem totalen Differential bekommt man als Näherung für diesen Wert:

$$\begin{aligned} f(\mathbf{x}_0) + \mathbf{h}^T \cdot \nabla f(\mathbf{x}_0) &= 31 + (5 \cdot (-\tfrac{1}{10}) + 28 \cdot (-\tfrac{1}{5})) \\ &= 31 + (-0{,}5 - 5{,}6) = 24{,}9. \end{aligned}$$

Hier ist die Näherung noch recht gut. Betrachtet man hingegen $\mathbf{h}_1 = (-1, -2) = 10 \cdot \mathbf{h}_0$, dann gilt $f(\mathbf{x}_0 + \mathbf{h}_1) = 1$, aber als Näherung mit dem totalen Differential erhält man:

$$f(\mathbf{x}_0) + \mathbf{h}^T \cdot \nabla f(\mathbf{x}_0) = 31 + (-5 \cdot 1 - 28 \cdot 2) = -30.$$

Hier bekommt man als Ergebnis eine weit vom richtigen Wert entfernte Zahl. △

Beispiel 2: Betrachtet man die Cobb-Douglas-Funktion $x_1^\alpha \cdot x_2^\beta$ mit den partiellen Ableitungen $f_1(x_1, x_2) = \alpha x_1^{\alpha-1} \cdot x_2^\beta$ und $f_2(x_1, x_2) = \beta x_1^\alpha \cdot x_2^{\beta-1}$, so hat das totale Differential dieser Funktion die Form:

$$Df_{\mathbf{x}}(h_1, h_2) = \alpha x_1^{\alpha-1} \cdot x_2^\beta \cdot h_1 + \beta x_1^\alpha x_2^{\beta-1} \cdot h_2. \qquad \triangle$$

Die Bedeutung des Gradienten kann man sich mit dem totalen Differential veranschaulichen. Sei $\mathbf{x}^0$ ein Punkt, in dem die Funktion f den Gradienten $\nabla f(\mathbf{x}^0)$ hat, und $\mathbf{h}$ ein beliebiger Vektor mit der festen Länge $\varepsilon > 0$. Für die Differenz der Funktionswerte in den Punkten $\mathbf{x}^0 + \mathbf{h}$ und $\mathbf{x}^0$ findet man mit dem totalen Differential die Näherung:

$$f(\mathbf{x}^0 + \mathbf{h}) - f(\mathbf{x}^0) \approx (\nabla f(\mathbf{x}^0))^T \mathbf{h}.$$

Aus der Cauchy-Schwarzschen Ungleichung (Kapitel II. § 4.5) folgt, daß:

$$|(\nabla f(\mathbf{x}^0))^T \mathbf{h}| = |(\nabla f(\mathbf{x}^0))| |\mathbf{h}|,$$

wenn $\mathbf{h} = \lambda \nabla f(\mathbf{x}^0)$ $(\lambda \in \mathbb{R})$ (d.h. wenn $\mathbf{h}$ und $\nabla f(\mathbf{x}^0)$ linear abhängig sind) und sonst

$$|(\nabla f(\mathbf{x}^0))^T \mathbf{h}| < |(\nabla f(\mathbf{x}^0))| |\mathbf{h}|.$$

Der Betrag der Änderung ist am größten, wenn der Vektor **h** in die gleiche oder in die entgegengesetzte Richtung zeigen. Wenn beide Vektoren in die gleiche Richtung zeigen, ist der Anstieg der Funktionswerte in diese Richtung am größten, wenn sie genau in die entgegengesetzte Richtung zeigen, ist die Abnahme der Funktionswerte am größten unter allen möglichen Richtungen.

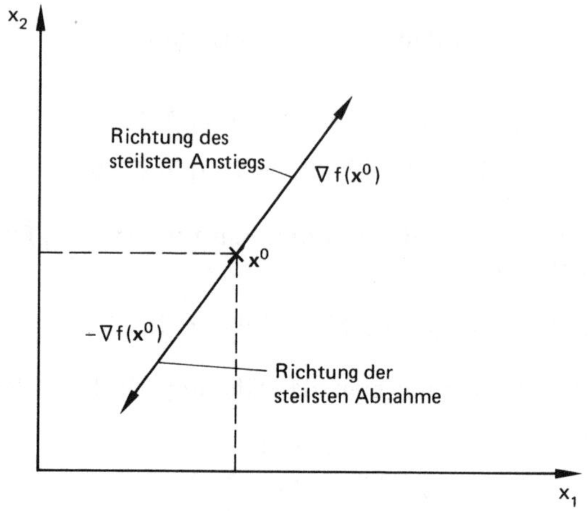

Beispiel 3: Gegeben ist die Funktion $f(x_1, x_2) = x_1^2 + \frac{1}{3}x_2^3$. Der Gradient dieser Funktion ist $\begin{bmatrix} 2x_1 \\ x_2^2 \end{bmatrix}$. Im Punkt (1, 2) hat er den Wert $\begin{bmatrix} 2 \\ 4 \end{bmatrix}$. Der steilste Anstieg der Funktion vom Punkt (1, 2) ist in Richtung des Vektors $\begin{bmatrix} 2 \\ 4 \end{bmatrix}$ und der steilste Abstieg ist in Richtung des Vektors $\begin{bmatrix} -2 \\ -4 \end{bmatrix}$. △

§ 2.5 Partielle Elastizitäten

Bei Funktionen einer Variablen wurde der Begriff der Elastizität definiert. Analog kann man bei Funktionen mehrerer Variablen den Begriff der partiellen Elastizitäten einführen. Sie beschreiben die prozentuale Änderung der Funktionswerte als Folge einer prozentualen Änderung einer Variablen x_i.

Definition: (Partielle Elastizität)
Sei $f: D \to \mathbb{R}$ mit $D \subset \mathbb{R}^n$ eine in Punkt $\mathbf{x} \in D$ partiell differenzierbare Funktion mit $f(\mathbf{x}) \neq 0$. Als **partielle Elastizität** $\varepsilon_{f,i}(\mathbf{x})$ der Funktion f in $\mathbf{x}$ bezüglich x_i bezeichnet man die Größe:

$$\varepsilon_{f,i}(\mathbf{x}) = x_i \cdot \frac{f_{x_i}(\mathbf{x})}{f(\mathbf{x})}.$$

Die partielle Elastizität $\varepsilon_{f,i}(\mathbf{x})$ gibt ungefähr an, um wieviel Prozent sich der Funktionswert $f(\mathbf{x})$ ändert, wenn nur die i-te Variable x_i um 1 % verändert wird und alle anderen Variablen unverändert bleiben.

Beispiel 1: Bei der Cobb-Douglas-Produktionsfunktion $f(x_1, x_2) = x_1^\alpha \cdot x_2^\beta$ erhält man für die partiellen Elastizitäten:

$$\varepsilon_{f,1}(\mathbf{x}) = \frac{x_1 \cdot (\alpha x_1^{\alpha-1} \cdot x_2^\beta)}{x_1^\alpha \cdot x_2^\beta} = \alpha \quad \text{und} \quad \varepsilon_{f,2}(\mathbf{x}) = \frac{x_2 \cdot (\beta x_1^\alpha \cdot x_2^{\beta-1})}{x_1^\alpha \cdot x_2^\beta} = \beta .$$

Die partiellen Elastizitäten sind hier konstant gleich α und β. △

Beispiel 2: Gegeben ist die Funktion $f(x_1, x_2, x_3) = e^{x_1} \cdot (x_2^2 + x_3^3)$. Die partiellen Ableitungen sind:

$$f_{x_1}(\mathbf{x}) = e^{x_1} \cdot (x_2^2 + x_3^3), \quad f_{x_2}(\mathbf{x}) = 2x_2 e^{x_1} \quad \text{und} \quad f_{x_3}(\mathbf{x}) = 3x_3^2 e^{x_1} .$$

Die partiellen Elastizitäten sind:

$$\varepsilon_{f,1}(\mathbf{x}) = \frac{x_1 \cdot e^{x_1} \cdot (x_2^2 + x_3^3)}{e^{x_1} \cdot (x_2^2 + x_3^3)} = x_1 .$$

$$\varepsilon_{f,2}(\mathbf{x}) = \frac{x_2 \cdot 2x_2 \cdot e^{x_1}}{e^{x_1} \cdot (x_2^2 + x_3^3)} = \frac{2 \cdot x_2^2}{x_2^2 + x_3^3} .$$

$$\varepsilon_{f,3}(\mathbf{x}) = \frac{x_3 \cdot 3x_3^2 \cdot e^{x_1}}{e^{x_1} \cdot (x_2^2 + x_3^3)} = \frac{3 \cdot x_3^3}{x_2^2 + x_3^3} .$$

△

§ 2.6 Implizite Funktionen

Gegeben ist eine Cobb-Douglas-Funktion der Form $f(x_1, x_2) = x_1^\alpha \cdot x_2^\beta$, wobei $\alpha, \beta > 0$ sind. Hat man feste Werte x_1^0 und x_2^0, so ist der Funktionswert $f(x_1^0, x_2^0)$. Bei Produktionsfunktionen interessiert man sich für die Frage, wie man den einen Produktionsfaktor ändern muß, wenn der andere verändert wurde, um den gleichen Output (Funktionswert) als vor der Änderung zu erhalten. Zum Beispiel: Wenn man den Wert von x_1^0 zu $x_1^0 + \Delta x_1$ abändert, durch welche Größe $x_2^0 + \Delta x_2$ muß man x_2^0 ersetzen, damit der Wert $f(x_1^0, x_2^0)$ gleich dem Wert $f(x_1^0 + \Delta x_1, x_2^0 + \Delta x_2)$ ist? Die ökonomische Bedeutung dieser Fragen ist in [BÖ], S. 153ff. erläutert.

Allgemein formuliert, gegeben ist eine Funktion $f\colon D \to \mathbb{R}$ mit $D \subset \mathbb{R}^2$, und dazu ein Punkt $\mathbf{x}^0 = (x_1^0, x_2^0) \in D$ mit $f(x_1^0, x_2^0) = c$, wobei c eine feste Zahl ist. f sei in D stetig differenzierbar. Die Frage ist, wie der Wert x_2 in Abhängigkeit von der Änderung von x_1 zu ändern ist, so daß der Funktionswert unverändert gleich c bleibt. Betrachtet man das totale Differential von f in $\mathbf{x}^0 = (x_1^0, x_2^0)$, so gilt für einen Punkt (x_1, x_2):

$$f(x_1, x_2) - f(x_1^0, x_2^0) \approx \frac{\partial f}{\partial x_1}(\mathbf{x}^0)(x_1 - x_1^0) + \frac{\partial f}{\partial x_2}(\mathbf{x}^0)(x_2 - x_2^0) .$$

Wenn die beiden Funktionswerte gleich sind, erhält man näherungsweise:

$$0 \approx \frac{\partial f}{\partial x_1}(\mathbf{x}^0) \cdot (x_1 - x_1^0) + \frac{\partial f}{\partial x_2}(\mathbf{x}^0) \cdot (x_2 - x_2^0).$$

Umgeformt, falls $\frac{\partial f}{\partial x_2}(\mathbf{x}^0) \neq 0$ ist:

$$x_2 - x_2^0 \approx -\frac{\frac{\partial f}{\partial x_1}(\mathbf{x}^0)}{\frac{\partial f}{\partial x_2}(\mathbf{x}^0)} \cdot (x_1 - x_1^0)$$

(1) $$x_2 \approx x_2^0 - \frac{\frac{\partial f}{\partial x_1}(\mathbf{x}^0)}{\frac{\partial f}{\partial x_2}(\mathbf{x}^0)} \cdot (x_1 - x_1^0).$$

Das heißt, falls man bei festem x_1 den Wert von x_2 durch die obige Formel bestimmt, ist näherungsweise $f(x_1, x_2)$ gleich $f(x_1^0, x_2^0)$. Diese Überlegungen kann man mathematisch präzisieren und man erhält folgenden Satz:

Satz 2.3: (Implizite Funktion)
Sei $f: D \to \mathbb{R}$ eine stetig partiell differenzierbare Funktion auf der offenen Menge $D \subset \mathbb{R}^2$. Wenn $(x_1^0, x_2^0) \in D$ ein Punkt mit $f(x_1^0, x_2^0) = c$ und $\frac{\partial f}{\partial x_2}(\mathbf{x}^0) \neq 0$ ist, gibt es ein $\varepsilon > 0$ und eine differenzierbare Funktion $h: (x_1^0 - \varepsilon, x_1^0 + \varepsilon) \to \mathbb{R}$ mit folgenden Eigenschaften:

a) $h(x_1^0) = x_2^0$.

b) $f(x, h(x)) = c$ für alle $x \in (x_1^0 - \varepsilon, x_1^0 + \varepsilon)$.

c) $$h'(x_1^0) = -\frac{\frac{\partial f}{\partial x_1}(\mathbf{x}^0)}{\frac{\partial f}{\partial x_2}(\mathbf{x}^0)}.$$

Die Funktion h gibt also an, wie in Abhängigkeit von x_1 die Werte von x_2 gewählt werden müssen, damit der Funktionswert gleich c bleibt.

Vorsicht: Der obige Satz besagt, daß man unter den angegebenen Voraussetzungen nur in der Nähe von (x_1^0, x_2^0) eine solche Funktion finden kann, und nicht für beliebige Punkte. Er gibt lediglich an, wie die Ableitung dieser Funktion in x_1^0 aussieht. Falls x_1 nahe bei x_1^0 liegt, kann man mit der Gleichung (1) näherungsweise x_2 so bestimmten, daß $f(x_1, x_2) = c$.

Genauso, wie hier x_2 in Abhängigkeit von x_1 bestimmt wurde, kann man x_1 in Abhängigkeit von x_2 bestimmen (wenn $fx_1(x_1^0, x_2^0) \neq 0$), so daß $f(x_1, x_2) = c$.

Beispiel 1: Bei der Cobb-Douglas-Funktion gilt:

$$\frac{\partial f}{\partial x_1}(\mathbf{x}) = \alpha (x_1^0)^{\alpha-1}(x_2^0)^{\beta} \quad \text{und} \quad \frac{\partial f}{\partial x_2}(\mathbf{x}) = \beta (x_1^0)^{\alpha}(x_2^0)^{\beta-1}.$$

Man erhält in einem Punkt (x_1^0, x_2^0) mit $f(x_1^0, x_2^0) = c$ für die Steigung der impliziten Funktion h:

$$h'(x_1^0) = -\frac{\frac{\partial f}{\partial x_1}(\mathbf{x}^0)}{\frac{\partial f}{\partial x_2}(\mathbf{x}^0)} = -\frac{\alpha \cdot x_2^0}{\beta \cdot x_1^0}. \qquad \triangle$$

Beispiel 2: Gegeben ist die Funktion

$$f(x_1, x_2) = ax_1^2 + 2bx_1x_2 + cx_2^2 + dx_1 + fx_2 \quad \text{mit} \quad a, b, c, d, f \in \mathbb{R}.$$

Die partiellen Ableitungen sind:

$$\frac{\partial f}{\partial x_1}(\mathbf{x}) = 2ax_1 + 2bx_2 + d \quad \text{und} \quad \frac{\partial f}{\partial x_2}(\mathbf{x}) = 2bx_1 + 2cx_2 + f.$$

Wenn in einem Punkt (x_1^0, x_2^0) die Ableitung nach x_2 ungleich Null ist, kann man x_2 als implizite Funktion $h(x_1)$ von x_1 darstellen mit der Ableitung:

$$h'(x_1^0) = -\frac{2ax_1^0 + 2bx_2^0 + d}{2bx_1^0 + 2cx_2^0 + f}. \qquad \triangle$$

§ 2.7 Partielle Ableitungen zweiter Ordnung und die Hessematrix

Gegeben ist eine Funktion $f: D \to \mathbb{R}$ mit $D \subset \mathbb{R}^n$, die in D differenzierbar ist. Jede dieser partiellen Ableitungen erster Ordnung ist wieder eine Funktion von D in $\mathbb{R}$. Man kann untersuchen, ob diese Funktionen wieder partiell differenzierbar sind. So kommt man zum Begriff der partiellen Ableitung zweiter Ordnung.

Definition: (Partielle Ableitung zweiter Ordnung)
Sei $f: D \to \mathbb{R}$ eine Funktion auf $D \subset \mathbb{R}^n$, die in D nach x_i partiell differenzierbar ist. Wenn diese partielle Ableitung $\frac{\partial f}{\partial x_i}(\mathbf{x})$ in $\mathbf{x}^0$ nach x_j differenzierbar ist, nennt man diese Ableitung die **zweite partielle Ableitung** von f nach x_i und x_j in $\mathbf{x}^0$ und bezeichnet sie mit dem Symbol

$$\frac{\partial^2 f}{\partial x_j \partial x_i}(\mathbf{x}^0).$$

Eine Funktion hat, falls sie existieren, n erste partielle und n^2 zweite partielle Ableitungen. Die zweite partielle Ableitung nach x_i und x_j berechnet man aus der ersten partiellen Ableitung $\frac{\partial f}{\partial x_i}(\mathbf{x})$, indem man diese Funktion nach x_j differenziert und alle anderen Variablen als Konstanten betrachtet.

Für die partiellen Ableitungen zweiter Ordnung schreibt man auch kurz:

$$f_{x_i x_j}(\mathbf{x}) = \frac{\partial^2 f}{\partial x_i \partial x_j}(\mathbf{x}).$$

Für diejenigen partiellen Ableitungen, die man durch zweimaliges Differenzieren nach einer Variablen x_i erhält, schreibt man

$$\frac{\partial^2 f}{\partial x_i^2}(\mathbf{x}) \quad \text{statt} \quad \frac{\partial^2 f}{\partial x_i \partial x_i}(\mathbf{x}).$$

Vorsicht: Bei der Berechnung der zweiten Ableitung $\frac{\partial^2 f}{\partial x_i \partial x_j}(\mathbf{x})$ $(i \neq j)$ differenziert man zuerst nach x_j und betrachtet alle anderen Variablen (auch x_i!) als Konstanten; dann differenziert man die so erhaltene Funktion nach x_i, wobei man alle anderen Variablen (auch x_j!) als Konstanten betrachtet.

Beispiel 1: Gegeben ist die Funktion $f(x_1, x_2) = x_1^3 + 3x_1 x_2 + x_2^4$. Man erhält:

$$\frac{\partial f}{\partial x_1}(\mathbf{x}) = 3x_1^2 + 3x_2 \quad \text{und} \quad \frac{\partial f}{\partial x_2}(\mathbf{x}) = 3x_1 + 4x_2^3.$$

Für die zweiten Ableitungen findet man:

$$\frac{\partial^2 f}{\partial x_1^2}(\mathbf{x}) = 6x_1, \quad \frac{\partial^2 f}{\partial x_1 \partial x_2}(\mathbf{x}) = 3, \quad \frac{\partial^2 f}{\partial x_2 \partial x_1}(\mathbf{x}) = 3 \quad \text{und}$$

$$\frac{\partial^2 f}{\partial x_2^2}(\mathbf{x}) = 12x_2^2. \qquad \triangle$$

Beispiel 2: Gegeben ist die Funktion

$$f(x_1, x_2, x_3) = \ln(x_1 x_2 + x_3) \quad \text{mit} \quad x_1, x_2, x_3 > 0.$$

Dann berechnet man:

$$\frac{\partial f}{\partial x_1}(\mathbf{x}) = \frac{x_2}{x_1 x_2 + x_3}, \quad \frac{\partial f}{\partial x_2}(\mathbf{x}) = \frac{x_1}{x_1 x_2 + x_3} \quad \text{und}$$

$$\frac{\partial f}{\partial x_3}(\mathbf{x}) = \frac{1}{x_1 x_2 + x_3}.$$

Für die zweiten Ableitungen:

$$\frac{\partial^2 f}{\partial x_1^2}(\mathbf{x}) = \frac{-x_2^2}{(x_1 x_2 + x_3)^2}, \quad \frac{\partial^2 f}{\partial x_2^2}(\mathbf{x}) = \frac{-x_1^2}{(x_1 x_2 + x_3)^2},$$

$$\frac{\partial^2 f}{\partial x_3^2}(\mathbf{x}) = \frac{-1}{(x_1 x_2 + x_3)^2}, \quad \frac{\partial^2 f}{\partial x_1 \partial x_2}(\mathbf{x}) = \frac{x_3}{(x_1 x_2 + x_3)^2} = \frac{\partial^2 f}{\partial x_2 \partial x_1}(\mathbf{x}),$$

$$\frac{\partial^2 f}{\partial x_1 \partial x_3}(\mathbf{x}) = \frac{-x_2}{(x_1 x_2 + x_3)^2} = \frac{\partial^2 f}{\partial x_3 \partial x_1}(\mathbf{x}),$$

$$\frac{\partial^2 f}{\partial x_2 \partial x_3}(\mathbf{x}) = \frac{-x_1}{(x_1 x_2 + x_3)^2} = \frac{\partial^2 f}{\partial x_3 \partial x_2}(\mathbf{x}). \qquad \triangle$$

Wichtig ist die folgende Eigenschaft der zweiten partiellen Ableitungen.

Wenn die zweiten partiellen Ableitungen in D stetig sind, gilt für alle $\mathbf{x} \in D$:

$$\frac{\partial^2 f}{\partial x_i \partial x_j}(\mathbf{x}) = \frac{\partial^2 f}{\partial x_j \partial x_i}(\mathbf{x}) \quad \text{für } i, j = 1, \ldots, n.$$

Das heißt es ist gleichgültig, ob man zuerst nach x_i und dann nach x_j differenziert oder umgekehrt; es kommt nicht auf die Reihenfolge an, das Ergebnis ist das gleiche. Bei den Funktionen, die im Rahmen dieses Buches behandelt werden, sind diese Voraussetzungen immer gegeben.

Die zweiten partiellen Ableitungen einer Funktion faßt man zu einer Matrix zusammen.

Definition: (Hessematrix)
Sei f eine in dem Punkt $\mathbf{x}^0$ zweimal partiell differenzierbare Funktion. Als **Hessematrix** der Funktion f in $\mathbf{x}^0$ bezeichnet man die (n,n)-Matrix der zweiten Ableitungen in $\mathbf{x}^0$ in folgender Form:

$$\mathbf{H}_f(\mathbf{x}^0) = \begin{bmatrix} \frac{\partial^2 f}{\partial^2 x_1}(\mathbf{x}^0) & \cdots & \frac{\partial^2 f}{\partial x_1 \partial x_n}(\mathbf{x}^0) \\ \vdots & \cdots & \vdots \\ \frac{\partial^2 f}{\partial x_n \partial x_1}(\mathbf{x}^0) & \cdots & \frac{\partial^2 f}{\partial^2 x_n}(\mathbf{x}^0) \end{bmatrix}$$

Sind die zweiten Ableitungen stetig, so ist die Hessematrix eine symmetrische Matrix.

Beispiel 3: Gegeben ist die Funktion $f(x_1, x_2) = x_1 e^{x_2} + x_1^3$. Die ersten Ableitungen dieser Funktion sind:

$$\frac{\partial f}{\partial x_1}(\mathbf{x}) = e^{x_2} + 3x_1^2 \quad \text{und} \quad \frac{\partial f}{\partial x_2}(\mathbf{x}) = x_1 e^{x_2}.$$

Die zweiten Ableitungen sind

$$\frac{\partial^2 f}{\partial x_1^2}(\mathbf{x}) = 6x_1, \quad \frac{\partial^2 f}{\partial x_1 \partial x_2}(\mathbf{x}) = e^{x_2}, \quad \frac{\partial^2 f}{\partial x_2^2}(\mathbf{x}) = x_1 e^{x_2}.$$

Damit hat die Hessematrix der Funktion die Form:

$$\mathbf{H}_f(\mathbf{x}) = \begin{bmatrix} 6x_1 & e^{x_2} \\ e^{x_2} & x_1 e^{x_2} \end{bmatrix}.$$

Um die Hessematrix $\mathbf{H}_f(\mathbf{x}^0)$ in einem festen Punkt $\mathbf{x}^0$ zu berechnen, muß man die entsprechenden Zahlenwerte in die Matrix einsetzen. Für den Punkt (2,1) hat z. B. die Hessematrix der Funktion f die Form:

$$\mathbf{H}_f(2,1) = \begin{bmatrix} 12 & e \\ e & 2e \end{bmatrix}. \qquad \triangle$$

Beispiel 4: Gegeben ist die Funktion

$$f(x_1, x_2) = \ln(x_1 \cdot x_2^2) + x_1^3 \cdot x_2^2 \quad \text{mit} \quad x_1, x_2 > 0.$$

Die Ableitungen sind:

$$\frac{\partial f}{\partial x_1}(\mathbf{x}) = \frac{1}{x_1} + 3x_1^2 x_2^2, \quad \frac{\partial f}{\partial x_2}(\mathbf{x}) = \frac{2}{x_2} + 2x_1^3 x_2.$$

Für die Hessematrix erhält man:

$$\mathbf{H}_f(\mathbf{x}) = \begin{bmatrix} -\frac{1}{x_1^2} + 6x_1 x_2^2 & 6x_1^2 x_2 \\ 6x_1^2 x_2 & -\frac{2}{x_2^2} + 2x_1^3 \end{bmatrix}. \qquad \triangle$$

§ 2.8 Höhere partielle Ableitungen

Ähnlich wie bei Funktionen einer Variablen kann man für Funktionen mehrerer Variablen auch höhere Ableitungen definieren. Man definiert die **partiellen Ableitungen n-ter Ordnung** einer Funktion f induktiv als die partiellen Ableitungen erster Ordnung der partiellen Ableitungen (n − 1)-ter Ordnung; man erhält die partiellen Ableitungen n-ter Ordnung also dadurch, daß man die partiellen Ableitungen (n − 1)-ter Ordnung nach den üblichen Regeln partiell differenziert.

Die partielle Ableitung nach x_k der zweiten partiellen Ableitung $\frac{\partial^2 f}{\partial x_i \partial x_j}(\mathbf{x})$ bezeichnet man mit $\frac{\partial^3 f}{\partial x_k \partial x_i \partial x_j}(\mathbf{x})$. Allgemein schreibt man für eine partielle Ableitung m-ter Ordnung, bei der nach den Variablen $x_{i_1}, x_{i_2}, \ldots, x_{i_m}$ differenziert wurde, mit dem Ausdruck:

$$\frac{\partial^m f}{\partial x_{i_1} \ldots \partial x_{i_m}}(\mathbf{x}).$$

Falls bei einer solchen Ableitung k-mal nach derselben Variablen x_i abgeleitet wurde, schreibt man im Nenner ∂x_i^k statt $\partial x_i \ldots \partial x_i$. Zum Beispiel schreibt man $\frac{\partial^4 f}{\partial x_1^2 \partial x_2^2}(\mathbf{x})$ anstatt $\frac{\partial^4 f}{\partial x_1 \partial x_1 \partial x_2 \partial x_2}(\mathbf{x})$.

Unter der Voraussetzung der Stetigkeit der entsprechenden Ableitungen gilt, daß die Reihenfolge, in der nach den verschiedenen Variablen abgeleitet wird, keine Rolle spielt; man erhält immer dasselbe Ergebnis.

Beispiel 1:

$$f(x_1, x_2) = x_1^2 \cdot \sin(x_2) + x_1 x_2^2.$$

Die partiellen Ableitungen erster Ordnung sind:

$$\frac{\partial f}{\partial x_1}(\mathbf{x}) = 2x_1 \cdot \sin(x_2) + x_2^2 \quad \text{und} \quad \frac{\partial f}{\partial x_2}(\mathbf{x}) = x_1^2 \cdot \cos(x_2) + 2x_1 x_2.$$

Die partiellen Ableitungen zweiter Ordnung:

$$\frac{\partial^2 f}{\partial x_1^2}(\mathbf{x}) = 2 \cdot \sin(x_2), \quad \frac{\partial^2 f}{\partial x_1 \partial x_2}(\mathbf{x}) = 2x_1 \cdot \cos(x_2) + 2x_2 \quad \text{und}$$

$$\frac{\partial^2 f}{\partial x_2^2}(\mathbf{x}) = -x_1^2 \cdot \sin(x_2) + 2x_1.$$

Für die partiellen Ableitungen dritter Ordnung findet man:

$$\frac{\partial^3 f}{\partial x_1^3}(\mathbf{x}) = 0, \quad \frac{\partial^3 f}{\partial x_1^2 \partial x_2}(\mathbf{x}) = 2\cos(x_2),$$

$$\frac{\partial^3 f}{\partial x_1 \partial x_2^2}(\mathbf{x}) = -2x_1 \cdot \sin(x_2) + 2 \quad \text{und} \quad \frac{\partial^3 f}{\partial x_2^3}(\mathbf{x}) = -x_1^2 \cdot \cos(x_2).$$

Wie man leicht nachrechnet, ist wegen der Stetigkeit der Ableitungen die Reihenfolge der Differentiation gleichgültig. △

§ 2.9 Homogene Funktionen

Bei einer Reihe von Anwendungen in den Wirtschaftswissenschaften verwendet man eine spezielle Funktionenklasse.

Definition: (Homogene Funktion)
Eine Funktion $f: D \to \mathbb{R}$ mit $D \subset \mathbb{R}^n$ heißt **homogene Funktion vom Grad r**, wenn für alle $\lambda \in \mathbb{R}$ und alle $\mathbf{x} \in D$ mit $\lambda\mathbf{x} \in D$ gilt:

$$f(\lambda\mathbf{x}) = \lambda^r \cdot f(\mathbf{x}).$$

Wenn eine Funktion homogen vom Grad 1 ist, heißt sie **linear-homogen**.

Vorsicht: Alle linearen Funktionen sind linear-homogen, aber die meisten linearhomogenen Funktionen sind nicht linear.

Beispiel 1: Für die Cobb-Douglas-Funktion $f(x_1, x_2) = x_1^\alpha \cdot x_2^\beta$ gilt:

$$f(\lambda x_1, \lambda x_2) = (\lambda x_1)^\alpha (\lambda x_2)^\beta = \lambda^{\alpha+\beta} x_1^\alpha \cdot x_2^\beta = \lambda^{\alpha+\beta} f(x_1, x_2).$$

Die Funktion ist also homogen vom Grad $\alpha + \beta$. Wenn $\alpha + \beta = 1$, ist sie linearhomogen, aber nicht linear. △

Beispiel 2: Die Funktion $f(x_1, x_2) = x_2^3 x_1^{-5}$ ist homogen vom Grad -2, denn:

$$f(\lambda x_1, \lambda x_2) = \frac{(\lambda x_2)^3}{(\lambda x_1)^5} = \lambda^{-2} \cdot \frac{x_2^3}{x_1^5} = \lambda^{-2} \cdot f(x_1, x_2). \quad \triangle$$

Differenzierbare homogene Funktionen haben einige Eigenschaften, die im folgenden Satz zusammengefaßt sind.

Satz 2.4:
Sei $f: D \to \mathbb{R}$ mit $D \subset \mathbb{R}^n$ eine homogene Funktion vom Grad r, die in D partiell differenzierbar ist. Dann hat f folgende Eigenschaften:

a) Die partiellen Ableitungen $\frac{\partial f}{\partial x_i}(\mathbf{x})$ sind homogene Funktionen vom Grad $r-1$.

b) Es gilt die Eulersche Gleichung:

$$\sum_{i=1}^{n} x_i \cdot \frac{\partial f}{\partial x_i}(\mathbf{x}) = r \cdot f(\mathbf{x}).$$

c) Die Summe der partiellen Elastizitäten ist gleich dem Homogenitätsgrad:

$$\sum_{i=1}^{n} \varepsilon_{f,i}(\mathbf{x}) = r.$$

Um die Richtigkeit von a) zu sehen, untersucht man die partiellen Ableitungen in $\lambda\mathbf{x} = (\lambda x_1, \ldots, \lambda x_n)$:

$$\begin{aligned}
f_{x_i}(\lambda\mathbf{x}) &= \lim_{h\to 0} \frac{1}{h} \cdot (f(\lambda x_1, \ldots, \lambda x_{i-1}, \lambda x_i + h, \lambda x_{i+1}, \ldots, \lambda x_n) - f(\lambda x_1, \ldots, \lambda x_i, \ldots, \lambda x_n)) \\
&= \lim_{h\to 0} \frac{1}{h} \cdot (\lambda^r (f(x_1, \ldots, x_i + \frac{h}{\lambda}, \ldots, x_n) - f(x_1, \ldots, x_n))) \\
&= \lambda^r \cdot \lim_{h\to 0} \frac{1}{h} \cdot (f(x_1, \ldots, x_i + \frac{h}{\lambda}, \ldots, x_n) - f(x_1, \ldots, x_n)) \\
&= \lambda^{r-1} \lim_{h\to 0} \frac{\lambda}{h} \cdot (f(x_1, \ldots, x_i + \frac{h}{\lambda}, \ldots, x_n) - f(x_1, \ldots, x_n)) \\
&= \lambda^{r-1} \cdot f_{x_i}(\mathbf{x}).
\end{aligned}$$

Die Eulersche Gleichung zeigt man, indem man die Kettenregel für Funktionen mehrerer Variablen anwendet.

Man definiert für ein festes $\mathbf{x} \in \mathbb{R}^n$ die Funktion $F(\lambda) = f(\lambda \cdot \mathbf{x})$. Diese Funktion ist differenzierbar und mit der Kettenregel erhält man als Ableitung nach λ:

(1) $\qquad F'(\lambda) = (\nabla f(\lambda \cdot \mathbf{x}))^T \cdot \mathbf{x}.$

Andererseits gilt, da f eine homogene Funktion ist $F(\lambda) = \lambda^r \cdot f(\mathbf{x})$ und somit:

(2) $\qquad F'(\lambda) = r\lambda^{r-1} \cdot f(\mathbf{x}).$

Wenn man für $\lambda = 1$ die Ableitung $F'(1)$ berechnet, erhält man durch Gleichsetzen der Gleichungen (1) und (2) die Eulersche Gleichung. Die Richtigkeit von c) erkennt man aus der Eulerschen Gleichung, wenn man die Definition der Elastizität einsetzt.

Beispiel 3: Bei der Cobb-Douglas-Funktion $f(x_1, x_2) = x_1^\alpha \cdot x_2^\beta$ waren die partiellen Ableitungen:

$$\frac{\partial f}{\partial x_1}(\mathbf{x}) = \alpha \cdot x_1^{\alpha-1} \cdot x_2^\beta \quad \text{und} \quad \frac{\partial f}{\partial x_2}(\mathbf{x}) = \beta x_1^\alpha \cdot x_2^{\beta-1}.$$

Man erhält für die partiellen Ableitungen in $\lambda \cdot \mathbf{x}$:

$$\frac{\partial f}{\partial x_1}(\lambda \cdot \mathbf{x}) = \lambda^{\alpha+\beta-1} \alpha x_1^{\alpha-1} \cdot x_2^{\beta} = \lambda^{\alpha+\beta-1} \cdot \frac{\partial f}{\partial x_1}(\mathbf{x});$$

ein analoges Ergebnis findet man für $\frac{\partial f}{\partial x_2}(\mathbf{x})$. Teil a) des Satzes gilt also für diese Funktion. Mit den oben berechneten partiellen Ableitungen erhält man:

$$\begin{aligned} x_1 \cdot \frac{\partial f}{\partial x_1}(\mathbf{x}) + x_2 \cdot \frac{\partial f}{\partial x_2}(\mathbf{x}) &= \alpha x_1^{\alpha} \cdot x_2^{\beta} + \beta x_1^{\alpha} \cdot x_2^{\beta} = (\alpha + \beta) x_1^{\alpha} \cdot x_2^{\beta} \\ &= (\alpha + \beta) \cdot f(x_1, x_2). \end{aligned}$$

Es gilt also Teil b) des Satzes. Für die Elastizitäten gilt $\varepsilon_{f,1}(\mathbf{x}) = \alpha$ und $\varepsilon_{f,2}(\mathbf{x}) = \beta$. Damit hat man Teil c) des Satzes für die Cobb-Douglas-Funktion gezeigt. △

IV.3 Extremwerte von Funktionen mehrerer Variablen

§ 3.1 Extremwerte von Funktionen ohne Nebenbedingungen

In diesem Paragraphen soll erklärt werden, wie man bei einer differenzierbaren Funktion mehrerer Variablen auf einer offenen Menge lokale Extremwerte bestimmt. Analog zur Vorgehensweise bei Funktionen einer Variablen findet man diese durch das Untersuchen der Ableitungen, die hier durch den Gradienten und die Hessematrix gegeben sind. Zunächst definieren wir die Begriffe des lokalen und globalen Extremwerts für diese Funktionen.

Definition: (Lokaler Extremwert)
Eine Funktion $f\colon D \to \mathbb{R}$ mit $D \subset \mathbb{R}^n$ hat in einem Punkt $\mathbf{x}^0 \in D$ ein **lokales Maximum** (bzw. **Minimum**), wenn es ein $\varepsilon > 0$ gibt, so daß für alle $\mathbf{x} \in D$ mit $|\mathbf{x} - \mathbf{x}^0| < \varepsilon$ gilt:

$$f(\mathbf{x}) \leqq f(\mathbf{x}^0) \quad (\text{bzw. } f(\mathbf{x}) \geqq f(\mathbf{x}^0)).$$

Definition: (Globaler Extremwert)
Eine Funktion $f\colon D \to \mathbb{R}$ mit $D \subset \mathbb{R}^n$ hat in einem Punkt $\mathbf{x}^0 \in D$ ein **globales Maximum** (bzw. **Minimum**), wenn für alle $\mathbf{x} \in D$ mit gilt:

$$f(\mathbf{x}) \leqq f(\mathbf{x}^0) \quad (\text{bzw. } f(\mathbf{x}) \geqq f(\mathbf{x}^0)).$$

Genau wie bei Funktionen einer Variablen ist jeder globale Extremwert auch ein lokaler, aber nicht umgekehrt.

Beispiel 1: $f(x_1, x_2) = x_1^2 + x_2^2$. Diese Funktion hat in $(0, 0)$ ein globales Minimum, denn für alle $(x_1, x_2) \in \mathbb{R}^2$ gilt:

$$f(x_1, x_2) = x_1^2 + x_2^2 \geqq f(0,0) = 0.$$

Aus der Zeichnung auf Seite 206 erkennt man ebenfalls das Minimum in (0,0). △

Beispiel 2: Die Funktion $f(x_1, x_2) = 2 - x_1^2 - x_2^2$ hat in (0, 0) ein globales Maximum; da für alle $(x_1, x_2) \in \mathbb{R}^2$ stets $f(x_1, x_2) \leqq f(0,0)$. In der folgenden Zeichnung erkennt man ebenfalls das Maximum bei (0, 0).

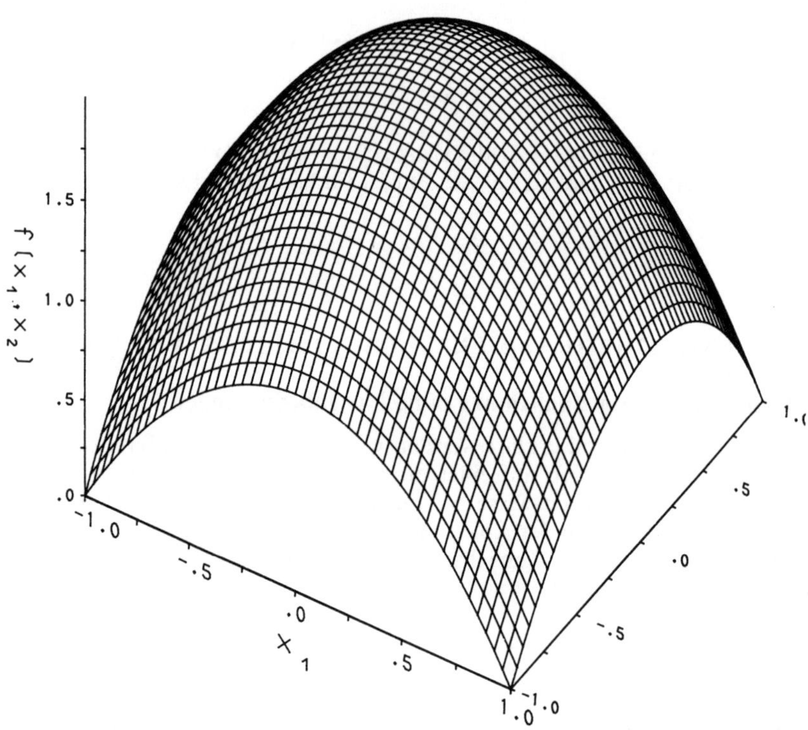

$f(x_1, x_2) = 2 - x_1^2 - x_2^2$ △

Für stetige Funktionen auf einer beschränkten und abgeschlossenen Menge gilt der folgende Satz.

Satz 3.1:
Sei $f: D \to \mathbb{R}$ eine stetige Funktion auf einer beschränkten und abgeschlossenen Menge $D \subset \mathbb{R}^n$. Dann gibt es (mindestens) einen Punkt $\mathbf{x}_0 \in D$ und einen Punkt $\mathbf{x}_1 \in D$ mit $f(\mathbf{x}_0) \geqq f(\mathbf{x})$ und $f(\mathbf{x}_1) \leqq f(\mathbf{x})$ für alle $\mathbf{x} \in D$.

Es gibt in diesem Fall also Punkte in D, in denen f ein globales Minimum und ein globales Maximum hat.

Sei jetzt $f: D \to \mathbb{R}$ eine differenzierbare Funktion auf der offenen Menge $D \subset \mathbb{R}^n$. Wenn f in einem Punkt $\mathbf{x}^0$ ein lokales Maximum hat, muß es ein $\varepsilon > 0$ geben, so daß für alle $\mathbf{x}$ mit $|\mathbf{x} - \mathbf{x}^0| < \varepsilon$ gilt $f(\mathbf{x}) \leqq f(\mathbf{x}^0)$ (Weil D offen ist, kann man ein ε so klein wählen, daß für alle $\mathbf{x}$ mit $|\mathbf{x} - \mathbf{x}^0| < \varepsilon$ stets $\mathbf{x} \in D$ ist). Legt man einen Vertikalschnitt entlang der x_i-Achse durch $\mathbf{x}^0$, muß daher für alle $x \in (x_i^0 - \varepsilon, x_i^0 + \varepsilon)$ gelten:

$$f(x_1^0, \ldots, x_{i-1}^0, x, x_{i+1}^0, \ldots, x_n^0) \leqq f(x_1^0, \ldots, x_n^0).$$

Das heißt, die Schnittfunktion

$$f^i: (x_i^0 - \varepsilon, x_i^0 + \varepsilon) \to \mathbb{R}, \; x \mapsto f(x_1^0, \ldots, x_{i-1}^0, x, x_{i+1}^0, \ldots, x_n^0)$$

hat in dem Punkt x^0 ein lokales Maximum. Da diese Schnittfunktion differenzierbar ist, muß nach Satz 3.14 aus Kapitel III gelten, daß die Ableitung dieser Funktion in x_i^0 gleich 0 ist, also:

$$\frac{\partial f}{\partial x_i}(\mathbf{x}^0) = 0.$$

Man erhält folgenden Satz:

Satz 3.2:
Sei $f: D \to \mathbb{R}$ eine auf der offenen Menge $D \subset \mathbb{R}^n$ definierte partiell differenzierbare Funktion. Wenn f in $\mathbf{x}^0 \in D$ ein lokales Maximum oder Minimum hat, muß gelten:

$$\frac{\partial f}{\partial x_i}(\mathbf{x}^0) = 0 \quad \text{für } i = 1, \ldots, n \quad \text{oder in Kurzform} \quad \nabla f(\mathbf{x}^0) = \mathbf{0}.$$

Das ist analog zu den Funktionen einer Variablen, bei denen gefordert wurde, daß $f'(x^0) = 0$ ist, nur eine notwendige Bedingung. Es gibt auch Punkte, die diese Bedingung erfüllen und in denen kein lokaler Extremwert ist. Die Punkte im Definitionsbereich einer differenzierbaren Funktion $f: D \to \mathbb{R}$ mit $D \subset \mathbb{R}^n$, für die gilt $\nabla f(\mathbf{x}) = \mathbf{0}$, bezeichnet man als **stationäre Punkte der Funktion** f.
Um diese Punkte zu finden, muß man das Gleichungssystem mit den n Gleichungen $\frac{\partial f}{\partial x_i}(\mathbf{x}) = 0$ und den n Unbekannten $x_1, \ldots, x_n$ lösen. Im allgemeinen ist dieses System kein lineares Gleichungssystem.

Beispiel 3: $f(x_1, x_2) = x_1^2 + x_2^2$. Bei dieser Funktion gilt:

$$\frac{\partial f}{\partial x_1}(\mathbf{x}) = 2x_1 \text{ und } \frac{\partial f}{\partial x_2}(\mathbf{x}) = 2x_2.$$

Nur im Nullpunkt sind beide partiellen Ableitungen gleich 0. Die Funktion hat also nur dort einen stationären Punkt. Wie bereits vorhin gezeigt, hat die Funktion in (0, 0) ein Minimum. △

Beispiel 4: $f(x_1, x_2) = x_1^2 - x_2^2 + 1$. Bei dieser Funktion gilt:

$$\frac{\partial f}{\partial x_1}(\mathbf{x}) = 2 \cdot x_1 \quad \text{und} \quad \frac{\partial f}{\partial x_2}(\mathbf{x}) = -2 \cdot x_2.$$

Diese Funktion hat aber in (0, 0) weder ein Minimum noch ein Maximum; denn für alle Punkte $(x_1, 0)$ mit $x_1 \neq 0$ gilt $f(x_1, 0) = x_1^2 > f(0,0)$ und für alle Punkte $(0, x_2)$ mit $x_2 \neq 0$ gilt $f(0, x_2) = -x_2^2 < f(0,0)$. Das kann man auch in der Zeichnung auf Seite 207 sehen. △

Einen stationären Punkt einer Funktion f: $\mathbb{R}^2 \to \mathbb{R}$, in dem die Funktionswerte in einer Richtung ansteigen, wenn man sich vom Nullpunkt wegbewegt und in einer anderen abnehmen, bezeichnet man sls **Sattelpunkt der Funktion**. Die Funktion in der obigen Zeichnung hat einen Sattelpunkt in (0, 0).

Um festzustellen, ob sich in einem stationären Punkt tatsächlich ein lokaler Extremwert befindet oder nicht, muß man wie bei Funktionen einer Variablen die zweiten Ableitungen untersuchen. Betrachtet man bei einem stationären Punkt $\mathbf{x}^0 = (x_1^0, \ldots, x_n^0)$ die Schnittfunktionen, dann müssen in x_i^0 lokale Maxima (Minima) sein, wenn in $\mathbf{x}^0$ ein lokales Maximum oder Minimum ist. Man könnte nun annehmen, daß sich in dem Punkt $\mathbf{x}^0$ ein lokales Maximum (Minimum) befindet, wenn dies zutrifft. Aber das genügt nicht, wie das folgende Beispiel zeigt.

Beispiel 5: $f(x_1, x_2) = x_1^2 + x_2^2 - 4x_1x_2 + \frac{2}{3}$. Der Gradient der Funktion ist:

$$\nabla f(\mathbf{x}) = \begin{bmatrix} 2x_1 - 4x_2 \\ 2x_2 - 4x_1 \end{bmatrix} \text{ und die Hessematrix } H_f(\mathbf{x}) = \begin{bmatrix} 2 & -4 \\ -4 & 2 \end{bmatrix}.$$

Durch Nullsetzen der ersten Ableitungen erhält man das LGS:

$$\begin{aligned} 2x_1 - 4x_2 &= 0 \\ 4x_1 - 2x_2 &= 0. \end{aligned}$$

Die einzige Lösung ist der Punkt (0, 0). In diesem Punkt gilt für die zweiten Ableitungen:

$$\frac{\partial^2 f}{\partial x_1^2}(0,0) = 2 \text{ und } \frac{\partial^2 f}{\partial x_2^2}(0,0) = 2.$$

Die beiden Ableitungen sind positiv, die Schnittfunktionen entlang der x_1- und x_2-Achsen haben in 0 lokale Minima. Die Funktion f selbst hat aber in (0, 0) kein lokales Minimum, wie man aus den folgenden Zeichnungen, die das Funktionsgebirge und die Höhenlinien der Funktion zeigen, erkennt.

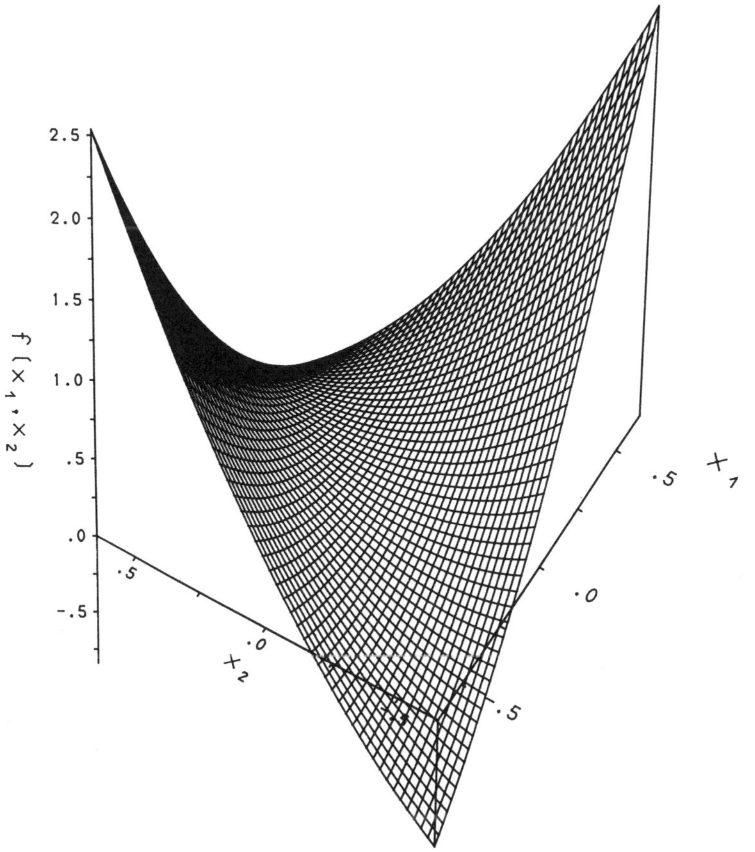

$f(x_1, x_2) = x_1^2 - 4x_1x_2 + x_2^2 + \frac{2}{3}$

Wenn man sich auf der Geraden $x_1 = x_2$ vom Punkt $(-1, -1)$ bis zum Punkt $(1,1)$ bewegt, dann steigen die Werte $f(x_1, x_2) = -2x_1^2$ bis zum Punkt $(0,0)$ an und dann fallen sie wieder ab. Die Funktion hat hier kein lokales Extremum, sie hat einen Sattelpunkt. △

Um zu bestimmen, ob sich in einem stationären Punkt ein Extremum befindet, muß man die Funktionswerte aller Punkte in der Nähe des stationären Punktes $\mathbf{x}^0$ untersuchen. Näherungsweise kann man diese Werte mit dem totalen Differentialbestimmen. Der Mittelwertsatz der Differentialrechnung ergibt:

$$f(\mathbf{x}^0 + \mathbf{h}) - f(\mathbf{x}^0) = (\nabla f(\mathbf{x}^0 + \theta\mathbf{h}))^T \cdot \mathbf{h} = \sum_{i=1}^{n} f_{x_i}(\mathbf{x}^0 + \theta\mathbf{h}) \cdot h_i$$

Die Funktionswerte $f_{x_i}(\mathbf{x}^0 + \theta\mathbf{h})$ kann man mit dem totalen Differential näherungsweise berechnen. Die partiellen Ableitungen der ersten Ordnung der Funktion f_{x_i}

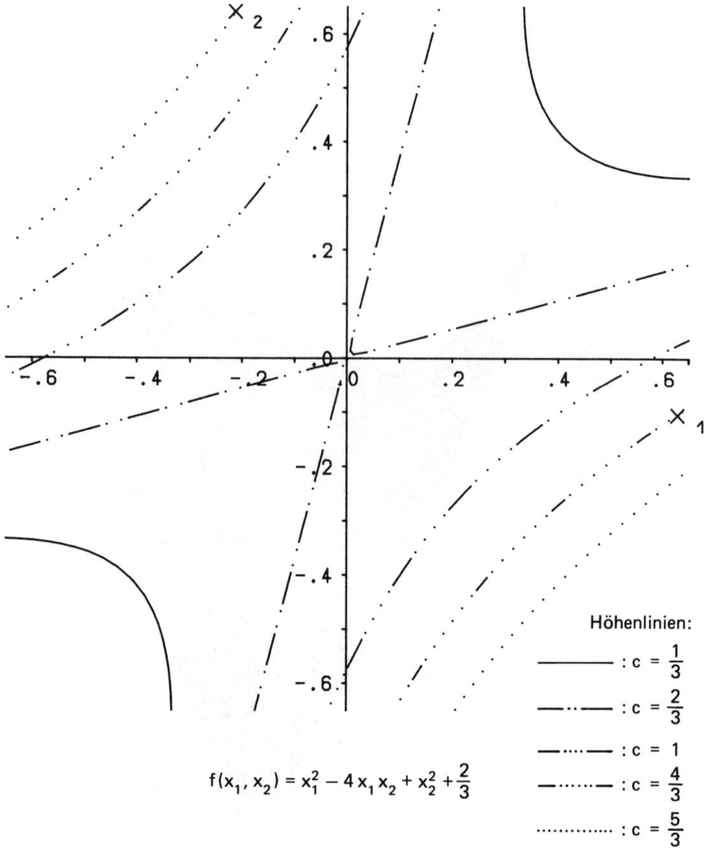

sind die Funktionen $f_{x_i x_j}$; mit $f_{x_i}(\mathbf{x}^0) = 0$ gilt:

$$f_{x_i}(\mathbf{x}^0 + \theta \mathbf{h}) \approx \sum_{j=1}^{n} f_{x_i x_j}(\mathbf{x}^0)\theta h_j = \theta \cdot \sum_{j=1}^{n} f_{x_i x_j}(\mathbf{x}^0) h_j .$$

Eingesetzt in die Gleichung (1), ergibt das:

$$\begin{aligned} f(\mathbf{x}^0 + \mathbf{h}) - f(\mathbf{x}^0) &\approx \sum_{i=1}^{n} \Big(\theta \sum_{j=1}^{n} f_{x_i x_j}(\mathbf{x}^0) h_j\Big) h_i \\ &= \theta \sum_{\substack{i=1\\ j=1}}^{n} h_i h_j f_{x_i x_j}(\mathbf{x}^0). \end{aligned}$$

Dabei ist $\theta \in (0, 1)$; mit der Hessematrix geschrieben, lautet die Näherungsformel:

$$f(\mathbf{x}^0 + \mathbf{h}) - f(\mathbf{x}^0) \approx \theta(\mathbf{h}^T \mathbf{H}_f(\mathbf{x}^0)\mathbf{h}).$$

Der Ausdruck rechts ist genau dann positiv für alle $\mathbf{h} \neq \mathbf{0}$, wenn die Matrix $\mathbf{H}_f(\mathbf{x}^0)$ positiv definit ist (siehe Kapitel II.6).

Satz 3.3:
Sei $f: D \to \mathbb{R}$ eine auf einer offenen Menge $D \subset \mathbb{R}^n$ definierte, zweimal stetig partiell differenzierbare Funktion, die in $\mathbf{x}^0 \in D$ einen stationären Punkt hat. Dann gilt:

a) Wenn $\mathbf{H}_f(\mathbf{x}^0)$ positiv (negativ) definit ist, dann hat die Funktion f in $\mathbf{x}^0$ ein lokales Minimum (Maximum),
b) Wenn $\mathbf{H}_f(\mathbf{x}^0)$ indefinit ist, hat f in diesem Punkt kein Extremum.

Dieser Satz gibt eine hinreichende Bedingung für die Exixtenz eines lokalen Extremwerts in einem Punkt an. Es gibt Funktionen, die diese Bedingung nicht erfüllen und trotzdem ein Extremum haben.

Beispiel 6: Die Funktion $f(x_1, x_2) = x_1^4 + x_2^4$ hat nur in $(0,0)$ einen stationären Punkt. Hier hat sie tatsächlich ein lokales und auch ein globales Minimum; denn $f(x_1, x_2) = x_1^4 + x_2^4 \geqq 0 = f(0,0)$ für alle $\mathbf{x} \in \mathbb{R}^2$. Es gilt aber für die Hessematrix $\mathbf{H}_f(\mathbf{x})$ von f: $\mathbf{H}_f(0,0) = \begin{bmatrix} 0 & 0 \\ 0 & 0 \end{bmatrix}$. Die Hessematrix ist hier nicht positiv definit, obwohl ein Minimum vorliegt. △

Zunächst soll ein Kriterium dafür angegeben werden, wann eine Funktion zweier Variablen in einem Punkt eine positiv oder negativ definite Hessematrix besitzt. Der allgemeine Fall wird im Anschluß daran behandelt.

Wenn $H_f(\mathbf{x}^0)$ bei einer Funktion zweier Variabler positiv definit ist, muß für alle $\mathbf{x} \in \mathbb{R}^2$ gelten $\mathbf{x}^T \mathbf{H}_f(\mathbf{x}^0)\mathbf{x} > 0$, wenn $\mathbf{x} \neq \mathbf{0}$. Sei die Matrix $\mathbf{H}_f(\mathbf{x}^0) = \begin{bmatrix} h_{11} & h_{12} \\ h_{21} & h_{22} \end{bmatrix}$ und der Vektor $\mathbf{x} = \begin{bmatrix} x_1 \\ x_2 \end{bmatrix}$ gegeben; da wir annehmen, daß die zweiten Ableitungen der Funktion stetig sind, gilt $h_{12} = h_{21}$.

Man findet für $\mathbf{x}^T \mathbf{H}_f(\mathbf{x}^0)\mathbf{x}$ dann:

$$\mathbf{x}^T \mathbf{H}_f(\mathbf{x}^0)\mathbf{x} = h_{11}x_1^2 + 2h_{12}x_1x_2 + h_{22}x_2^2$$

Durch quadratisches Ergänzen erhält man, wenn $h_{11} \neq 0$ ist:

$$= h_{11}x_1^2 + 2h_{12}x_1x_2 + \frac{h_{12}^2}{h_{11}} \cdot x_2^2 + \left(h_{22} - \frac{h_{12}^2}{h_{11}}\right) \cdot x_2^2 =$$

$$= h_{11}\left(x_1 + \frac{h_{12}}{h_{11}}x_2\right)^2 + x_2^2 \cdot \left(h_{22} - \frac{h_{12}^2}{h_{11}}\right)$$

$$= h_{11}\left(x_1 + \frac{h_{12}}{h_{11}}x_2\right)^2 + \frac{x_2^2}{h_{11}}(h_{11} \cdot h_{22} - h_{12}^2).$$

Diese Größe ist genau dann größer Null für alle $\mathbf{x} \neq \mathbf{0}$, wenn die beiden Größen h_{11} und $h_{11}h_{22} - h_{12}^2$ größer als Null sind. In ähnlicher Weise zeigt man, für welche Werte dieser Größen die Matrix $\mathbf{H}_f(\mathbf{x}^0)$ negativ definit oder indefinit ist.

Satz 3.4:
Sei **A** eine symmetrische (2,2)-Matrix. Diese Matrix ist:

a) genau dann **positiv definit**, wenn $a_{11} > 0$ und $\det(\mathbf{A}) > 0$.

b) genau dann **negativ definit**, wenn $a_{11} < 0$ und $\det(\mathbf{A}) > 0$.

c) genau dann **indefinit**, wenn $\det(\mathbf{A}) < 0$.

Beispiel 7: $\mathbf{A} = \begin{bmatrix} -2 & -1 \\ -1 & -3 \end{bmatrix}$; **A** ist negativ definit, da $-2 < 0$ und

$$\det(\mathbf{A}) = (-2) \cdot (-3) - (-1)^2 = 6 - 1 = 5 > 0. \qquad \triangle$$

Beispiel 8: $\mathbf{B} = \begin{bmatrix} 2 & -3 \\ -3 & -3 \end{bmatrix}$; **B** ist indefinit, da

$$\det(\mathbf{B}) = 2 \cdot (-3) - (-3)^2 = -6 - 9 = -15. \qquad \triangle$$

Beispiel 9: $\mathbf{C} = \begin{bmatrix} 6 & 4 \\ 4 & 3 \end{bmatrix}$; **C** ist positiv definit, da $6 > 0$ und

$$\det(\mathbf{C}) = 6 \cdot 3 - 4^2 = 2 > 0. \qquad \triangle$$

Im allgemeinen Fall einer Funktion f: $\mathbb{R}^n \to \mathbb{R}$ kann man mit den in Kapitel II angegebenen Methoden überprüfen, ob die Hessematrix in den stationären Punkten positiv oder negativ definit ist. Eine andere Möglichkeit, das zu überprüfen, ist die Berechnung von Determinanten. Einen Beweis dafür findet man in [ZU], S. 130. Diese Methode ist für $n \geqq 4$ sehr aufwendig.

Satz 3.5:
Sei $\mathbf{A} = (a_{ij})$ eine symmetrische (n,n)-Matrix. Dann ist **A** genau dann **positiv (negativ) definit**, wenn für alle Matrizen $\mathbf{A}_k$ mit

$$\mathbf{A}_k = \begin{bmatrix} a_{11} & a_{12} & \dots & a_{1k} \\ a_{21} & a_{22} & \dots & a_{2k} \\ \vdots & \vdots & \dots & \vdots \\ a_{k1} & a_{k2} & \dots & a_{kk} \end{bmatrix} \quad \text{gilt,}$$

daß $\det(\mathbf{A}_k) > 0$ (bzw. $(-1)^k \det(\mathbf{A}_k) > 0$) für alle $k = 1, \dots, n$.

Man hat somit folgendes Verfahren zur Berechnung lokales Extremwerte (Wir setzen voraus, daß es nur endlich viele stationäre Punkte gibt):

Schema zur Berechnung der lokalen Extremwerte einer zweimal stetig partiell differenzierbaren Funktion f: D → $\mathbb{R}$ (D ⊂ $\mathbb{R}^n$, offen)

a) Berechne die partiellen Ableitungen $\frac{\partial f}{\partial x_i}(\mathbf{x})$, $i = 1, \dots, n$.

b) Setze alle partiellen Ableitungen gleich Null:

$$\frac{\partial f}{\partial x_i}(\mathbf{x}) = 0 \quad \text{für } i = 1, \dots, n.$$

c) Berechne alle Lösungen $\mathbf{x}^1, \ldots, \mathbf{x}^k$ dieses Gleichungssystems. Das sind die stationären Punkte der Funktion.
d) Berechne die Hessematrix $\mathbf{H}_f(\mathbf{x})$ der Funktion.
e) Es gilt für die stationären Punkte $\mathbf{x}^i$ mit $i = 1, \ldots, k$:
   1) $\mathbf{H}_f(\mathbf{x}^i)$ positiv definit $\Rightarrow$ lokales Minimum in $\mathbf{x}^i$.
   2) $\mathbf{H}_f(\mathbf{x}^i)$ negativ definit $\Rightarrow$ lokales Maximum in $\mathbf{x}^i$.
   3) $\mathbf{H}_f(\mathbf{x}^i)$ indefinit $\Rightarrow$ kein Extremwert in $\mathbf{x}^i$.
   4) Wenn 1–3 nicht zutreffen, kann man mit der angegebenen Methode nicht entscheiden, ob in $\mathbf{x}^i$ ein lokaler Extremwert vorliegt oder nicht.

Beispiel 10: Gegeben ist $f(x_1, x_2) = x_1 x_2^2 - x_1^2 - x_2^2 - 2x_1$.

1. Schritt: $\frac{\partial f}{\partial x_1}(\mathbf{x}) = x_2^2 - 2x_1 - 2$ und $\frac{\partial f}{\partial x_2}(\mathbf{x}) = 2x_1 x_2 - 2x_2$.

2. Schritt: (I) $x_2^2 - 2x_1 - 2 = 0$;
(II) $2x_1 x_2 - 2x_2 = 0$.

3. Schritt: Bei (II) wird umgeformt: $2x_2(x_1 - 1) = 0$.
Man erhält als Lösungen: $x_2 = 0$ oder $x_1 = 1$.

Wenn $x_2 = 0$, folgt aus (I): $x_1 = -1$.
Wenn $x_1 = 1$, folgt aus (I): $x_2 = 2$ oder $x_2 = -2$.
Es gibt drei stationäre Punkt: $\mathbf{x}^1 = (-1, 0)$, $\mathbf{x}^2 = (1, 2)$ und $\mathbf{x}^3 = (1, -2)$.

4. Schritt: $\mathbf{H}_f(\mathbf{x}) = \begin{bmatrix} -2 & 2x_2 \\ 2x_2 & 2x_1 - 2 \end{bmatrix}$.

5. Schritt: $\mathbf{H}_f(\mathbf{x}^1) = \begin{bmatrix} -2 & 0 \\ 0 & -4 \end{bmatrix}$.

Diese Matrix ist negativ definit; denn $-2 < 0$ und $\det(\mathbf{H}_f(\mathbf{x}^1)) = 8 > 0$. Daher ist in $\mathbf{x}^1$ ein lokales Maximum.

$$\mathbf{H}_f(\mathbf{x}^2) = \begin{bmatrix} -2 & 4 \\ 4 & 0 \end{bmatrix}.$$

Diese Matrix ist indefinit; denn $\det(\mathbf{H}_f(\mathbf{x}^2)) = -16 < 0$. Daher ist in $\mathbf{x}^2$ ein Sattelpunkt. Analog zeigt man, daß in $\mathbf{x}^3$ ebenfalls ein Sattelpunkt ist. △

Beispiel 11: Gegeben ist die Funktion $f(x_1, x_2) = x_1^2 - 2x_1 x_2 + \frac{1}{3}x_2^3$.

1. Schritt: $\frac{\partial f}{\partial x_1}(\mathbf{x}) = 2x_1 - 2x_2$ und $\frac{\partial f}{\partial x_2}(\mathbf{x}) = -2x_1 + x_2^2$.

2. Schritt: (I) $2x_1 - 2x_2 = 0$.
(II) $-2x_1 - x_2^2 = 0$.

3. Schritt: Aus (I) folgt: $x_1 = x_2$. Eingesetzt in (II) erhält man: $-2x_2 + x_2^2 = 0 \Leftrightarrow x_2(x_2 - 2) = 0$. Als stationäre Punkte findet man $\mathbf{x}^1 = (0, 0)$ und $\mathbf{x}^2 = (2, 2)$.

4. Schritt: $\mathbf{H}_f(\mathbf{x}) = \begin{bmatrix} 2 & -2 \\ -2 & 2x_2 \end{bmatrix}$.

5. Schritt: $\mathbf{H}_f(\mathbf{x}^1) = \begin{bmatrix} 2 & -2 \\ -2 & 0 \end{bmatrix}$ ist indefinit,

da $\det(\mathbf{H}_f(\mathbf{x}^1)) = -(-2)^2 = -4 < 0$. In $\mathbf{x}^1$ ist daher ein Sattelpunkt.

Die Matrix $\mathbf{H}_f(\mathbf{x}^2) = \begin{bmatrix} 2 & -2 \\ -2 & 4 \end{bmatrix}$ ist positiv definit, da $2 > 0$ und

$\det(\mathbf{H}_f(\mathbf{x}^2)) = 8 - 4 = 4 > 0$. In $\mathbf{x}^2$ ist also ein Minimum. △

Beispiel 12: Gegeben ist die Funktion

$$f(x_1, x_2, x_3) = 2x_1^2 + 2x_1 x_2 + x_2^2 + 4x_3^2 + 2x_1 .$$

Der Gradient ist:

$$\nabla f(\mathbf{x}) = \begin{bmatrix} 4x_1 + 2x_2 + 2 \\ 2x_1 + 2x_2 \\ 8x_3 \end{bmatrix}.$$

Man hat damit für die stationären Punkte folgendes Gleichungssystem:

$$\begin{array}{ll} \text{(I)} & 4x_1 + 2x_2 + 2 = 0 \\ \text{(II)} & 2x_1 + 2x_2 \phantom{{}+2} = 0 \\ \text{(III)} & \phantom{4x_1 + 2x_2 + {}} 8x_3 = 0 \end{array}$$

Aus (III) folgt $x_3 = 0$; aus (I) und (II) erhält man $x_1 = -1$ und $x_2 = 1$. Man hat einen stationären Punkt in $(-1, 1, 0)$. Die Hessematrix ist:

$$\mathbf{H}_f(\mathbf{x}) = \begin{bmatrix} 4 & 2 & 0 \\ 2 & 2 & 0 \\ 0 & 0 & 8 \end{bmatrix}.$$

Man kann die Definitheit mit dem Kriterium aus Satz 3.5 mit dem Determinantenkriterium überprüfen; die entsprechenden Determinanten sind alle positiv.

$$\det(4) = 4 > 0, \quad \det\begin{bmatrix} 4 & 2 \\ 2 & 2 \end{bmatrix} = 4 > 0 \quad \text{und} \quad \det(\mathbf{H}_f(\mathbf{x})) = 32 > 0;$$

deshalb ist die Hessematrix positiv definit. Im Punkt $(-1, 1, 0)$ hat die Funktion also ein lokales Minimum. △

Beispiel 13: Gegeben ist die Funktion

$$f(x_1, x_2) = \frac{x_2^3 - 4x_2}{1 + x_1^2} \text{ auf } \mathbb{R}^2.$$

Die Ableitungen sind:

$$\frac{\partial f}{\partial x_1}(\mathbf{x}) = \frac{-2x_1(x_2^3 - 4x_2)}{(1 + x_1^2)^2} \quad \text{und} \quad \frac{\partial f}{\partial x_2}(\mathbf{x}) = \frac{3x_2^2 - 4}{1 + x_1^2}.$$

Durch Nullsetzen erhält man das Gleichungssystem:

$$\frac{-2x_1(x_2^3 - 4x_2)}{(1 + x_1^2)^2} = 0$$

$$\frac{3x_2^2 - 4}{1 + x_2^2} = 0.$$

Aus der zweiten Gleichung findet man $x_2^2 = \frac{4}{3}$ und daraus $x_2 = \pm\sqrt{\frac{4}{3}}$ eingesetzt in die erste Gleichung erhält man $x_1 = 0$. Man hat also zwei stationäre Punkte $(0, \sqrt{\frac{4}{3}})$ und $(0, -\sqrt{\frac{4}{3}})$. Die Hessematrix der Funktion ist:

$$\mathbf{H}_f(\mathbf{x}) = \begin{bmatrix} \frac{2(x_2^3 - 4x_2)(3x_1^2 - 1)}{(1 + x_1^2)^3} & \frac{-2x_1(3x_2^2 - 4)}{(1 + x_1^2)^2} \\ \frac{-2x_1(3x_2^2 - 4)}{(1 + x_1^2)^2} & \frac{6x_2}{1 + x_1^2} \end{bmatrix}.$$

Durch Einsetzen der Werte erhält man:

$$\mathbf{H}_f(0, \sqrt{\tfrac{4}{3}}) = \begin{bmatrix} \frac{32}{3\sqrt{3}} & 0 \\ 0 & \frac{12}{\sqrt{3}} \end{bmatrix}$$

$$\mathbf{H}_f(0, -\sqrt{\tfrac{4}{3}}) = \begin{bmatrix} -\frac{32}{3\sqrt{3}} & 0 \\ 0 & -\frac{12}{\sqrt{3}} \end{bmatrix}.$$

In dem ersten Punkt ist die Hessematrix also positiv definit und daher ist dort ein Minimum; im zweiten negativ definit und daher ist dort ein Maximum. In der folgenden Zeichnung ist der Graph der Funktion mit den Extremwerten zu sehen. (Beachten Sie die Vertauschung der Achsen.) △

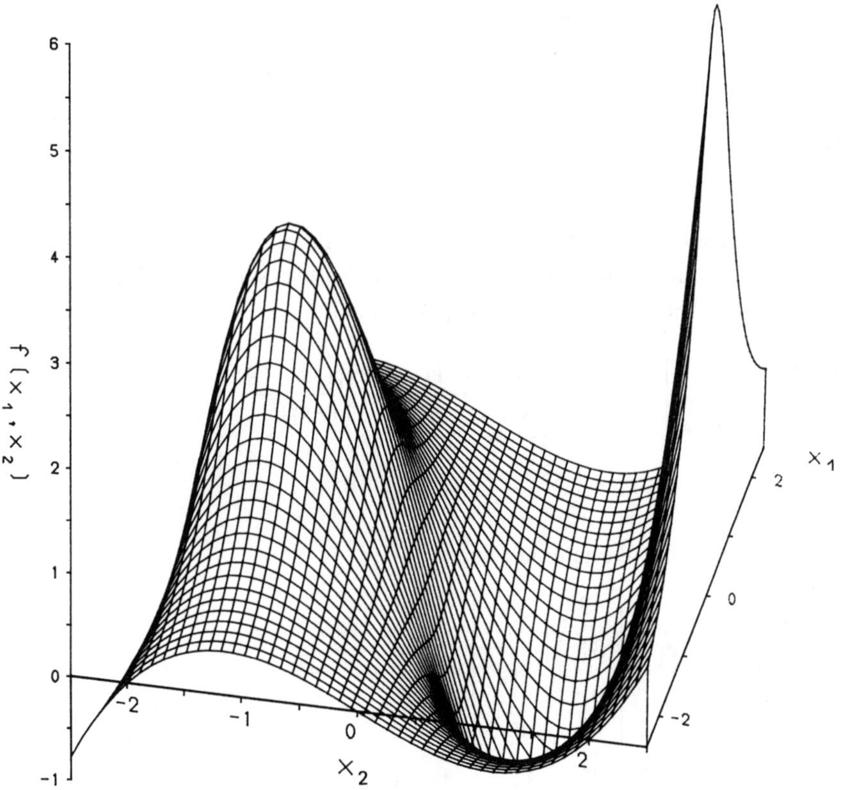

$$f(x_1, x_2) = \frac{x_2^3 - 4x_2}{1 + x_1^2}$$

§ 3.2 Extremwerte unter Nebenbedingungen

Im vorhergehenden Abschnitt wurde gezeigt, wie man lokale Extremwerte einer Funktion mehrerer Variablen finden kann. In vielen Anwendungen ist man aber daran interessiert, Extrema unter gewissen Nebenbedingungen zu finden. Bei einer Cobb-Douglas-Funktion z. B., die die Produktion in Abhängigkeit von zwei Produktionsfaktoren beschreibt, sieht man, daß man durch beliebiges Vergrößern der Einsatzmengen eines oder beider Faktoren eine beliebig große Produktion erreicht werden kann. In der Realität unterliegen die möglichen Einsatzmengen aber gewissen Restriktionen (z. B. Kosten). Man sucht daher eher einen Extremwert unter der Restriktion, daß die Kosten unter einer gewissen Schranke bleiben. Wenn die Einsatzkosten für den Faktor 1 pro Einheit gleich a sind und für den Faktor 2 gleich b, sind die Gesamtkosten bei x_1 Einheiten des Faktors 1 und x_2 Einheiten des Faktors x_2 gleich $ax_1 + bx_2$. Eine realistische Fragestellung für eine optimale Produktion wäre also: Suche die Faktoreinsatzmengen x_1 und x_2, für die unter der Restriktion $ax_1 + bx_2 \leqq K$ (K ist eine vorgegebene Konstante) die Produktion $x_1^\alpha \cdot x_2^\beta$ maximal ist. Man sucht also einen Extremwert unter der Nebenbedingung, daß die Kosten unter einer gewissen Schranke liegen.

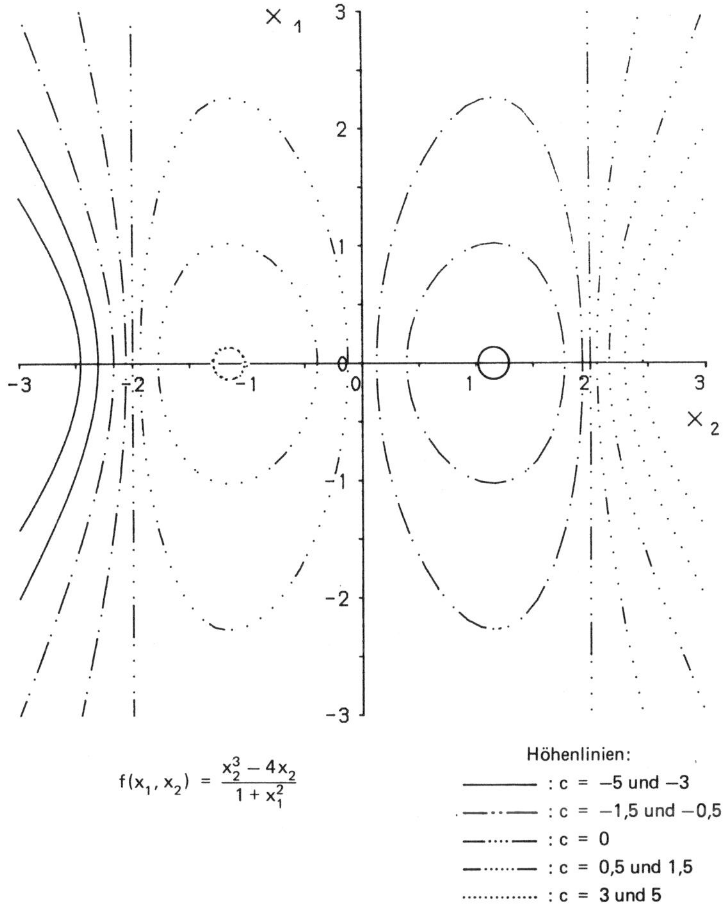

Diese Nebenbedingungen sind meist in der Form von Gleichungen oder Ungleichungen gegeben. Wir befassen uns hier nur mit dem Fall, daß die Nebenbedingungen in Gleichungsform gegeben sind. (Für eine kurze Behandlung des allgemeinen Falls siehe [HA], S. 199ff.)

Definition: (Lokaler Extremwert unter Nebenbedingungen)
Gegeben sind die Funktion $f\colon D \to \mathbb{R}$ und die Funktionen $g_1, \ldots, g_k\colon D \to \mathbb{R}$ mit $D \subset \mathbb{R}^n$. Die Funktion f hat in einem Punkt $\mathbf{x}^0 \in D$ mit $g_1(\mathbf{x}^0) = \ldots = g_k(\mathbf{x}^0) = 0$ ein **lokales Maximum (bzw. Minimum) unter den Nebenbedingungen** $g_1(\mathbf{x}) = \ldots = g_k(\mathbf{x}) = 0$, wenn es ein $\varepsilon > 0$ gibt, so daß für alle $\mathbf{x} \in D \cap U_\varepsilon(\mathbf{x}^0)$ mit $g_1(\mathbf{x}) = \ldots = g_k(\mathbf{x}) = 0$ gilt:

$$f(\mathbf{x}) \leqq f(\mathbf{x}^0) \quad (\text{bzw. } f(\mathbf{x}) \geqq f(\mathbf{x}^0)).$$

Wenn die obige Ungleichung für alle $\mathbf{x} \in D$ mit $g_1(\mathbf{x}) = \ldots = g_k(\mathbf{x}) = 0$ erfüllt ist, dann sagt man, daß f in $\mathbf{x}^0$ ein **globales Maximum** (bzw. **Minimum**) unter den Nebenbedingungen $g_1(\mathbf{x}) = \ldots = g_k(\mathbf{x}) = 0$ hat.

Im Gegensatz zu dem Begriff des lokales oder globalen Extremwerts ohne Nebenbedingungen wird hier nur gefordert, daß für alle Punkte, in denen zusätzlich $g_1(\mathbf{x}) = \ldots = g_k(\mathbf{x}) = 0$ gilt, die Funktionswerte die obigen Ungleichungen erfüllen.

In den folgenden Zeichnungen sind für den Fall einer Nebenbedingung Minimum und Maximum veranschaulicht.

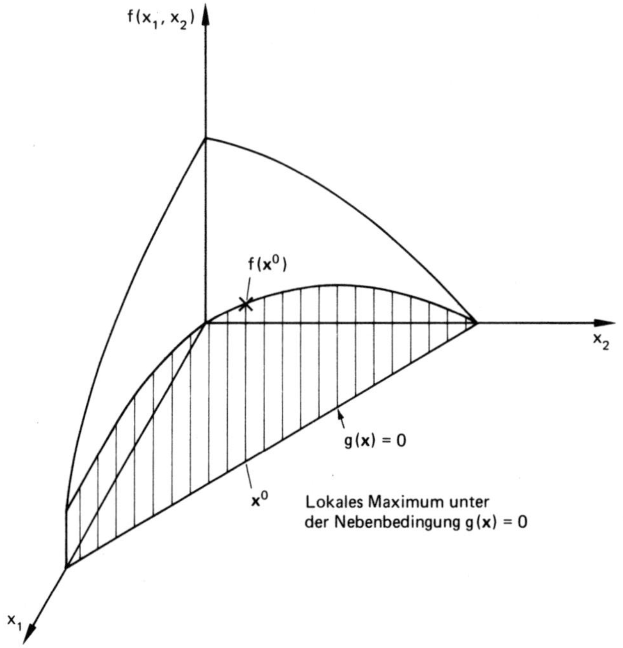

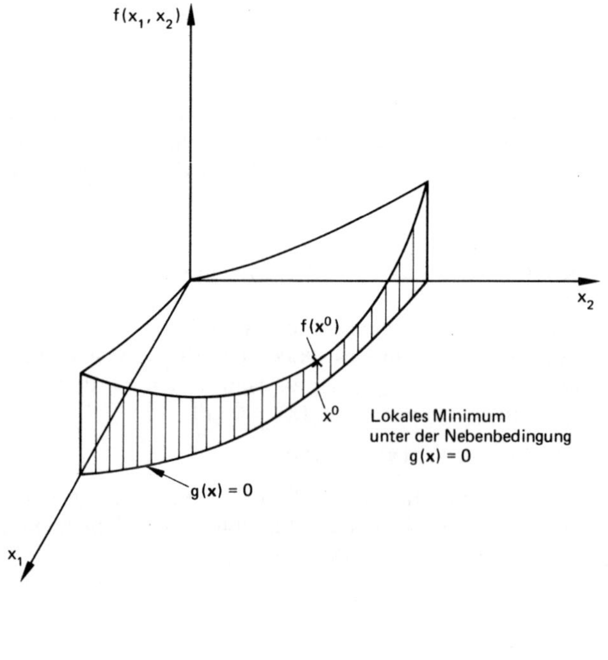

Beispiel 1: $f(x_1, x_2) = x_1 + x_2$. Die Nebenbedingung sei durch die Funktion $g\colon \mathbb{R}^2 \to \mathbb{R}$, $(x_1, x_2) \mapsto g(x_1, x_2) = x_1^2 + x_2^2 - 1$ gegeben. Die Punkte, für die gilt $g(x_1, x_2) = 0$, sind die Punkte auf dem Kreis um den Nullpunkt mit Radius 1. In der folgenden Abbildung ist dieser Kreis und die Höhenlinien der Funktion f eingezeichnet.

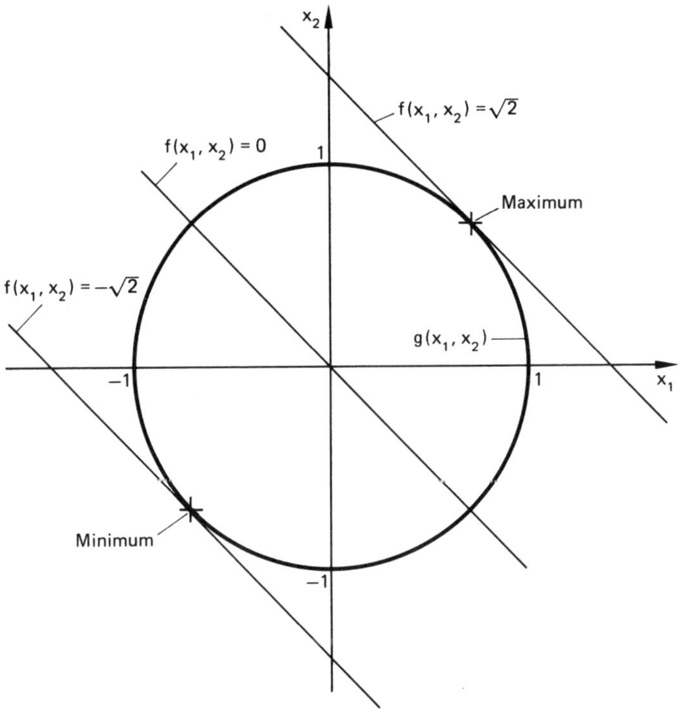

Aus der Zeichnung erkennt man, daß die Funktion f in dem Punkt $\left(\frac{1}{\sqrt{2}}, \frac{1}{\sqrt{2}}\right)$ ein globales Maximum und in dem Punkt $\left(-\frac{1}{\sqrt{2}}, -\frac{1}{\sqrt{2}}\right)$ ein globales Minimum hat. △

Wenn in einem Punkt ein lokaler Extremwert ohne Nebenbedingungen vorliegt, ist dort auch ein lokaler Extremwert unter beliebigen Nebenbedingungen; das gilt aber natürlich nicht umgekehrt. Das Problem ist nun, alle Extremwerte unter Nebenbedingungen zu finden.

Um diese Punkte zu finden, geht man ähnlich vor wie im Falle von Extrema ohne Nebenbedingung. Man leitet zunächst notwendige Bedingungen für die Punkte her, in denen solche Extrema sein können; dann überprüft man, ob in diesen Punkten tatsächlich Extrema sind.

Als notwendige Bedingung, die in allen Punkten erfüllt sein muß, in denen ein Extremwert unter Nebenbedingungen auftritt, wird ein Gleichungssystem für die partiellen Ableitungen hergeleitet.

Seien zwei differenzierbare Funktionen f und g gegeben und im $\mathbf{x}^0$ sei ein lokales Maximum von f unter der Nebenbedingung $g(\mathbf{x}) = 0$ und es gelte $\nabla g(\mathbf{x}^0) \neq \mathbf{0}$, dann gibt es, wie in § 4.5 in Kapitel II beim Begriff der Orthogonalprojektion erläutert, eine Zahl λ und einen Vektor $\mathbf{z} \in \mathbb{R}^n$ mit $\nabla f(\mathbf{x}^0) = \lambda \nabla g(\mathbf{x}^0) + \mathbf{z}$ mit $(\nabla g(\mathbf{x}^0))^T \cdot \mathbf{z} = 0$. Man betrachte jetzt zwei Punkte $\mathbf{x}^0 + \delta\mathbf{z}$ und $\mathbf{x}^0 - \delta\mathbf{z}$, wobei δ eine kleine Zahl sei. Es gilt für diese Punkte mit dem totalen Differential:

$$g(\mathbf{x}^0 + \delta\mathbf{z}) \approx g(\mathbf{x}^0) + (\nabla g(\mathbf{x}^0))^T \delta\mathbf{z} = 0 + \delta((\nabla g(\mathbf{x}^0))^T \mathbf{z}) = 0 + 0 = 0.$$
$$g(\mathbf{x}^0 - \delta\mathbf{z}) \approx g(\mathbf{x}^0) - (\nabla g(\mathbf{x}^0))^T \delta\mathbf{z} = 0 - \delta((\nabla g(\mathbf{x}^0))^T \mathbf{z}) = 0 - 0 = 0.$$

In diesen Punkten ist also näherungsweise die Nebenbedingung $g(\mathbf{x}) = 0$ erfüllt und daher sollten in ihnen die Funktionswerte $f(\mathbf{x}^0 + \delta\mathbf{z})$ und $f(\mathbf{x}^0 - \delta\mathbf{z})$ auch näherungsweise nicht größer sein sein als in $\mathbf{x}^0$, da in $\mathbf{x}^0$ ein lokales Maximum unter der Nebenbedingung $g(\mathbf{x}) = 0$ liegt. Mit dem totalen Differential erhält man für die Funktionswerte:

(3) $$f(\mathbf{x}^0 + \delta\mathbf{z}) - f(\mathbf{x}^0) \approx \delta((\nabla f(\mathbf{x}^0))^T \mathbf{z}) = \\ = \delta((\lambda \nabla g(\mathbf{x}^0) + \mathbf{z})^T \mathbf{z}) = \delta \mathbf{z}^T \mathbf{z} = \delta |\mathbf{z}|^2.$$

(4) $$f(\mathbf{x}^0 - \delta\mathbf{z}) - f(\mathbf{x}^0) \approx -\delta((\nabla f(\mathbf{x}^0))^T \mathbf{z}) = \\ = -\delta((\lambda \nabla g(\mathbf{x}^0) + \mathbf{z})^T \mathbf{z}) = -\delta \mathbf{z}^T \mathbf{z} = -\delta |\mathbf{z}|^2.$$

Wenn der Vektor $\mathbf{z}$ ungleich dem Nullvektor wäre, würde gelten $|\mathbf{z}|^2 > 0$ und damit wäre in $\mathbf{x}^0 + \delta\mathbf{z}$ der Funktionswert $f(\mathbf{x}^0 + \delta\mathbf{z})$ größer als in $\mathbf{x}^0$ und in $\mathbf{x}^0 - \delta\mathbf{z}$ kleiner als in $\mathbf{x}^0$; es könnte dann in $\mathbf{x}^0$ kein Extremum unter der Nebenbedingung $g(\mathbf{x}) = 0$ sein, da beide Punkte näherungsweise die Nebenbedingung erfüllen und, wenn man δ klein genug wählt, nahe bei $\mathbf{x}^0$ liegen. Deshalb muß $\mathbf{z}$ gleich dem Nullvektor sein und daher muß in Gleichung (2) gelten:

(5) $$\nabla f(\mathbf{x}^0) = \lambda \nabla g(\mathbf{x}^0) + \mathbf{0} = \lambda \nabla g(\mathbf{x}^0).$$

Das heißt es gibt eine Zahl $\lambda \in \mathbb{R}$, so daß für alle partiellen Ableitungen von f und g in $\mathbf{x}^0$ gilt:

$$\frac{\partial f}{\partial x_i}(\mathbf{x}^0) = \lambda \cdot \frac{\partial g}{\partial x_i}(\mathbf{x}^0).$$

Geometrisch bedeutet das, daß der Gradient $\nabla f(\mathbf{x}^0)$ ein Vielfaches des Vektors $\nabla g(\mathbf{x}^0)$ ist (siehe die folgende Zeichnung auf Seite 253).

Man kann diese Überlegungen mathematisch präzisieren und für den Fall mehrerer Nebenbedingungen verallgemeinern. Man hat dann folgenden Satz.

Satz 3.6: (Notwendige Bedingung für Extremwerte unter Nebenbedingungen) Seien auf einer offenen Menge $D \subset \mathbb{R}^n$ die partiell differenzierbaren Funktionen f und $g_1, \ldots, g_k$ gegeben. Wenn f in einem Punkt $\mathbf{x}^0$ ein lokales Extremum unter den Nebenbedingungen $g_1(\mathbf{x}) = \ldots = g_k(\mathbf{x}) = 0$ hat und die Gradienten $\nabla g_1(\mathbf{x}^0), \ldots, \nabla g_k(\mathbf{x}^0)$ linear unabhängig sind, muß es Zahlen $\lambda_1, \ldots, \lambda_k$ geben mit:

$$\nabla f(\mathbf{x}^0) + \sum_{j=1}^{k} \lambda_j \cdot \nabla g_j(\mathbf{x}^0) = \mathbf{0}.$$

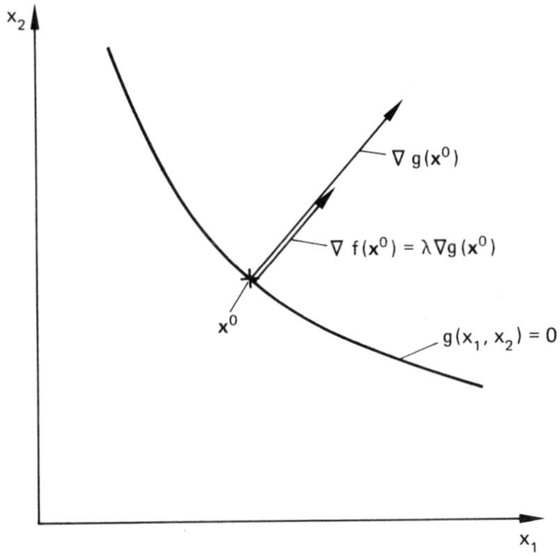

Dieser Satz liefert eine notwendige Bedingung für Extrema unter Nebenbedingungen. Indem man alle Punkte berechnet, die diese Bedingung erfüllen, erhält man alle Punkte, in denen diese Extrema auftreten können. In den meisten praktischen Fällen nimmt man an, daß die Gradienten der Funktionen $g_1, \dots, g_k$ linear unabhängig sind und überprüft diese Voraussetzung nicht.

Beispiel 2: Betrachtet man das vorige Beispiel und berechnet die Gradienten, so findet man:

$$\nabla f(\mathbf{x}) = \begin{bmatrix} 1 \\ 1 \end{bmatrix} \quad \text{und} \quad \nabla g(x) = \begin{bmatrix} 2x_1 \\ 2x_2 \end{bmatrix}.$$

Um die Punkte zu finden, die die obigen Gleichungen erfüllen, setzt man:

$$\nabla f(\mathbf{x}) + \lambda \cdot \nabla g(\mathbf{x}) = \mathbf{0} \quad \text{und} \quad g(\mathbf{x}) = 0.$$

Das ergibt die folgenden Gleichungen:

$$\begin{aligned} &1 + \lambda \cdot 2x_1 = 0 \\ &1 + \lambda \cdot 2x_2 = 0. \\ &x_1^2 + x_2^2 - 1 = 0. \end{aligned}$$

Die beiden ersten Gleichungen bilden ein LGS, als dessen Lösungen man erhält:

$$x_1 = x_2 = \frac{-1}{2 \cdot \lambda}.$$

Eingesetzt in die dritte Gleichung ergibt das:

$$\left(\frac{-1}{2 \cdot \lambda}\right)^{-2} + \left(\frac{-1}{2 \cdot \lambda}\right)^{-2} = 1 \quad \text{oder} \quad \frac{1}{2 \cdot \lambda^2} = 1 \quad \text{und damit} \quad \lambda = \pm \frac{1}{\sqrt{2}}.$$

Als Ergebnis erhält man die Punkte

$$\left(\frac{1}{\sqrt{2}}, \frac{1}{\sqrt{2}}\right) \quad \text{und} \quad \left(-\frac{1}{\sqrt{2}}, -\frac{1}{\sqrt{2}}\right). \qquad \triangle$$

Man muß also ein Gleichungssystem mit n + k Gleichungen mit den n + k Unbekannten $x_1, \ldots, x_n, \lambda_1, \ldots, \lambda_k$ lösen, wobei die Gleichungen die Form haben:

$$\frac{\partial f}{\partial x_i}(\mathbf{x}) + \sum_{j=1}^{k} \lambda_j \cdot \frac{\partial g_j}{\partial x_i}(\mathbf{x}) = 0; \quad i = 1, \ldots, n.$$

$$g_j(\mathbf{x}) = 0; \quad j = 1, \ldots, k.$$

Man definiert nun zu dem obigen Problem die sogenannte **Lagrange-Funktion**:

$$L(\mathbf{x}, \boldsymbol{\lambda}) = f(\mathbf{x}) + \sum_{j=1}^{k} \lambda_j \cdot g_j(\mathbf{x}).$$

Diese Funktion ist eine Funktion der n + k Variablen $x_1, \ldots, x_n, \lambda_1, \ldots, \lambda_k$. Dabei bezeichnet man die λ_1 bis λ_k als die **Lagrange-Multiplikatoren**. Die stationären Punkte der Lagrange-Funktion sind genau die Punkte, in denen die obigen Gleichungen erfüllt sind, wobei die Lagrange-Multiplikatoren angeben, wie $\nabla f(\mathbf{x})$ in diesem Punkt als Linearkombination der $\nabla g_j(\mathbf{x})$ dargestellt wird. Um die Punkte zu finden, an denen Extremwerte unter den angegebenen Nebenbedingungen auftreten können, genügt es also, die stationären Punkte der dazugehörigen Lagrange-Funktion zu finden.

Schema zur Berechnung von stationären Punkten der Lagrange-Funktion.

1) Man stellt die Lagrange-Funktion auf:

$$L(\mathbf{x}, \boldsymbol{\lambda}) = f(\mathbf{x}) + \sum_{j=1}^{k} \lambda_j \cdot g_j(\mathbf{x}).$$

2) Man berechnet die partiellen Ableitungen der Lagrange-Funktion:

$$\frac{\partial L}{\partial x_i}(\mathbf{x}, \boldsymbol{\lambda}) = \frac{\partial f}{\partial x_i}(\mathbf{x}) + \sum_{j=1}^{k} \lambda_j \cdot \frac{\partial g_j}{\partial x_i}(\mathbf{x}); \quad i = 1, \ldots, n.$$

$$\frac{\partial L}{\partial \lambda_j}(\mathbf{x}, \boldsymbol{\lambda}) = g_j(\mathbf{x}); \quad j = 1, \ldots, k.$$

3) Man setzt diese Ableitungen gleich Null und berechnet die Lösungen dieses Gleichungssystems mit n + k Unbekannten und n + k Gleichungen:

$$\frac{\partial f}{\partial x_i}(\mathbf{x}) + \sum_{j=1}^{k} \lambda_j \cdot \frac{\partial g_j}{\partial x_i}(\mathbf{x}) = 0; \quad i = 1, \ldots, n.$$

$$g_j(\mathbf{x}) = 0; \quad j = 1, \ldots, k.$$

4) Die Lösungen sind (n + k)-dimensionale Vektoren $(\mathbf{x}^1, \boldsymbol{\lambda}^1), \ldots, (\mathbf{x}^m, \boldsymbol{\lambda}^m)$; dabei geben die ersten n Komponenten jedes Vektors die gesuchten Punkte an und die restlichen k die Werte der Lagrange-Multiplikatoren in diesen Punkten.

Beispiel 3: $f(x_1, x_2) = x_1 x_2 - x_2 - 2x_1 - 1$ und $g(x_1, x_2) = x_1 - 2x_2$.

1. Schritt: $L(x_1, x_2, \lambda) = f(x_1, x_2) + \lambda \cdot g(x_1, x_2) =$
$= x_1 x_2 - x_2 - 2x_1 - 1 + \lambda \cdot (x_1 - 2x_2)$.

2. Schritt: (I) $\frac{\partial L}{\partial x_1}(x_1, x_2, \lambda) = x_2 - 2 + \lambda$.

(II) $\frac{\partial L}{\partial x_2}(x_1, x_2, \lambda) = x_1 - 1 - 2\lambda$.

(III) $\frac{\partial L}{\partial \lambda}(x_1, x_2, \lambda) = x_1 - 2x_2$.

3. Schritt: (I) $x_2 - 2 + \lambda = 0$.
(II) $x_1 - 1 - 2\lambda = 0$.
(III) $x_1 - 2x_2 = 0$.

Diese Gleichungen bilden ein lineares Gleichungssystem mit den drei Unbekannten x_1, x_2 und λ:

$$\begin{aligned} x_2 + \lambda &= 2. \\ x_1 \qquad - 2\lambda &= 1. \\ x_1 - 2x_2 \qquad &= 0. \end{aligned}$$

Für dieses System erhält man als eindeutige Lösung: $x_1 = \frac{5}{2}$, $x_2 = \frac{5}{4}$ und $\lambda = \frac{3}{4}$. Der einzige Punkt, in dem die Funktion f unter der Nebenbedingung $g(\mathbf{x}) = 0$ ein lokales Extremum haben kann, ist der Punkt $(\frac{5}{2}, \frac{5}{4})$. △

Beispiel 4: Gegeben ist die Cobb-Douglas-Funktion $f(x_1, x_2) = x_1^\alpha \cdot x_2^\beta$, die die Produktion eines Gutes in Abhängigkeit von zwei Produktionsfaktoren beschreibt, wobei x_1 und x_2 die jeweiligen Faktoreinsatzmengen sind. Die Kosten für eine Einheit des Faktors 1 (bzw. 2) beträgt p_1 (bzw. p_2) Geldeinheiten. Wenn die Gesamtkosten gleich K sein sollen, wie groß ist dann die maximale Produktion?

Man löst dieses Problem durch den Lagrangeansatz. Die Lagrangefunktion ist in diesem Fall:

$$L(x_1, x_2, \lambda) = x_1^\alpha \cdot x_2^\beta + \lambda(K - p_1 x_1 - p_2 x_2).$$

Durch Nullsetzen der Ableitungen erhält man die Gleichungen:

(I) $\alpha x_1^{\alpha-1} \cdot x_2^\beta - \lambda p_1 = 0$.
(II) $\beta x_1^\alpha \cdot x_2^{\beta-1} - \lambda p_2 = 0$.
(III) $K - p_1 x_1 - p_2 x_2 = 0$.

Aus (I): $\lambda = \frac{\alpha x_1^{\alpha-1} \cdot x_2^\beta}{p_1}$ und aus (II): $\lambda = \frac{\beta x_1^\alpha \cdot x_2^{\beta-1}}{p_2}$. Durch Gleichsetzen findet man:

$$\frac{\alpha x_1^{\alpha-1} \cdot x_2^\beta}{p_1} = \frac{\beta x_1^\alpha \cdot x_2^{\beta-1}}{p_2}.$$

Durch Umformen ergibt diese Gleichung:

$$x_1 = x_2 \cdot \frac{\alpha p_2}{\beta p_1}.$$

In (III) eingesetzt, erhält man eine Gleichung für x_2:

$$K - p_1\left(x_2 \cdot \frac{\alpha p_2}{\beta p_1}\right) - p_2 x_2 = 0.$$

Daraus erhält man:

$$x_2 = \frac{K}{p_2\left(\frac{\alpha}{\beta} + 1\right)} \quad \text{und} \quad x_1 = \frac{K}{p_1\left(\frac{\beta}{\alpha} + 1\right)}.$$ △

Mit diesem Verfahren findet man alle Punkte, bei denen Extremwerte unter den angegebenen Nebenbedingungen auftreten können. Ob in den Punkten dann tatsächlich Extrema sind, muß man entweder wie bei den Extremwerten ohne Nebenbedingung mit den zweiten Ableitungen überprüfen (siehe § 3.3) oder durch direktes Untersuchen der Funktion in der Nähe der gefundenen Punkte. Wenn aber die Definitionsmenge der Funktionen f und $g_1, \ldots, g_k$ beschränkt ist, dann ist die Menge der Punkte $\mathbf{x}$, für die gilt $g_1(\mathbf{x}) = \ldots = g_k(\mathbf{x}) = 0$, eine abgeschlossene, beschränkte Menge. Dann muß die Funktion f auf dieser Menge Extremwerte haben (siehe Satz 3.1). Es gilt der folgende Satz.

Satz 3.7:
Seien die Funktionen f und $g_1, \ldots, g_k$ stetig auf einer beschränkten und abgeschlossenen Menge $D \subset \mathbb{R}^n$, dann gibt es Punkte $\mathbf{x}$ in D mit $g_1(\mathbf{x}) = \ldots = g_k(\mathbf{x}) = 0$, in denen die Funktion f unter den Nebenbedingungen $g_1(\mathbf{x}) = \ldots = g_k(\mathbf{x}) = 0$ ein globales Maximum (Minimum) hat.

Beispiel 5: In dem Beispiel mit $f(x_1, x_2) = x_1 + x_2$ und $g(x_1, x_2) = x_1^2 + x_2^2 - 1$ hatten wir zwei stationäre Punkte der Lagrange-Funktion gefunden. Da die Menge $\{\mathbf{x} \in \mathbb{R}^2; g(x_1, x_2) = 0\}$ beschränkt ist, gibt es in der Menge Punkte, an denen ein globales Maximum und ein globales Minimum auftritt. Durch Vergleich der Funktionswerte in den stationären Punkten $\left(\frac{1}{\sqrt{2}}, \frac{1}{\sqrt{2}}\right)$ und $\left(-\frac{1}{\sqrt{2}}, -\frac{1}{\sqrt{2}}\right)$ findet man, daß f unter der Nebenbedingung in $\left(\frac{1}{\sqrt{2}}, \frac{1}{\sqrt{2}}\right)$ ein globales Maximum und in $\left(-\frac{1}{\sqrt{2}}, -\frac{1}{\sqrt{2}}\right)$ ein globales Minimum hat. △

§ 3.3 Extremwerte unter Nebenbedingungen (Teil II)

Im vorigen Paragraphen wurde erklärt, wie man die Punkte finden kann, in denen Extremwerte unter Nebenbedingungen auftreten können. Dabei wurden nur notwendige Bedingungen angegeben; d.h. nur in den gefundenen Punkten können Extremwerte sein, aber es kann auch Punkte unter diesen geben, in denen kein Extremwert ist. In diesem Paragraphen werden hinreichende Bedingungen für Extremwerte unter Nebenbedingungen angegeben; d.h., wenn in einem Punkt diese Bedingungen erfüllt sind, ist dort ein Extremwert unter Nebenbedingungen.

Gegeben seien zweimal partiell differenzierbare Funktionen f und g auf einer offenen Menge $D \subset \mathbb{R}^n$. Um die Extremwerte von f unter der Nebenbedingung $g(\mathbf{x}) = 0$ zu finden, bildet man die Lagrangefunktion:

$$L(\mathbf{x}, \lambda) = f(\mathbf{x}) + \lambda g(\mathbf{x}).$$

Durch Nullsetzen der Ableitungen dieser Funktion bestimmt man deren stationäre Punkte. Sei nun $(\mathbf{x}^0, \lambda^0)$ ein stationärer Punkt der Lagrangefunktion. Um festzustellen, ob die Funktion f in dem Punkt $\mathbf{x}^0$ tatsächlich ein lokales Extremum unter der Nebenbedingung $g(\mathbf{x}) = 0$ hat, muß man die zweiten Ableitungen der Funktionen f und g in dem Punkt $\mathbf{x}^0$ untersuchen.

Wenn f in $\mathbf{x}^0$ ein lokales Maximum unter der angegebenen Nebenbedingung hat, muß es ein $\varepsilon > 0$ geben, so daß für alle $\mathbf{x} \in U_\varepsilon(\mathbf{x}^0) \cap D$ mit $g(\mathbf{x}) = 0$ gilt:

(1) $$f(\mathbf{x}) \leqq f(\mathbf{x}^0)$$

Nach Satz 3.6 muß weiter gelten:

(2) $$\nabla f(\mathbf{x}^0) + \lambda^0 \nabla g(\mathbf{x}^0) = 0$$

Wir schreiben $\mathbf{x}$ im folgenden in der Form $\mathbf{x} = \mathbf{x}^0 + \mathbf{h}$ mit $\mathbf{h} = (h_1, \ldots, h_n)$. Wenn gilt $g(\mathbf{x}^0 + \mathbf{h}) = 0$, findet man mit dem totalen Differential näherungsweise:

(3) $$g(\mathbf{x}^0 + \mathbf{h}) \approx g(\mathbf{x}^0) + (\nabla g(\mathbf{x}^0))^T \mathbf{h} = 0 + (\nabla g(\mathbf{x}^0))^T \mathbf{h}, \quad \text{also:}$$

(4) $$(\nabla g(\mathbf{x}^0))^T \mathbf{h} \approx 0.$$

Für einen Punkt $\mathbf{x}^0 + \mathbf{h}$ erhält man mit den Mittelwertsatz der Differentialrechnung für Funktionen mehrerer Variablen:

(5) $$L(\mathbf{x}^0 + \mathbf{h}, \lambda^0) = L(\mathbf{x}^0, \lambda^0) + \sum_{i=1}^{n} L_{x_i}(\mathbf{x}^0 + \theta\mathbf{h}, \lambda^0) \cdot h_i, \quad \text{wobei } \theta \in (0, 1).$$

Weil nur $\mathbf{x}^0$ durch $\mathbf{x}^0 + \mathbf{h}$ ersetzt wurde und λ^0 unverändert bleibt, muß man bei der Anwendung des Mittelwertsatzes nur die partiellen Ableitungen nach x_1 bis x_n berücksichtigen. Mit dem totalen Differential erhält man für die ersten partiellen Ableitungen der Lagrangefunktion, indem man sie durch die zweiten Ableitungen der Lagrangefunktion approximiert:

(6) $$L_{x_i}(\mathbf{x}^0 + \theta\mathbf{h}, \lambda^0) \approx L_{x_i}(\mathbf{x}^0, \lambda^0) + \theta \sum_{m=1}^{n} L_{x_i x_m}(\mathbf{x}^0, \lambda^0) h_m.$$

Da aber $(\mathbf{x}^0, \lambda^0)$ ein stationärer Punkt der Lagrangefunktion ist, gilt $L_{x_i}(\mathbf{x}^0, \lambda^0) = 0$ für $i = 1, \ldots, n$. Man erhält somit, wenn man die obige Gleichung in (5) einsetzt:

$$L(\mathbf{x}^0 + \mathbf{h}, \lambda^0) \approx L(\mathbf{x}^0, \lambda^0) + \theta(\sum_{i=1}^{n} \sum_{m=1}^{n} L_{x_i x_m}(\mathbf{x}^0, \lambda^0)) h_i h_m .$$

Die zweiten partiellen Ableitungen von L nach $x_1, \ldots, x_n$ sind:

$$L_{x_i x_m}(\mathbf{x}^0, \lambda^0) = f_{x_i x_m}(\mathbf{x}^0) + \lambda^0 g_{x_i x_m}(\mathbf{x}^0)$$

Man hat damit:

$$L(\mathbf{x}^0 + \mathbf{h}, \lambda^0) \approx L(\mathbf{x}^0, \lambda^0) + \sum_{i=1}^{n} \sum_{m=1}^{n} (f_{x_i x_m}(\mathbf{x}^0) + \lambda^0 g_{x_i x_m}(\mathbf{x}^0))) h_i h_m .$$

Unter Verwendung der Matrixschreibweise erhält man:

$$L(\mathbf{x}^0 + \mathbf{h}, \lambda^0) \approx L(\mathbf{x}^0, \lambda^0) + \theta \cdot \mathbf{h}^T(\mathbf{H}_f(\mathbf{x}^0) + \lambda^0 \mathbf{H}_g(\mathbf{x}^0))\mathbf{h} .$$

Da aber in $\mathbf{x}^0$ und in $\mathbf{x}^0 + \mathbf{h}$ die Funktion g gleich 0 ist, gilt:

$$L(\mathbf{x}^0, \lambda^0) = f(\mathbf{x}^0) \quad \text{und} \quad L(\mathbf{x}^0 + \mathbf{h}, \lambda^0) = f(\mathbf{x}^0 + \mathbf{h}) .$$

Damit findet man:

$$f(\mathbf{x}^0 + \mathbf{h}) \approx f(\mathbf{x}^0) + \theta \cdot \mathbf{h}^T(\mathbf{H}_f(\mathbf{x}^0) + \lambda^0 \mathbf{H}_g(\mathbf{x}^0))\mathbf{h}$$
$$f(\mathbf{x}^0 + \mathbf{h}) - f(\mathbf{x}^0) \approx \theta \cdot \mathbf{h}^T(\mathbf{H}_f(\mathbf{x}^0) + \lambda^0 \mathbf{H}_g(\mathbf{x}^0))\mathbf{h} .$$

Wenn der Ausdruck auf der rechten Seite für alle $\mathbf{h}$ mit $(\nabla g(\mathbf{x}))^T \mathbf{h} = 0$, d.h. also die Punkte, die (4) erfüllen, positiv (bzw. negativ) ist, dann hat man in $\mathbf{x}^0$ ein lokales Minimum (bzw. Maximum) unter der Nebenbedingung $g(\mathbf{x}) = 0$. Man muß somit überprüfen, ob das für die Matrix $\mathbf{H}_f(\mathbf{x}^0) + \lambda^0 \mathbf{H}_g(\mathbf{x}^0)$ zutrifft.

In ähnlicher Weise kann man ein solches Kriterium für mehrere Nebenbedingungen herleiten, das wir im folgenden formulieren werden. Man definiert zunächst den Begriff der Definitheit einer Matrix unter Nebenbedingungen.

Definition: (Definitheit unter Nebenbedingungen)
Eine symmetrische (n,n)-Matrix $\mathbf{A}$ heißt **positiv (negativ) definit unter der Nebenbedingung $\mathbf{Bx} = \mathbf{0}$**, wobei $\mathbf{B}$ eine (k,n)-Matrix ist, wenn für alle $\mathbf{x} \in \mathbb{R}^n$ mit $\mathbf{x} \neq \mathbf{0}$ und $\mathbf{Bx} = \mathbf{0}$ gilt:

$$\mathbf{x}^T\mathbf{A}\mathbf{x} > 0 \text{ (bzw. } \mathbf{x}^T\mathbf{A}\mathbf{x} < 0).$$

Wenn in einem stationären Punkt $\mathbf{x}^0$ der Lagrangefunktion $f(\mathbf{x}) + \sum_{j=1}^{k} \lambda_j g_j(\mathbf{x})$ die Matrix $\mathbf{H}_f(\mathbf{x}^0) + \sum_{j=1}^{k} \lambda_j \mathbf{H}_{g_j}(\mathbf{x}^0)$ unter der Nebenbedingung $\mathbf{B}x = \mathbf{0}$ mit $\mathbf{B} = (\nabla g_1(\mathbf{x}^0), \ldots, \nabla g_k(\mathbf{x}^0))^T$ positiv (bzw. negativ) definit ist, ist dort ein lokales Minimum (bzw. Maximum) der Funktion f unter den Nebenbedingungen $g_1(\mathbf{x}) = \ldots = g_k(\mathbf{x}) = 0$.

Satz 3.7: (Hinreichende Bedingung für Extrema unter Nebenbedingungen) Seien f und g_1 bis g_k zweimal stetig partiell differenzierbare Funktionen auf einer offenen Menge $D \subset \mathbb{R}^n$. In $(\mathbf{x}^0, \boldsymbol{\lambda}^0) \in D$ habe die Lagrange-Funktion $L(\mathbf{x}, \boldsymbol{\lambda}) = f(\mathbf{x}) + \sum_{j=1}^{k} \lambda_j g_j(\mathbf{x})$ einen stationären Punkt.

Wenn die Matrix $\mathbf{H}_f(\mathbf{x}^0) + \sum_{j=1} \lambda_j \mathbf{H}_{g_j}(\mathbf{x}^0)$ in $\mathbf{x}^0$ positiv (negativ) definit unter der Nebenbedingung $\mathbf{Bx} = \mathbf{0}$ mit $\mathbf{B} = (\nabla g_1(\mathbf{x}^0), \ldots, \nabla g_k(\mathbf{x}^0))^T$ ist, hat die Funktion f in dem Punkt $\mathbf{x}^0$ ein lokales Minimum (Maximum) unter den Nebenbedingungen $g_1(\mathbf{x}) = \ldots = g_k(\mathbf{x}) = 0$.

Um die Definitheit unter Nebenbedingungen festzustellen, werden häufig Determinantenbedingungen angegeben. Das Überprüfen dieser Kriterien ist umständlich, wenn die Zahl der Variablen groß ist.

Satz 3.8:
Sei **A** eine symmetrische (n,n)-Matrix und **B** eine (k,n)-Matrix mit $rg(\mathbf{B}) = k$. Für $m = k+1, \ldots, n$ seien die $(k+m, k+m)$-Matrizen $\mathbf{C}_m$ definiert durch:

$$\mathbf{C}_m = \begin{bmatrix} a_{11} & \cdots & a_{1m} & b_{11} & \cdots & b_{k1} \\ \vdots & & \vdots & \vdots & & \vdots \\ a_{m1} & \cdots & a_{mm} & b_{1m} & \cdots & b_{km} \\ b_{11} & \cdots & b_{1m} & 0 & \cdots & 0 \\ \vdots & & \vdots & \vdots & & \vdots \\ b_{k1} & \cdots & b_{km} & 0 & \cdots & 0 \end{bmatrix}, \quad \text{dann gilt}$$

a) **A** ist genau dann **positiv definit** unter der Nebenbedingung $\mathbf{Bx} = \mathbf{0}$, wenn $(-1)^k \det(\mathbf{C}_m) > 0$ für $m = k+1, \ldots, n$.

b) **A** ist genau dann **negativ definit** unter der Nebenbedingung $\mathbf{Bx} = \mathbf{0}$, wenn $(-1)^m \det(\mathbf{C}_m) > 0$ für $m = k+1, \ldots, n$.

Die Bedingung $rg(\mathbf{B}) = k$ besagt, daß die Zeilenvektoren der Matrix **B** unabhängig sind.

Beispiel 1: Gegeben ist die Matrix

$$\mathbf{A} = \begin{bmatrix} 0 & -1 & -1 \\ -1 & 0 & -1 \\ -1 & -1 & 0 \end{bmatrix}$$

und die Matrix $\mathbf{B} = (2, 2, 2)$; dann erhält man die Matrizen:

$$\mathbf{C}_2 = \begin{bmatrix} 0 & -1 & 2 \\ -1 & 0 & 2 \\ 2 & 2 & 0 \end{bmatrix} \qquad \mathbf{C}_3 = \begin{bmatrix} 0 & -1 & -1 & 2 \\ -1 & 0 & -1 & 2 \\ -1 & -1 & 0 & 2 \\ 2 & 2 & 2 & 0 \end{bmatrix}$$

mit $\det(\mathbf{C}_2) = -8$ und $\det(\mathbf{C}_3) = -12$. Diese Determinanten berechnet man mit der Sarrusschen Regel und der Entwicklung der Determinante nach einer Zeile (siehe Abschnitt II.5). Man hat $(-1)^1 \det(\mathbf{C}_1) = 8 > 0$ und $(-1)^1 \det(\mathbf{C}_2) = 12 > 0$. Daher ist $\mathbf{A}$ nach dem obigen Satz positiv definit unter der Nebenbedingung $\mathbf{Bx} = \mathbf{0}$. △

Aufgrund der den oben angegebenen Sätzen findet man nun folgendes Schema.

Schema zur Überprüfung der hinreichenden Bedingungen für lokale Extremwerte unter Nebenbedingungen.

1) Bilde die Lagrangefunktion $L(\mathbf{x}, \lambda)$.
2) Berechne mit dem Schema auf Seite 254 die stationären Punkte der Lagrangefunktion $\mathbf{x}^1, \ldots, \mathbf{x}^m$.
3) Berechne für jeden Punkt $\mathbf{x}^1$ bis $\mathbf{x}^m$ die Matrix $\mathbf{A}_i = \mathbf{H}_f(\mathbf{x}^i) + \sum_{j=1}^{k} \lambda_j \mathbf{H}_{g_j}(\mathbf{x}^i)$ und die Matrix $\mathbf{B}_i = (\nabla g_1(\mathbf{x}^i), \ldots, \nabla g_k(\mathbf{x}^i))^T$.
4) Überprüfe mit Satz 3.8 jeweils, ob die Matrix $\mathbf{A}_i$ unter der Nebenbedingung $\mathbf{B}_i\mathbf{x} = \mathbf{0}$ positiv oder negativ definit ist:
   a) $\mathbf{A}_i$ positiv definit unter $\mathbf{B}_i\mathbf{x} = \mathbf{0} \Rightarrow$ lokales Minimum in $\mathbf{x}^i$ unter der Nebenbedingung $g_1(\mathbf{x}) = \ldots = g_k(\mathbf{x}) = 0$.
   b) $\mathbf{A}_i$ negativ definit unter $\mathbf{B}_i\mathbf{x} = \mathbf{0} \Rightarrow$ lokales Maximum in $\mathbf{x}^i$ unter der Nebenbedingung $g_1(\mathbf{x}) = \ldots = g_k(\mathbf{x}) = 0$.
5) Falls bei 4) weder a) noch b) zutreffen, ist mit diesem Kriterium nicht entscheidbar, ob in $\mathbf{x}^i$ ein lokales Extremum unter den angegebenen Nebenbedingungen existiert.

Beispiel 2: Gegeben sind $f(x_1, x_2) = x_1^2 x_2$ mit $x_1, x_2 > 0$ und $g(x_1, x_2) = 2 - x_1 - x_2$. Die Lagrangefunktion zur Bestimmung der Extremwerte von f unter der Nebenbedingung $g(\mathbf{x}) = 0$ ist:

$$L(\mathbf{x}, \lambda) = x_1^2 x_2 + \lambda(2 - x_1 - x_2).$$

Durch Nullsetzen der Ableitungen erhält man das Gleichungssystem:

(I) $\quad 2x_1 x_2 - \lambda = 0.$

(II) $\quad x_1^2 - \lambda = 0.$

(III) $\quad 2 - x_1 - x_2 = 0.$

Aus (I) und (II) folgt durch Gleichsetzen: $x_1 = 2x_2$. In (III) eingesetzt, findet man: $2 - 3x_2 = 0$. Damit erhält man: $x_2 = \frac{2}{3}$ und $x_1 = \frac{4}{3}$. Die Matrix $\mathbf{H}_f(\mathbf{x}) + \lambda \mathbf{H}_g(\mathbf{x})$ ist $\begin{bmatrix} 2x_2 & 2x_1 \\ 2x_1 & 0 \end{bmatrix}$ und der Gradient $\nabla g(\frac{4}{3}, \frac{2}{3}) = \begin{bmatrix} -1 \\ -1 \end{bmatrix}$. Damit bekommt man die Matrix:

$$\mathbf{C}_2 = \begin{bmatrix} \frac{4}{3} & \frac{8}{3} & -1 \\ \frac{8}{3} & 0 & -1 \\ -1 & -1 & 0 \end{bmatrix}.$$

Die Determinante ist gleich 4; in den Punkt $(\frac{4}{3}, \frac{2}{3})$ ist ein lokales Maximum unter der Nebenbedingung $g(\mathbf{x}) = 0$. △

Die Bedeutung des Lagrangemultiplikators ist nicht sofort aus dem gegebenen Problem ersichtlich. Um diese zu erkennen, muß man eine allgemeinere Problemstellung betrachten. Gegeben seien zwei differenzierbare Funktionen f und g auf einer offenen Menge $D \subset \mathbb{R}^n$. Betrachtet man jetzt das Problem, die Extrema der Funktion f unter der Nebenbedingung $g(\mathbf{x}) = z$ ($z \in \mathbb{R}$) zu finden, kann man das mit der angegebenen Lagrangemethode lösen, indem man einfach als Nebenbedingung setzt $z - g(\mathbf{x}) = 0$. Wenn der Parameter z in der Nebenbedingung verschiedene Werte annimmt, hat man für jeden Wert ein anderes Lagrangeproblem und man bekommt jedesmal eine andere Lösung. Durch Aufstellen der Lagrangefunktion und Nullsetzen ihrer Ableitungen findet man folgendes Gleichungssystem:

$$\frac{\partial f}{\partial x_i}(\mathbf{x}) - \lambda \frac{\partial g}{\partial x_i}(\mathbf{x}) = 0 \quad \text{oder} \quad \frac{\partial f}{\partial x_i}(\mathbf{x}) = \lambda \frac{\partial g}{\partial x_i}(\mathbf{x}) \quad \text{für } i = 1, \ldots, n$$

und $z - g(\mathbf{x}) = 0$.

Für jeden Wert von z liegen die Punkte, in denen die Extrema unter der Nebenbedingung auftreten können, auf der Höhenlinie $g(\mathbf{x}) = z$. Wenn sich z ändert, wird auch die Lage dieser Punkte verändert.

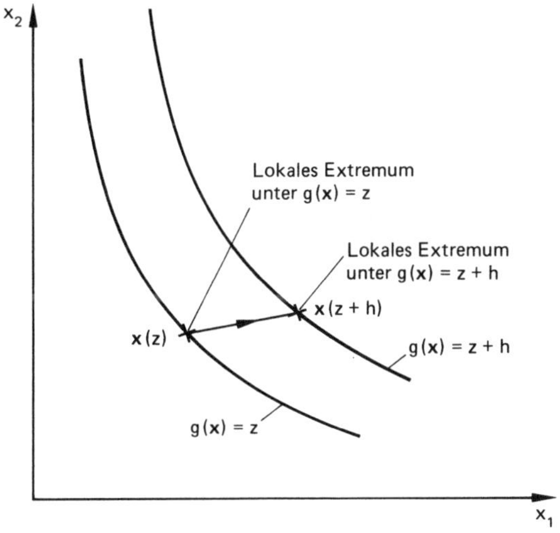

Sei jetzt $\mathbf{x}(z) \in \mathbb{R}^n$ ein Punkt, in dem ein Extremum unter der Nebenbedingung $g(\mathbf{x}) = z$ liegt und $\mathbf{x}(z+h)$ der verschobene Punkt, in dem dieses Extremum liegt, wenn man die Nebenbedingung zu $g(\mathbf{x}) = z + h$ abändert (siehe die Zeichnung), so gilt aufgrund der Nebenbedingung in den beiden Punkten:

(7) $\quad g(\mathbf{x}(z)) = z \quad \text{und} \quad g(\mathbf{x}(z+h)) = z + h.$

Mit dem totalen Differential erhält man für die Änderung des Funktionswerts von g:

(8) $\quad g(\mathbf{x}(z+h)) - g(\mathbf{x}(z)) \approx (\nabla g(\mathbf{x}(z))^{T} \cdot (\mathbf{x}(z+h) - \mathbf{x}(z)).$

Wegen (7) erhält man daraus:

(9) $\quad h \approx (\nabla g(\mathbf{x}(z)))^{T} \cdot (\mathbf{x}(z+h) - \mathbf{x}(z)).$

Für die Änderung des Funktionswerts der Funktion f findet man mit dem totalen Differential:

$$(10)\qquad f(\mathbf{x}(z+h)) - f(\mathbf{x}(z)) \approx (\nabla f(\mathbf{x}(z)))^T \cdot (\mathbf{x}(z+h) - \mathbf{x}(z)).$$

Da in $\mathbf{x}(z)$ die Langrangefunktion einen stationären Punkt hat, gilt $\nabla f(\mathbf{x}(z)) = \lambda \cdot \nabla g(\mathbf{x}(z))$; eingesetzt in (10) findet man:

$$(11)\qquad f(\mathbf{x}(z+h)) - f(\mathbf{x}(z)) \approx \lambda \cdot (\nabla g(\mathbf{x}(z)))^T \cdot (\mathbf{x}(z+h) - \mathbf{x}(z)).$$

Wenn wir nun (9) in (11) einsetzen, ergibt das:

$$f(\mathbf{x}(z+h)) - f(\mathbf{x}(z)) \approx \lambda \cdot h.$$

$$\lambda \approx \frac{f(\mathbf{x}(z+h)) - f(\mathbf{x}(z))}{h}.$$

Im Grenzübergang $h \to 0$ erhält man dann:

$$\lambda = \frac{df(\mathbf{x}(z))}{dz}.$$

λ ist also die Ableitung des Funktionswerts $f(\mathbf{x}(z))$ im Extremalpunkt nach z. Der Wert $\lambda \cdot h$ gibt näherungsweise an, um wieviel sich der Maximal- oder Minimalwert der Funktion f unter der Nebenbedingung $g(\mathbf{x}) = z$ verändert, wenn die Nebenbedingung durch die neue Nebenbedingung $g(\mathbf{x}) = z + h$ ersetzt wird.

Im Falle mehrerer Nebenbedingungen $g_1(\mathbf{x}) = z_1, \ldots, g_k(\mathbf{x}) = z_k$ gibt der Lagrangemultiplikator λ_j für eine Nebenbedingung g_j an, wie stark sich der Funktionswert im Extremalpunkt ändert, wenn die j-te Nebenbedingung verändert wird; wird $g_j(\mathbf{x}) = z_j$ durch $g_j(\mathbf{x}) = z_j + h_j$ ersetzt, gibt $\lambda_j \cdot h_j$ näherungsweise die Änderung des Funktionswerts an.

Beispiel 3: Gegeben sind die Funktionen:

$$f(x_1, x_2) = x_1 x_2 \quad \text{und} \quad g(x_1, x_2) = z - ax_1 - bx_2 \text{ mit } a, b \neq 0.$$

Gesucht sind die die Extrema von f unter der Nebenbedingung $g(x_1, x_2) = 0$. Die Langrangefunktion hat die Form:

$$L(x_1, x_2, \lambda) = x_1 x_2 + \lambda \cdot (z - ax_1 - bx_2).$$

Die partiellen Ableitungen:

$$\frac{\partial L}{\partial x_1} = x_2 - \lambda a.$$

$$\frac{\partial L}{\partial x_2} = x_1 - \lambda b.$$

$$\frac{\partial L}{\partial \lambda} = z - ax_1 - bx_2.$$

Durch Nullsetzen erhält man das Gleichungssystem:

(I) $x_2 - \lambda a = 0.$

(II) $x_1 - \lambda b = 0.$

(III) $z - ax_1 - bx_2 = 0.$

Aus den Gleichungen (I) + (II) folgt: $x_2 = \frac{a}{b} x_1$. Eingesetzt in (III) ergibt dies:

$$z - ax_1 - b\left(\frac{a}{b}\right)x_1 = 0 \Leftrightarrow x_1 = \frac{z}{2a}.$$

und damit:

$$x_1 = \frac{z}{2a}, \quad x_2 = \frac{z}{2b} \quad \text{und} \quad \lambda = \frac{z}{2ab}.$$

Durch Überprüfen der zweiten Ableitungen zeigt man, daß in dem gefundenen Punkt ein Maximum ist. Der Funktionswert in dem Punkt ist:

$$f\left(\frac{z}{2a}, \frac{z}{2b}\right) = \frac{z^2}{4ab}.$$

Wenn die Nebenbedingung von $z - ax_1 - bx_2 = 0$ zu $z + h - ax_1 - bx_2 = 0$ abgeändert wird, erhält man als Maximalpunkt den Punkt $\left(\frac{z+h}{2a}, \frac{z+h}{2b}\right)$. Der Funktionswert in diesen Punkt ist:

$$f\left(\frac{z+h}{2a}, \frac{z+h}{2b}\right) = \frac{(z+h)^2}{4ab} = \frac{z^2}{4ab} + \frac{zh}{2ab} + \frac{h^2}{4ab}. \tag{12}$$

Mit $\lambda \cdot h$ als Näherung für die Änderung des Funktionswerts erhält man:

$$f\left(\frac{z+h}{2a}, \frac{z+h}{2b}\right) \approx f\left(\frac{z}{2a}, \frac{z}{2b}\right) + \lambda \cdot h = \frac{z^2}{4ab} + \frac{zh}{2ab}.$$

Wenn h klein ist, kann man in der Gleichung (12) den letzten Term vernachlässigen; man sieht, daß die Näherung mit $\lambda \cdot h$ dann den Funktionswert gut approximiert.

Für ein Beispiel mit den Zahlenwerten $a = b = 1$ und $z = 4$ erhält man: $x_1 = x_2 = 2$ und $\lambda = 2$. Für die Werte $h = 0{,}02$, $0{,}2$ und 1 sind in der folgenden Tabelle die exakten Funktionswerte mit den Approximationen durch $f(2{,}2) + \lambda h$ verglichen:

h	4+h	$f\left(\frac{4+h}{2}, \frac{4+h}{2}\right)$	$f(2{,}2) + \lambda h$
0,02	4,02	4,0401	4,04
0,2	4,2	4,41	4,4
1,0	5,0	6,25	6,0

△

Kapitel V: Lineare Optimierung

§ 1 Einführungsbeispiel

Ein Unternehmen stellt zwei Produkte P_1, P_2 her. Um eine Einheit des Produktes P_1 bzw. P_2 zu produzieren, benötigt man 10 bzw. 20 Einheiten des Rohstoffs R_1 und 10 bzw. 5 Einheiten des Rohstoffs R_2. Es stehen insgesamt 130 Einheiten des Rohstoffs R_1 und 55 Einheiten des Rohstoffs R_2 zur Verfügung. Um eine Einheit des Produktes P_1 bzw. P_2 zu erzeugen, benötigt man 6 bzw. 2 Zeiteinheiten der Arbeit der Produktionsanlage. Insgesamt kann diese Anlage höchstens 30 Zeiteinheiten lang zur Verfügung stehen. Pro Einheit des Produkts P_1 bzw. P_2 ist ein Gewinn von DM 50 bzw. DM 40 zu erreichen. Wie viele Einheiten der Produkte P_1 und P_2 sind unter den gegebenen Bedingungen zu produzieren, damit der Gewinn möglichst groß wird? Das ist eine Aufgabe der **linearen Optimierung**.

Die Variable x_1 bzw. x_2 soll die zu bestimmende Menge des Produkts P_1 bzw. P_2 bezeichnen. Die oben angegebenen Produktionsbedingungen lassen sich durch die folgenden Ungleichungen beschreiben:

$$\begin{aligned} 10x_1 + 20x_2 &\leqq 130 \\ 10x_1 + 5x_2 &\leqq 55 \\ 6x_1 + 2x_2 &\leqq 30. \end{aligned}$$

Außerdem wird man verlangen, daß die Größen x_1 und x_2 nichtnegativ sind. Man kann die erste, zweite und die dritte Ungleichung der Reihe nach mit 10, 5 und 2 dividieren. Die Produktionsbedingungen werden also durch die Ungleichungen

$$\begin{aligned} &(1) \qquad & x_1 + 2x_2 &\leqq 13 \\ &(2) & 2x_1 + x_2 &\leqq 11 \\ &(3) & 3x_1 + x_2 &\leqq 15 \\ &(4) & 0 &\leqq x_1 \\ &(5) & 0 &\leqq x_2 \end{aligned}$$

vollständig beschrieben.

Jedes Paar $(x_1, x_2) \in \mathbb{R}^2$, das die Bedingungen (1) bis (5) erfüllt, stellt eine Möglichkeit dar, die Mengen x_1 und x_2 der Produkte P_1 und P_2 zu erzeugen; dabei wird der Gewinn (in DM)

$$(6) \qquad z(x_1, x_2) = 50x_1 + 40x_2$$

erzielt. Die Aufgabe besteht darin, unter allen Paaren (x_1, x_2), die die Bedingungen (1) bis (5) erfüllen, dasjenige zu bestimmen, das den maximalen Gewinn realisiert. (Die Frage, ob und wann es überhaupt eine solche optimale Lösung gibt, wird später erörtert.)

Man bezeichnet mit P die Menge aller Paare, die den Bedingungen (1) bis (5) genügen. Jede dieser Ungleichungen beschreibt in der kartesischen Koordinatenebene eine **Halbebene**; so läßt sich z. B. die durch die Ungleichung (2) gegebene Halbebene H wie folgt einzeichnen:

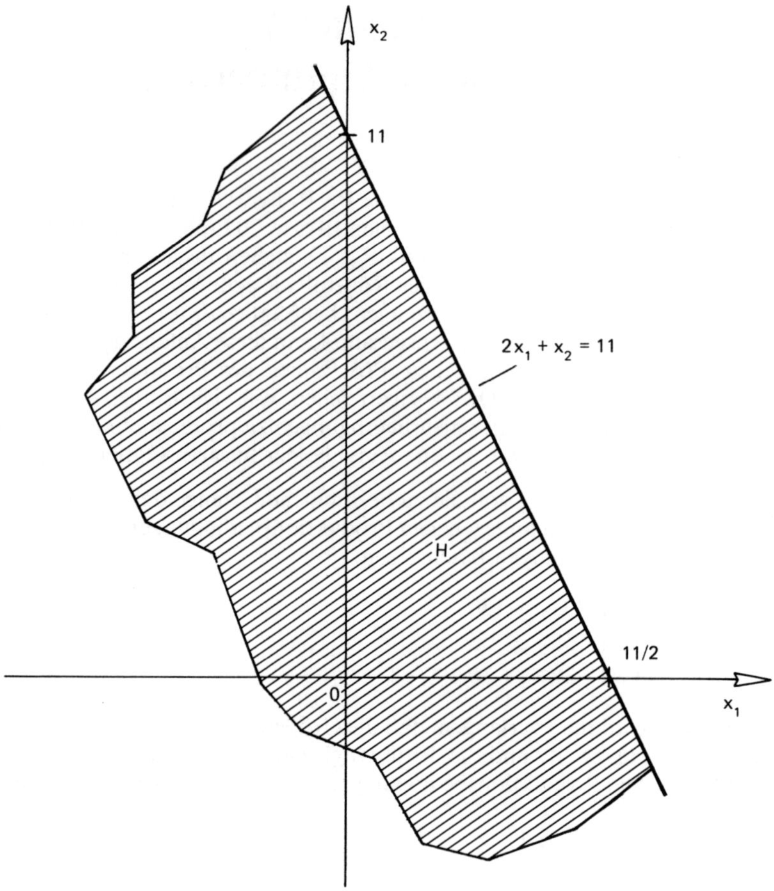
x_2
11
$2x_1 + x_2 = 11$
H
11/2
0
x_1

Der Durchschnitt P der fünf durch die Ungleichungen (1) bis (5) gegebenen Halbebenen ist der im nächsten Bild dargestellte Polyeder mit den fünf Ecken O = (0, 0), A = (5, 0), B = (4, 3), C = (3, 5) und D = (0, 13/2).

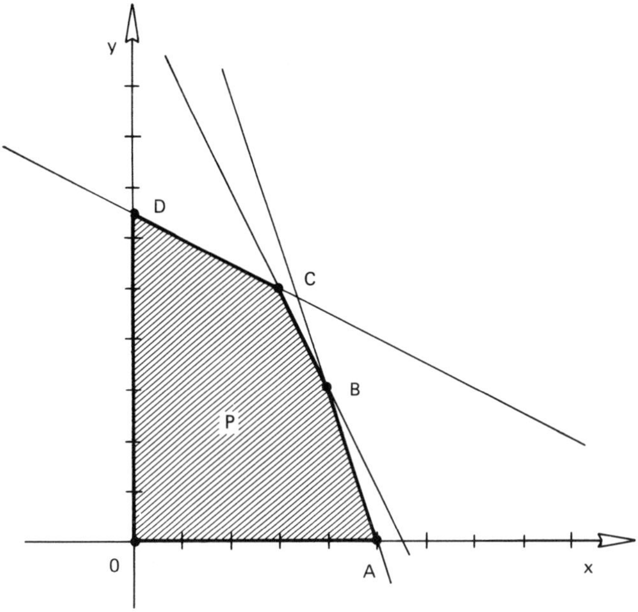

Für ein festes $k \in \mathbb{R}$ beschreibt die Gleichung $z(x_1, x_2) = 50x_1 + 40x_2 = k$ eine Gerade in der kartesischen Koordinatenebene. Für alle Punkte $(x_1, x_2) \in P$, die auf dieser Geraden liegen, ist der gleiche Gewinn, nämlich k, zu erzielen. Im nächsten Bild sind einige solche Geraden (das sind die Höhenlinien der Funktion $z(x_1, x_2) = 50x_1 + 40x_2$) eingezeichnet.

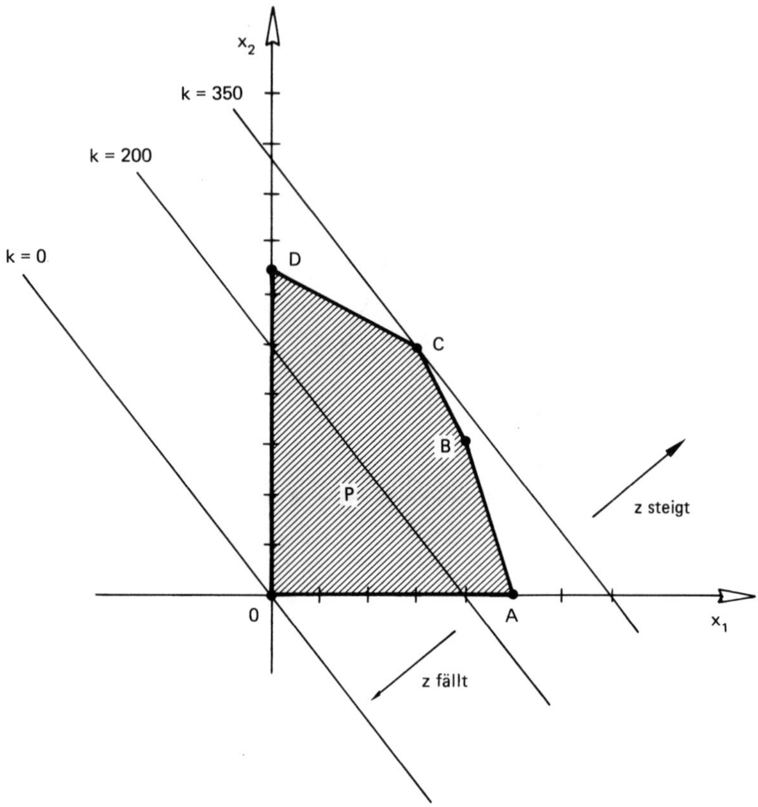

Man bemerkt sofort, daß je zwei Höhenlinien der Funktion $z(x_1, x_2)$ parallel sind. Im Bild sind die Richtungen, entlang derer die Funktion $z(x_1, x_2)$ am stärksten wächst bzw. fällt, eingezeichnet. Die Richtung des stärksten Anstiegs der Funktion $z(x_1, x_2)$ ist durch den Gradienten dieser Funktion gegeben, es gilt $\nabla z(x_1, x_2) = \begin{bmatrix} 50 \\ 40 \end{bmatrix}$. Um den „optimalen" Punkt von P zu ermitteln, sucht man diejenige Höhenlinie $k_0 = z(x_1, x_2)$, die unter allen Höhenlinien $k = z(x_1, x_2)$, die das Gebiet P berühren, am weitesten in der Richtung des stärksten Anstiegs der Funktion $z(x_1, x_2)$ liegt. Man erkennt sofort, daß das hier diejenige Höhenlinie ist, die durch den Punkt $C = (3, 5)$ verläuft. Der Gewinn, der in diesem Punkt zu erwarten ist, beläuft sich auf $k_0 = z(3, 5) = 50 \cdot 3 + 40 \cdot 5 = 350$ DM.

Die Aufgabe wurde hier geometrisch gelöst. Für kompliziertere Aufgaben ist diese Methode sicher nicht anwendbar, wir werden nun eine rein rechnische Methode kennenlernen, mit der sich auch schwierigere Aufgaben lösen lassen.

§ 2 Der Simplex-Algorithmus

Simplex-Algorithmus: Problemstellung
Man maximiere den Wert

(1) $z = c_0 + c_1 x_1 + c_2 x_2 + \ldots + c_n x_n$ unter den Bedingungen

$$(2) \begin{cases} a_{11}x_1 + a_{12}x_2 + \ldots + a_{1n}x_n \leqq b_1 \\ a_{21}x_1 + a_{22}x_2 + \ldots + a_{2n}x_n \leqq b_2 \\ \ldots\ldots\ldots\ldots\ldots\ldots\ldots\ldots \\ a_{m1}x_1 + a_{m2}x_2 + \ldots + a_{mn}x_n \leqq b_m \end{cases} \quad \text{und}$$

(3) $0 \leqq x_1, 0 \leqq x_2, \ldots, 0 \leqq x_n$.

Die Funktion $z(x_1, \ldots, x_n) = c_0 + c_1 x_1 + c_2 x_2 + \ldots + c_n x_n$ heißt die **Zielfunktion**. Manchmal will man das **Minimum** der Zielfunktion $z = c_0 + c_1 x_1 + \ldots + c_n x_n$ unter den Bedingungen (2), (3) finden. Diese Aufgabe ist gleichbedeutend mit der Maximierungsaufgabe mit der Zielfunktion $\tilde{z} := -z = -c_0 - c_1 x_1 - \ldots - c_n x_n$. Es reicht also, wenn wir uns nur mit der Maximierungsaufgabe gegeben durch (1), (2), (3) beschäftigen. Die Bedingung (3) heißt **Nichtnegativitätsbedingung**. Das in § 1 diskutierte Beispiel ist ein solches Problem.

Für die Anwendung des Simplex-Algorithmus ist die Umformung des Problems (1), (2), (3) in die sogenannte **Standardform** notwendig. Wir führen weitere m Unbestimmte $x_{n+1}, x_{n+2}, \ldots, x_{n+m}$ ein. Wir verlangen auch für diese Unbestimmten, daß sie sämtlich nichtnegativ sind. Das ursprüngliche Problem wird wie folgt umformuliert.

Simplex-Algorithmus: Standardform des Problems
Man maximiere den Wert

(4) $z = c_0 + c_1 x_1 + c_2 x_2 + \ldots + c_n x_n$ unter den Bedingungen

$$(5) \begin{cases} a_{11}x_1 + a_{12}x_2 + \ldots + a_{1n}x_n + x_{n+1} & & = b_1 \\ a_{21}x_1 + a_{22}x_2 + \ldots + a_{2n}x_n + & + x_{n+2} & = b_2 \\ \ldots\ldots\ldots\ldots\ldots\ldots\ldots\ldots & & \\ a_{m1}x_1 + a_{m2}x_2 + \ldots + a_{mn}x_n & + x_{n+m} & = b_m \end{cases} \quad \text{und}$$

(6) $0 \leqq x_1, 0 \leqq x_2, \ldots, 0 \leqq x_n, 0 \leqq x_{n+1}, \ldots, 0 \leqq x_{n+m}$.

Die zusätzlichen Unbestimmten $x_{n+1}, \ldots, x_{n+m}$ heißen **Schlupfvariablen** (oder auch **Hilfsvariablen**). Die Bedingung (5) läßt sich in der Matrizenform als $\mathbf{A} \cdot \mathbf{x} = \mathbf{b}$ mit

$$\mathbf{A} = \begin{bmatrix} a_{11} & a_{12} & \ldots & a_{1n} & 1 & 0 & \ldots & 0 \\ a_{21} & a_{22} & \ldots & a_{2n} & 0 & 1 & \ldots & 0 \\ \vdots & \vdots & \ldots & \vdots & \vdots & \vdots & \ldots & \vdots \\ a_{m1} & a_{m2} & \ldots & a_{mn} & 0 & 0 & \ldots & 1 \end{bmatrix},$$

$$\mathbf{x} = \begin{bmatrix} x_1 \\ x_2 \\ \vdots \\ x_{n+m} \end{bmatrix} \in \mathbb{R}^{n+m} \quad \text{und} \quad \mathbf{b} = \begin{bmatrix} b_1 \\ b_2 \\ \vdots \\ b_m \end{bmatrix} \in \mathbb{R}^m$$

schreiben. Die Nichtnegativitätsbedingung (6) wird als $\mathbf{0} \leqq \mathbf{x}$ geschrieben. Das „$\leqq$"-Zeichen ist dabei komponentenweise zu verstehen, d. h. $\mathbf{x} \geqq \mathbf{0}$ genau dann, wenn für alle $i = 1, \ldots, n$ stets $x_i \geqq 0$ gilt.

Das durch die Bedingungen (5), (6) gegebene Teilmenge G von $\mathbb{R}^{n+m}$ heißt das **zulässige Gebiet** des Problems, $G = \{\mathbf{x} \in \mathbb{R}^{n+m} \mid \mathbf{A} \cdot \mathbf{x} = \mathbf{b} \text{ und } \mathbf{0} \leqq \mathbf{x}\}$. Die Elemente von G heißen **zulässige Punkte** des Problems. Ein Vektor $\mathbf{u} = \begin{bmatrix} u_1 \\ u_2 \\ \vdots \\ u_{n+m} \end{bmatrix} \in \mathbb{R}^{n+m}$ mit $\mathbf{A} \cdot \mathbf{u} = \mathbf{b}$ heißt eine **Basislösung** des linearen Gleichungssystems $\mathbf{A} \cdot \mathbf{x} = \mathbf{b}$, wenn es m linear unabhängige Spalten von **A** mit den Indizes $i_1, i_2, \ldots, i_m$ gibt so, daß $u_i = 0$ für alle $i \notin \{i_1, i_2, \ldots, i_m\}$ gilt. Die Variablen $x_{i_1}, x_{i_2}, \ldots, x_{i_m}$ heißen **Basisvariablen** der Basislösung **u**. Aus der linearen Unabhängigkeit der Spalten mit den Indizes $i_1, \ldots, i_m$ folgt, daß die Basislösung **u** durch die Basisvariablen $x_{i_1}, x_{i_2}, \ldots, x_{i_m}$ eindeutig bestimmt ist. Eine Basislösung **u** heißt **zulässig**, wenn **u** ein zulässiger Punkt des Problems ist, d. h. wenn $\mathbf{A} \cdot \mathbf{u} = \mathbf{b}$ und $\mathbf{0} \leqq \mathbf{u}$ gilt. Ein zulässiger Punkt

$\mathbf{v} = \begin{bmatrix} v_1 \\ v_2 \\ \vdots \\ v_{n+m} \end{bmatrix} \in G$ heißt **optimal**, wenn für alle zulässigen Punkte $\mathbf{x} = \begin{bmatrix} x_1 \\ x_2 \\ \vdots \\ x_{n+m} \end{bmatrix} \in G$

stets $z(\mathbf{v}) = c_0 + c_1 v_1 + \ldots + c_n v_n \geqq z(\mathbf{x}) = c_0 + c_1 x_1 + \ldots + c_n x_n$ gilt, d. h. wenn die Zielfunktion in diesem Punkt ihr Maximum auf G erreicht.

Das Problem (4), (5), (6) heißt **lösbar**, wenn es einen optimalen zulässigen Punkt gibt.

Beispiel 1: Das Einführungsbeispiel liefert die Standardform

$$(7) \begin{cases} x_1 + 2x_2 + x_3 = 13 \\ 2x_1 + x_2 + x_4 = 11 \\ 3x_1 + x_2 + x_5 = 15 \\ 0 \leqq x_1,\ 0 \leqq x_2,\ 0 \leqq x_3,\ 0 \leqq x_4,\ 0 \leqq x_5. \end{cases}$$

Die zu maximierende Zielfunktion ist $z = 50x_1 + 40x_2$. Es ist $n = 2$, $m = 3$. In Matrizenform läßt sich (7) als

$$(8) \quad \begin{bmatrix} 1 & 2 & 1 & 0 & 0 \\ 2 & 1 & 0 & 1 & 0 \\ 3 & 1 & 0 & 0 & 1 \end{bmatrix} \cdot \begin{bmatrix} x_1 \\ \vdots \\ x_5 \end{bmatrix} = \begin{bmatrix} 13 \\ 11 \\ 15 \end{bmatrix} \quad \text{schreiben.}$$

Sei **A** die (3,5)-Matrix links in der Gleichung (8). Die letzten drei Spalten von **A** sind offensichtlich linear unabhängig. Um die Basislösung mit den Basisvariablen x_3, x_4, x_5 zu ermitteln, werden die restlichen Variablen x_1 und x_2 gleich Null gesetzt. Man erhält so die Basislösung $\mathbf{u}_1 = (0, 0, 13, 11, 15)^T$. Diese Basislösung ist sogar zulässig, da alle Komponenten von $\mathbf{u}_1$ nichtnegativ sind. Die ersten drei Spalten der Matrix **A** sind ebenfalls linear unabhängig, setzt man hier $x_4 = x_5 = 0$ und löst die Gleichung (8), erhält man zu den Basisvariablen x_1, x_2, x_3 die Basislösung $\mathbf{u}_2 = (4, 3, 3, 0, 0)^T$. Dies ist ebenfalls eine zulässige Basislösung. Die zweite, dritte und die vierte Spalte der Matrix **A** sind linear unabhängig. Der Ansatz $x_1 = x_5 = 0$ liefert die Basislösung $\mathbf{u}_3 = (0, 15, -17, -4, 0)^T$ mit den Basisvariablen x_2, x_3, x_4. Diese Basislösung ist **nicht** zulässig.

Betrachtet man nur die ersten zwei Komponenten der zulässigen Basislösungen $\mathbf{u}_1$ und $\mathbf{u}_2$, erhält man die Eckpunkte $(0,0) = O$ und $(4,3) = B$ des Polyeders P aus dem Einführungsbeispiel im § 1. Man könnte sich davon überzeugen, daß jede zulässige Basislösung auf diese Weise genau einem Eckpunkt von P entspricht und umgekehrt. △

Satz 1:
Es sei ein Problem der linearen Optimierung in der Standardform (4), (5), (6) mit einem nichtleeren zulässigen Gebiet G gegeben. Es gilt:

a) Das Problem ist genau dann lösbar, wenn die Zielfunktion (4) auf dem zulässigen Gebiet G nach oben beschränkt ist, d.h. wenn es ein $M \in \mathbb{R}$ mit

$$c_0 + c_1 x_1 + \ldots + c_n x_n = z(x_1, \ldots, x_{n+m}) \leqq M \text{ für alle } \begin{bmatrix} x_1 \\ x_2 \\ \vdots \\ x_{n+m} \end{bmatrix} \in G \text{ gibt.}$$

b) Wenn das Problem lösbar ist, dann gibt es eine optimale zulässige Basislösung, d.h.: Das Maximum der Zielfunktion auf G wird in einer zulässigen Basislösung erreicht.

Ein Beweis des Satzes 1, der doch etwas langwierig ist, findet sich z.B. in [OH]. Wenn die Zielfunktion auf dem zulässigen Gebiet nicht nach oben beschränkt ist, so sagt man daß das Problem **unbeschränkt** ist. Ein Problem der linearen Optimierung mit einem nichtleeren zulässigen Gebiet ist also entweder lösbar oder unbeschränkt.

Zwei Basislösungen des linearen Gleichungssystems (5) heißen **benachbart**, wenn sie $m-1$ Basisvariablen gemeinsam haben. So sind im Beispiel 1 die Basislösungen $\mathbf{u}_1$, $\mathbf{u}_3$ und die Basislösungen $\mathbf{u}_2$, $\mathbf{u}_3$ benachbart; die Basislösungen $\mathbf{u}_1$, $\mathbf{u}_2$ sind dagegen nicht benachbart. Der Simplex-Algorithmus besteht darin, daß man schrittweise von einer zulässigen Basislösung zu einer benachbarten zulässigen Basislösung übergeht, wobei sich der Wert der Zielfunktion nicht verkleinert. Falls das Problem überhaupt lösbar ist, wird nach endlich vielen Schritten (unter gewissen Einschränkungen) eine optimale zulässige Basislösung erreicht. Falls das Problem nicht lösbar ist (das ist nach dem Satz 1 genau der Fall, daß die Zielfunktion auf dem zulässigen Gebiet G nicht nach oben beschränkt ist), so wird dieses durch den Algorithmus festgestellt.

Es werden folgende Einschränkungen gemacht:

a) Für alle zulässigen Basislösungen, die während der Berechnung erreicht werden, wird vorausgesetzt, daß sie sämtlich **nichtdegeneriert** sind, d.h. daß für jede zulässige Basislösung $\mathbf{u} = (u_1, \ldots, u_{n+m})^T$ mit den Basisvariablen $x_{i_1}, \ldots, x_{i_m}$ stets $u_{i_1} > 0, \ldots, u_{i_m} > 0$ gilt oder äquivalenterweise: genau m Komponenten von $\mathbf{u}$ sind positiv. Dadurch wird gewährleistet, daß bei jedem Schritt des Algorithmus der Wert der Zielfunktion echt verbessert wird. Der Algorithmus wird unter dieser Annahme tatsächlich nach endlich vielen Schritten beendet sein.

b) Bevor der eigentliche Simplex-Algorithmus gestartet werden kann, benötigt man eine zulässige Anfangsbasislösung. Im allgemeinen ist die Bestimmung einer solchen Basislösung schwierig. Diese Schwierigkeit kann dadurch vermieden werden, wenn man für die Größen $b_1, \ldots, b_m$ im linearen Gleichungssystems (5) voraussetzt, daß sie alle **positiv** sind. Diese Voraussetzung bewirkt insbesondere, daß das zulässige Gebiet des gegebenen Problems nichtleer ist. Es gibt also entweder eine optimale Lösung des Problems oder das Problem ist unbeschränkt.

Die beiden Einschränkungen sind für die weiteren Betrachtungen unwesentlich, da sie von den meisten konkreten Problemen erfüllt werden.

Die Gleichungen (4), (5) der Standardform bilden ein lineares Gleichungssystem mit $m + 1$ Gleichungen und $n + m + 1$ Unbestimmten $x_1, \ldots, x_{n+m}$, z. Wir schreiben die Gleichung (4) in der Form

$$\begin{aligned} &d_1 x_1 + d_2 x_2 + \ldots + d_n x_n + z = d_0 \\ &\text{mit} \quad d_0 = c_0, d_1 = -c_1, d_2 = -c_2, \ldots, d_n = -c_n \end{aligned}$$

um. Man faßt diese Gleichungen, wie bereits bei dem Gaußschen Eliminationsalgorithmus, zu einer Matrix, zum sog. **(Anfangs-)Simplex-Tableau** zusammen.

$$(9) \quad \begin{array}{cccc|c|c|c|c||c|c} x_1 & x_2 & \ldots & x_n & x_{n+1} & x_{n+2} & \ldots & x_{n+m} & z & \\ \hline a_{11} & a_{12} & \ldots & a_{1n} & 1 & 0 & \ldots & 0 & 0 & b_1 \\ a_{21} & a_{22} & \ldots & a_{2n} & 0 & 1 & \ldots & 0 & 0 & b_2 \\ \vdots & \vdots & \ldots & \vdots & \vdots & \vdots & \ldots & \vdots & \vdots & \vdots \\ a_{m1} & a_{m2} & \ldots & a_{mn} & 0 & 0 & \ldots & 1 & 0 & b_n \\ \hline d_1 & d_2 & \ldots & d_n & 0 & 0 & \ldots & 0 & 1 & d_0 \end{array}$$

Die Unterteilung der Matrix durch die Linien dient der Übersichtlichkeit. Die letzte Zeile des Simplex-Tableaus heißt die **Zielfunktionszeile**. Man kann diesem Tableau schon direkt eine Basislösung $\mathbf{u}_0 = (u_{0,1}, \ldots, u_{0,n+m})^T$ mit den Basisvariablen $x_{n+1}, \ldots, x_{n+m}$ entnehmen, nämlich

$$u_{0,1} = 0, \ldots, u_{0,n} = 0, u_{0,n+1} = b_1, u_{0,n+2} = b_2, \ldots, u_{0,n+m} = b_m.$$

Da die Zahlen $b_1, \ldots, b_m$ sämtlich positiv sind, ist diese Basislösung zulässig und nichtdegeneriert. Mit dieser zulässigen Basislösung $\mathbf{u}_0$ wird das Verfahren gestartet:

1) Optimalitätstest: Zuerst stellt sich die Frage, ob die zulässige Basislösung $\mathbf{u}_0$ optimal ist. Die Zielfunktion erreicht im Punkt $\mathbf{u}_0$ den Wert

$$z(\mathbf{u}_0) = z = d_0 - d_1 u_{0,1} - d_2 u_{0,2} - \ldots - d_n u_{0,n} - 0 \cdot u_{0,n+1} - \ldots - 0 \cdot u_{0,n+m} = d_0.$$

Falls für alle $i = 1, \ldots, n$ stets $d_i \geqq 0$ gilt, so ist für jeden zulässigen Punkt $\mathbf{x} = (x_1, \ldots, x_{n+m})^T \in G$ wegen $\mathbf{0} \leqq \mathbf{x}$ offensichtlich

$$z(\mathbf{x}) = d_0 - \sum_{i=1}^{n} d_i x_i \leqq d_0 = z(\mathbf{u}_0).$$

Die zulässige Basislösung $\mathbf{u}_0$ ist in diesem Fall optimal. Falls $\mathbf{u}_0$ nicht optimal ist, fährt man mit dem Verfahren fort.

2) Bestimmung der Pivotspalte: Falls ein $d_i < 0$, $i = 1, \ldots, n$, ist, dann bestimmt man ein j_0 so, daß $d_{j_0} \leqq d_j$ für alle $j = 1, \ldots, n$ ist. Es gilt natürlich $d_{j_0} < 0$. Die Spalte des Tableaus mit dem Index j_0 ist nun die **Pivotspalte** für den nächsten Schritt des Simplex-Algorithmus.

3) Lösbarkeitstest: Falls für alle $i = 1, \ldots, m$ stets $a_{ij_0} \leqq 0$ gilt, so ist das Problem unbeschränkt: Für jedes $\lambda > 0$ ist dann der Punkt $\mathbf{y} = (y_1, \ldots, y_{n+m})$ mit

$$y_{j_0} = \lambda, \quad y_{n+1} = b_1 - \lambda a_{1j_0},$$
$$y_{n+2} = b_2 - \lambda a_{2j_0}, \ldots, y_{n+m} = b_m - \lambda a_{mj_0} \quad \text{und} \quad y_i = 0 \quad \text{sonst}$$

ein zulässiger Punkt des Problems. Die Zielfunktion erreicht in diesem Punkt den Wert $z(\mathbf{y}) = d_0 - d_{j_0} y_{j_0} = d_0 - d_{j_0}\lambda$. Da $d_{j_0} < 0$ und λ beliebig groß positiv gewählt werden kann, ist die Zielfunktion auf dem zulässigen Gebiet nicht nach oben beschränkt. Im anderen Fall fährt man mit dem nächsten Punkt fort.

4) Bestimmung der Pivotzeile: Wir nehmen jetzt an, daß wenigstens einer der Koeffizienten a_{ij_0} mit $i = 1, \ldots, m$ positiv ist. Man betrachtet für alle $i = 1, \ldots, m$, für die a_{ij_0} **positiv** ist, den Quotienten $\dfrac{b_i}{a_{ij_0}}$ und bestimmt ein i_0 so, daß dieser Quotient minimal ist. Die i_0-te Zeile des Tableaus ist die **Pivotzeile** für den nächsten Schritt des Simplex-Algorithmus, der Koeffizient $a_{i_0 j_0}$ ist das **Pivotelement**.

5) Berechnung der nächsten zulässigen Basislösung: Man führt nun nacheinander im Simplex-Tableau die elementaren Zeilenumformungen

$$z_{i_0} := \frac{1}{a_{i_0 j_0}} \cdot z_{i_0}, \quad z_i := z_i - a_{ij_0} \cdot z_{i_0} \quad (i = 1, \ldots, m;\ i \neq i_0)$$

und schließlich

$$z_{m+1} := z_{m+1} - d_{j_0} z_{i_0}.$$

Dies ergibt ein neues Simplex-Tableau:

$$(10) \quad \begin{array}{c}
\begin{array}{cccccccccccccc|c|c}
x_1 & & x_{j_0} & & x_n & x_{n+1} & x_{n+2} & & x_{n+i_0} & & x_{n+m} & z & \\
a'_{1,1} & \cdots & 0 & \cdots & a'_{1,n} & 1 & 0 & \cdots & a'_{1,n+i_0} & \cdots & 0 & 0 & b'_1 \\
a'_{2,1} & \cdots & 0 & \cdots & a'_{2,n} & 0 & 1 & \cdots & a'_{2,n+i_0} & \cdots & 0 & 0 & b'_2 \\
\cdots & & \cdots & & \cdots & \cdots & \cdots & & \cdots & & \cdots & \cdots & \cdots \\
a'_{i_0,1} & \cdots & 1 & \cdots & a'_{i_0,n} & 0 & 0 & \cdots & a'_{i_0,n+i_0} & \cdots & 0 & 0 & b'_{i_0} \\
\cdots & & \cdots & & \cdots & \cdots & \cdots & & \cdots & & \cdots & \cdots & \cdots \\
a'_{m,1} & \cdots & 0 & \cdots & a'_{m,n} & 0 & 0 & \cdots & a'_{m,n+i_0} & \cdots & 1 & 0 & b'_m \\
\hline
d'_1 & \cdots & 0 & \cdots & d'_n & 0 & 0 & \cdots & d'_{n+i_0} & \cdots & 0 & 1 & d'_0
\end{array}
\end{array}$$

Es gilt

(11) $\quad b'_{i_0} = b_{i_0} / a_{i_0 j_0} \geqq 0$

und für $i = 1, \ldots, m$ mit $i \neq i_0$:

(12) $\quad b'_i = b_i - a_{ij_0} \cdot b'_{i_0} = b_i - a_{ij_0} \cdot (b_{i_0} / a_{i_0 j_0}) \geqq 0.$

Aus dem Tableau (10) läßt sich die neue Basislösung $\mathbf{u}_1 = (u_{1,1}, \ldots, u_{1,n+m})^T$

mit den Basisvariablen $x_{j_0}, x_{n+1}, \ldots, x_{n+i_0-1}, x_{n+i_0+1}, \ldots, x_{n+m}$

sofort ablesen. Es ist

$$u_{1,j_0} = b'_{i_0}, \quad u_{1,n+1} = b'_1, \ldots, u_{1,n+i_0-1} = b'_{i_0-1},$$
$$u_{1,n+i_0+1} = b'_{i_0+1}, \ldots, u_{1,n+m} = b'_m.$$

Wegen (11), (12) ist diese Basislösung $\mathbf{u}_1$ zulässig. Da nur nichtdegenerierte Basislösungen vorausgesetzt worden sind, gilt für alle $i = 1, \ldots, m$ sogar $b_i' > 0$.

Man beachte, daß sich die vorletzte Spalte, die der Variablen z entspricht, bei dem Übergang vom Tableau (9) zum Tableau (10) nicht verändert hatte.

Die Koeffizienten an den Positionen $i_0, n+1, \ldots, n+i_0-1, n+i_0+1, \ldots, n+m$ der Zielfunktionszeile sind sämtlich Null, die Zielfunktion erreicht daher in der soeben berechneten zulässigen Basislösung den Wert $z(\mathbf{u}_1) = z = d_0'$. Es gilt also

$$d_0' = d_0 - d_{j_0} b_{i_0}' > d_0 = z(\mathbf{u}_0);$$

der Wert der Zielfunktion wurde im Punkt $\mathbf{u}_1$ gegenüber dem Wert im Punkt $\mathbf{u}_0$ echt verbessert. Die zulässigen Basislösungen $\mathbf{u}_0$ und $\mathbf{u}_1$ sind benachbart; man sagt auch, daß die Basisvariable x_{n+i_0} der Basislösung $\mathbf{u}_0$ durch die Basisvariable x_{j_0} **vertauscht** worden ist.

Man wiederholt dieses Verfahren mit der aktuellen zulässigen Basislösung $\mathbf{u}_1$ anstelle von $\mathbf{u}_0$. Man rechnet dabei mit den Basisvariablen

$$x_{j_0}, x_{n+1}, \ldots, x_{n+i_0-1}, x_{n+i_0+1}, \ldots, x_{n+m}$$

anstelle der Basisvariablen $x_{n+1}, \ldots, x_{n+m}$. Es läßt sich wieder entweder eine neue zulässige Basislösung $\mathbf{u}_2$ ermitteln, die den Wert der Zielfunktion gegenüber der Basislösung $\mathbf{u}_1$ verbessert, oder es zeigt sich, daß das Problem unbeschränkt ist. Da bei jedem Schritt der Wert der Zielfunktion echt verbessert wird und es nur endlich viele zulässige Basislösungen gibt, wird der Algorithmus nach endlich vielen Schritten beendet sein. Wird die optimale Lösung

$$\mathbf{v} = (v_1, v_2, \ldots, v_n, v_{n+1}, \ldots, v_{n+m})^T \in \mathbb{R}^{n+m}$$

erreicht, so bilden die ersten n Komponenten von $\mathbf{v}$, d.h. der Vektor $(v_1, v_2, \ldots, v_n)^T \in \mathbb{R}^n$, eine optimale Lösung des ursprünglichen Problems (1), (2), (3).

Der Simplex-Algorithmus läßt sich wie folgt kurz zusammenfassen:

Simplex-Algorithmus:

SA1: Erstelle das Anfangs-Simplex-Tableau.

SA2: Optimalitätstest:
Falls die aktuelle zulässige Basislösung optimal ist,
dann gib diese Basislösung als Ergebnis aus. STOP.

SA3: Bestimme die Pivotspalte.

SA4: Lösbarkeitstest:
Falls das Problem unbeschränkt ist, melde:
„Das Problem ist unbeschränkt“. STOP.

SA5: Bestimme die Pivotzeile.

SA6: Berechne die nächste zulässige Basislösung.
Gehe nach SA2.

Dem Leser wird empfohlen, bevor er sich mit dem nächsten Beispiel beschäftigt, die einzelnen oben angegebenen Schritte des Simplex-Algorithmus mit der Beschreibung des Übergangs von der zulässigen Basislösung $\mathbf{u}_0$ zur Basislösung $\mathbf{u}_1$ zu vergleichen.

Beispiel 2: Zu maximieren ist die Zielfunktion

(13) $z = 2 + 2x_1 + x_2 - 2x_3$

unter den Bedingungen

$$(14)\quad \begin{cases} 4x_1 - 4x_2 - x_3 \leqq 3 \\ x_1 + 3x_2 + x_3 \leqq 2 \\ x_1 + x_2 - 2x_3 \leqq 4 \\ 0 \leqq x_1,\ 0 \leqq x_2,\ 0 \leqq x_3 . \end{cases}$$

Es ist $m = n = 3$. Um dieses Problem in die Standardform zu bringen, werden drei Schlupfvariablen x_4, x_5, x_6 eingeführt. Wir erhalten das Problem in der Standardform:
Maximiere die Zielfunktion $z = 2 + 2x_1 + x_2 - 2x_3$ unter den Bedingungen

$$\begin{aligned} 4x_1 - 4x_2 - x_3 + x_4 \qquad\qquad &= 3 \\ x_1 + 3x_2 + x_3 \qquad + x_5 \qquad &= 2 \\ x_1 + x_2 - 2x_3 \qquad\qquad + x_6 &= 4 \\ 0 \leqq x_1,\ 0 \leqq x_2,\ 0 \leqq x_3,\ 0 \leqq x_4,\ 0 \leqq x_5,\ 0 \leqq x_6 . \end{aligned}$$

Das Anfangs-Simplex-Tableau hat die Form

x_1	x_2	x_3	x_4	x_5	x_6	z	
[4]	−4	−1	1	0	0	0	3
1	3	1	0	1	0	0	2
1	1	−2	0	0	1	0	4
−2	−1	2	0	0	0	1	2

Aus dem Tableau kann die zulässige (Anfangs-)Basislösung $\mathbf{u}_0 = (0, 0, 0, 3, 2, 4)^T$ mit den Basisvariablen x_4, x_5, x_6 sofort abgelesen werden. Unter den ersten sechs Koeffizienten der Zielfunktionszeile ist -2 der kleinste und negativ. Die erste Spalte ist also die Pivotspalte für den nächsten Schritt. Die oberen drei Koeffizienten der Pivotspalte sind nicht alle kleiner oder gleich Null, die aktuelle zulässige Basislösung $\mathbf{u}_0$ kann somit verbessert werden. Man bildet nun für die ersten drei Zeilen jeweils den Quotienten des Elementes der letzten Spalte mit dem der Pivotspalte. Unter den Zahlen 3/4, 2/1, 4/1 ist die erste die kleinste positive, die erste Zeile ist also die Pivotzeile. Das Pivotelement ist im Tableau eingezeichnet. Die elementaren Zeilenumformungen

$$z_1 := \tfrac{1}{4} \cdot z_1, \quad z_2 := z_2 - z_1, \quad z_3 := z_3 - z_1, \quad z_4 := z_4 + 2z_1$$

liefern das neue Tableau:

x_1	x_2	x_3	x_4	x_5	x_6	z	
1	−1	−1/4	1/4	0	0	0	3/4
0	[4]	5/4	−1/4	1	0	0	5/4
0	2	−7/4	−1/4	0	1	0	13/4
0	−3	3/2	1/2	0	0	1	7/2

Die neue zulässige Basislösung $\mathbf{u}_1 = (3/4, 0, 0, 0, 5/4, 13/4)^T$ hat die Basisvariablen x_1, x_5, x_6. Es gilt $z(\mathbf{u}_1) = 7/2$, das ist die Zahl in der unteren rechten Ecke des Tableaus. Unter den ersten sechs Koeffizienten der Zielfunktionszeile ist die Zahl -3 die kleinste und negativ, die zweite Spalte ist also die Pivotspalte für den nächsten Schritt. Für die Zeilen, die in der Pivotspalte einen positiven Koeffizienten haben, bildet man nun den Quotienten des Elements der letzten Spalte mit dem der Pivotspalte. Unter den Quotienten $(5/4)/4 = 5/16$ und $(13/4)/2 = 13/8$ ist der erste der kleinere, die zweite Zeile ist dadurch als Pivotzeile bestimmt worden. Die elementare Zeilenumformungen

$$z_2 := \tfrac{1}{4} \cdot z_2, \quad z_1 := z_1 + z_2, \quad z_3 := z_3 - 2z_2, \quad z_4 := z_4 + 3z_2$$

liefern das nächste Simplex-Tableau:

x_1	x_2	x_3	x_4	x_5	x_6	z	
1	0	1/16	3/16	1/4	0	0	17/16
0	1	5/16	−1/16	1/4	0	0	5/16
0	0	−19/8	−1/8	−1/2	1	0	21/8
0	0	39/16	5/16	3/4	0	1	71/16

Die neue zulässige Basislösung $\mathbf{u}_2 = (17/16, 5/16, 0, 0, 0, 21/8)^T$ mit den Basisvariablen x_1, x_2, x_6 ist, da die ersten sechs Koeffizienten der Zielfunktionszeile sämtlich nichtnegativ sind, optimal. Der Vektor $\mathbf{v} = (17/16, 5/16, 0)^T$ ist eine optimale Lösung des gegebenen Problems (13), (14). Es gilt $z(\mathbf{v}) = 71/16$. △

Beispiel 3: Das Einführungsbeispiel liefert (vgl. Beispiel 1) das folgende Anfangs-Simplex-Tableau:

x_1	x_2	x_3	x_4	x_5	z	
1	2	1	0	0	0	13
2	1	0	1	0	0	11
[3]	1	0	0	1	0	15
−50	−40	0	0	0	1	0

$\mathbf{u}_0 = (0, 0, 13, 11, 15)^T$
$z(\mathbf{u}_0) = 0$

(Die Basisvariablen der aktuellen zulässigen Basislösung sowie das Pivotelement sind jeweils eingezeichnet).

Wir erhalten folgende Rechnung:

x_1	x_2	x_3	x_4	x_5	z	
0	5/3	1	0	−1/3	0	8
0	1/3	0	1	−2/3	0	1
1	1/3	0	0	1/3	0	5
0	−70/3	0	0	50/3	1	250

↓

$\mathbf{u}_1 = (5, 0, 8, 1, 0)^T$
$z(\mathbf{u}_1) = 250$

x_1	x_2	x_3	x_4	x_5	z	
0	0	1	−5	3	0	3
0	1	0	3	−2	0	3
1	0	0	−1	1	0	4
0	0	0	70	−30	1	320

↓

$\mathbf{u}_2 = (4, 3, 3, 0, 0)^T$
$z(\mathbf{u}_2) = 320$

x_1	x_2	x_3	x_4	x_5	z	
0	0	1/3	−5/3	1	0	1
0	1	2/3	−1/3	0	0	5
1	0	−1/3	2/3	0	0	3
0	0	10	20	0	1	350

$\mathbf{u}_3 = (3, 5, 0, 0, 1)^T$
$z(\mathbf{u}_3) = 350$

Die ersten fünf Koeffizienten der Zielfunktionszeile sind sämtlich nichtnegativ, die zulässige Basislösung $\mathbf{u}_3 = (3, 5, 0, 0, 1)^T$ ist also optimal. Die ersten zwei Komponenten des Vektors $\mathbf{u}_3$ sind die Koordinaten eines Punktes des zulässigen Gebiets P des Problems aus § 1, in dem die Zielfunktion $z = 50x_1 + 40x_2$ ihr Maximum auf P erreicht. Dieser Punkt ist der Eckpunkt C = (3, 5) des Polyeders P. Das Ergebnis stimmt also mit der in § 1 geometrisch ermittelten Lösung überein.

Die Basislösungen $\mathbf{u}_0$, $\mathbf{u}_1$, $\mathbf{u}_2$, $\mathbf{u}_3$ entsprechen der Reihe nach den Eckpunkten O = (0, 0), A = (5, 0), B = (4, 3), C = (3, 5) des Polyeders P aus dem § 1. Der Weg von der Anfangsbasislösung bis zu der optimalen Basislösung läßt sich wie folgt graphisch darstellen:

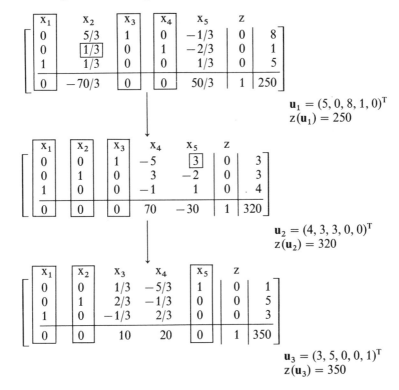

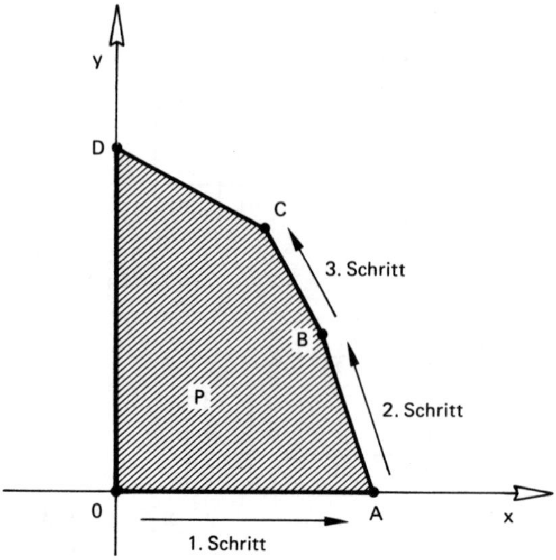

Beispiel 4: Die Zielfunktion $z = -x_1 + 3x_2$ ist unter den Bedingungen

$$\begin{aligned} -x_1 + x_2 &\leqq 2 \\ -x_1 + 2x_2 &\leqq 6 \end{aligned}$$

und $\quad 0 \leqq x_1,\ 0 \leqq x_2 \quad$ zu maximieren.

Man führt die zwei Schlupfvariablen x_3, x_4 ein und erhält das folgende Anfangs-Simplex-Tableau:

$$\begin{array}{cccc|c|c} x_1 & x_2 & x_3 & x_4 & z & \\ -1 & \boxed{1} & 1 & 0 & 0 & 2 \\ -1 & 2 & 0 & 1 & 0 & 6 \\ \hline 1 & -3 & 0 & 0 & 1 & 0 \end{array}$$

$$\mathbf{u}_0 = (0, 0, 2, 6)^T.$$

Der erste Schritt liefert:

$$\begin{array}{cccc|c|c} x_1 & x_2 & x_3 & x_4 & z & \\ -1 & 1 & 1 & 0 & 0 & 2 \\ \boxed{1} & 0 & -2 & 1 & 0 & 2 \\ \hline -2 & 0 & 3 & 0 & 1 & 6 \end{array}$$

$$\mathbf{u}_1 = (0, 2, 0, 2)^T.$$

Der zweite Schritt liefert:

$$\begin{array}{cccc|c|c} x_1 & x_2 & x_3 & x_4 & z & \\ 0 & 1 & -1 & 1 & 0 & 4 \\ 1 & 0 & -2 & 1 & 0 & 2 \\ \hline 0 & 0 & -1 & 2 & 1 & 10 \end{array}$$

↑ Pivotspalte (unter x_3)

$$\mathbf{u}_2 = (2, 4, 0, 0)^T.$$

Sämtliche Koeffizienten der Pivotspalte (d. h. der dritten) sind negativ, die Zielfunktion ist auf dem zulässigen Gebiet nicht nach oben beschränkt, d. h.: das gegebene Problem ist nicht lösbar. △

Aufgaben

Aufgaben zur linearen Algebra (Abschnitte II und V):

1. Lösen Sie die folgenden linearen Gleichungssysteme

(a)
$$\begin{aligned} 9x_1 - 3x_2 + 5x_3 + 6x_4 &= 4 \\ 6x_1 - 2x_2 + 3x_3 + x_4 &= 5 \\ 3x_1 - x_2 + 3x_3 + 14x_4 &= -8 \end{aligned}$$

(b)
$$\begin{aligned} x_1 + x_2 + 3x_3 - 2x_4 &= 1 \\ 2x_1 + 2x_2 + 4x_3 - x_4 &= 2 \\ 3x_1 + 3x_2 + 5x_3 - 2x_4 &= 1 \\ 2x_1 + 2x_2 + 8x_3 - 3x_4 &= 2 \end{aligned}$$

(c)
$$\begin{aligned} 2x_1 - x_2 + x_3 - x_4 &= 1 \\ -x_1 + 2x_3 + x_4 &= 0 \\ 3x_1 - 2x_2 + 4x_3 &= 0 \\ -2x_1 + 2x_2 - x_3 + 2x_4 &= -1 \end{aligned}$$

2. Sind die folgenden Vektoren linear unabhängig? a, b und c sind Parameter für reelle Zahlen:

(a) $\begin{pmatrix} 1 \\ 2 \\ 1 \\ -1 \end{pmatrix}$; $\begin{pmatrix} 2 \\ 3 \\ 1 \\ 0 \end{pmatrix}$; $\begin{pmatrix} 1 \\ 2 \\ 2 \\ -3 \end{pmatrix}$ (b) $\begin{pmatrix} 0 \\ c \\ a \end{pmatrix}$; $\begin{pmatrix} -c \\ 0 \\ b \end{pmatrix}$; $\begin{pmatrix} a \\ b \\ 0 \end{pmatrix}$ (c) $\begin{pmatrix} 1 \\ -1 \\ 0 \\ 1 \end{pmatrix}$; $\begin{pmatrix} 0 \\ 2 \\ 1 \\ 0 \end{pmatrix}$; $\begin{pmatrix} 1 \\ -2 \\ a \\ 0 \end{pmatrix}$

$a \neq 0$

3. Welche Produkte der folgenden Matrizen sind definiert? Berechnen Sie diese Produkte:

$$A = \begin{pmatrix} 1 & 0 & -1 & 2 \end{pmatrix} \; ; \; B = \begin{pmatrix} 1 \\ 2 \\ 1 \\ -1 \end{pmatrix} \; ; \; C = \begin{pmatrix} 1 & 2 & 0 & -1 \\ 2 & 1 & -1 & 0 \\ -1 & 0 & 1 & 2 \end{pmatrix} \; ; \; D = \begin{pmatrix} 0 & -1 \\ 1 & -1 \\ 3 & 0 \\ 2 & 1 \end{pmatrix}$$

4. Gegeben sind die Matrizen $C = \begin{pmatrix} c & 1 \\ 0 & c \end{pmatrix}$ mit $c \neq 0$ und $X = \begin{pmatrix} x_{11} & x_{12} \\ x_{21} & x_{22} \end{pmatrix}$.

Für welche X gilt $C \cdot X = X \cdot C$?

5. Berechnen Sie die Inversen zu den gegebenen Matrizen soweit dies möglich ist. a ist ein Parameter für reelle Zahlen.

$$A = \begin{pmatrix} 2 & -5 & -7 \\ 6 & 7 & 2 \\ 1 & -2 & -3 \end{pmatrix} ; \ B = \begin{pmatrix} 0 & -4 & 3 \\ 4 & 0 & 1 \\ 3 & 1 & 0 \end{pmatrix} ; \ C = \begin{pmatrix} 1 & a & -a^2 \\ a & 1 & -a \\ -1 & a^2 & a \end{pmatrix}$$

6. Lösen Sie das Gleichungssystem $A \cdot \vec{x} = \vec{b}$ mit

$$A = \begin{pmatrix} -2 & -2 & 1 \\ -2 & -3 & 1 \\ 1 & 3 & 0 \end{pmatrix} ; \ \vec{x} = \begin{pmatrix} x_1 \\ x_2 \\ x_3 \end{pmatrix} ; \ \vec{b} = \begin{pmatrix} 1 \\ 0 \\ 1 \end{pmatrix}$$ mit Hilfe der Inversen von A.

7. Gesucht ist der Rang der folgenden Matrizen. a ist ein Parameter für reelle Zahlen.

$$A = \begin{pmatrix} 2 & -1 & 3 \\ 4 & -2 & 5 \\ 2 & -1 & 1 \end{pmatrix} ; \ B = \begin{pmatrix} 1 & 0 & a \\ a & 1 & 0 \\ 0 & 1 & a \end{pmatrix} ; \ C = \begin{pmatrix} 1 & 2 & 2-a \\ 1 & 3 & 3-a \\ 0 & 2-a & a^2 \end{pmatrix}$$

8. Berechnen Sie die Determinanten

$$|A| = \begin{vmatrix} 2 & 1 & 3 \\ 5 & 3 & 2 \\ 1 & 4 & 3 \end{vmatrix} ; \ |B| = \begin{vmatrix} 2 & 3 & a-1 \\ -1 & a+1 & 3a+18 \\ 1 & 2 & 3 \end{vmatrix} ; \ |C| = \begin{vmatrix} 0 & 0 & c & 0 \\ 0 & 0 & 0 & c \\ 0 & b & 0 & 0 \\ a & 0 & 0 & 0 \end{vmatrix}$$

9. Überprüfen Sie durch Verwendung einer Determinante, ob die folgenden Vektoren linear abhängig sind.

(a) $\begin{pmatrix} 1 \\ 1 \\ 4 \\ 3 \end{pmatrix} ; \begin{pmatrix} 1 \\ 0 \\ 2 \\ 1 \end{pmatrix} ; \begin{pmatrix} 1 \\ 1 \\ 0 \\ 0 \end{pmatrix} ; \begin{pmatrix} 3 \\ 8 \\ 2 \\ 4 \end{pmatrix}$ (b) $\begin{pmatrix} 1 \\ 1 \\ 1 \\ 1+x \end{pmatrix} ; \begin{pmatrix} 1 \\ 1 \\ 1+x \\ 1 \end{pmatrix} ; \begin{pmatrix} 1 \\ 1+x \\ 1 \\ 1 \end{pmatrix} ; \begin{pmatrix} 1+x \\ 1 \\ 1 \\ 1 \end{pmatrix}$

10. Lösen Sie das Gleichungssystem $A \cdot \vec{x} = \vec{b}$ mit Hilfe der Cramerschen Regel.

$$A = \begin{pmatrix} 1 & 2 & 3 \\ 1 & c & 3 \\ 1 & 2 & c \end{pmatrix} ; \ \vec{x} = \begin{pmatrix} x_1 \\ x_2 \\ x_3 \end{pmatrix} ; \ \vec{b} = \begin{pmatrix} 2 \\ 1 \\ 0 \end{pmatrix}$$

11. Gegeben sind

$$A = \begin{pmatrix} 1 & a & 1 \\ a & 1 & 1 \\ 1 & 1 & 1 \end{pmatrix} \; ; \; \vec{x} = \begin{pmatrix} x_1 \\ x_2 \\ x_3 \end{pmatrix} \; ; \; \vec{b} = \begin{pmatrix} 0 \\ 0 \\ 0 \end{pmatrix}$$

(a) Gibt es einen Wert für a, so dass der Rang von A gleich 2 wird?
(b) Ist die Determinante zu A für alle a ungleich 0?
(c) Für welchen Wert von a hat das Gleichungssystem $A \cdot \vec{x} = \vec{b}$ unendlich viele Lösungen. Geben Sie in diesem Fall die Lösungen an.
(d) Diese Lösungsmenge ist ein Vektorraum. Bestimmen Sie eine Basis und die Dimension des Vektorraums.

12.

(a) Berechnen Sie die Determinante zur Matrix $A = \begin{pmatrix} 0 & 4 & -1 & 7 \\ 1 & 2 & 1 & 6 \\ 0 & 3 & 0 & 6 \\ -1 & 4 & 6 & 13 \end{pmatrix}$

(b) $\vec{b}$ sei ein beliebiger vierdimensionaler Vektor. Hat das Gleichungssystem $A \cdot \vec{x} = \vec{b}$ genau eine Lösung?

13. Gegeben sind die Vektoren $\begin{pmatrix} 0 \\ -1 \\ 0 \\ 1 \end{pmatrix}$; $\begin{pmatrix} 1 \\ 1 \\ 1 \\ 0 \end{pmatrix}$. Die Menge aller Linearkombinationen dieser Vektoren ist ein Vektorraum.
(a) Geben Sie eine Basis und die Dimension dieses Vektorraums an.
(b) Ist die Menge der Vektoren $\begin{pmatrix} 1 \\ -2 \\ 1 \\ 3 \end{pmatrix}$; $\begin{pmatrix} -4 \\ -5 \\ -4 \\ 1 \end{pmatrix}$ ebenfalls eine Basis des gegebenen Vektorraums?

14.
(a) Maximieren Sie die Zielfunktion $z = 4x_1 + 6x_2 + 2$ unter den Bedingungen

$$x_1 + 3x_2 \le 9 \; ; \; x_1 + x_2 \le 4 \; ; \; 2x_1 + x_2 \le 7 \; ; \; x_1 \ge 0 ; x_2 \ge 0$$

Lösung mit Hilfe des Simplex-Algorithmus.

(b) Berechnen Sie das Maximum von $z = 2x_1 + 3x_2$ unter den Bedingungen
$x_1 \leq 3$; $2x_1 + x_2 \leq 8$; $x_1 + 2x_2 \leq 10$; $x_1 \geq 0$; $x_2 \geq 0$.
Lösung mit Hilfe des Simplex-Algorithmus.
(c) Die Zielfunktion $z = x_1 + 3x_2 + 5$ ist zu maximieren unter den Bedingungen $-2x_1 + x_2 \leq 7$; $2x_1 + x_2 \leq 15$; $x_1 - x_2 \leq 4$; $x_1 \leq 5$; $x_1 \geq 0$; $x_2 \geq 0$. Lösung mit Hilfe des Simplex-Algorithmus.

Aufgaben zur Differential- und Integralrechnung (Abschnitte III und IV):

15. Bilden Sie die erste Ableitung folgender Funktionen:
(a) $y = \ln\frac{x+1}{x-1}$; (b) $y = \tan(\sin x)$; (c) $y = x^x$; (d) $y = x^3 e^x$

16. (a) Hat die Funktion $y = \ln(1+x) - x + \frac{x^2}{2} - \frac{x^3}{3}$ Punkte mit waagrechter Tangente?
(b) Gibt es einen Punkt der Funktion $y = \frac{2}{1-e^{3-x}}$ mit der Steigung 1 ?

17. (a) Gesucht ist die zweite Ableitung der Funktion $y = (ax+b)^n$ mit $n \geq 2$.
(b) Berechnen Sie die k-te Ableitung von $y = x \cdot \ln x$ mit $k \geq 3$.

18. Erfüllt die Funktion y = f(x) die jeweils angegebene Diffrentialgleichung?
(a) $y = f(x) = \sin x - 1 + e^{-\sin x}$; $y' + y \cdot \cos x = \sin x \cdot \cos x$
(b) $y = f(x) = e^{-x^2}\left(\frac{1}{2}x^2 + 1\right)$; $y' + 2xy = x \cdot e^{-x^2}$

19. Haben die folgenden Funktionen lokale Extremwerte?
(a) $y = \frac{x+3}{2e^x}$ (b) $y = \sqrt{2+\sin x}$ mit $0 \leq x \leq 2\pi$ (c) $y = \ln(x + 12 - x^2)$
(d) $y = e^{x^2}(2x+3)$

20. Berechnen Sie die unbestimmten Integrale:
(a) $\int \frac{x-1+\sqrt[3]{x+1}}{x+1}dx$ (b) $\int \frac{\cos(\ln x)}{x}dx$ (c) $\int x^3 \ln x \cdot dx$ (d) $\int \frac{2 \cdot \sin x}{1+\cos x}dx$

21. Lösen Sie die bestimmten Integrale:
(a) $\int_0^1 \frac{e^x}{e^x+1}dx$ (b) $\int_0^1 \frac{x}{(1+x)^3}dx$ (c) $\int_1^e \frac{\sqrt{1+\ln x}}{x}dx$

22. Die folgenden uneigentlichen Integrale sind zu berechnen:

(a) $\int\limits_0^{\infty} \frac{2}{(1+2x)^2} dx$ (b) $\int\limits_1^{\infty} \frac{1}{x^2} e^{\frac{1}{2x}} dx$ (c) $\int\limits_1^{\infty} \frac{(x-2)^2}{x^4} dx$

23. Kann der Parameter a > 0 so gewählt werden, dass

(a) $\int\limits_1^{2} \frac{1}{(ax)^3} dx = \frac{3}{8}$ (b) $\int\limits_0^{a} \frac{x}{(x^2+4)^2} dx = \frac{1}{16}$

24. (a) Bilden Sie die ersten und zweiten partiellen Ableitungen von

$z = e^{xy} + e^{x+y} + \ln(xy)$ und $z = \sin\frac{x}{y} + x \cdot \ln y$

(b) $z = x^2 + kx + 9y^2$. Für welche k gibt es einen Punkt mit waagrechter Tangentialebene?

25. Erfüllt die Funktion z = f(x,y) die jeweils angegebene Differentialgleichung?

(a) $z = f(x,y) = xy \cdot (x^2 - y^2)$; $xy^2 z'_x + x^2 y z'_y = z \cdot (x^2 + y^2)$

(b) $z = f(x,y) = \frac{x^2 + y^2}{y}$; $(x^2 - y^2) z'_x + 2xy z'_y = 0$

26. Gesucht sind die lokalen Extremwerte folgender Funktionen

(a) $z = x^2 + \frac{2y^2}{x} - 12x$ (b) $z = (x-y)^2 + x^2 e^x$

(c) $z = 5y^2 x + 3(y-5)^2 - 20x$

27. Berechnen Sie Extremwerte unter Nebenbedingungen (Methode von Lagrange):

(a) $z = xy\, e^{x-y}$; Nebenbedingung: $e^{x+y} = 1$

(b) $z = x^2 + y^2$; Nebenbedingung: x + 4y = 2

28. Man berechne das totale Differential der Funktion $z = y^y \ln(x^2) + y$ an der Stelle x = 1 und y = 2 .

Lösungen

L1:

(a)

x_1	x_2	x_3	x_4			
9	-3	5	6	4	+	
6	-2	3	1	5	$\cdot(-6)$	$\cdot(-14)$
3	-1	3	14	-8		+
-27	9	-13	0	-26		:9
6	-2	3	1	5		
-81	27	-39	0	-78		

Die dritte Zeile ist das 3-fache der ersten. Daher kann auf die dritte verzichtet werden.

-3	1	$-\frac{13}{9}$	0	$-\frac{26}{9}$	$\cdot 2$
6	-2	3	1	5	+
-3	1	$-\frac{13}{9}$	0	$-\frac{26}{9}$	
0	0	$\frac{1}{9}$	1	$-\frac{7}{9}$	

Lösung: $x_1 = \lambda$; $x_2 = -\frac{26}{9} + 3\lambda + \frac{13}{9}\mu$; $x_3 = \mu$; $x_4 = -\frac{7}{9} - \frac{1}{9}\mu$

(b)

x_1	x_2	x_3	x_4				
1	1	3	-2	1	$\cdot(-2)$	$\cdot(-3)$	$\cdot(-2)$
2	2	4	-1	2	+		
3	3	5	-2	1		+	
2	2	8	-3	2			+
1	1	3	-2	1	+		
0	0	-2	3	0		+	
0	0	-4	4	-2			+
0	0	2	1	0	$\cdot 2$	$\cdot(-3)$	$\cdot(-4)$
1	1	7	0	1			
0	0	-8	0	0	:(-8)		
0	0	-12	0	-2			
0	0	2	1	0			

x_1	x_2	x_3	x_4				
1	1	7	0	1	+		
0	0	1	0	0	· (- 7)	· 12	· (- 2)
0	0	- 12	0	- 2		+	
0	0	2	1	0			+
1	1	0	0	1			
0	0	1	0	0			
0	0	0	0	- 2	Widerspruch!		
0	0	0	1	0			

Dieses Gleichungssystem ist unlösbar.

(c)

x_1	x_2	x_3	x_4					
2	- 1	1	- 1	1	+			
- 1	0	2	1	0	+		· (- 2)	
3	- 2	4	0	0				
- 2	2	- 1	2	- 1			+	
1	- 1	3	0	1	+		· (- 3)	
- 1	0	2	1	0	+			
3	- 2	4	0	0			+	
0	2	- 5	0	- 1				
1	- 1	3	0	1	+			
0	- 1	5	1	1		+		
0	1	- 5	0	- 3	+	+		· (- 2)
0	2	- 5	0	- 1				+
1	0	- 2	0	- 2				
0	0	0	1	- 2				
0	1	- 5	0	- 3				
0	0	5	0	5		: 5		
1	0	- 2	0	- 2		+		
0	0	0	1	- 2				
0	1	- 5	0	- 3			+	
0	0	1	0	1		· 2	· 5	

x_1	x_2	x_3	x_4	
1	0	0	0	0
0	0	0	1	-2
0	1	0	0	2
0	0	1	0	1

$x_1 = 0$; $x_2 = 2$; $x_3 = 1$; $x_4 = -2$

Das Gleichungssystem hat genau eine Lösung.

L2:
(a)

x_1	x_2	x_3		
1	2	1	0	+
2	3	2	0	+
1	1	2	0	· (-2) · (-3)
-2	0	-3	0	
-1	0	-3	0	· (-1)
-1	0	-4	0	
1	1	2	0	
-2	0	-3	0	
1	0	3	0	+ · (-1) ·2
-1	0	-4	0	+
1	1	2	0	+
-2	0	-3	0	+
1	0	3	0	
0	0	-1	0	· (-1)
0	1	-1	0	
0	0	3	0	
1	0	3	0	+
0	0	1	0	· (-3) + · (-3)
0	1	-1	0	+
0	0	3	0	+
1	0	0	0	
0	0	1	0	$x_1 = x_2 = x_3 = 0$
0	1	0	0	Genau eine Lösung!
0	0	0	0	

Die gegebenen Vektoren sind linear unabhängig.

(b)

x_1	x_2	x_3			
0	- c	a	0	: a	a ≠ 0
c	0	b	0		
a	b	0	0		

x_1	x_2	x_3		
0	$-\frac{c}{a}$	1	0	· (- b)
c	0	b	0	+
a	b	0	0	

x_1	x_2	x_3		
0	$-\frac{c}{a}$	1	0	
c	$\frac{bc}{a}$	0	0	
a	b	0	0	: a

x_1	x_2	x_3		
0	$-\frac{c}{a}$	1	0	
c	$\frac{bc}{a}$	0	0	+
1	$\frac{b}{a}$	0	0	· (- c)

x_1	x_2	x_3	
0	$-\frac{c}{a}$	1	0
0	0	0	0
1	$\frac{b}{a}$	0	0

Es gibt unendlich viele Lösungen. Die gegebenen Vektoren sind für alle zulässigen Werte der Parameter linear abhängig.

(c)

x_1	x_2	x_3		
1	0	1	0	
- 1	2	- 2	0	+
0	1	a	0	· (- 2)
1	0	0	0	

x_1	x_2	x_3				
1	0	1	0	+		
- 1	0	- 2 - 2a	0		+	
0	1	a	0			
1	0	0	0	· (- 1)	+	
0	0	1	0		(2 + 2a)	(- a)
0	0	- 2 - 2a	0		+	
0	1	a	0			+
1	0	0	0			
0	0	1	0			
0	0	0	0			
0	1	0	0			
1	0	0	0			

$x_1 = x_2 = x_3 = 0$. Es gibt genau eine Lösung für alle a, also sind die gegebenen Vektoren für alle a linear unabhängig.

L3. Die Produkte $A \cdot C$, $C \cdot A$, $D \cdot A$, $B \cdot C$, $B \cdot D$, $D \cdot B$ und $D \cdot C$ sind nicht definiert.

$$B \cdot A = \begin{pmatrix} 1 & 0 & -1 & 2 \\ 2 & 0 & -2 & 4 \\ 1 & 0 & -1 & 2 \\ -1 & 0 & 1 & -2 \end{pmatrix} ; A \cdot D = (1 \quad 1) ; \; C \cdot B = \begin{pmatrix} 6 \\ 3 \\ -2 \end{pmatrix} ; C \cdot D = \begin{pmatrix} 0 & -4 \\ -2 & -3 \\ 7 & 3 \end{pmatrix}$$

L4.

$$C \cdot X = \begin{pmatrix} cx_{11} + x_{21} & cx_{12} + x_{22} \\ cx_{21} & cx_{22} \end{pmatrix} ; \; X \cdot C = \begin{pmatrix} cx_{11} & x_{11} + cx_{12} \\ cx_{21} & x_{21} + cx_{22} \end{pmatrix}$$

Zwei Matrizen sind gleich, wenn sie in allen entsprechenden Elementen übereinstimmen. Daraus ergeben sich folgende Bedingungen:

$$c x_{11} + x_{21} = c x_{11} \quad \rightarrow \quad x_{21} = 0 \; ; \; c x_{12} + x_{22} = x_{11} + c x_{12} \quad \rightarrow \quad x_{11} = x_{22}$$
$$c x_{22} = x_{21} + c x_{22} \quad \rightarrow \quad x_{21} = 0$$

Zusammen: $x_{11} = x_{22}$; $x_{21} = 0$ und x_{12} kann beliebig gewählt werden.

L5: (a)

2	-5	-7	1	0	0	+	
6	7	2	0	1	0		+
1	-2	-3	0	0	1	· (-2)	· (-6)

0	-1	-1	1	0	-2	· (-1)
0	19	20	0	1	-6	
1	-2	-3	0	0	1	

0	1	1	-1	0	2	· (-19)	· 2
0	19	20	0	1	-6	+	
1	-2	-3	0	0	1		+

0	1	1	-1	0	2	+	
0	0	1	19	1	-44	· (-1)	+
1	0	-1	-2	0	5		+

0	1	0	-20	-1	46
0	0	1	19	1	-44
1	0	0	17	1	-39

1	0	0	17	1	-39
0	1	0	-20	-1	46
0	0	1	19	1	-44

Die letzte Matrix rechts ist die gesuchte Inverse.

(b)

0	-4	3	1	0	0	+
4	0	1	0	1	0	· (-3)
3	1	0	0	0	1	

-12	-4	0	1	-3	0	+
4	0	1	0	1	0	
3	1	0	0	0	1	· 4

0	0	0	1	-3	4
4	0	1	0	1	0
3	1	0	0	0	1

An der ersten Zeile des letzten Schemas sieht man, dass es keine Inverse zu B geben kann.

1	a	$-a^2$	1	0	0	$\cdot(-a)$ +
a	1	$-a$	0	1	0	+
-1	a^2	a	0	0	1	+

1	a	$-a^2$	1	0	0	
0	$1-a^2$	a^3-a	$-a$	1	0	$:(1-a^2)$
0	$a+a^2$	$a-a^2$	1	0	1	Vor.: $a \neq \pm 1$

1	a	$-a^2$	1	0	0	+
0	1	$-a$	$\frac{-a}{1-a^2}$	$\frac{1}{1-a^2}$	0	$\cdot(-a)$ $\cdot(-a-a^2)$
0	$a+a^2$	$a-a^2$	1	0	1	+

1	0	0	$\frac{1}{1-a^2}$	$\frac{-a}{1-a^2}$	0	
0	1	$-a$	$\frac{-a}{1-a^2}$	$\frac{1}{1-a^2}$	0	Vor.: $a \neq 0$
0	0	$a+a^3$	$\frac{1+a^3}{1-a^2}$	$\frac{-a-a^2}{1-a^2}$	1	$:(a+a^3)$

1	0	0	$\frac{1}{1-a^2}$	$\frac{-a}{1-a^2}$	0	
0	1	$-a$	$\frac{-a}{1-a^2}$	$\frac{1}{1-a^2}$	0	+
0	0	1	$\frac{1+a^3}{a(1-a^4)}$	$\frac{-(1+a)}{1-a^4}$	$\frac{1}{a(1+a^2)}$	$\cdot$ a

1	0	0	$\frac{1}{1-a^2}$	$\frac{-a}{1-a^2}$	0
0	1	0	$\frac{1-a}{1-a^4}$	$\frac{1-a}{1-a^4}$	$\frac{1}{1+a^2}$
0	0	1	$\frac{1+a^3}{a(1-a^4)}$	$\frac{-(1+a)}{1-a^4}$	$\frac{1}{a(1+a^2)}$

L6: Berechnung der Inversen von A:

-2	-2	1	1	0	0	$\cdot$ (-1)	
-2	-3	1	0	1	0	+	
1	3	0	0	0	1		

-2	-2	1	1	0	0		
0	-1	0	-1	1	0	$\cdot$ (-1)	
1	3	0	0	0	1		

-2	-2	1	1	0	0	+	
0	1	0	1	-1	0	$\cdot$ 2	$\cdot$ (-3)
1	3	0	0	0	1		+

-2	0	1	3	-2	0	+	
0	1	0	1	-1	0		
1	0	0	-3	3	1	$\cdot$ 2	

0	0	1	-3	4	2
0	1	0	1	-1	0
1	0	0	-3	3	1

1	0	0	-3	3	1
0	1	0	1	-1	0
0	0	1	-3	4	2

Die im letzten Schema rechts stehende Matrix ist A^{-1}

$$\begin{pmatrix} x_1 \\ x_2 \\ x_3 \end{pmatrix} = A^{-1} \cdot \vec{b} = A^{-1} \cdot \begin{pmatrix} 1 \\ 0 \\ 1 \end{pmatrix} = \begin{pmatrix} -2 \\ 1 \\ -1 \end{pmatrix} \rightarrow \quad x_1 = -2 \; ; \; x_2 = 1 \; ; \; x_3 = -1$$

L7: (a)

2	-1	3	0	+	
4	-2	5	0		+
2	-1	1	0	$\cdot$ (-3)	$\cdot$ (-5)

-4	2	0	0	
-6	3	0	0	: 3
2	-1	1	0	

-4	2	0	0	+	
-2	1	0	0	$\cdot$ (-2)	+
2	-1	1	0		+
0	0	0	0		
-2	1	0	0	rg(A) = 2	
0	0	1	0		

(b)

1	0	a	0	$\cdot$ (-a)
a	1	0	0	+
0	1	a	0	
1	0	a	0	
0	1	$-a^2$	0	$\cdot$ (-1)
0	1	a	0	+
1	0	a	0	Die letzte Zeile zeigt:
0	1	$-a^2$	0	rg(B) = 3, wenn $a \neq -1$ und a $\neq$ 0
0	0	$a+a^2$	0	rg(B) = 2, wenn $a = -1$ oder $a = 0$

(c)

1	2	$2-a$	0	$\cdot$ (-1)	
1	3	$3-a$	0	+	
0	$2-a$	a^2	0		
1	2	$2-a$	0	+	
0	1	1	0	$\cdot$ (-2)	$\cdot\,(a-2)$
0	$2-a$	a^2	0		+
1	0	$-a$	0		
0	1	1	0		
0	0	a^2+a-2	0		

$a^2+a-2=0 \rightarrow a=-2$ oder $a=1 \rightarrow$ rg(C) = 3, wenn $a \neq -2$ und a $\neq$ 1 bzw. rg(C) = 2, wenn $a=-2$ oder $a=1$.

L8:

$$|A| = \begin{vmatrix} 2 & 1 & 3 \\ 5 & 3 & 2 \\ 1 & 4 & 3 \end{vmatrix} = \begin{vmatrix} 2 & 1 & 3 \\ -1 & 0 & -7 \\ -7 & 0 & -9 \end{vmatrix} = - \begin{vmatrix} -1 & -7 \\ -7 & -9 \end{vmatrix} = 40$$

$$|B| = \begin{vmatrix} 2 & 3 & a-1 \\ -1 & a+1 & 3a+18 \\ 1 & 2 & 3 \end{vmatrix} = \begin{vmatrix} 0 & -1 & a-7 \\ 0 & a+3 & 3a+21 \\ 1 & 2 & 3 \end{vmatrix} = \begin{vmatrix} -1 & a-7 \\ a+3 & 3a+21 \end{vmatrix}$$

$$= a \cdot (1 - a)$$

$$|C| = \begin{vmatrix} 0 & 0 & c & 0 \\ 0 & 0 & 0 & c \\ 0 & b & 0 & 0 \\ a & 0 & 0 & 0 \end{vmatrix} = - a \cdot \begin{vmatrix} 0 & c & 0 \\ 0 & 0 & c \\ b & 0 & 0 \end{vmatrix} = - a \cdot \mathrm{b} \cdot \begin{vmatrix} c & 0 \\ 0 & c \end{vmatrix} = - a \cdot \mathrm{b} \cdot c^2$$

L9: (a)

$$\begin{vmatrix} 1 & 1 & 1 & 3 \\ 1 & 0 & 1 & 8 \\ 4 & 2 & 0 & 2 \\ 3 & 1 & 0 & 4 \end{vmatrix} = \begin{vmatrix} 0 & 1 & 0 & -5 \\ 1 & 0 & 1 & 8 \\ 4 & 2 & 0 & 2 \\ 3 & 1 & 0 & 4 \end{vmatrix} = - \begin{vmatrix} 0 & 1 & -5 \\ 4 & 2 & 2 \\ 3 & 1 & 4 \end{vmatrix} = - \begin{vmatrix} 0 & 1 & -5 \\ 4 & 0 & 12 \\ 3 & 0 & 9 \end{vmatrix}$$

$= \begin{vmatrix} 4 & 12 \\ 3 & 9 \end{vmatrix} = 0$. Die gegebenen Vektoren sind linear abhängig.

(b)

$$\begin{vmatrix} 1 & 1 & 1 & 1+x \\ 1 & 1 & 1+x & 1 \\ 1 & 1+x & 1 & 1 \\ 1+x & 1 & 1 & 1 \end{vmatrix} = \begin{vmatrix} 1 & 1 & 1 & 1+x \\ 0 & 0 & x & -x \\ 0 & x & 0 & -x \\ x & 0 & 0 & -x \end{vmatrix} = x^3 \cdot \begin{vmatrix} 1 & 1 & 1 & 1+x \\ 0 & 0 & 1 & -1 \\ 0 & 1 & 0 & -1 \\ 1 & 0 & 0 & -1 \end{vmatrix}$$

$$= x^3 \cdot \begin{vmatrix} 0 & 1 & 1 & 2+x \\ 0 & 0 & 1 & -1 \\ 0 & 1 & 0 & -1 \\ 1 & 0 & 0 & -1 \end{vmatrix} = - x^3 \cdot \begin{vmatrix} 1 & 1 & 2+x \\ 0 & 1 & -1 \\ 1 & 0 & -1 \end{vmatrix} = - x^3 \cdot \begin{vmatrix} 0 & 1 & 3+x \\ 0 & 1 & -1 \\ 1 & 0 & -1 \end{vmatrix}$$

$= - x^3 \cdot \begin{vmatrix} 1 & 3+x \\ 1 & -1 \end{vmatrix} = x^3 \cdot (4 + \mathrm{x})$. Für x = 0 oder x = - 4 sind die gegebenen Vektoren linear abhängig, sonst linear unabhängig.

L10: Lösung mit Hilfe der Cramerschen Regel:

$$x_1 = \frac{\begin{vmatrix} 2 & 2 & 3 \\ 1 & c & 3 \\ 0 & 2 & c \end{vmatrix}}{\begin{vmatrix} 1 & 2 & 3 \\ 1 & c & 3 \\ 1 & 2 & c \end{vmatrix}} \;;\; x_2 = \frac{\begin{vmatrix} 1 & 2 & 3 \\ 1 & 1 & 3 \\ 1 & 0 & c \end{vmatrix}}{\begin{vmatrix} 1 & 2 & 3 \\ 1 & c & 3 \\ 1 & 2 & c \end{vmatrix}} \;;\; x_3 = \frac{\begin{vmatrix} 1 & 2 & 2 \\ 1 & c & 1 \\ 1 & 2 & 0 \end{vmatrix}}{\begin{vmatrix} 1 & 2 & 3 \\ 1 & c & 3 \\ 1 & 2 & c \end{vmatrix}}$$

$$\begin{vmatrix} 1 & 2 & 3 \\ 1 & c & 3 \\ 1 & 2 & c \end{vmatrix} = \begin{vmatrix} 1 & 2 & 3 \\ 0 & c-2 & 0 \\ 1 & 2 & c \end{vmatrix} = (c - 2) \cdot \begin{vmatrix} 1 & 3 \\ 1 & c \end{vmatrix} = (c - 2) \cdot (c - 3)$$

$$\begin{vmatrix} 2 & 2 & 3 \\ 1 & c & 3 \\ 0 & 2 & c \end{vmatrix} = \begin{vmatrix} 0 & 2-2c & -3 \\ 1 & c & 3 \\ 0 & 2 & c \end{vmatrix} = - \begin{vmatrix} 2-2c & -3 \\ 2 & c \end{vmatrix} = 2 \cdot \left(c^2 - c - 3\right)$$

$$\begin{vmatrix} 1 & 2 & 3 \\ 1 & 1 & 3 \\ 1 & 0 & c \end{vmatrix} = \begin{vmatrix} -1 & 0 & -3 \\ 1 & 1 & 3 \\ 1 & 0 & c \end{vmatrix} = \begin{vmatrix} -1 & -3 \\ 1 & c \end{vmatrix} = - (c - 3)$$

$$\begin{vmatrix} 1 & 2 & 2 \\ 1 & c & 1 \\ 1 & 2 & 0 \end{vmatrix} = \begin{vmatrix} -1 & 2-2c & 0 \\ 1 & c & 1 \\ 1 & 2 & 0 \end{vmatrix} = - \begin{vmatrix} -1 & 2-2c \\ 1 & 2 \end{vmatrix} = - 2 \cdot (c - 2) \quad \rightarrow$$

$$x_1 = \frac{2 \cdot (c^2 - c - 3)}{(c-2) \cdot (c-3)} \;;\; x_2 = \frac{-1}{c-2} \;;\; x_3 = \frac{-2}{c-3}$$

L11: (a)

1	a	1	0	+	
a	1	1	0		+
1	1	1	0	· (-1)	· (-1)
0	a - 1	0	0	: (a - !)	
a - 1	0	0	0	: (a - 1)	Vor.: $a \neq 1$
1	1	1	0		
0	1	0	0	· (-1)	
1	0	0	0		· (-1)
1	1	1	0	+	+

0	1	0	0	Wenn $a \neq 1 \rightarrow$ rg(A) = 3; aus
1	0	0	0	$a = 1$ folgt rg(A) = 1. Für kein a
0	0	1	0	ist rg(A) = 2.

(b) Nein, für a = 1 ist die Determinante gleich 0, sonst ungleich 0.

(c) Das Gleichungssystem hat unendlich viele Lösungen, wenn $|A| = 0$, also für $a = 1$. In diesem Fall entstehen drei identische Gleichungen: $x_1 + x_2 + x_3 = 0$ $\rightarrow x_3 = -x_1 - x_2 \rightarrow x_1 = \lambda$; $x_2 = \mu$; $x_3 = -\lambda - \mu$ oder vektoriell geschrieben: $\vec{x} = \begin{pmatrix} 1 \\ 0 \\ -1 \end{pmatrix} \cdot \lambda + \begin{pmatrix} 0 \\ 1 \\ -1 \end{pmatrix} \cdot \mu$.

(d) Der Vektorraum ist 2-dimensional und eine Basis lautet $\left\{ \begin{pmatrix} 1 \\ 0 \\ -1 \end{pmatrix}, \begin{pmatrix} 0 \\ 1 \\ -1 \end{pmatrix} \right\}$.

L12: (a)

$$|A| = \begin{vmatrix} 0 & 4 & -1 & 7 \\ 1 & 2 & 1 & 6 \\ 0 & 3 & 0 & 6 \\ 0 & 6 & 7 & 19 \end{vmatrix} = - \begin{vmatrix} 4 & -1 & 7 \\ 3 & 0 & 6 \\ 6 & 7 & 19 \end{vmatrix} = - \begin{vmatrix} 4 & -1 & 7 \\ 3 & 0 & 6 \\ 34 & 0 & 68 \end{vmatrix} = - \begin{vmatrix} 3 & 6 \\ 34 & 68 \end{vmatrix} = 0$$

(b) Da $|A| = 0$, hat das Gleichungssystem niemals genau eine Lösung.

L13:

(a) Da beide Vektoren linear unabhängig sind, bilden beide zusammen eine Basis. Die Dimension des Vektorraums ist 2.

(b) Die gegebenen Vektoren sind jedenfalls linear unabhängig. Sie bilden eine Basis, wenn sie sich auch noch als Elemente des Vektorraums erweisen.

Ansatz: $\begin{pmatrix} 0 \\ -1 \\ 0 \\ 1 \end{pmatrix} \cdot x_1 + \begin{pmatrix} 1 \\ 1 \\ 1 \\ 0 \end{pmatrix} \cdot x_2 = \begin{pmatrix} 1 \\ -2 \\ 1 \\ 3 \end{pmatrix}$; $\begin{pmatrix} 0 \\ -1 \\ 0 \\ 1 \end{pmatrix} \cdot y_1 + \begin{pmatrix} 1 \\ 1 \\ 1 \\ 0 \end{pmatrix} \cdot y_2 = \begin{pmatrix} -4 \\ -5 \\ -4 \\ 1 \end{pmatrix}$

Beide Gleichungssysteme können in einer schematischen Rechnung gelöst werden:

y_1	y_2			
x_1	x_2			
0	1	1	-4	
-1	1	-2	-5	+
0	1	1	-4	
1	0	3	1	+

0	1	1	-4
0	1	1	-4
0	1	1	-4
1	0	3	1

0	1	1	-4	$x_1 = 3$; $x_2 = 1$
1	0	3	1	$y_1 = 1$; $y_2 = -4$

Die gegebenen Vektoren liegen im Vektorraum, also bilden sie zusammen eine Basis.

L14: (a) Das lineare Programm hat die Standardform.

x_1	x_2	x_3	x_4	x_5		
1	3	1	0	0	9	: 3
1	1	0	1	0	4	
2	1	0	0	1	7	
- 4	- 6	0	0	0	2	

$\frac{1}{3}$	1	$\frac{1}{3}$	0	0	3	$\cdot$ (-1)	$\cdot$ (-1)	$\cdot$ 6
1	1	0	1	0	4	+		
2	1	0	0	1	7		+	
- 4	- 6	0	0	0	2			+

$\frac{1}{3}$	1	$\frac{1}{3}$	0	0	3	
$\frac{2}{3}$	0	$-\frac{1}{3}$	1	0	1	: $\frac{2}{3}$

$\frac{5}{3}$	0	$-\frac{1}{3}$	0	1	4	
-2	0	2	0	0	20	

$\frac{1}{3}$	1	$\frac{1}{3}$	0	0	3	+
1	0	$-\frac{1}{2}$	$\frac{3}{2}$	0	$\frac{3}{2}$	$\cdot(-\frac{1}{3})$ $\cdot(-\frac{5}{3})$ $\cdot 2$
$\frac{5}{3}$	0	$-\frac{1}{3}$	0	1	4	+
-2	0	2	0	0	20	+

0	1	$\frac{2}{3}$	$-\frac{1}{2}$	0	$\frac{5}{2}$	
1	0	$-\frac{1}{2}$	$\frac{3}{2}$	0	$\frac{3}{2}$	Lösung: $x_1 = \frac{3}{2}$
0	0	$\frac{1}{3}$	$-\frac{5}{2}$	1	$\frac{3}{2}$	$x_2 = \frac{5}{2}$; $z = 23$
0	0	1	3	0	23	

(b) Das lineare Programm hat die Standardform:

x_1	x_2	x_3	x_4	x_5		
2	1	1	0	0	8	
1	2	0	1	0	10	: 2
1	0	0	0	1	3	
-2	-3	0	0	0	0	

2	1	1	0	0	8	+
$\frac{1}{2}$	1	0	$\frac{1}{2}$	0	5	$\cdot(-1)$ $\cdot 3$
1	0	0	0	1	3	
-2	-3	0	0	0	0	

$\frac{3}{2}$	0	1	$-\frac{1}{2}$	0	3	$:\frac{3}{2}$
$\frac{1}{2}$	1	0	$\frac{1}{2}$	0	5	
1	0	0	0	1	3	
$-\frac{1}{2}$	0	0	$\frac{3}{2}$	0	15	

1	0	$\frac{2}{3}$	$-\frac{1}{3}$	0	2	$\cdot(-\frac{1}{2})$	$\cdot(-1)$	$\cdot\frac{1}{2}$
$\frac{1}{2}$	1	0	$\frac{1}{2}$	0	5	+		
1	0	0	0	1	3		+	
$-\frac{1}{2}$	0	0	$\frac{3}{2}$	0	15			+

1	0	$\frac{2}{3}$	$-\frac{1}{3}$	0	2	
0	1	$-\frac{1}{3}$	$\frac{2}{3}$	0	4	Lösung: $x_1 = 2$
0	0	$-\frac{2}{3}$	$\frac{1}{3}$	1	1	$x_2 = 4$; $z = 16$
0	0	$\frac{1}{3}$	$\frac{4}{3}$	0	16	

(c) Das lineare Programm hat die Standardform:

x_1	x_2	x_3	x_4	x_5	x_6				
-2	1	1	0	0	0	7	$\cdot(-1)$	+	$\cdot 3$
2	1	0	1	0	0	15	+		
1	-1	0	0	1	0	4		+	
1	0	0	0	0	1	5			
-1	-3	0	0	0	0	5			+

-2	1	1	0	0	0	7	
4	0	-1	1	0	0	8	:4
-1	0	1	0	1	0	11	
1	0	0	0	0	1	5	
-7	0	3	0	0	0	26	

-2	1	1	0	0	0	7	+			
1	0	$-\frac{1}{4}$	$\frac{1}{4}$	0	0	2	·2	+	·(-1)	·7
-1	0	1	0	1	0	11		+		
1	0	0	0	0	1	5			+	
-7	0	3	0	0	0	26				+

0	1	$\frac{1}{2}$	$\frac{1}{2}$	0	0	11
1	0	$-\frac{1}{4}$	$\frac{1}{4}$	0	0	2
0	0	$\frac{3}{4}$	$\frac{1}{4}$	1	0	13
0	0	$\frac{1}{4}$	$-\frac{1}{4}$	0	1	3
0	0	$\frac{5}{4}$	$\frac{7}{4}$	0	0	40

Lösung: $x_1 = 2$; $x_2 = 11$; $z = 40$

L15:

(a) Sei $g = \frac{x+1}{x-1} \rightarrow y = \ln g$. $y' = \frac{1}{g} \cdot \frac{(x-1)-(x+1)}{(x-1)^2} = \frac{-2}{x^2-1}$

(b) Sei $g = \sin x \rightarrow y = \tan g$. $y' = \frac{1}{\cos^2 g} \cdot \cos x = \frac{\cos x}{\cos^2(\sin x)}$

(c) $y = x^x \rightarrow \ln y = x \cdot \ln x \rightarrow y = e^{x \cdot \ln x}$. Sei $g = x \cdot \ln x \rightarrow y = e^g$.
$y' = e^g \cdot (\ln x + 1) = x^x \cdot (\ln x + 1)$ (d) $y' = x^2 e^x \cdot (3 + x)$

L16:

(a) $y' = \frac{1}{1+x} - 1 + x - x^2$. Bedingung für eine waagrechte Tangente: y' = 0 →

$\frac{1}{1+x} - 1 + x - x^2 = 0$. Wir multiplizieren diese Gleichung mit (1 + x):

$-x^3 = 0$ → x = 0 → y = 0 . (0 / 0) ist der einzige Punkt mit waagrechter Tangente.

(b) $y' = -2 \cdot \left(1+e^{3-x}\right)^{-2} \cdot e^{3-x} \cdot (-1) = \frac{2 \cdot e^{3-x}}{\left(1+e^{3-x}\right)^2}$. Bedingung: y' = 1 →

$\frac{2 \cdot e^{3-x}}{\left(1+e^{3-x}\right)^2} = 1 \rightarrow 2e^{3-x} = 1 + 2e^{3-x} + e^{6-2x} \rightarrow e^{6-2x} = -1$. Diese Gleichung hat keine Lösung. y' ist niemals gleich 1.

L17:

(a) $y' = n \cdot (ax+b)^{n-1} \cdot a \rightarrow y'' = n \cdot (n-1) \cdot a^2 \cdot (ax+b)^{n-2}$

(b) $y' = \ln x + 1 \rightarrow y'' = \frac{1}{x}$; $y''' = \frac{-1}{x^2}$; $y^{(4)} = \frac{1 \cdot 2}{x^3}$; $y^{(5)} = \frac{-1 \cdot 2 \cdot 3}{x^4}$.

Allgemein: $y^{(k)} = \frac{(-1)^k \cdot (k-2)!}{x^{k-1}}$

L18:

(a) $y' = \left(1 - e^{-\sin x}\right) \cdot \cos x$. Eingesetzt: Linke Seite =

$\left(1 - e^{-\sin x}\right) \cdot \cos x + \left(\sin x - 1 + e^{-\sin x}\right) \cdot \cos x = \sin x \cdot \cos x$ = rechte Seite.

(b) $y' = e^{-x^2} \cdot x + e^{-x^2} \cdot (-2x) \cdot \left(\frac{1}{2}x^2 + 1\right) = -\left(x + x^3\right) \cdot e^{-x^2}$. Eingesetzt:

Linke Seite = $-\left(x + x^3\right) \cdot e^{-x^2} + 2x \cdot e^{-x^2} \cdot \left(\frac{1}{2}x^2 + 1\right) = x \cdot e^{-x^2}$ = rechte Seite.

L19:

(a) $y' = \frac{2e^x - (x+3) \cdot 2e^x}{4e^{2x}} = \frac{-(x+2)}{2e^x} \rightarrow y'' = -\frac{2e^x - (x+2) \cdot 2e^x}{4e^{2x}} \rightarrow$

$y'' = \frac{x+1}{2e^x}$. Notwendige Bedingung: y' = 0 → x + 2 = 0 → x = - 2 und

damit $y = \frac{1}{2}e^2$. Hinreichende Bedingung: $y''(-2) = \frac{-1}{2e^{-2}} < 0 \rightarrow \left(-2 / \frac{e^2}{2}\right)$

ist ein Maximum.

(b) $y' = \frac{\cos x}{2\cdot\sqrt{2+\sin x}} \rightarrow y'' = \frac{1}{2}\cdot\frac{\sqrt{2+\sin x}\cdot(-\sin x) - \cos x\cdot\frac{\cos x}{2\sqrt{2+\sin x}}}{2+\sin x}$

$y'' = -\frac{1}{2}\cdot\frac{\sin^2 x + 4\sin x + 1}{2\sqrt{2+\sin x}^3}$. Notwendige Bedingung: $y' = 0 \rightarrow$

$\cos x = 0 \rightarrow x = \frac{\pi}{2}$ und $y = \sqrt{3}$ oder $x = \frac{3\pi}{2}$ und $y = 1$. Es gibt zwei Punkte mit waagrechter Tangente: $\left(\frac{\pi}{2}/\sqrt{3}\right)$ und $\left(\frac{3\pi}{2}/1\right)$

Hinreichende Bedingung: $y''\left(\frac{\pi}{2}\right) = \frac{-1}{2\sqrt{3}} < 0 \rightarrow \left(\frac{\pi}{2}/\sqrt{3}\right)$ ist ein Maximum.

$y''\left(\frac{3\pi}{2}\right) = \frac{1}{2} > 0 \rightarrow \left(\frac{3\pi}{2}/1\right)$ ist ein Minimum.

(c) $y' = \frac{1-2x}{x+12-x^2} \rightarrow y'' = \frac{\left(x+12-x^2\right)\cdot(-2) - (1-2x)(1-2x)}{\left(x+12-x^2\right)^2}$

$y'' = \frac{-2x^2+2x-25}{\left(x+12-x^2\right)^2}$. Notwendige Bedingung: $1 - 2x = 0 \rightarrow x = \frac{1}{2}$ und

$y = \ln(12{,}25)$. $\left(\frac{1}{2}/\ln(12{,}25)\right)$ ist ein Punkt mit waagrechter Tangente.

Hinreichende Bedingung: $y''\left(\frac{1}{2}\right) = \frac{-24{,}5}{12{,}25^2} < 0$. Der Punkt $\left(\frac{1}{2}/\ln(12{,}25)\right)$ ist also ein Maximum.

(d) $y' = e^{x^2}\cdot 2 + e^{x^2}\cdot 2x\cdot(2x+3) = e^{x^2}\cdot(4x^2+6x+2) \rightarrow$

$y'' = e^{x^2}\cdot(8x+6) + e^{x^2}\cdot 2x\cdot(4x^2+6x+2)$

$= e^{x^2}\cdot(8x^3+12x^2+12x+6)$

Notwendige Bedingung: $4x^2+6x+2 = 0 \rightarrow x_1 = -\frac{1}{2}$ und $y_1 = 2\cdot\sqrt[4]{e}$;

$x_2 = -1$ und $y = e$. Es gibt zwei Punkte mit waagrechter Tangente:

$\left(-\frac{1}{2}/2\cdot\sqrt[4]{e}\right)$ und $(-1/e)$. Hinreichende Bedingung: $y''(-\frac{1}{2}) = 2\cdot\sqrt[4]{e} > 0$;

$y''(-1) = -2e < 0$. $\left(-\frac{1}{2}/2\cdot\sqrt[4]{e}\right)$ ist somit ein Minimum und $(-1/e)$ ein Maximum.

L20:
(a) Integration durch Substitution.
Sei g = x + 1 → x = g - 1 und dx = dg . Eingesetzt:

$$\int \frac{g-2+\sqrt[3]{g}}{g}\,dg = \int\left(1-\frac{2}{g}+g^{-\frac{2}{3}}\right)\cdot dg = g - 2\cdot \ln g + 3\,\sqrt[3]{g} + C$$

$= x + 1 - 2\cdot \ln(x + 1) + 3\,\sqrt[3]{x+1} + C$

(b) Integration durch Substitution. Sei g = lnx → dx = x · dg. Eingesetzt:

$$\int \frac{\cos g}{x}\cdot x\cdot dg = \int \cos g\cdot dg = \sin g + C = \sin(\ln x) + C$$

(c) Partielle Integration. Sei f' = x^3 und g = lnx

$$\int x^3\cdot \ln x\,dx = \frac{x^4}{4}\ln x - \int \frac{x^4}{4}\cdot\frac{1}{x}dx = \frac{x^4}{4}\ln x - \int\frac{x^3}{4}dx = \frac{x^4}{16}\cdot(4\cdot\ln x - 1) + C$$

(d) Integration durch Substitution. Sei g = 1 + cosx → dx = $\frac{dg}{-\sin x}$

Eingesetzt: $\int \frac{2\cdot\sin x}{g}\cdot\frac{dg}{-\sin x} = (-2)\cdot\int\frac{1}{g}dg = -2\cdot \ln g + C$

$= -2\cdot \ln(1 + \cos x) + C$

L21: Wir lösen zunächst die zugehörigen unbestimmten Integrale.

(a) Integration durch Substitution. Sei g = $e^x + 1$ → dx = $\frac{dg}{e^x}$

Eingesetzt: $\int\frac{e^x}{g}\cdot\frac{dg}{e^x} = \int\frac{1}{g}\cdot dg = \ln g + C = \ln(e^x + 1) + C.$

$$\int_0^1 \frac{e^x}{e^x+1}dx = \left[\ln\left(e^x+1\right)\right]_0^1 = \ln(e + 1) - \ln 2 = \ln\frac{e+1}{2}$$

(b) Integration durch Substitution. Sei g = x + 1 → x = g - 1 und dx = dg.

Eingesetzt: $\int\frac{x}{g^3}dg = \int\frac{g-1}{g^3}dg = \int\left(g^{-2}-g^{-3}\right)dg = \frac{-1}{g}+\frac{1}{2g^2} + C$

$= \frac{-1}{1+x}+\frac{1}{2(1+x)^2}+C.$ $\quad \int_0^1\frac{x}{(1+x)^3}dx = \left[\frac{-1}{1+x}+\frac{1}{2(1+x)^2}\right]_0^1 = \frac{1}{8}$

(c) Integration durch Substitution. Sei g = 1 + lnx → dx = x · dg .

Eingesetzt: $\int\frac{\sqrt{g}}{x}\cdot x\cdot dg = \int g^{\frac{1}{2}}\cdot dg = \frac{2}{3}g\sqrt{g} + C$

$= \frac{2}{3}(1+\ln x)\sqrt{1+\ln x}+C$. $\quad \int_1^e\frac{\sqrt{1+\ln x}}{x}dx = \left[\frac{2}{3}(1+\ln x)\sqrt{1+\ln x}\right]_1^e$

$= \frac{2}{3}(2\sqrt{2}-1)$

L22: Wir berechnen zuerst die zugrhörigen unbestimmten Integrale, dann die bestimmten Integrale mit den gegebenen unteren Grenzen und der oberen Grenze b und schließlich betrachten wir die entstandenen Terme für b $\to \infty$.

(a) Integration durch Substitution. Sei g = 1 + 2x $\to$ dx = $\frac{dg}{2}$. Eingesetzt:

$$\int \frac{2}{g^2} \cdot \frac{dg}{2} = \int g^{-2} dg = \frac{-1}{g} + C = \frac{-1}{1+2x} + C.$$

$$\int_0^b \frac{2}{(1+2x)^2} dx = \left[\frac{-1}{1+2x}\right]_0^b = 1 - \frac{1}{1+2b}. \quad \int_0^\infty \frac{2}{(1+2x)^2} dx = \lim_{b\to\infty}\left(1 - \frac{1}{1+2b}\right) = 1$$

(b) Integration durch Substitution. Sei g = $\frac{1}{2x}$ $\to$ dx = - $2x^2$ dg. Eingesetzt:

$$\int \frac{1}{x^2} e^g (-2x^2) dg = -2\int e^g dg = -2e^g + C = -2e^{\frac{1}{2x}} + C$$

$$\int_1^b \frac{1}{x^2} e^{\frac{1}{2x}} dx = \left[-2e^{\frac{1}{2x}}\right]_1^b = 2\sqrt{e} - 2e^{\frac{1}{2b}}. \quad \int_1^\infty \frac{1}{x^2} e^{\frac{1}{2x}} dx = \lim_{b\to\infty}\left(2\sqrt{e} - 2e^{\frac{1}{2b}}\right)$$

$= 2\cdot(\sqrt{e} - 1)$.

(c) $$\int \frac{(x-2)^2}{x^4} dx = \int \frac{x^2 - 4x + 4}{x^4} dx = \int \left(x^{-2} - 4x^{-3} + 4x^{-4}\right) dx$$

$$= \frac{-1}{x} + \frac{2}{x^2} - \frac{4}{3x^3} + C. \quad \int_1^b \frac{(x-2)^2}{x^4} dx = \left[\frac{-1}{x} + \frac{2}{x^2} - \frac{4}{3x^3}\right]_1^b$$

$$= \frac{1}{3} - \frac{1}{b} + \frac{2}{b^2} - \frac{4}{2b^3}. \quad \int_1^\infty \frac{(x-2)^2}{x^4} dx = \lim_{b\to\infty}\left(\frac{1}{3} - \frac{1}{b} + \frac{2}{b^2} - \frac{4}{3b^3}\right) = \frac{1}{3}$$

L23: Wir berechnen zunächst das zugehörige unbestimmte Integral, dann das bestimmte Integral und lösen schließlich die gegebene Gleichung.

(a) Integration durch Substitution. Sei g = ax $\to$ dx = $\frac{dg}{a}$. Eingesetzt:

$$\int g^{-3} \frac{dg}{a} = -\frac{1}{2ag^2} + C = -\frac{1}{2a^3x^2} + C. \quad \int_1^2 \frac{1}{(ax)^3} dx = \left[\frac{-1}{2a^3x^2}\right]_1^2$$

$$= \frac{-1}{8a^3} + \frac{1}{2a^3} = \frac{3}{8a^3}. \quad \frac{3}{8a^3} = \frac{3}{8} \to a^3 = 1 \to \mathrm{a} = 1$$

(b) Integration durch Substitution. Sei g = $x^2 + 4$ $\to$ dx = $\frac{dg}{2x}$.

Eingesetzt: $$\int \frac{x}{g^2} \cdot \frac{dg}{2x} = \frac{1}{2}\int g^{-2} dg = \frac{-1}{2g} + C = \frac{-1}{2(x^2+4)} + C$$

$$\int_0^a \frac{x}{(x^2+4)^2}dx = \left[\frac{-1}{2(x^2+4)}\right]_0^a = \frac{1}{8} - \frac{1}{2(a^2+4)} \rightarrow$$

$$\frac{1}{8} - \frac{1}{2(a^2+4)} = \frac{1}{16} \rightarrow 2a^2+8=16 \rightarrow a^2=4 \rightarrow \text{a} = \pm 2 \rightarrow$$

a = 2, da nach Voraussetzung a > 0.

L24: (aa) $z'_x = ye^{xy} + e^{x+y} + \frac{1}{x} \rightarrow z''_{xx} = y^2e^{xy} + e^{x+y} - \frac{1}{x^2}$;

$z''_{xy} = (1+xy)e^{xy} + e^{x+y}$; $z'_y = xe^{xy} + e^{x+y} + \frac{1}{y} \rightarrow z''_{yy} = x^2e^{xy} + e^{x+y} - \frac{1}{y^2}$

(ab) $z'_x = \frac{1}{y}\cos\frac{x}{y} + \ln y \rightarrow z''_{xx} = \frac{-1}{y^2}\sin\frac{x}{y}$;

$$z''_{xy} = \frac{1}{y}\cdot\left(-\sin\frac{x}{y}\right)\cdot\frac{-x}{y^2} + \frac{-1}{y^2}\cos\frac{x}{y} + \frac{1}{y} = \frac{1}{y^3}\left(x\cdot\sin\frac{x}{y} - y\cdot\cos\frac{x}{y} + y^2\right) ;$$

$$z'_y = \frac{-x}{y^2}\cos\frac{x}{y} + \frac{x}{y} \rightarrow z''_{yy} = \frac{-x}{y^2}\left(-\sin\frac{x}{y}\right)\cdot\frac{-x}{y^2} + \frac{2x}{y^3}\cos\frac{x}{y} + \frac{-x}{y^2} \rightarrow$$

$$z''_{yy} = \frac{-x}{y^4}\left(x\cdot\sin\frac{x}{y} - 2y\cdot\cos\frac{x}{y} + y^2\right)$$

(b) $z'_x = 2\text{x} + \text{k}$; $z'_y = 18\text{y}$. Bedingung für Punkte mit waagrechter Tangentialebene: $z'_x = 0$ und $z'_y = 0 \rightarrow 2\text{x} + \text{k} = 0$ und $18\text{y} = 0$. Aus der ersten Gleichung folgt $\text{x} = \frac{-k}{2}$, aus der zweiten y = 0. $\rightarrow \text{z} = \frac{-k^2}{4}$. Für jedes k ergibt sich genau ein Punkt mit waagrechter Tangentialebene: $\left(\frac{-k}{2} / 0 / \frac{-k^2}{4}\right)$

L25: (a) $\text{z} = \text{y}x^3 - \text{x}y^3 \rightarrow z'_x = 3\text{y}x^2 - y^3$; $z'_y = x^3 - 3\text{x}y^2$. Eingesetzt:

Linke Seite $= \text{x}y^2(3\text{y}x^2 - y^3) + x^2\text{y}(x^3 - 3\text{x}y^2) = \text{xy}(x^2 - y^2)(x^2 + y^2)$

$= \text{z}(x^2 + y^2)$ = rechte Seite.

(b) $\text{z} = \frac{x^2}{y} + y \rightarrow z'_x = \frac{2x}{y}$; $z'_y = \frac{-x^2}{y^2} + 1$. Eingesetzt:

Linke Seite $= (x^2 - y^2)\frac{2x}{y} + 2\text{xy}\left(\frac{-x^2}{y^2} + 1\right) = 0 =$ rechte Seite.

L26: (a) $z'_x = 2x - \frac{2y^2}{x^2} - 12$; $z'_y = \frac{4y}{x}$; $z''_{xx} = 2 + \frac{4y^2}{x^3}$; $z''_{xy} = -\frac{4y}{x^2}$;

$z''_{yy} = \frac{4}{x}$. Notwendige Bedingung: (1) $2x - \frac{2y^2}{x^2} - 12 = 0$ (2) $\frac{4y}{x} = 0$.

Aus (2) $\rightarrow$ y = 0 . Dies Ergebnis in (1) eingesetzt: x = 6 $\rightarrow$ (6 / 0 / - 36) ist ein Punkt mit waagrechter Tangentialebene. Hinreichende Bedingung:

$z''_{xx}\, z''_{yy}$ - $(z''_{xy})^2$ [an der Stelle x = 6 und y = 0] = $2 \cdot \frac{4}{6} - 0^2 = \frac{4}{3} > 0$. Da außerdem $z''_{xx}(6{,}0) = 2$ $\rightarrow$ (6 / 0 / - 36) ist ein Minimum.

(b) $z'_x = 2(x-y) + e^x(x^2+2x)$; $z'_y = -2(x-y)$; $z''_{yy} = 2$; $z''_{xy} = -2$;

$z''_{xx} = 2 + e^x(x^2+4x+2)$ .. Notwendige Bedingung:

(1) $2(x-y) + e^x(x^2+2x) = 0$ und (2) $-2(x-y) = 0$. Aus (2) folgt x = y .

Dies Ergebnis wird in (1) eingesetzt: $e^x(x^2+2x) = 0$ $\rightarrow$ x = 0 oder x = - 2

Es gibt somit zwei Punkte mit waagrechter Tangentialebene: (0 / 0 / 0) und $\left(-2/-2/\frac{4}{e^2}\right)$. Hinreichende Bedingung:

(*) $z''_{xx}\, z''_{yy}$ - $(z''_{xy})^2$ [an der Stelle x = 0 und y = 0] = $4 \cdot 2 - (-2)^2 = 4 > 0$ $\rightarrow$ (0 / 0 / 0) ist ein Minimum, da $z''_{xx}(0{,}0) = 4$.

(**) $z''_{xx}\, z''_{yy}$ - $(z''_{xy})^2$ [an der Stelle x = - 2 und y = - 2] = $\left(2 - \frac{2}{e^2}\right) \cdot 2 - (-2)^2$

$= \frac{-4}{e^2} < 0$ $\rightarrow$ $\left(-2/-2/\frac{4}{e^2}\right)$ ist kein Extremwert.

(c) $z'_x = 5y^2 - 20$; $z'_y = 10xy + 6y - 30$; $z''_{xx} = 0$; $z''_{xy} = 10y$;

$z''_{yy} = 10x + 6$. Notwendige Bedingung:

(1) $5y^2 - 20 = 0$ und (2) $10xy + 6y - 30 = 0$. Aus (1) folgt y = ± 2 .

Eingesetzt in (2):

(i) y = 2 $\rightarrow$ 20x - 18 = 0 $\rightarrow$ $x = \frac{9}{10}$ $\rightarrow$ z = 27 $\rightarrow$ $(\frac{9}{10}/ 2 / 27)$

(ii) y = - 2 $\rightarrow$ - 20x - 42 = 0 $\rightarrow$ $x = -\frac{21}{10}$ $\rightarrow$ z = 147 $\rightarrow$ $(-\frac{21}{10}/ -2 / 147)$

Es gibt zwei Punkte mit waagrechter Tangentialebene.

Hinreichende Bedingung:

(*) $z''_{xx}\, z''_{yy}$ - $(z''_{xy})^2$ [an der Stelle $x = \frac{9}{10}$ und y = 2] = $0 \cdot 15 - 20^2 < 0$.

Kein Extremwert!

(**)

$z''_{xx}\, z''_{yy}$ - $(z''_{xy})^2$ [an der Stelle x = $-\frac{21}{10}$ und y = - 2] = $0 \cdot (-15) - (-20)^2 < 0$.

Kein Extremwert!

L27: (a)

Lagrange-Funktion: $L = xy\,e^{x-y} + \lambda(e^{x+y} - 1) \rightarrow$

$L'_x = xy\,e^{x-y} + y\,e^{x-y} + \lambda\, e^{x+y} = e^{x-y}(y + xy) + \lambda\, e^{x+y}$

$L'_y = -\,xy\,e^{x-y} + x\,e^{x-y} + \lambda\, e^{x+y} = e^{x-y}(x - xy) + \lambda\, e^{x+y}$

$L'_\lambda = e^{x+y} - 1$

Notwendige Bedingung: (1) $e^{x-y}(y + xy) + \lambda\, e^{x+y} = 0$

(2) $e^{x-y}(x - xy) + \lambda\, e^{x+y} = 0$ (3) $e^{x+y} - 1 = 0$

Aus (3) $\rightarrow$ $x + y = 0 \rightarrow y = -x$.

Dieses Ergebnis wird in (1) und (2) eingesetzt:

(3) $e^{2x}\left(-x - x^2\right) + \lambda = 0$ und (4) $e^{2x}\left(x + x^2\right) + \lambda = 0$

Wir multiplizieren die Gleichung (3) mit (- 1) und addieren das Ergebnis zur Gleichung (4): $e^{2x}\left(2x + 2x^2\right) = 0$ $\rightarrow$ x = 0 oder x = - 1

Aus x = 0 $\rightarrow$ y = 0 und z = 0; aus x = - 1 $\rightarrow$ y = 1 und z = $-\frac{1}{e^2}$

$L''_{xx} = e^{x-y}(2y + xy) + \lambda\, e^{x+y}$; $L''_{xy} = e^{x-y}(1 + x - y - xy) + \lambda\, e^{x+y}$;

$L''_{x\lambda} = e^{x+y}$; $L''_{yy} = e^{x-y}(xy - 2x) + \lambda\, e^{x+y}$; $L''_{y\lambda} = e^{x+y}$; $L''_{\lambda\lambda} = 0$.

Für x = 0 und y = 0 $\rightarrow$

$L''_{xx} = \lambda$; $L''_{xy} = 1 + \lambda$; $L''_{x\lambda} = 1$; $L''_{yy} = \lambda$; $L''_{y\lambda} = 1$; $L''_{\lambda\lambda} = 0$

Hinreichende Bedingung:

$$\begin{vmatrix} \lambda & 1+\lambda & 1 \\ 1+\lambda & \lambda & 1 \\ 1 & 1 & 0 \end{vmatrix} = 2 > 0$$. Der Punkt (0 / 0 / 0) ist ein Maximum.

Für x = - 1 und y = 1 $\rightarrow$

$L''_{xx} = \frac{1}{e^2} + \lambda$; $L''_{xy} = \lambda$; $L''_{x\lambda} = 1$; $L''_{yy} = \frac{1}{e^2} + \lambda$; $L''_{y\lambda} = 1$; $L''_{\lambda\lambda} = 0$

Hinreichende Bedingung:

$$\begin{vmatrix} \frac{1}{e^2}+\lambda & \lambda & 1 \\ \lambda & \frac{1}{e^2}+\lambda & 1 \\ 1 & 1 & 0 \end{vmatrix} = -\frac{2}{e^2} < 0$$

. Der Punkt $(-1 / 1 / -\frac{1}{e^2})$ ist ein Min.

(b) Lagrange-Funktion: $L = x^2 + y^2 + \lambda(x + 4y - 2) \rightarrow$
$L'_x = 2x + \lambda$; $L'_y = 2y + 4\lambda$; $L'_\lambda = x + 4y - 2$.

Notwendige Bedingung:
(1) $2x + \lambda = 0$ (2) $2y + 4\lambda = 0$ (3) $x + 4y - 2 = 0$
Wir multiplizieren Gleichung (1) mit (- 4) und addieren das Ergebnis zu (2):
$-8x + 2y = 0 \rightarrow y = 4x$. Dieses Ergebnis wird in (3) eingesetzt $\rightarrow$
$x = \frac{2}{17} \rightarrow y = \frac{8}{17}$ und $z = \frac{4}{17}$

$L''_{xx} = 2$; $L''_{xy} = 0$; $L''_{x\lambda} = 1$; $L''_{yy} = 2$; $L''_{y\lambda} = 4$; $L''_{\lambda\lambda} = 0$
Alle diese zweiten partiellen Ableitungen enthalten weder x noch y. Daher

$$\begin{vmatrix} 2 & 0 & 1 \\ 0 & 2 & 4 \\ 1 & 4 & 0 \end{vmatrix} = -34$$

. Der Punkt $\left(\frac{2}{17} / \frac{8}{17} / \frac{4}{17}\right)$ ist ein Minimum.

L28: $z = 2y^y \ln x + y \rightarrow z'_x = \frac{2y^y}{x}$; $z'_y = 2y^y(\ln y + 1) \cdot \ln x + 1$

Totales Differential allgemein: $dz = \frac{2y^y}{x} \cdot dx + (2y^y(\ln y + 1) \cdot \ln x + 1) \cdot dy$

Totales Differential an der Stelle $x = 1$; $y = 2$: $dz = 8 \cdot dx + dy$

Literatur

Bücher aus dieser Liste, die im Text zitiert werden, sind dort mit den beiden Buchstaben, die vor den Autorennamen stehen, abgekürzt.

a) allgemeine Lehrbücher der Mathematik

[B/F] *Bader, H.* und *Fröhlich, S.*: Einführung in die Mathematik für Volks- und Betriebswirte, Oldenbourg, 1986.

[B/K] *Beckmann, H.J.* und *Künzi, H.P.*: Mathematik für Ökonomen I–III, Heidelberger Taschenbücher (Springer), 1972–1984.

[CH] *Chiang, A.*: Fundamental Methods of Mathematical Economics, McGraw-Hill Kogakusha, 1974.

[DÜ] *Dück, W.* et al.: Mathematik für Ökonomen, Band 1, Verlag Harri Deutsch, 1980.

[HA] *Hauptmann, H.*: Mathematik für Betriebs- und Volkswirte, Oldenbourg, 1983.

[HE] *Heike, H.D.* et al.: Mathematik für Wirtschaftswissenschaftler, Band 1+2, Verlag Moderne Industrie, 1977.

[K/R] *Kaerlein, G.* und *Ringwald, K.*: Einführung in die Mathematik für Ökonomen, Springer, 1987.

[KA] *Kall, P.*: Analysis für Ökonomen, Teubner, 1982.

[MA] *Marinell, G.*: Mathematik für Sozial- und Wirtschaftswissenschaftler, Oldenbourg, 1979.

[M/W] *Marsden, J.* und *Weinstein, A.*: Calculus I, Springer, 1985.

[MM] *Müller-Merbach, H.*: Mathematik für Wirtschaftswissenschaftler I, Vahlen, 1974.

[OH] *Ohse, D.*: Mathematik für Wirtschaftswissenschaftler I und II, Vahlen, 1979.

[PF] *Pfuff, F.*: Mathematik für Wirtschaftswissenschaftler 1–3, Vieweg, 1979.

[RO] *Rommelfanger, H.*: Mathematik I für Wirtschaftswissenschaftler, BI, 1987.

[SCH] *Schwarze, J.*: Mathematik für Wirtschaftswissenschaftler 1–3, Neue Wirtschaftsbriefe, 1978.

[SM] *Smith, W.K.*: Calculus with Analytic Geometry, The Macmillan Company, 1969.

[ST] *Stöppler, S.*: Mathematik für Wirtschaftswissenschaftler, Westdeutscher Verlag, 1976.

[S/H] *Stöwe, W.* und *Härtter, E.*: Lehrbuch der Mathematik für Volks- und Betriebswirte, Vandehoeck und Rupprecht, 1972.

[WE] *Wetzel, W.* et al.: Mathematische Propädeutik für Wirtschaftswissenschaftler, der Gruyter, 1981.

b) Lehrbücher der linearen Algebra

[AR] *Artmann, B.*: Lineare Algebra, Birkhäuser, 1986.

[AY] *Ayres, F.*jr.: Matrizen-Theorie und Anwendungen, McGraw-Hill, 1978.

[HO] *Horst, R.*: Mathematik für Ökonomen. Lineare Algebra, Oldenbourg, 1985.

[LI] *Lipschutz, S.*: Theory and Problems of Linear Algebra, McGraw-Hill, 1974.

[OB] *Oberhofer, W.*: Lineare Algebra für Wirtschaftswissenschaftler, Oldenbourg, 1978.

[ZU] *Zurmühl, R.*: Matrizen, Springer, 1964.

c) Formelsammlungen

Barth, F. et al.: Mathematische Formeln und Definitionen, Bayerischer Schulbuchverlag, 1983.

Bartsch, H.J.: Taschenbuch mathematischer Formeln, Verlag Harri Deutsch, 1986.

Bronstein, I.N. und *Semendjajew, K.A.*: Taschenbuch der Mathematik, Verlag Harri Deutsch **(alte Ausgabe)**.

d) Lehrbücher der Betriebs- und Volkswirtschaft:

[BÖ] *v. Böventer, E.*: Einführung in die Mikroökonomie, Oldenbourg, 1980.
[B/I] *v. Böventer, E., Illing, G.* und *Koll, R.*: Mikroökonomie (Studien- und Arbeitsbuch), Oldenbourg, 1987.

e) Lehrbücher der Statistik:

[B/B] *Bamberg, G.* und *Baur, F.*: Statistik, Oldenbourg, 1982.
[RÜ] *Rüger, B.*: Induktive Statistik, Oldenbourg, 1985.

Das griechische Alphabet

A	α	alpha
B	β	beta
Γ	γ	gamma
Δ	δ	delta
E	ε	epsilon
Z	ζ	zeta
H	η	eta
Θ	θ	theta
I	ι	iota
K	κ	kappa
Λ	λ	lambda
M	μ	my
N	ν	ny
Ξ	ξ	ksi
O	o	omikron
Π	π	pi
P	ϱ	rho
Σ	σ	sigma
T	τ	tau
Y	υ	ypsilon
Φ	φ	phi
X	χ	chi
Ψ	ψ	psi
Ω	ω	omega

Sachverzeichnis

Druckfehlerliste

Seite 36: Der ganze Abschnitt über der Zeichnung, der mit „Genauso ...“ beginnt und mit „... Menge B“ endet, ist zu streichen, da er doppelt vorkommt.

Seite 39: 1. Zeile von oben: „Beispiel 9“ statt „Beispiel 8“.

Seite 65: 18. Zeile von oben (4. Zeile im Rahmen): „$\lambda \cdot \mathbf{A}$“ statt „$\mathbf{A}$“.

Seite 83: 6. Zeile von oben: „$(\mathbf{A}, \mathbf{I}_3)$“ statt „$(\mathbf{A}, \mathbf{I}_n)$“.

Seite 138: In der Zeichnung ist das Symbol „α“ durch das Symbol „β“ zu ersetzen.

Seite 163: 3. Zeile von oben: „lokales Maximum“ statt „lokales Minimum“.

Seite 163: 6. Zeile von unten: „in dem Punkt x_2 ein globales Minimum.“ statt „in dem Punkt x_1 ein globales Maximum.“

Seite 163: 5. Zeile von unten: „in dem Punkt x_2 ein globales Minimum.“ statt „in dem Punkt x_1 ein globales Maximum.“.

Seite 175: 2. Zeile von unten:

„$f'(x) = \sum_{i=1}^{n} i a_i x^{i-1} = n a_n x^{n-1} + (n-1) a_{n-1} x^{n-2} + \ldots + 2a_2 x + a_1$“ statt

„$f'(x) = \sum_{i=1}^{n} i a_i x^{i-1} = n a_n x^{n-1} + (n-1) a_{n-1} x^{n-2} + \ldots + a_2 x + a_1$“.

Seite 195: 5. Zeile von oben: „$G(x) = \int_a^x f(y)\,dy$“ statt „$G(x) = \int_a^x f(x)\,dx$“.

Seite 197: 5. Zeile von unten: „Beispiel 2“ statt „Beispiel 1“.

Seite 201: 14. Zeile von unten: „$g(x) = \sin(x)$“ statt „$g(x) = \cos(x)$“.

Seite 214: 7. Zeile von oben: „b) $f(x) + f(y) = f(x+y)$“
statt „b) $f(x) + f(y) = f(x) + f(y)$“.

Seite 233:

$$„\mathbf{H}_f(\mathbf{x}_0) = \begin{bmatrix} \frac{\partial^2 f}{\partial x_1^2}(\mathbf{x}_0) & \cdots & \frac{\partial^2 f}{\partial x_1 \partial x_n}(\mathbf{x}_0) \\ \vdots & \cdots & \vdots \\ \frac{\partial^2 f}{\partial x_n \partial x_n}(\mathbf{x}_0) & \cdots & \frac{\partial^2 f}{\partial x_n^2}(\mathbf{x}_0) \end{bmatrix}“$$

statt

$$„\mathbf{H}_f(\mathbf{x}^0) = \begin{bmatrix} \frac{\partial^2 f}{\partial^2 x_1}(\mathbf{x}^0) & \cdots & \frac{\partial^2 f}{\partial x_1 \partial x_n}(\mathbf{x}^0) \\ \vdots & \cdots & \vdots \\ \frac{\partial^2 f}{\partial x_n \partial x_n}(\mathbf{x}^0) & \cdots & \frac{\partial^2 f}{\partial^2 x_n}(\mathbf{x}^0) \end{bmatrix}“.$$

Seite 237: 6. Zeile von unten: „für $x \in D$ gilt:“ statt „für $x \in D$ mit gilt:“.

Seite 239: 9. Zeile von oben: „hat in dem Punkt x_i^0“ statt „hat in dem Punkt x^0“.

Seite 240: 8. Zeile von unten: „$-4x_1 + 2x_2 = 0$“ statt „$4x_1 - 2x_2 = 0$“.

Seite 245: 4. Zeile von unten: „(II) $-2x_1 + x_2^2 = 0$“ statt „(II) $-2x_1 - x_2^2 = 0$“.

Seite 253: 1. Zeile von unten: „$\left(\frac{1}{2\cdot\lambda}\right)^2 + \left(\frac{1}{2\cdot\lambda}\right)^2 = 1$“

statt „$\left(\frac{-1}{2\cdot\lambda}\right)^{-2} + \left(\frac{-1}{2\cdot\lambda}\right)^{-2} = 1$“.